仿客 +

PSpice 元器件模型
建立及应用

张东辉　毛　鹏　徐向宇　编著

机 械 工 业 出 版 社

本书主要对 PSpice 软件中的各种元器件模型功能及其使用方法进行详细讲解，每种模型通过模型构成、使用方式、典型应用电路三个阶段进行分析。第 1 章详细讲解 Source 库中各种信号源和 ABM 库中各种行为模型的参数设置和功能使用；第 2 章主要对电阻 R、电容 C、电感 L、变压器和开关模型进行详细讲解；第 3～7 章分别对半导体二极管、三端稳压器 LM78XX、LM79XX 和 LM317、晶体管（BJT）、场效应晶体管（MOS-FET）和运算放大器的模型参数、模型建立、选型和使用进行详细讲解；第 8 章主要讲解通过分立元件建立控制器模型，并且对模型进行典型电路测试；附录以表格形式对软件功能进行详细说明，主要包括 PSpice 元器件库、ABM 模型、PSpice 中运算函数、Probe 中运算函数、Probe 中测量函数、快捷键、数值缩写、模型语句、命令语句和齐纳稳压二极管模型。本书中的实例电路全部附带 PSpice 仿真程序，读者可通过机械工业出版社官方网站 www.cmpbook.com 的本书相关页面或者仿客 QQ 群 336965207 进行下载，以供学习使用。

本书适合于用 Cadence/OrCAD 专业仿真软件对电子电路进行设计与分析的学习者和工程技术人员阅读，也可作为高等院校相关专业教材和参考书使用。

图书在版编目（CIP）数据

PSpice 元器件模型建立及应用/张东辉，毛鹏，徐向宇编著 . —北京：机械工业出版社，2017.7（2025.2 重印）

（仿客＋）

ISBN 978-7-111-56909-1

Ⅰ.①P… Ⅱ.①张…②毛…③徐… Ⅲ.①电子电路－计算机辅助设计－应用软件 Ⅳ.①TN702

中国版本图书馆 CIP 数据核字（2017）第 114324 号

机械工业出版社（北京市百万庄大街 22 号 邮政编码 100037）
策划编辑：江婧婧 责任编辑：江婧婧 翟天睿
责任校对：刘 岚 封面设计：马精明
责任印制：单爱军
北京虎彩文化传播有限公司印刷
2025 年 2 月第 1 版第 4 次印刷
169mm×239mm · 23.25 印张 · 510 千字
标准书号：ISBN 978-7-111-56909-1
定价：95.00 元

序　言

底层有无限的空间，元器件模型即 PSpice 根基，模型的准确性和正确使用直接决定了电路仿真的精度和准确度。PSpice 软件的最新版本自带元器件超过 50000 种，每种元器件包括 PSpice 模型及特性参数、符号和元器件封装，可直接调用进行电路仿真分析和版图绘制，非常便于使用。PSpsice 程序附带强大的元器件建模工具——model editor，可以根据元器件数据手册的参数进行模型建立，使得 PSpice 模型大大扩展，应用更加广泛。

本书主要对 PSpice 软件中的各种元器件模型功能及其使用方法进行详细讲解，每种模型通过模型构成、使用方式、典型应用电路三个阶段进行分析。模型构成主要包括各种元器件模型参数、语句和子电路；使用方式主要讲解如何正确、合理地使用各种元器件模型，以便得到准确的仿真结果；典型应用电路对元器件模型建立、电路仿真分析、实际电路搭建和测试进行全套流程演示。另外本书还简要地介绍了实际元器件的型号命名、主要技术参数以及选型。

第 1 章详细讲解 Source 库中各种信号源和 ABM 库中各种行为模型的参数设置和功能使用。理论分析、仿真实例和实际应用相结合，以便读者能够更加灵活地使用信号源和行为模型。

第 2 章主要对 PSpice 软件中电阻 R、电容 C、电感 L、变压器和开关模型进行详细讲解，包括模型构成、仿真设置和模型的典型应用。

第 3 章主要讲解 PSpice 软件中半导体二极管模型建立方法——参数计算、曲线拟合和子电路建模；然后对所建模型进行仿真测试；最后介绍二极管分类及选型。

第 4 章主要对三端稳压器 LM78XX、LM79XX 和 LM317 进行模型建立及典型应用电路设计、仿真和实际测试。

第 5 章首先对晶体管（BJT）模型参数和模型建立进行详细讲解；然后对晶体管典型电路进行仿真分析，包括晶体管偏置电路灵敏度分析、放大特性及频率响应、音频放大电路；最后介绍实际晶体管命名及选型。

第 6 章首先介绍场效应晶体管（MOSFET）的工作特性和模型参数；然后详细讲解模型建立及仿真测试，模型建立包括参数计算、曲线拟合和子电路建模 3 种方法；最后介绍场效应晶体管选型。

第 7 章主要对运算放大器进行建模和仿真分析，首先建立运放的直流线性模型、交流线性模型、宏模型和实际半导体模型；然后利用 model editor 根据实际运放特性曲线进行建模；接下来对 AD861 和 LM380 进行建模实例练习；最后介绍实际运算放大器参数含义及选型。

第 8 章主要通过分立元件建立控制器模型，包括误差放大器、比较器、与门、非门、或门、或非门、与非门、反相器、RS 触发器、死区、PWM 电压模式控制器和 PWM 电流模式控制器。建立控制器模型时，首先利用层电路对模型进行测试；然后生成 .lib 文件；最后利用 .lib 文件生成 .olb 文件。控制器模型主要利用行为模型 ABM、布尔逻辑（BOOLEAN）、IF 语句和无源器件电阻、电容、电感和半导体器件建立。

最后，附录以表格形式对软件功能进行详细说明，主要包括 PSpice 元器件库、ABM 模型、PSpice 中运算函数、Probe 中运算函数、Probe 中测量函数、快捷键、数值缩写、模型语句、命令语句和齐纳稳压二极管模型。

本书将 PSpice 强大的元器件建模与电路仿真功能融入到电路分析与设计中，既适合初学者对元器件模型建立与电路仿真进行基本学习，又适合工程师对复杂系统建模和整体电路进行性能分析。

本书中的实例电路全部附带 PSpice 仿真程序，读者可通过机械工业出版社官方网站 www.cmpbook.com 的本书相关页面或者仿客 QQ 群 336965207 进行下载，以供学习使用。

作　者
2017 年 3 月于北京

致　　谢

师傅领进门，修行在个人。非常感谢北方工业大学张卫平恩师将学生领进电力电子和 PSpice 的世界，恩师的教诲永记心头——天道酬勤、融会贯通；非常感谢北京航天计量测试技术研究所金俊成和虞培德两位研究员对弟子的谆谆教导和悉心培养，使得徒弟领悟到精益求精的重要性。

感谢妻子陈红女士在我写书期间对家庭的操劳和对我的关心照顾，尤其是本人 2012 年患病毒性脑膜炎住院和康复期间，妻子无微不至的体贴和精神上的鼓励，使得我能够尽快地投入学习和工作；感谢儿子嘟嘟在我思路枯竭时提供无限灵感，从而焕发写作生机。家人是我努力完成本书的精神源泉和强大后盾。

非常感谢付旭东同志对全书文字和程序一丝不苟地校对，并且提出许多非常有建设性的意见。

PSpice 仿真群（336965207）的如下仿友：孙德冲、金力、李少兵、杜建兴、曹珂杰、陈明、黄维笑、刘亚辉、潘如政、刘俭佳、殷建峰、王晓志、于刚、张东东、张远征等对本书提出宝贵的意见和建议，在此表示最衷心的感谢。

张东辉
2017 年 3 月

目　　录

第1章
电压源和电流源

PSpice 软件的 Source 库中包含各种功能的信号源，ABM 库中包含各种功能的行为模型，可以通过参数、表达式和文件对其进行具体设置。本章主要对信号源和行为模型的参数设置和功能使用进行详细讲解，将理论分析、仿真实例和实际应用相结合，以便读者能够更加灵活地使用电压源、电流源和 ABM 行为模型。

1.1 信号源

1.1.1 直流源和交流源

PSpice 软件的 Source 库中包含直流电压源、直流电流源、交流电压源和交流电流源，其符号、名称和参数设置分别如图 1.1、表 1.1 和表 1.2 所示。直流信号源 VDC 和 IDC 主要用于电路供电和直流分析，通过直流幅值（DC）进行参数设置；交流信号源 VAC 和 IAC 主要用于电路频率特性分析，交流分析时信号源频率改变、幅值保持恒定，并且可以通过直流幅值（DC）、交流幅值（ACMAG）和相位（ACPHASE）对其进行参数设置。

图 1.1 直流和交流信号源符号

表 1.1 直流和交流信号源列表

信号源名称	功能
VDC	直流电压源
IDC	直流电流源
VAC	交流电压源
IAC	交流电流源

表 1.2　直流和交流信号源参数设置

参数名称	含义	单位	默认值
DC	直流幅值	V 或 A	无，必须设置
ACMAG	交流幅值	V 或 A	无，必须设置
ACPHASE	相位	°	无，必须设置

1.1.2　脉冲信号源 VPULSE 和 IPULSE

脉冲信号源主要用于电路时域分析时输出多种周期性信号，例如方波、矩形波、三角波、锯齿波等；脉冲信号源也可用于模拟电路上电软启动、产生 PWM 驱动信号或功率信号等。图 1.2、图 1.3 和表 1.3、表 1.4 所示分别为脉冲信号源符号、波形和详细参数。

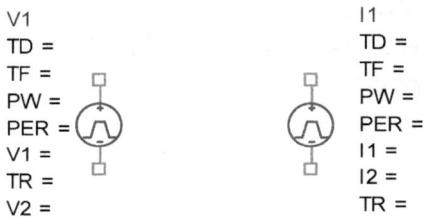

图 1.2　脉冲信号源符号

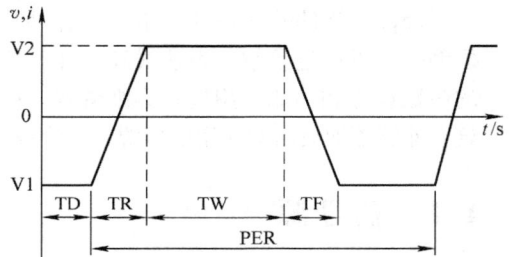

图 1.3　脉冲信号源波形及参数对照

表 1.3　VPULSE 和 IPULSE 参数设置

参数名称	含义	单位	默认值
V1 或 I1	初始值	V 或 A	无，必须设置
V2 或 I2	脉冲值	V 或 A	无，必须设置
TD	延迟时间	s	0
TF	下降时间	s	TSTEP
TR	上升时间	s	TSTEP
PW	脉冲宽度	s	结束时间 TSTOP
PER	周期	s	结束时间 TSTOP

表 1.4　时间与 VPULSE 和 IPULSE 参数值对应关系

时间	VPULSE	IPULSE	注释
0	V1	I1	初始
TD	V1	I1	延迟
TD + TR	V2	I2	上升
TD + TR + PW	V2	I2	高电压
TD + TR + PW + TF	V1	I1	下降
TD + PER	V1	I1	低电压
TD + PER + TR	V2	I2	上升

表 1.3 中，TSTOP 为瞬态仿真分析中的 Run to 设置值；TSTEP 为 Print Step 设置值，通常设置为 TSTOP 值的百分之一，当设置了最大步长 Maximum step 时，TSTEP 与最大步长值一致。

图 1.4 和图 1.5 所示分别为 VPULSE 脉冲信号源仿真电路和仿真设置，通过该电路对其参数默认值进行仿真测试。

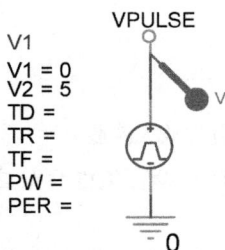

图 1.4 VPULSE 参数默认值测量电路

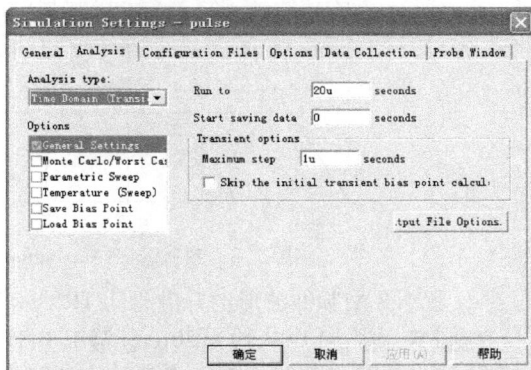

图 1.5 VPULSE 参数默认值仿真设置

最大步长 Maximum step $= 1\mu s$，Run to 时间即结束时间 TSTOP $= 20\mu s$。

图 1.6 中脉冲波形上升沿时间 TR 为 $1\mu s$，等于最大步长设置值；脉冲宽度 PW 和周期 PER 均为 $20\mu s$，等于 TSTOP 设置值。

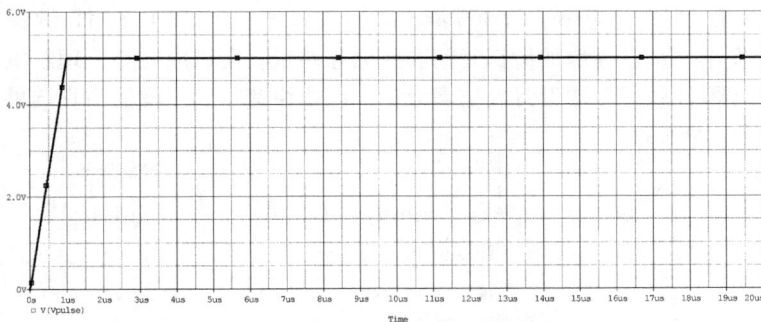

图 1.6 VPULSE 默认值输出波形

在最大步长 Maximum step 为空、结束时间 TSTOP $= 20\mu s$ 时重新仿真，输出波形如图 1.7 和图 1.8 所示。

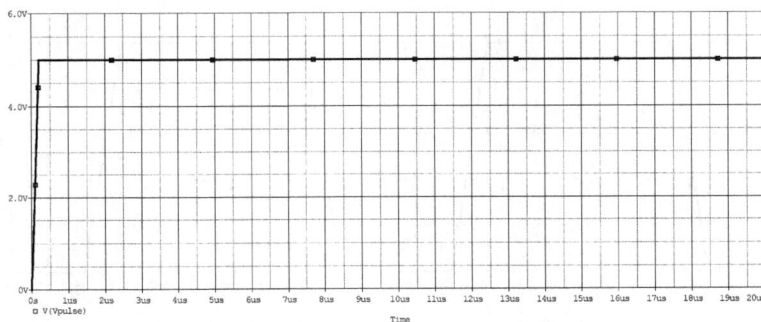

图 1.7 最大步长 Maximum step 为空时输出脉冲波形

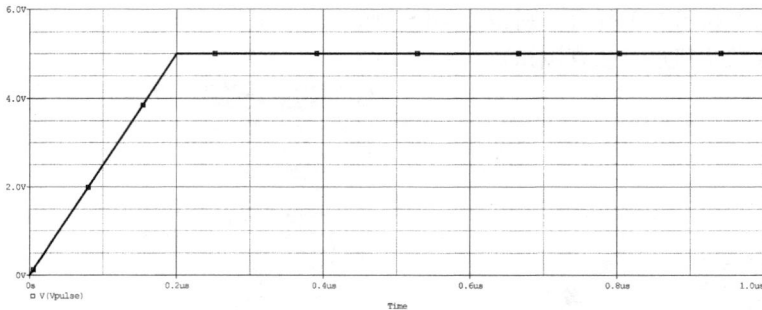

图 1.8　最大步长 Maximum step 为空时输出脉冲放大波形

图 1.8 中脉冲波形上升沿时间 TR 为 0.2μs，等于 TSTOP 设置值的百分之一；脉冲宽度 PW 和周期 PER 均为 20μs，等于 TSTOP 设置值。

图 1.10 中脉冲波形上升沿时间 TR 和下降沿时间 TF 均为 1μs，脉冲宽度 PW 为 5μs，周期 PER 为 10μs，无论最大步长是否设置，脉冲输出波形均与图 1.9 中参数设置值一致。所以实际使用脉冲源时一定要对其参数进行详尽、正确的设置。VPULSE 通常用于开关器件驱动，周期、脉冲宽度、脉冲电压值根据实际电路需求进行设置。上升沿和下降沿设置比较复杂，与实际电路和开关器件特性均有关系，如果没有确定数值，则通常将 TR 和 TF 设置为小于脉冲周期 PW 的千分之一。当 TR 和 TF 设置值太小时仿真步长就会变小，这样会增加仿真时间和数据存储量。所以应在充分理解电路的基础之上对其所用元器件进行参数设置和仿真分析，以便快速得到正确的仿真结果。

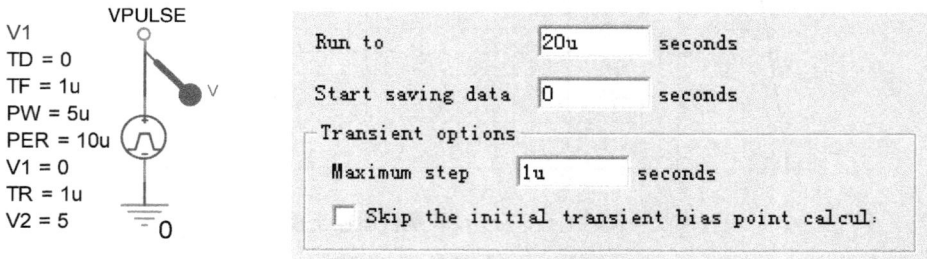

图 1.9　VPULSE 参数和仿真设置

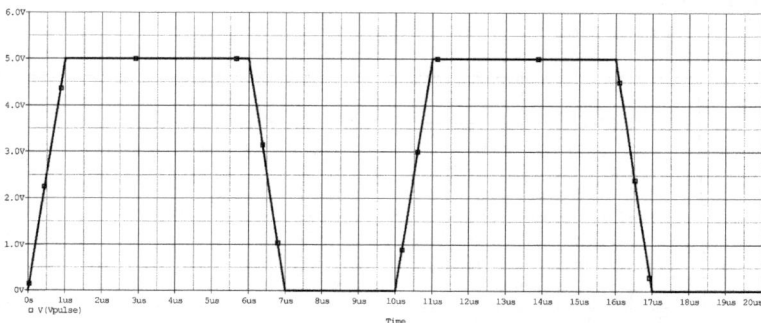

图 1.10　VPULSE 参数设置时输出波形

通过不同设置，脉冲信号源能够生成脉冲波、三角波、锯齿波等多种波形；通过参数 PARAM 统一设置其频率、峰值和占空比，使用非常便捷。图 1.11 和图 1.12 所示分别为参数设置电路和输出波形。

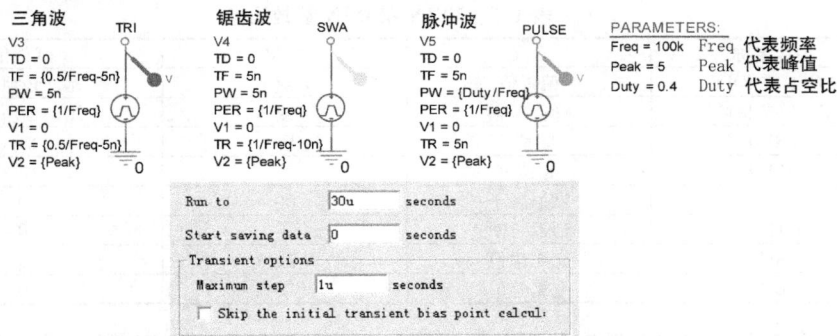

三角波　　　　　　　　锯齿波　　　　　　　　脉冲波
TRI　　　　　　　　　SWA　　　　　　　　PULSE

V3
TD = 0
TF = {0.5/Freq-5n}
PW = 5n
PER = {1/Freq}
V1 = 0
TR = {0.5/Freq-5n}
V2 = {Peak}

V4
TD = 0
TF = 5n
PW = 5n
PER = {1/Freq}
V1 = 0
TR = {1/Freq-10n}
V2 = {Peak}

V5
TD = 0
TF = 5n
PW = {Duty /Freq}
PER = {1/Freq}
V1 = 0
TR = 5n
V2 = {Peak}

PARAMETERS:
Freq = 100k　Freq 代表频率
Peak = 5　　Peak 代表峰值
Duty = 0.4　Duty 代表占空比

Run to　　　　　　30u　　　seconds

Start saving data　0　　　　seconds

Transient options
Maximum step　　1u　　　seconds

☐ Skip the initial transient bias point calcul:

图 1.11　VPULSE 参数和仿真设置

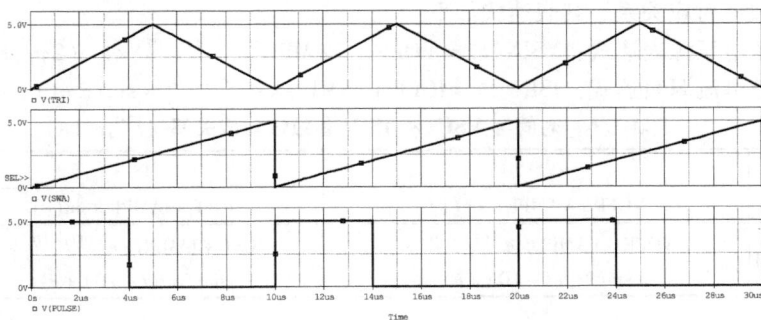

图 1.12　VPULSE 输出波形

1.1.3　正弦信号源 VSIN 和 ISIN

正弦信号源因其频率固定且波形与正弦波曲线一致而得名。在 PSpice 中分别由 VSIN 和 ISIN 代表正弦电压源和正弦电流源，符号如图 1.13 所示，通过参数值对其进行具体设置。正弦信号源

VSIN
VOFF = 0
VAMPL = 0
FREQ = 0
DF = 0
TD = 0
PHASE = 0
AC =
DC =

ISIN
IOFF =
IAMPL =
FREQ =
AC = 0Aac
DC = 0Adc
DF = 0
PHASE = 0
TD = 0

图 1.13　正弦信号源符号

主要用于交流放大电路、整流滤波电路、电源电路和测量电路的仿真分析，使用非常广泛。

正弦信号源参数设置见表 1.5，完整设置包括偏置值、峰值振幅、频率、相位、阻尼因子、延迟时间、交流幅值和直流幅值。VOFF 或 IOFF 为零时刻电压或电流偏置值；VAMPL 或 IAMPL 为峰值振幅，即正弦信号源幅值；FREQ（Hz）为波形每秒钟的周期

数，即频率；PHASE（°）为波形初始相位；DF（1/s）为波形阻尼因子，设置波形衰减特性；TD（s）为启动延迟时间；AC 为交流幅值，用于交流仿真分析；DC 为直流幅值，用于直流仿真分析。

表 1.5　VSIN 和 ISIN 参数设置

参数名称	含义	单位	默认值
VOFF 或 IOFF	偏置值	V 或 A	无，必须设置
VAMPL 或 IAMPL	峰值振幅	V 或 A	无，必须设置
FREQ	频率 f	Hz	1/TSTOP
PHASE	相位 θ	°	0
DF	阻尼因子	1/s	0
TD	延迟时间	s	0
AC	交流幅值	V 或 A	0
DC	直流幅值	V 或 A	0

表 1.5 中 TSTOP 为瞬态仿真分析参数 Run to 的设置值。当 DF 阻尼因子为 0 时，即为常用正弦信号源。AC 用于交流分析，设置交流信号源幅值。表 1.6 为时间与 VSIN 和 ISIN 参数值对应关系，其表达式如下：

正弦电压源表达式：$VSIN(t) = VOFF + VAMPL \times e^{-DF(t-TD)} \times \sin(2\pi f(t-TD) + \theta)$

正弦电流源表达式：$ISIN(t) = IOFF + IAMPL \times e^{-DF(t-TD)} \times \sin(2\pi f(t-TD) + \theta)$

表 1.6　时间与 VSIN 和 ISIN 参数值对应关系（t 为时间）

时间	VSIN	ISIN	注释
0 ~ TD	$VOFF + VAMPL \times \sin(\theta)$	$IOFF + IAMPL \times \sin(\theta)$	初始
TD ~ TSTOP	$VOFF + VAMPL \times e^{-DF(t-TD)} \times \sin(2\pi f(t-TD) + \theta)$	$IOFF + IAMPL \times e^{-DF(t-TD)} \times \sin(2\pi f(t-TD) + \theta)$	正弦

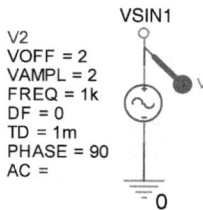

图 1.14 和图 1.15 所示分别为正弦信号源仿真设置和输出波形，直流偏置值 VOFF = 2V，相位 PHASE = 90°，延迟时间 TD = 1ms，所以在 0 ~ 1ms 内，波形幅值为 VOFF + VAMPL * sin（−2π + PHASE）= 2 + 2 * sin（90°）= 4；1ms 之后波形按照正弦波进行输出。DF 阻尼因子用于设置有阻尼正弦波，根据实际波形特性设置 DF 参数值。

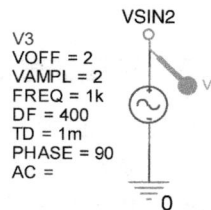

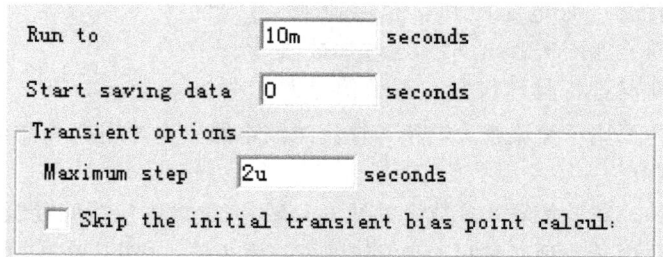

图 1.14　正弦信号源仿真设置

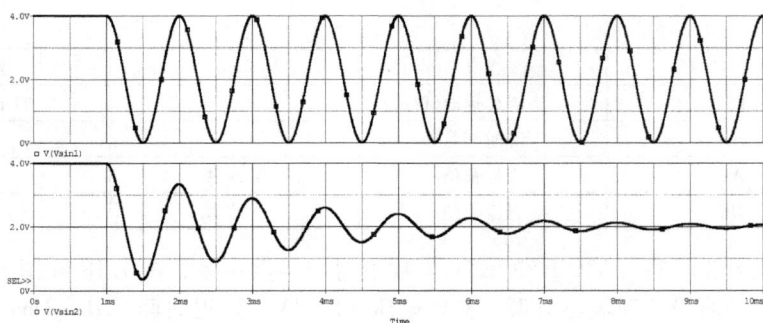

图 1.15　正弦信号源输出电压波形

1.1.4　指数信号源 VEXP 和 IEXP

指数信号源符号、波形图和参数设置分别如图 1.16、图 1.17 和表 1.7 所示。通过参数设置，指数信号源能够实现瞬态、直流和交流仿真分析。初始值和峰值无默认值，必须设置；TD1 和 TD2

图 1.16　指数信号源符号

分别为波形上升和下降延迟时间，仿真时根据实际波形特性进行具体参数设置，否则软件使用默认值时会出现错误；TC1 和 TC2 分别为波形上升和下降时间常数，可以通过实际计算得到。指数信号源主要用于脉冲和阶跃放大电路、电源电路和测量电路的仿真分析，使用非常广泛。

指数信号源的参数设置见表 1.7 所示，其完整定义包括初始值、峰值、上升和下降延迟时间、上升和下降时间常数、交流幅值和直流幅值。交流幅值用于交流仿真分析，直流幅值用于直流仿真分析；TSTEP 为瞬态仿真分析设置中的打印步长，通常为最大仿真步长。

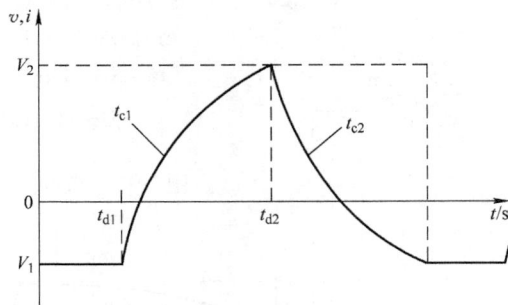

图 1.17　指数信号源参数、波形对照图

表 1.7　VEXP 和 IEXP 参数设置

参数名称	含义	单位	默认值
V1 或 I1	初始值	V 或 A	无，必须设置
V2 或 I2	峰值	V 或 A	无，必须设置
TD1	上升延迟时间	s	1/TSTOP
TC1	上升时间常数	s	TSTEP

（续）

参数名称	含义	单位	默认值
TD2	下降延迟时间	s	TD1 + TSTEP
TC2	下降时间常数	s	TSTEP
AC	交流幅值	V 或 A	0
DC	直流幅值	V 或 A	0

　　表 1.8 为时间与 VEXP 和 IEXP 参数值对应函数关系，图 1.18 和图 1.19 所示为指数信号源仿真设置和输出波形，初始电压 V1 = 1V，延迟时间 TD1 = 1ms，在 0 ~ 1ms 时间内波形幅值保持 V1 = 1V 不变；在 TD1 ~ TD2，即 1 ~ 10ms 内波形按照指数方程 V1 + (V2 - V1) × (1 - e$^{-(t-\text{TD1})/\text{TC1}}$) 进行变化，时间常数 TC1 = 2ms，经过 4 倍时间常数后，波形电压值接近峰值，V2 设置值为 4V；延迟时间 TD2 = 10ms，在 TD2 ~ TSTOP 时间内波形幅值按照指数方程 V1 + (V2 - V1) × ((1 - e$^{-(t-\text{TD1})/\text{TC1}}$) - (1 - e$^{-(t-\text{TD2})/\text{TC2}}$)) 进行变化，时间常数 TC2 = 1ms，经过 4 倍时间常数后波形电压值接近初始值 1V，并且随着时间增加收敛于初始值。

表 1.8　时间与 VEXP 和 IEXP 参数值对应关系（t 为时间）

时间	VEXP	IEXP	注释
0 ~ TD1	V1	I1	初始值
TD1 ~ TD2	V1 + (V2 - V1) × (1 - e$^{-(t-\text{TD1})/\text{TC1}}$)	I1 + (I2 - I1) × (1 - e$^{-(t-\text{TD1})/\text{TC1}}$)	指数变化
TD2 ~ TSTOP	V1 + (V2 - V1) × ((1 - e$^{-(t-\text{TD1})/\text{TC1}}$) - (1 - e$^{-(t-\text{TD2})/\text{TC2}}$))	I1 + (I2 - I1) × ((1 - e$^{-(t-\text{TD1})/\text{TC1}}$) - (1 - e$^{-(t-\text{TD2})/\text{TC2}}$))	指数变化

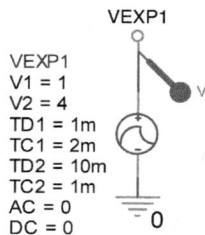

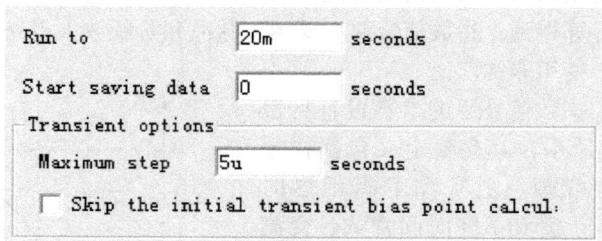

图 1.18　指数信号源仿真设置

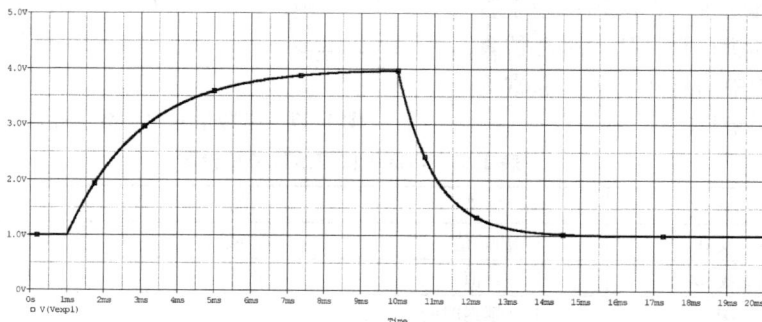

图 1.19　指数信号源输出电压波形

1.1.5 分段线性信号源 VPWL 和 IPWL

分段线性信号源 VPWL 和 IPWL 符号和参数设置分别如图 1.20 和表 1.9 所示。通过坐标方式对信号源进行瞬态特性设置，每对坐标（Ti，Vi）或（Ti，Ii）确定信号源上一点，点与点之间的数值通过线性差值法确定。AC 为交流幅值，用于交流仿真分析；DC 为直流幅值，用于直流仿真分析。PWL 信号源主要用于点数比较少的线性信号源，作为实际测量输入信号使用，使得电路仿真结果与实际测量值更加一致。

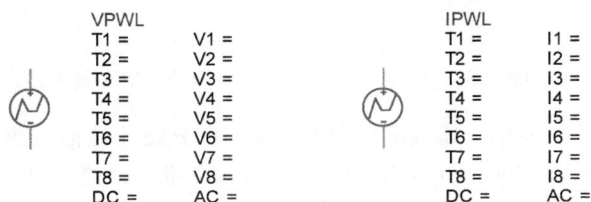

```
VPWL                         IPWL
T1 =        V1 =            T1 =        I1 =
T2 =        V2 =            T2 =        I2 =
T3 =        V3 =            T3 =        I3 =
T4 =        V4 =            T4 =        I4 =
T5 =        V5 =            T5 =        I5 =
T6 =        V6 =            T6 =        I6 =
T7 =        V7 =            T7 =        I7 =
T8 =        V8 =            T8 =        I8 =
DC =        AC =            DC =        AC =
```

图 1.20　PWL 分段线性信号源符号

表 1.9　PWL 分段线性信号源参数设置

参数名称	含义	单位	默认值、注释
T1 ~ T8	时间坐标	s	无，有选择设置
V1/I1 ~ V8/I8	对应数值	V/A	无，有选择设置
AC	交流幅值	V 或 A	0，交流分析
DC	直流幅值	V 或 A	0，直流分析

图 1.21 和图 1.22 所示分别为 VPWL 分段线性电压信号源仿真设置和输出波形，T1 =0时刻电压为 0，然后分别按照时间 - 电压坐标（1m，2），（2m，4），（3m，8）和（4m，4）进行输出，最后电压保持 4V 恒定不变。目前最高版本的 PSpice 可以输入 10组坐标值，可以满足简单分段线性信号源的需求，但是对于复杂线性信号源却无能为力。

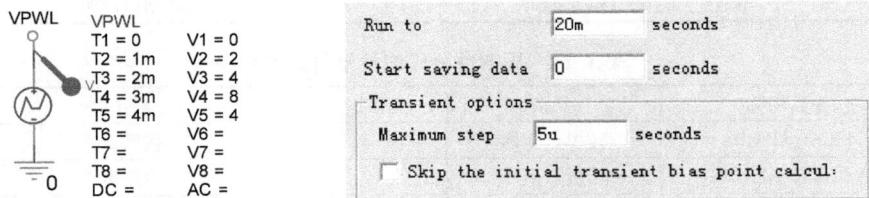

图 1.21　VPWL 分段线性电压信号源仿真设置

1.1.6 周期性分段线性信号源 VPWL_RE 和 IPWL_RE

Source 库中包含 4 种周期性分段线性信号源，符号、名称和参数设置分别如图 1.23

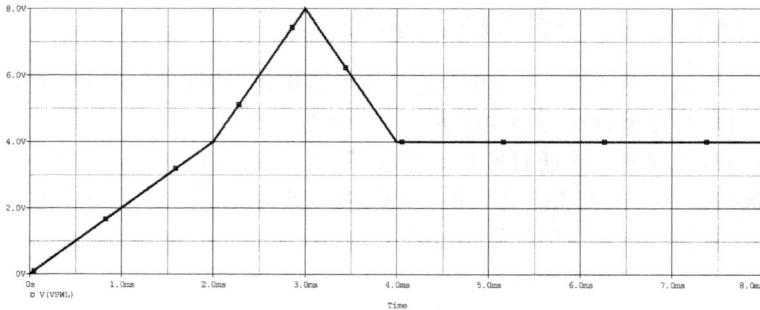

图 1.22　VPWL 分段线性电压信号源仿真输出波形

和表 1.10、表 1.11 所示。通过参数设置，周期性分段线性信号源能够实现瞬态、直流和交流仿真分析。TSF 和 VSF 分别为时间和电压基准，该值与坐标值的乘积为实际输出值；AC 为交流幅值，用于交流仿真分析；DC 为直流幅值，用于直流仿真分析。周期性分段线性信号源主要用于实际测量输入信号，使得电路仿真结果与实际测量值更加一致。

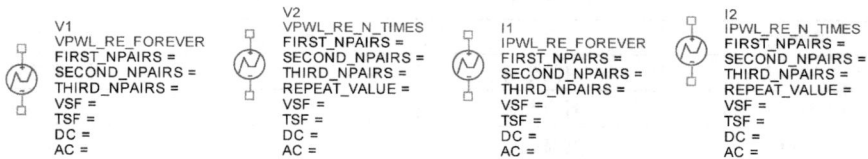

图 1.23　周期性分段线性信号源符号

表 1.10　周期性分段线性信号源列表

信号源名称	功能
VPWL_RE_FOREVER	无限周期电压源
VPWL_RE_N_TIMES	N 次周期电压源
IPWL_RE_FOREVER	无限周期电流源
IPWL_RE_N_TIMES	N 次周期电流源

表 1.11　周期性分段线性信号源参数设置

参数名称	含义	单位	默认值
FIRST_nPAIRS	转折点坐标	无	按需设置
SECOND_nPAIRS	转折点坐标	无	每组可以
THIRD_nPAIRS	转折点坐标	无	设置多对坐标
REPEAT_VALUE	重复次数	次数	有限必须设置，无限无此参数
TSF	时间基准		实际输出值为
VSF	电压基准		坐标与基准乘积
AC	交流幅值	V 或 A	0，交流分析
DC	直流幅值	V 或 A	0，直流分析

通常情况下，电压基准 VSF 和时间基准 TSF 保持为空，如图 1.24 所示，此时取默认值为 1，时间和电压值即为输入数据；如果将该值设置为指定数据，则信号源输出数据为输入数据与基准的乘积。使用周期性分段线性信号源进行电路仿真时，仿真速度很慢，当横轴与纵轴数值很大时，仿真时间非常长，并且会产生大量数据，如果实际采集数据时压缩横轴与纵轴，则仿真时可以再通过 TSF 和 VSF 参数值对其进行倍乘，这样既能减少数据量又能缩短仿真时间，对于大数据量输入非常适用。但是使用该方法可能会使波形畸变增大，所以实际仿真时应该进行折中。

图 1.25 所示为周期性分段线性信号源输出波形，波形按照最后一个周期进行重复输出，左边波形 V（VPWLN）设置重复次数为 5 次，然后波形保持最后坐标值并且维持 0.5V 不变；右边波形 V（VPWLF）为无限周期信号源，波形一直重复输出。

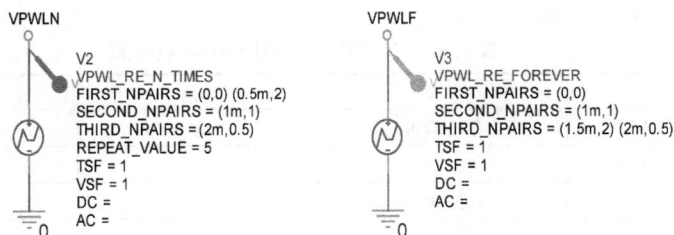

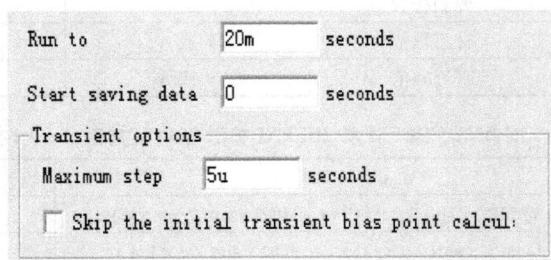

图 1.24　周期性分段线性电压信号源仿真设置

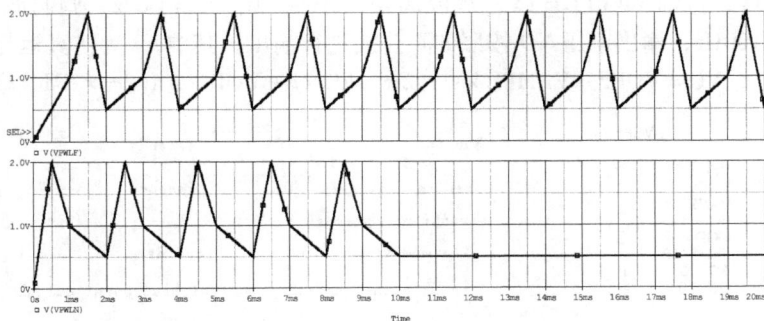

图 1.25　周期性分段线性电压信号源输出波形：VSF 和 TSF 均为 1

1.1.7 单频调频信号源 VSFFM 和 ISFFM

单频调频信号源符号和参数设置分别如图 1.26 和表 1.12 所示，表 1.13 为时间与参数值对应函数关系。通过参数设置，单频调频信号源能够实现瞬态、直流和交流仿真分析。直流偏置和振幅无默认值，必须设置；FC 和 FM 分别为载波频率和调制频率，默认值为 1/TSTOP，其中 TSTOP 为瞬态仿真结束时间；MOD 为调制系数，默认值为 0；AC 为交流幅值，用于交流仿真分析；DC 为直流幅值，用于直流仿真分析。单频调频信号源主要用于通信和信号处理等调制电路，使用非常广泛。

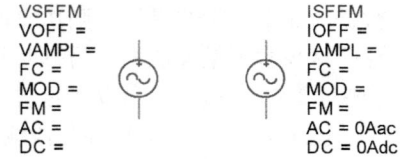

```
VSFFM              ISFFM
VOFF =             IOFF =
VAMPL =            IAMPL =
FC =               FC =
MOD =              MOD =
FM =               FM =
AC =               AC = 0Aac
DC =               DC = 0Adc
```

图 1.26　单频调频信号源符号

表 1.12　VSFFM 和 ISFFM 参数设置

参数名称	含义	单位	默认值
VOFF 或 IOFF	直流偏置	V 或 A	无，必须设置
VAMPL 或 IAMPL	振幅	V 或 A	无，必须设置
FC	载波频率	Hz	1/TSTOP
FM	调制频率	Hz	1/TSTOP
MOD	调制指数	无	0
AC	交流幅值	V 或 A	0，交流分析
DC	直流幅值	V 或 A	0，直流分析

表 1.13　时间与 VSFFM 和 ISFFM 参数值对应关系（t 为时间）

信号源	0 ~ TSTOP	注释
VSFFM	$VOFF + VAMPL \times \sin(2\pi \times FC \times t + MOD \times \sin(2\pi \times FM \times t))$	单频调频电压源
ISFFM	$IOFF + IAMPL \times \sin(2\pi \times FC \times t + MOD \times \sin(2\pi \times FM \times t))$	单频调频电流源

图 1.27 和图 1.28 所示分别为单频调频电压信号源仿真设置和输出波形，偏置电压 VOFF = 3V，振幅 VAMPL = 1V，载波周期为 1ms，则 FC = 1kHz，调制波周期为 10ms，则 FM = 100Hz；输出电压 VO 按照如下公式进行输出，其中，t 为仿真运行时间：

$$VO = VOFF + VAMPL \times \sin(2\pi \times FC \times t + MOD \times \sin(2\pi \times FM \times t)) \tag{1.1}$$

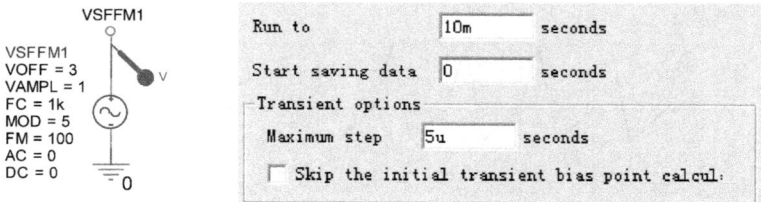

VSFFM1

```
VSFFM1
VOFF = 3
VAMPL = 1
FC = 1k
MOD = 5
FM = 100
AC = 0
DC = 0
        0
```

```
Run to                    10m      seconds
Start saving data    0       seconds
┌ Transient options
  Maximum step    5u        seconds
  □ Skip the initial transient bias point calcul:
```

图 1.27　单频调频电压信号源仿真设置

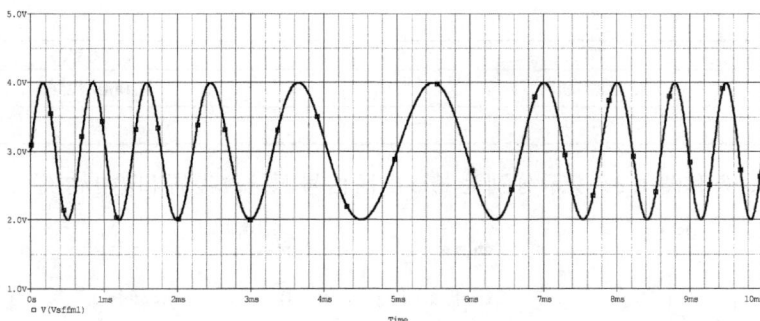

图 1.28 单频调频电压信号源输出波形

1.1.8 File 信号源 VPWL_FILE 和 IPWL_FILE

File 信号源符号和参数设置分别如图 1.29 和表 1.14 所示，通常为 . txt 文本文件形式，通过参数设置，File 信号源能够实现瞬态、直流和交流仿真分析。瞬态仿真分析时调用 File 文件中的时间、电压或者时间、电流数据，File 名称必须设置；TSF 和 VSF 分别为时间和电压基准，该值与 File 文件中数值的乘积为实际 File 输出数值；AC 为交流幅值，用于交流仿真分析；DC 为直流幅值，用于直流仿真分析。File 信号源主要用于实际测量输入信号，使得电路仿真结果与实际测量值更加一致。

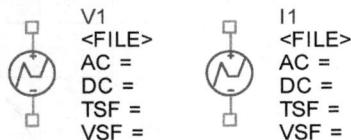

图 1.29 File 信号源符号

表 1.14 File 信号源参数设置

参数名称	含义	单位	默认值
FILE	文件地址或名称		无，必须设置
TSF	时间基准		实际输出值为
VSF	电压基准		坐标与基准乘积
AC	交流幅值	V 或 A	0，交流分析
DC	直流幅值	V 或 A	0，直流分析

下表为 IN. txt 文本文件中的时间 – 电压数据，第一行为标注行，以 * 开头，用于标注每列数据的具体含义。

* Time	V（OUT）
0	0
3.00E – 10	2.03E – 06
6.00E – 10	4.07E – 06
1.20E – 09	8.14E – 06
2.40E – 09	1.63E – 05
4.80E – 09	3.26E – 05
9.60E – 09	6.51E – 05
1.92E – 08	0.000130228
3.00E – 08	0.000203496
3.19E – 08	0.000216518

（续）

* Time	V（OUT）
3. 58E – 08	0. 000242566
…	…

图 1. 30 和图 1. 31 所示分别为 File 电压信号源仿真设置和输出波形。

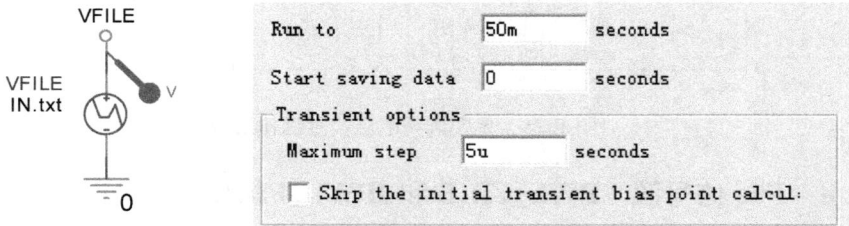

图 1. 30 File 电压信号源仿真设置

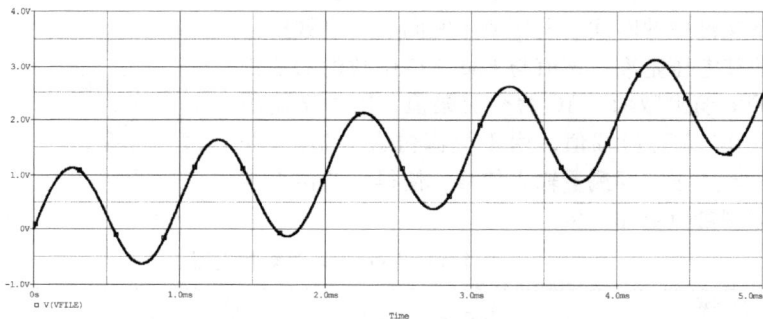

图 1. 31 File 电压信号源输出波形：VSF 和 TSF 为空

File 文件的命名方式有两种，即绝对地址和相对地址。

绝对地址：D：\ PSD_Data \ book \ pspicer \ device model \ chaptre1 voltage and current source \ chaptre1 voltage and current source – PSpiceFiles \ File \ File \ IN. txt

注意：当文件名称比较长时会搜索不到该文件。

相对地址：如图 1. 32 所示，将 File 文件 IN. txt 与 . dat 文件放在同一文件夹下，直接使用 IN. txt 对 File 文件命名，既简单又可靠。

通常情况下，时间基准 TSF 和电压基准 VSF 保持为空，时间和电压值即为输入数据；如果将 TSF 和 VSF 设置为指定值，则 File 文件的输出数据为输入数据与基准的乘积。使用 File 文件进行电路仿真时，仿真速度很慢，当横轴与纵轴数值很大时，仿真时间很长，并且会产生大量数据，如果实际采集数据时压缩横轴与纵轴，则仿真时可以再通过 TSF 和 VSF 参数值对其进行倍乘，这样既能减少数据量又能提高仿真速度，缩短仿真时间，对于大数据量输入的 File 文件非常适用，仿真波形如图 1. 33 和图 1. 34 所示。但是使用该方法可能会使波形畸变增大，所以实际仿真时应该进行折中。

图 1.32 IN. txt 文件相对地址

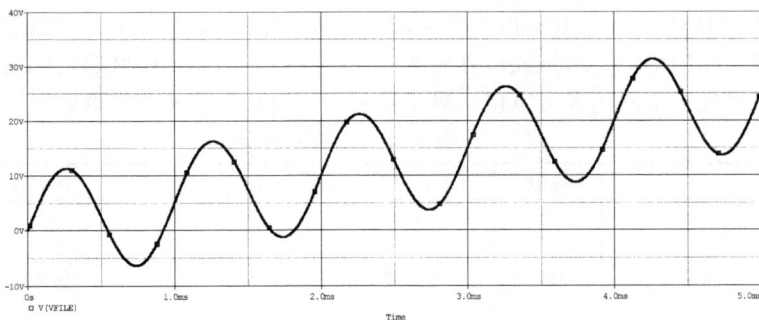

图 1.33 File 电压信号源输出波形：VSF = 10，TSF 为空，电压变为原来的 10 倍，即 VSF 倍

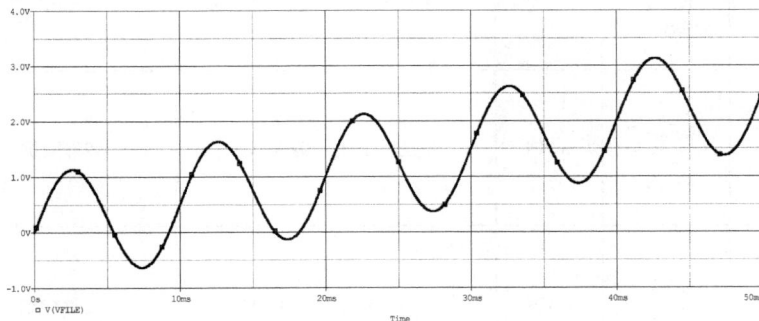

图 1.34 File 电压信号源输出波形：VSF 为空，TSF = 10 电压不变，
时间轴变为原来的 10 倍，即 TSF 倍

Source 库中还包括其他类型的 File 元件，名称和功能见表 1.15，根据电路功能和输入源类型进行合理选用，使仿真数据与实际输入更加一致。

表 1.15 File 元件名称和功能

File 名称	功能
VPWL_F_RE_FOREVER	无限周期电压输出
VPWL_F_RE_N_TIMES	N 次周期电压输出
IPWL_F_RE_FOREVER	无限周期电流输出
IPWL_F_RE_N_TIMES	N 次周期电流输出

1.2 受控源

1.2.1 受控源符号及其功能

PSpice 软件的 ANALOG 库中包含 4 种受控源，见表 1.16，分别为电压控制电压源 E、电流控制电流源 F、电压控制电流源 G 和电流控制电压源 H。通过参数 GAIN 对其进行设置，实现增益、阻抗或转移导纳。受控源还能够起到信号隔离作用，使输入信号与输出信号处于不同的参考电位，对于控制系统仿真和建模非常重要。

表 1.16 受控源列表

器件名称	符号	参数	功能	注释
E	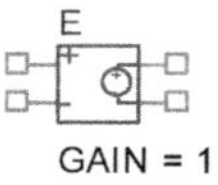 E GAIN = 1	GAIN	电压控制电压源 VCVS	电压增益，无单位
F	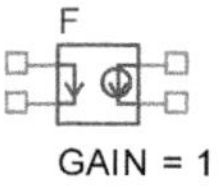 F GAIN = 1	GAIN	电流控制电流源 CCCS	电流增益，无单位
G	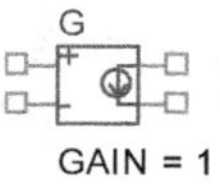 G GAIN = 1	GAIN	电压控制电流源 VCCS	转移阻抗，单位为 Ω
H	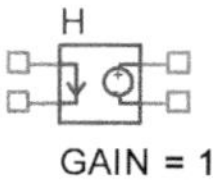 H GAIN = 1	GAIN	电流控制电压源 CCVS	转移导纳，单位为 S

1.2.2 受控源应用实例：变压器功能模型建立与测试

为了更好地设计电力电子电路，需要对稳态电路和小信号电路进行分析和仿真，此时将会用到直流变压器，然而直流变压器在实际中并不存在。在 PSpice 电路仿真中，利用电压控制电压源 E 和电流控制电流源 F 构造理想变压器，使之符合如下关系：一次侧和二次侧电压之比等于二次侧和一次侧电流之比。受控源构成的线性变压器变比由受控源的连接方式和增益（GAIN）决定，需要设置受控电压源和受控电流源具有相同增益。使用该变压器时应该注意：电压控制电压源的被控端不能与电压源相连，电流控制电流源的被控端不能与电流源相连，否则电路仿真时将会不收敛。如果仿真时在变压器一次侧和二次侧分别串联一个小阻值电阻来等效变压器串联电阻，则仿真时收敛性将会更好。

单输出变压器模型和仿真设置如图 1.35 所示，电压控制电压源 E 控制输入、输出电压变比，电流控制电流源 F 控制输出、输入电流变比，变压器变比由 E、F 增益值 GAIN 设置；电阻 R1、R2、RP 和 RA 起辅助作用，防止元器件悬空，使电路仿真收敛性更好；电阻 RSE 为输出等效串联电阻。

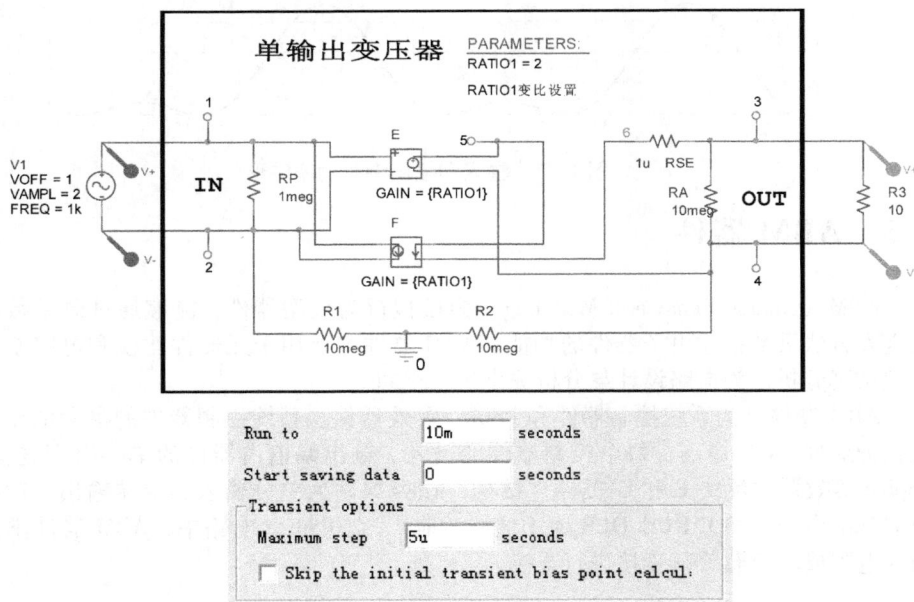

图 1.35　单输出变压器模型和仿真设置

图 1.36 所示为变压器输入和输出电压波形，上面 V（1，2）为输入波形，下面 V（3，4）为输出波形；输入信号包含直流和交流分量，输出对输入进行 2 倍放大，直流和交流同时被放大，实现变压功能。

图 1.37 所示为变压器输入和输出瞬时功率波形，上面 - W（V1）为输入功率波形，下面 W（R3）为输出功率波形；输入、输出瞬时功率完全一致，实现功率转移功能。

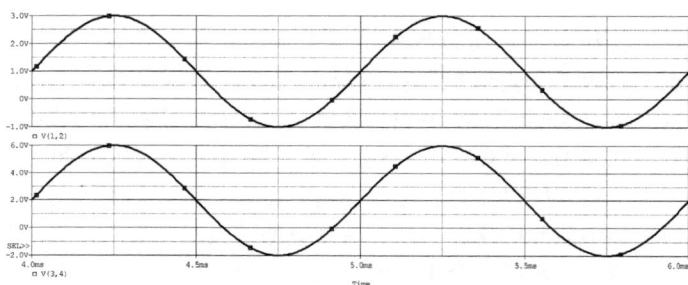

图 1.36　输入和输出电压波形

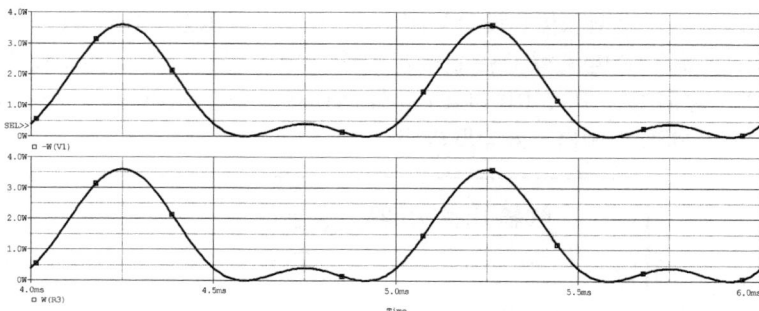

图 1.37　输入和输出瞬时功率波形

1.3　ABM 器件

　　ABM（Analog Behavioral Modeling）为模拟行为模型器件，能够通过调用数学函数及查表方法灵活描述电子器件的功能。ABM 器件主要用于元器件建模和电路系统功能原理仿真分析，为电路设计与分析提供扩展空间。

　　ABM 器件分为系统控制器件和 PSpice 等效器件。系统控制器件的参考电压被预先设置为对地（0）电压，每个控制器件的输入、输出幅值由器件的单一引脚进行描述。PSpice 等效器件反映 E 和 G 类器件结构，该类器件为差分输入、双端输出，输入和输出的基准电压为 SOURCE. OLB 库中的 0（地）。在 PSpice 电路中，ABM 器件不必使用输入电阻或者负载就能直接进行连接。

1.3.1　ABM 基本器件

　　表 1.17 为 ABM 基本器件列表，实现常数设置和基本运算功能，通常情况下不必设置其属性值。下面分别对每个器件的功能进行介绍。

表 1.17　ABM 基本器件列表

器件名称	符号	特性、函数	功能	备注
CONST	1.000	VALUE	常数	设置参数
SUM		+	相加	

（续）

器件名称	符号	特性、函数	功能	备注
MULT	$\times$	×	相乘	
DIFF	$-$	−	相减	
GAIN	1E3	GAIN	放大	设置增益

CONST：常数器件，属性 VALUE 值作为器件输出值。

SUM：加法器件，将两个输入信号相加，输出为两个输入之和，包含两个输入端和一个输出端。

MULT：乘法器件，将两个输入信号相乘，输出为两个输入之积，包含两个输入端和一个输出端。

DIFF：减法器件，将两个输入信号相减，输出为输入之差，包含两个输入端和一个输出端。

GAIN：恒定增益器件，属性 GAIN 参数值与输入信号相乘作为输出，包含一个输入端和一个输出端。

图 1.38 和图 1.39 所示为 ABM 基本器件仿真电路和输出波形图，该电路实现输入信号加、减、乘和增益运算。当输入分别为 4 和 2 时，输出 V(OUT) = (4 + 2) × (4 − 2) × 20 = 240。

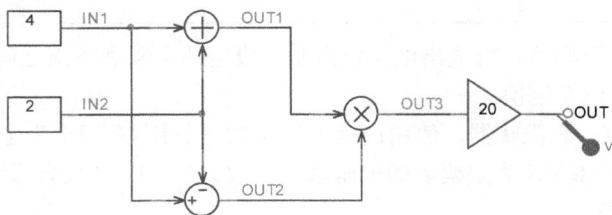

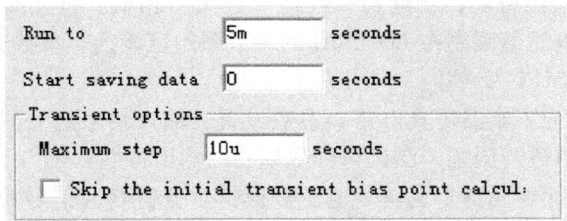

图 1.38　ABM 基本器件仿真设置

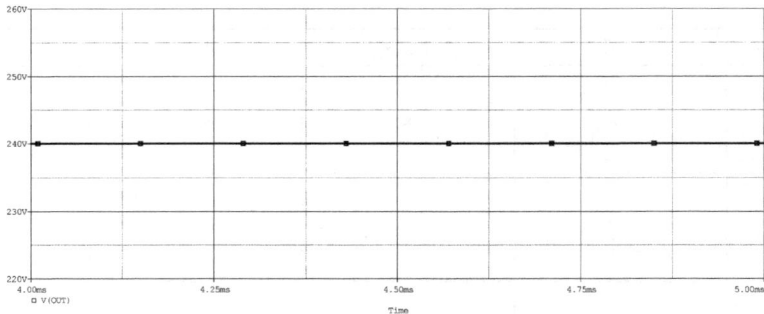

图 1.39   ABM 基本器件仿真输出波形：输出为 240，与计算值一致

1.3.2   限幅器

限幅器用于限制输入信号幅值，使其输出在设定范围内。ABM 库中包含 3 类限幅器，见表 1.18。下面分别对其功能和设置进行介绍。

表 1.18   限幅器列表

器件名称	符号	特性、函数	功能	备注
LIMIT		LIMIT（x, min, max） HI 、LO	硬限幅器	最大值 最小值
SOFTLIMIT		HI、LO、GAIN	软限幅器 先限幅再增益	最大值 最小值 增益
GLIMIT		HI、LO、GAIN	增益限幅器 先增益再限幅	最大值 最小值 增益

LIMIT：硬限幅器，将输出电压值限制在设定的上限和下限之间。参数 HI 为上限设定值，LO 为下限设定值。

SOFTLIMIT：软限幅器，使用连续限幅函数进行限幅。HI 为上限设定值，LO 为下限设定值，增益 GAIN 为限幅后的电压放大倍数，A、B、V 设置限幅函数特性，根据限幅指标进行设置。

GLIMIT：增益限幅器，功能与线性运算放大器相似。首先对输入电压进行增益放大，然后将输出电压值限制在 LO 和 HI 的参数限定区域内。参数 HI 为上限设定值，LO 为下限设定值，GAIN 为增益。

图 1.40 所示为限幅器仿真电路和参数设置，输入信号为分段线性电压信号，然后分别由 3 种限幅器进行限幅，测试每种限幅器的输出特性。

图 1.41 中上面 V（IN）为输入电压波形，由分段线性信号源 VPWL 产生；下面 V（LIMIT）为硬限幅器输出电压波形，V（GLIMIT）为软限幅器输出电压波形，V（SOFTLIM）为增益限幅器输出电压波形。硬限幅器在限幅转换期间线性变化；软限幅

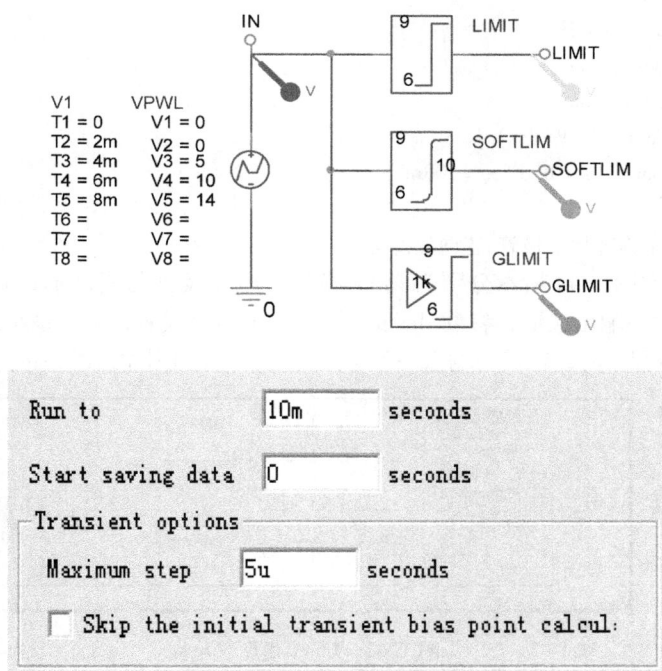

图 1.40　限幅器仿真电路和参数设置

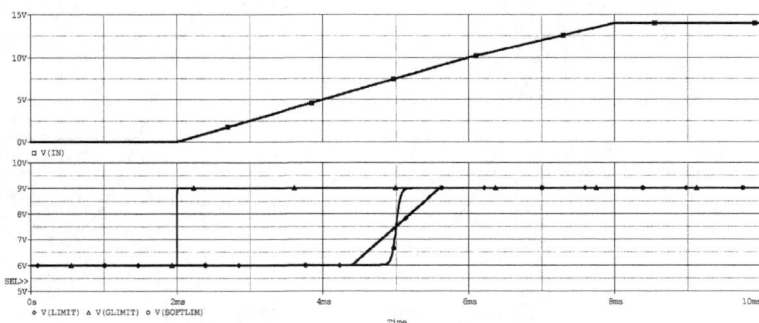

图 1.41　限幅器仿真输出波形

器利用限幅函数对其进行限幅，然后放大输出，过渡更加圆滑；增益限幅器首先对输入信号进行增益放大，然后再硬限幅输出。

　　限幅器 Limit 模型建立过程：首先将电压信号转换为电流信号，然后由二极管和电压源进行限压，二极管模型导通压降为 0V。Limit 模型语句如下：

　　. subckt limit d1 dc params：clampH = 1.5 clampL = −0.5

　　Gd 0 dcx VALUE ＝ ｛ V(d) ∗100u ｝

　　Rdc dcx 0 10k

　　V1 clpn1 0 ｛clampL｝

V2 clpp1 0 {clampH}

D1 clpn1 dcx dclamp

D2 dcx clpp dclamp

Edc dc 0 value = { V(dcx) }

. model dclamp d n = 0.01 rs = 100m

. END

* n = 0.01 为理想二极管,正向压降为零

图 1.42 和图 1.43 所示分别为 Limit 模型子电路及其仿真波形, V (D1) 为输入波形, V (DC) 为输出波形,参数 clampH 和 clmapL 分别设置最大和最小限幅值。当输入信号在限幅值范围内时,输出与输入一致;当输入信号超出限幅值范围时,输出为限幅值。

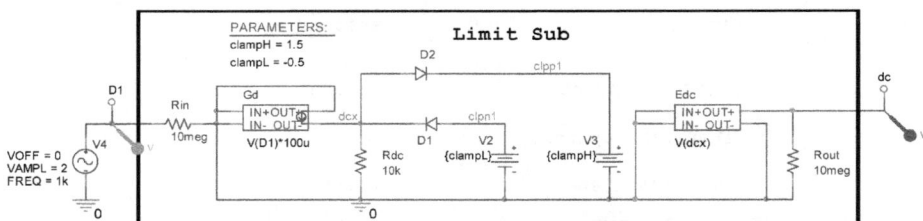

图 1.42　Limit 模型子电路

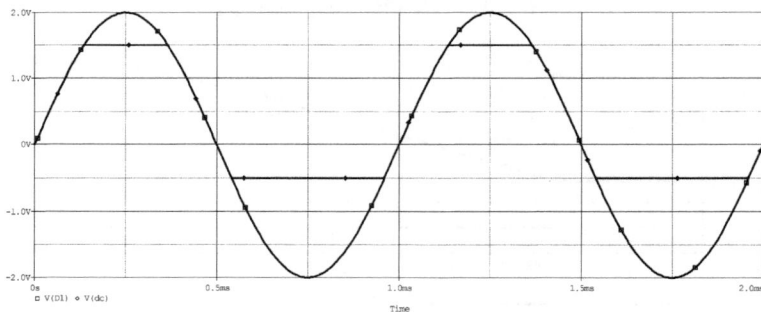

图 1.43　Limit 模型子电路仿真波形

限幅器 Limit2 模型建立过程:在 Limit 模型的基础上增加外部受控端,通过改变受控端信号参数值控制限幅数值,实现仿真过程中限幅值的实时控制,Limit2 仿真电路和仿真波形分别如图 1.44 和图 1.45 所示。Limit2 模型语句如下:

. subckt limit2 d2nc d d2c

Gd 0 d2cx d2nc 0 100u

Rdc d2cx 0 10k

V1 clpn 0 7m

E2 clpp 0 Value = { 1 - V(d) - 6.687m }

D1 clpn d2cx dclamp

D2 d2cx clpp dclamp

Edc d2c 0 value = { V(d2cx) }

. model dclamp d n = 0. 01 rs = 100m

. ENDS

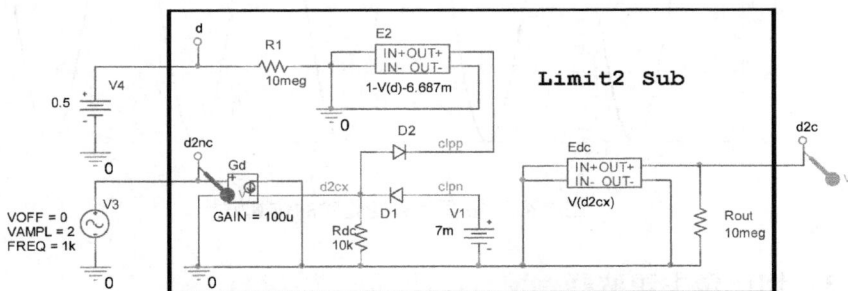

图 1.44　具有受控端的 Limit2 模型子电路

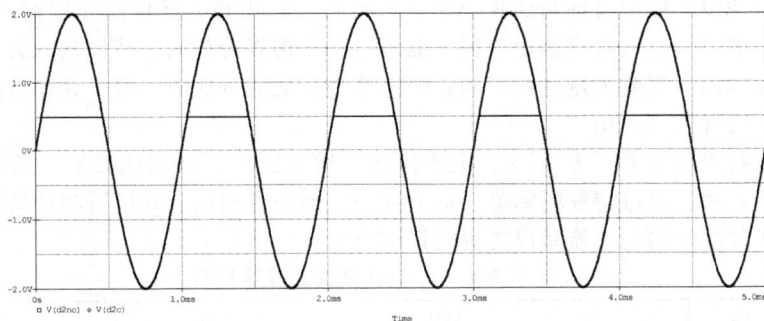

图 1.45　d = 0.5 时输入和输出电压波形

图 1.46 所示为控制信号参数设置电路，设置 dvalue 参数为限幅控制信号，对电路进行瞬态和参数仿真分析，测试控制参数改变时 Limit2 模型的工作状况。

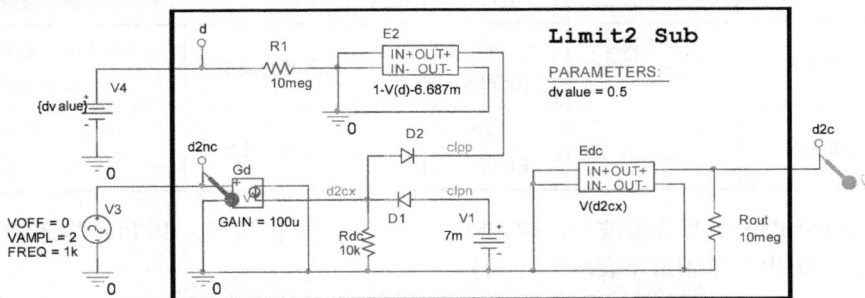

图 1.46　控制信号参数设置

dvalue 分别为 0.3 和 0.7 时的输出电压波形如图 1.47 所示，限幅值与设置值一致，仿真过程中改变限幅值对实际电路和实时控制有着重要意义。

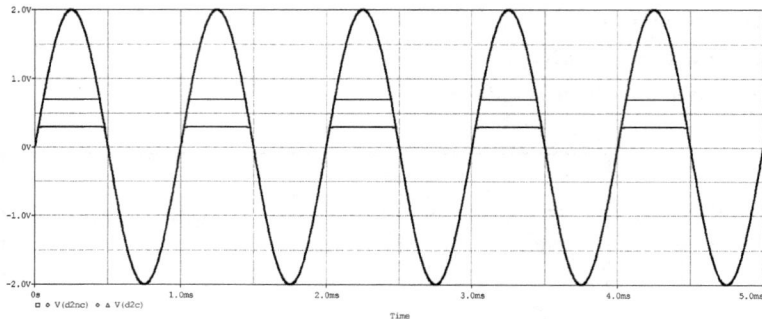

图 1.47　限幅参数变化时的仿真波形

1.3.3　切比雪夫滤波器

切比雪夫滤波器通过设置特定频率值、通带最大纹波和最小衰减值对信号进行滤波,并且滤波器输出特性与仿真类型息息相关。滤波器进行直流和偏置点仿真分析时,按照输入信号为直流计算输出;滤波器进行瞬态仿真分析时,按照输入为脉冲信号计算阶跃响应输出,需要大量计算时间;滤波器进行交流分析时,每个频率点的对应值均按照其频率特性计算输出。

切比雪夫滤波器见表 1.19,主要包括带通滤波器、带阻滤波器、高通滤波器和低通滤波器 4 种,通过特征频率值、最大纹波和最小衰减值对其进行频率特性设置。下面分别对 4 种滤波器的功能和设置进行详细介绍。

表 1.19　切比雪夫滤波器列表

器件名称	符号	特性、函数	功能	备注
BANDPASS	1000Hz 300Hz 100Hz 10Hz 1dB 50dB	F0、F1、F2、F3 RIPPLE、STOP	带通滤波器	频率值、最大纹波 最小衰减
BANDREJ	1000Hz 300Hz 100Hz 10Hz 1dB 50dB	F0、F1、F2、F3 RIPPLE、STOP	带阻滤波器	频率值、最大纹波 最小衰减
HIPASS	100Hz 10Hz 1dB 50dB	FP、FS RIPPLE、STOP	高通滤波器	频率值、最大纹波 最小衰减
LOPASS	100Hz 10Hz 1dB 50dB	FP、FS RIPPLE、STOP	低通滤波器	频率值、最大纹波 最小衰减

BANDPASS:带通滤波器,F0、F1、F2、F3 为截止频率,RIPPLE 为通带最大纹波(dB),STOP 为禁带最小衰减值(dB)。

BANDREJ:带阻滤波器,F0、F1、F2、F3 为截止频率,RIPPLE 为通带最大纹波(dB),STOP 为禁带最小衰减值(dB)。

HIPASS:高通滤波器,FP 为通带频率,FS 为禁带频率,RIPPLE 为通带最大纹波(dB),STOP 为禁带最小衰减值(dB)。

LOPASS：低通滤波器，FP 为通带频率，FS 为禁带频率，RIPPLE 为通带最大纹波（dB），STOP 为禁带最小衰减值（dB）。

图 1.48 所示为 4 种滤波器仿真测试电路，对其进行交流仿真分析，线性扫描方式，起始频率为 100Hz，结束频率为 10kHz，总扫描点数为 100。

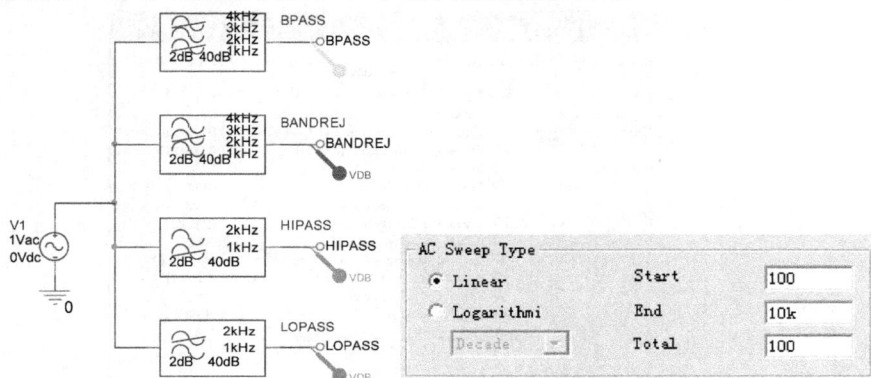

图 1.48　滤波器仿真设置

图 1.49 所示为 4 种滤波器的滤波特性曲线，波形从上到下依次为带通滤波器 BPASS、带阻滤波器 BANDREJ、高通滤波器 HIPASS 和低通滤波器 LOPASS。设置 RIPPLE

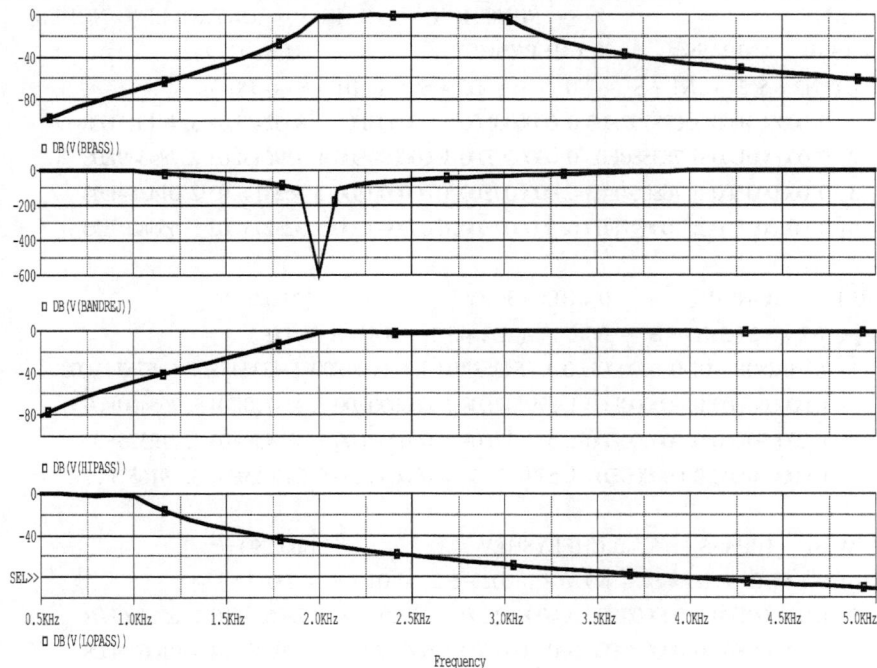

图 1.49　滤波器电路输出波形

和 STOP 参数时，切忌为通带最大纹波和禁带最小衰减值，因此在截止频率处，滤波器的衰减值与设置值存在误差。

通过 PSpice 仿真设置能够得到滤波器的 Laplace 系数，设置如图 1.50 所示。利用 Laplace 系数进行传递函数的搭建与测试，以及实际电路参数的计算与选择。

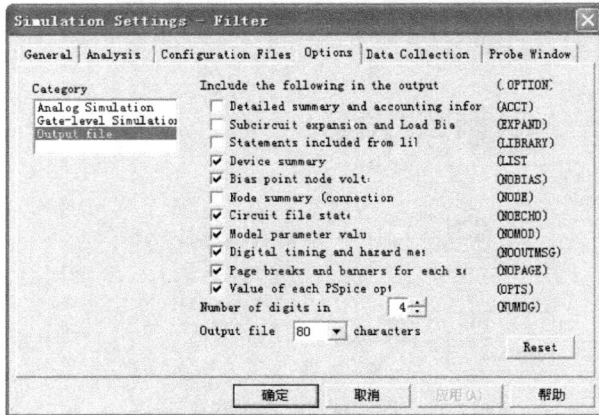

图 1.50　输出 Laplace 系数设置：选中 Options 选项

通过输出文件查看 Laplace 系数：

```
NAME              +      -  FUNCTION    GAIN     CONTROLLING NODES
E_BPASS1     BPASS      0 CHEBYSHEV          (N00239)
Stage：( N2 * S^2 + N1 * S + N0 ) / ( D2 * S^2 + D1 * S + D0 )
    1：0.000000E00 3.098702E03 0.000000E00 1.000000E00 7.855245E02 3.494046E08
    2：0.000000E00 6.783580E03 0.000000E00 1.000000E00 1.719645E03 2.785349E08
    3：0.000000E00 5.768864E03 0.000000E00 1.000000E00 1.462414E03 2.014384E08
    4：0.000000E00 2.100691E03 0.000000E00 1.000000E00 5.325275E02 1.605807E08


E_BREJ1      BANDREJ    0 CHEBYSHEV          (N00239)
Stage：( N2 * S^2 + N1 * S + N0 ) / ( D2 * S^2 + D1 * S + D0 )
    1：7.943280E-01 0.000000E00 1.254353E08 1.000000E00 3.433445E03 6.576745E08
    2：1.000000E00 0.000000E00 1.579137E08 1.000000E00 3.954710E04 1.765400E09
    3：1.000000E00 0.000000E00 1.579137E08 1.000000E00 3.537458E03 1.412526E07
    4：1.000000E00 0.000000E00 1.579137E08 1.000000E00 8.244015E02 3.791652E07


E_HIPASS1    HIPASS     0 CHEBYSHEV          (N00239)
Stage：( N2 * S^2 + N1 * S + N0 ) / ( D2 * S^2 + D1 * S + D0 )
    1：1.000000E00 0.000000E00 0.000000E00 1.000000E00 1.780653E03 1.658466E08
    2：1.000000E00 0.000000E00 0.000000E00 1.000000E00 1.129040E04 4.016626E08
    3：0.000000E00 1.000000E00 0.000000E00 0.000000E00 1.000000E00 5.756249E04
```

E_LOPASS1   LOPASS   0 CHEBYSHEV   （N00239）

Stage：（N2 * S^2 + N1 * S + N0）／（D2 * S^2 + D1 * S + D0）

   1：0.000000E00 0.000000E00 3.759005E07 1.000000E00 8.477397E02 3.759005E07

   2：0.000000E00 0.000000E00 1.552094E07 1.000000E00 2.219411E03 1.552094E07

   3：0.000000E00 0.000000E00 1.371672E03 0.000000E00 1.000000E00 1.371672E03

1.3.4 积分器和微分器

积分器和微分器主要用于电压信号的积分和微分运算，在系统控制电路中最为常用，符号和详细功能见表 1.20。

表 1.20 积分器和微分器列表

器件名称	符号	特性、函数	功能	备注
INTEG	1.0 0v	SDT（x）GAIN、IC	输入对时间的积分	仅用于瞬态仿真分析 增益和初始值可设
DIFFER	d/dt 1.0	DDT（x）GAIN	输入对时间的微分	仅用于瞬态仿真分析 增益可设

INTEG：积分器，GAIN 为增益；IC 为积分器输出初始值。等效为电流源对电容器充电，电容器电压值转换为积分器输出值。

DIFFER：微分器，GAIN 为增益。等效为电压源与电容器连接，电容器电流值转换为微分器输出值。

图 1.51 所示为积分器和微分器仿真电路及仿真设置，输入信号为正弦波，为保证积分器的直流偏置为零，要将正弦波移相 90°之后再进行积分，然后由微分器进行微分。功能正常时输入信号与微分器输出信号一致。

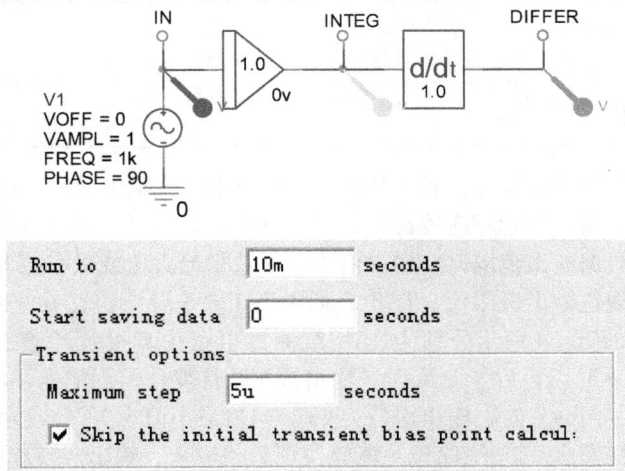

图 1.51 积分器和微分器仿真电路及设置

图 1.52 中，中间 V（IN）为输入正弦波波形，下面 V（DIFFER）为微分器输出波形，与输入一致；最上面 V（INTEG）为积分器输出波形，比输入正弦波滞后 90°，即积分器输出为余弦波。

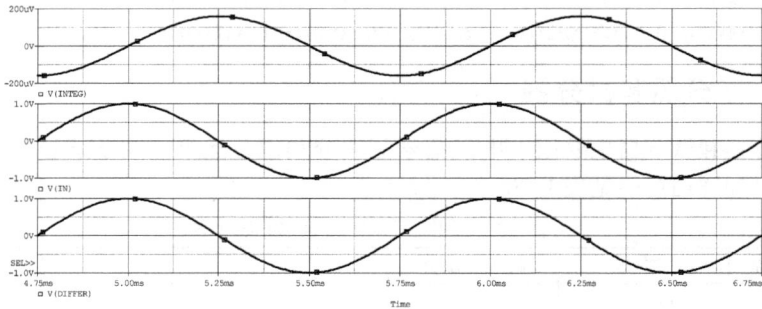

图 1.52　积分器和微分器仿真波形

1.3.5　TABLE 和 FTABLE 及其功能扩展

表 1.21 为查表器件列表，TABLE 和 FTABLE 提供表格查询功能，按照数组关系将输入信号与输出信号进行关联，两点之间采用线性差值法进行计算。

表 1.21　查表器件列表

元件名称	符号	特性、参数	功能	备注
TABLE		TABLE $(x1, y1, \cdots, xn, yn)$	y 为 x 的函数	$x1$, $y1$ 至 xn, yn 描述 "分段线性" 函数中间值按内插法计算
FTABLE			幅频特性查表	频率、幅度、相位

TABLE：数值查表器件，表中共包含 5 组数据，数组中的输入值单调变化，每一组数据均包含一个输入值和相应输出值，当数据超过 5 组时，通过 Add New Row 属性增加数组；当输入数据超出范围时，输出值为输入数据最大值或最小值的对应数据；输出最大值和最小值规定输出极限值。TABLE 通常用于瞬态分析、直流分析和交流分析。

图 1.53 和图 1.54 所示分别为 TABLE 测试电路仿真设置和输出波形，输入在 0 ~ 1V、1 ~ 2V、2 ~ 3V、3 ~ 4V 之间时，输出按照线性变化；当输入小于 0V 时，输出保持为 2V；当输入大于 4V 时，输出保持为 4V。输出最小值为 1V，最大值为 6V，在数组之间输出按照线性变化。利用 TABLE 能够实现数组输入、输出转换和数值限幅功能。

当输入数据量非常大时，使用 TABLE 就显得力不从心。因此要利用 TABLE 建立扩展模型，将输入数据量扩展到无限，使其更加实用。

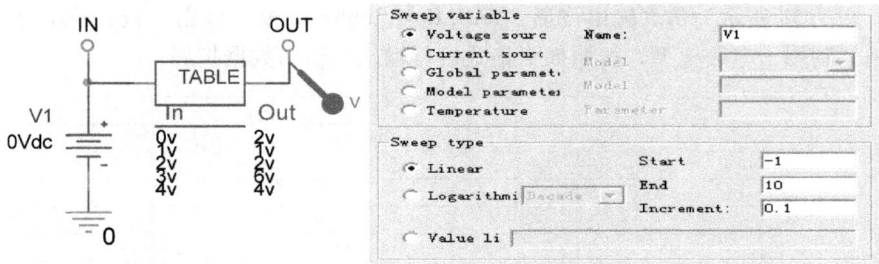

图 1.53　TABLE 测试电路及仿真设置

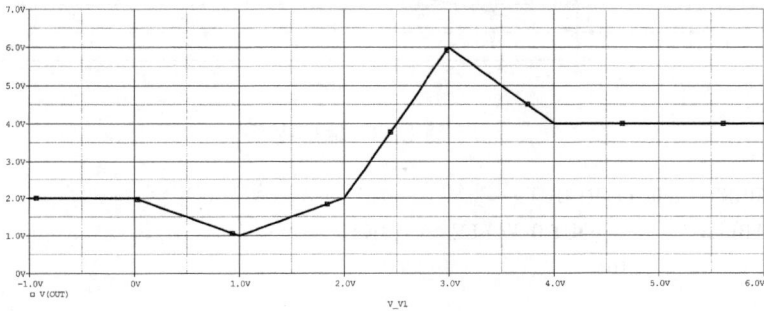

图 1.54　TABLE 测试电路输出电压波形

图 1.55 所示为 TABLE 扩展模型建立电路，电阻 R1 和 R2 用来防止网络节点悬空，利用该电路生成子电路模型 TableSub. lib，图 1.56 所示为 TableSub. olb 符号。

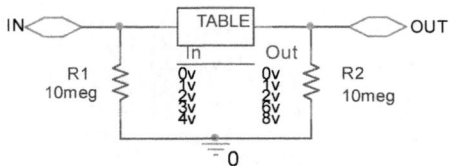

图 1.55　TABLE 扩展模型建立电路

图 1.56　TableSub. olb 符号及元件库

TableSub 模型测试电路如图 1.57 所示，首先按照 TABLE 测试电路对其进行测试，验证输入、输出对应关系的正确性。

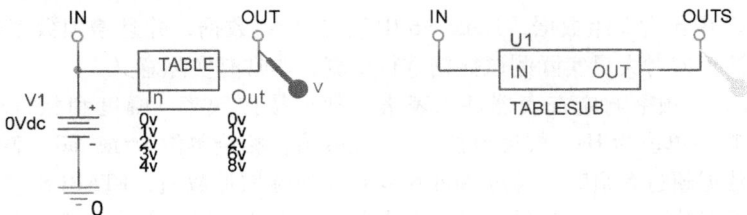

图 1.57　TableSub 模型测试电路

图 1.58 所示为仿真输出波形，TABLE 与 TableSub 模型输出一致，子电路模型功能正确。利用子电路模型，按照如下格式进行输入、输出数据扩展：

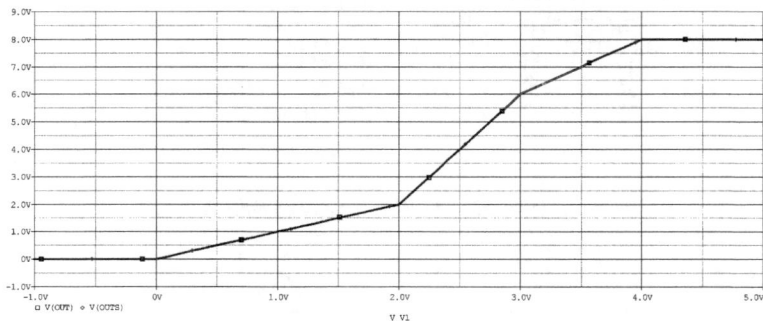

图 1.58　输出波形

```
. SUBCKT TableSub IN OUT
E_TABLE2              OUT 0 TABLE {V (IN)}
  + 0v                0v
  + 1v                1v
  + 2v                2v
  + 3v                6v
  + 4v                8v
  + 5v                11v
  + 6v                14v
  + 7v                15v
  + 8v                17v
  + 9v                20v
R_R1          0 IN    10meg
R_R2          0 OUT   10meg
. ENDS
```

按照 + IN OUT 格式进行输入、输出数据扩展，当数据量很大时，首先在 Excel 表格中对数据进行分列整理，然后直接复制到 lib 中即可，使用非常方便，仿真波形如图 1.59 所示。

TABLE 中包含 5 组数据，TableSub 中包含 10 组数据，并且增加数据非常灵活、简单。利用该模型对大量实际测试数据进行仿真，非常有实际意义。

FTABLE：频率响应查表器件，表格中数据按照频率、幅度和相位格式定义。表 1.22 中，频率单位为 Hz，幅度单位为 dB 或幅值，相位单位为°或 rad。表中共包含 5 组数据，当数据超过 5 组时，通过 Add New Row 属性增加数组；FTABLE 用于直流和偏置点分析、瞬态分析和交流分析。进行直流和偏置点分析时，信号频率等效为 0Hz；进行瞬态仿真分析时，在每个计算时刻按照脉冲响应对信号进行傅里叶变换，计算输出结

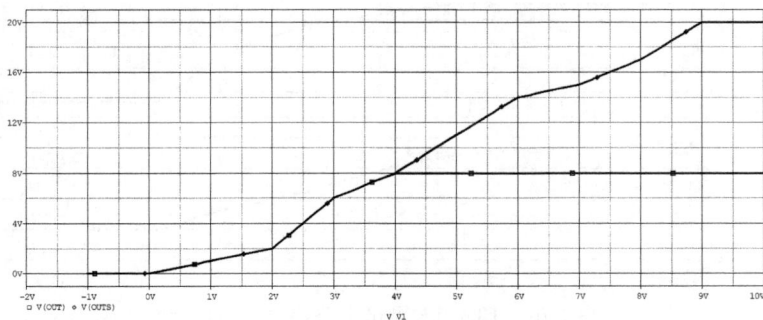

图 1.59　增加数据后的输出波形

果；进行交流仿真分析时，每个频率点输出幅度和相移按照设置值进行计算，幅度按照对数方式变化，相位按照线性方式变化。

表 1.22　FTABLE 参数列表

参数符号	名称	参数值	备注
DELAY	群延迟	默认为 0，单位为 s 优先于相位参数	设置群延迟 与相位参数一致
R_I	表格类型	默认值（空）：（频率、幅度、相位） YSE：（频率、实部、虚部）	设置表格数据类型
MAGUNITS	幅度单位	默认值（空）：DB MAG：幅值	设置幅度单位
PHASEUNITS	相位单位	默认值（空）：DEG 度 RAD：弧度	设置相位单位

　　图 1.60 和图 1.61 所示分别为 FTABLE 测试电路及其幅频、相频特性曲线。在设置频率点之间，幅度按照对数进行变化，相位按照线性变化；当 DELAY 设置为常数时，每个频率点的延迟时间都一致，使得每个频率点的相位延迟线性变化，相位延迟参数失效。

　　图 1.62 和图 1.63 所示为 DELAY 参数仿真测试电路和输出曲线，当 DELAY = 0.5ms 时，延迟相位 $a = 2\pi \times \text{Freq} \times \text{DELAY} \times \dfrac{180}{\pi} = 0.18 \times \text{Freq}$，

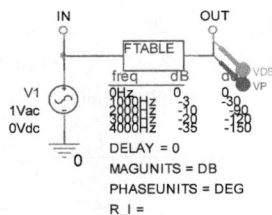

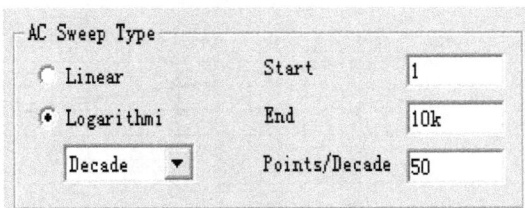

图 1.60　FTABLE 测试电路及仿真设置

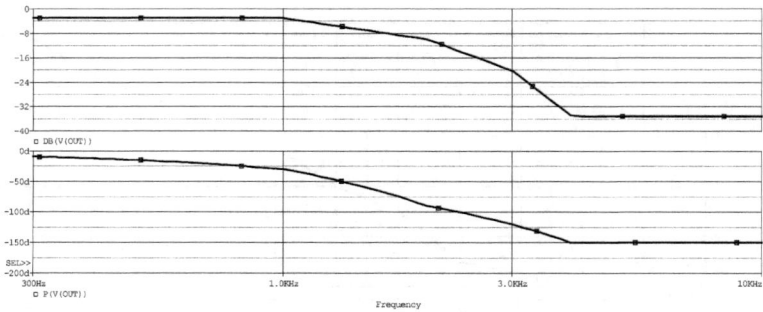

图 1.61 FTABLE 测试电路幅频、相频特性曲线

相位随着频率线性变化,设置的频率点相位值失效;幅度按照设置值变化。

当输入数据量非常大时,使用 FTABLE 就会捉襟见肘。利用 FTABLE 建立扩展模型,将输入数据量扩展到无限,使其更加实用。

图 1.64 所示为 FTABLE 扩展模型建立电路,电阻 R1 和 R2 用来防止网络节点悬空,利用该电路生成如下子电路模型 FtableSub. lib:

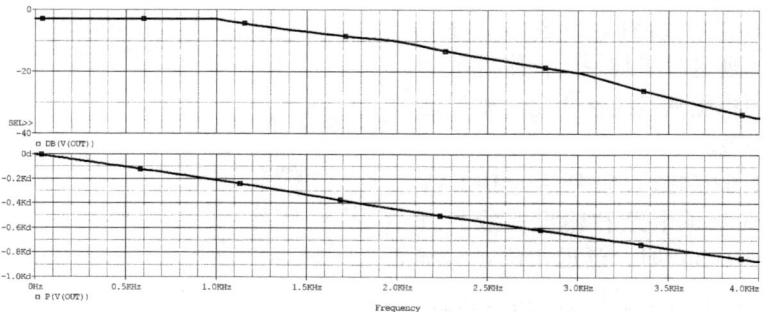

图 1.62 DELAY = 0.5ms 测试电路

. SUBCKT FtableSub IN OUT

R_R2   0 OUT   10meg

E_FTABLE1   OUT 0 FREQ {V (IN)}   DB DEG

+ 0Hz   0   0

+ 1000Hz   − 3   − 30

+ 2000Hz   − 10   − 90

+ 3000Hz   − 20   − 120

+ 4000Hz   − 35   − 150 DELAY = 0

R_R1   0 IN   10meg

. ENDS

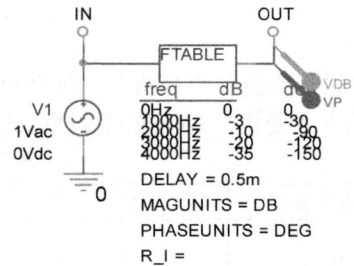

图 1.63 DELAY = 0.5ms 时输出频率特性曲线

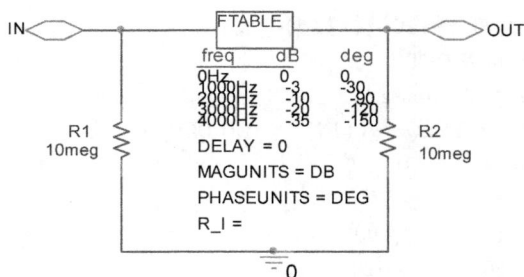

图 1.64 FTABLE 扩展模型建立电路

图 1.65 所示为 FTABLE. olb 符号及元件库。

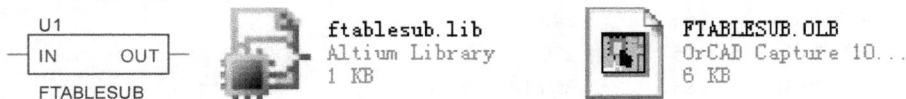

图 1.65 FTABLE. olb 符号及元件库

首先按照 FTABLE 测试电路对其进行测试，验证输入、输出对应关系的正确性。图 1.66 所示为 FtableSub 模型测试电路。

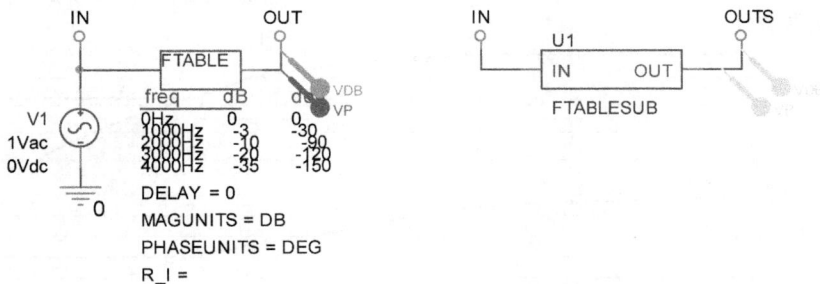

图 1.66 FtableSub 模型测试电路

图 1.67 所示为仿真输出波形，FTABLE 与 FtableSub 模型功能一致，表明子电路模型正确。

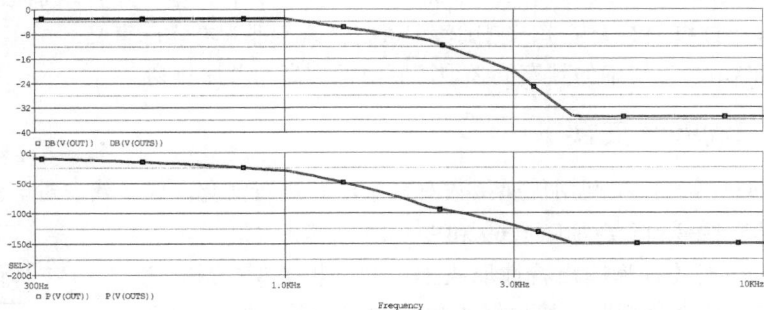

图 1.67 FtableSub 模型测试电路输出波形

子电路模型按照如下格式进行数据扩展:

```
. SUBCKT FtableSub IN OUT
R_R2            0 OUT   10meg
E_FTABLE1      OUT 0 FREQ {V (IN)}      DB DEG
+0Hz           0        0
+ 1000Hz       -3       -30
+ 2000Hz       -10      -90
+ 3000Hz       -20      -120
+ 4000Hz       -35      -150
+ 5000Hz       -45      -180
+ 6000Hz       -55      -210
+ 7000Hz       -65      -240
+ 8000Hz       -75      -270
+ 9000Hz       -85      -300 DELAY = 0
R_R1           0 IN    10meg
. ENDS
```

按照(+ 频率 幅度 相位)格式进行 FtableSub. lib 数据扩展,如果数据量很大,则首先在 Excel 表格中对数据进行分列整理,然后直接复制到 lib 中即可,如图 1.68 所示,使用非常方便。

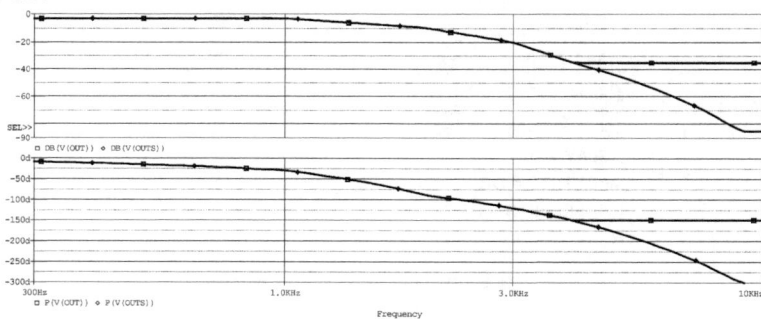

图 1.68   增加数据后的输出波形

FTABLE 中包含 5 组数据,FtableSub 中包含 10 组数据,并且增加数据非常灵活、简单。利用该模型对大量实际测试数据进行仿真,非常有实际意义。

注意:FTABLE 表格中的频率值必须按照由低到高的顺序排列。

1.3.6   Laplace 变换

Laplace 行为模型利用传递函数对复杂电路进行简化,在 s 域中对电路的传输特性进行描述,符号和参数如图 1.69 和表 1.23 所示。

Laplace 行为模型输出特性取决于仿真分析类型。进行直流和偏置点仿真分析时,按照输入信号频率为零,即 $s = 0$ 计算输出;进行交流仿真分析时,按照 $s = j \times 2\pi \times$ Freq 计算输出

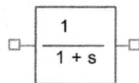

图 1.69   Laplace 符号

值；进行瞬态仿真分析时，输出按照输入为阶跃信号进行卷积计算。上述计算规则均遵循标准的 Laplace 变换。

表 1.23　Laplace 参数列表

参数符号	名称	参数值	备注
NUM	分子	s 表达式	输入、输出为电压信号
DENOM	分母	s 表达式	

$s = j\omega$，$\omega = 2\pi f$，图 1.70 所示低通滤波器在 s 域的传递函数为

$$\frac{V_{\text{out}}}{V_{\text{in}}} = \frac{1}{1 + s\tau}$$

其中，$\tau = CR = 10^{-6} \times 10^3$，$\tau = 10^{-3}$ 或 $0.001s$，传递函数为

$$\frac{V_{\text{out}}}{V_{\text{in}}} = \frac{1}{1 + 0.001 * s}$$

图 1.70 和图 1.71 所示分别为实际电路和 Laplace 器件构成的低通滤波器电路及其频率特性曲线，电路积分常数为 1ms，截止频率为 $1000/(2\pi) = 159\text{Hz}$。电路进行交流仿真分析时，实际电路和 Laplace 特性曲线一致、功能相同。利用 Laplace 器件对复杂控制系统进行建模，利用传递函数代替局部电路，实现对电路的简化。

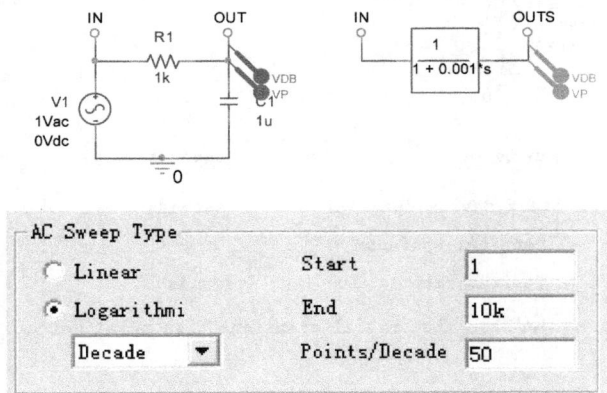

图 1.70　实际电路和 Laplace 低通滤波器电路及仿真设置

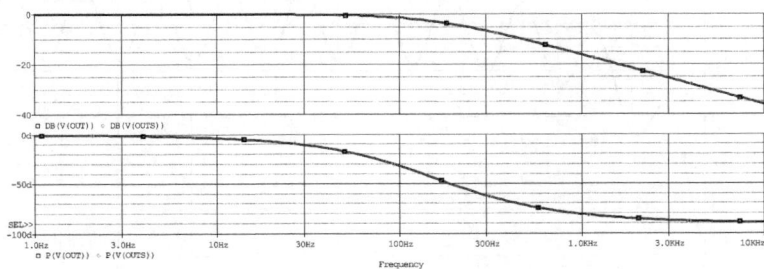

图 1.71　实际电路和 Laplace 低通滤波器输出频率特性曲线

如图 1.72 所示，利用 PSpice 中测量函数计算 3dB 截止频率约为 158.8Hz，与计算值 159Hz 一致。

Measurement Results			
	Evaluate	Measurement	Value
▶	☑	Cutoff_Lowpass_3dB(V(OUT))	158.783849

图 1.72　测量结果

Laplace 进行瞬态仿真时，按照输入为阶跃信号计算输出电压值。如图 1.73 和图 1.74 所示，输入电压为频率 1kHz、幅值 1V、直流偏置 1V 的正弦波；直流偏置 1V 对应 Laplace 积分器时间常数为 1ms，对应输出电压从 0V 经过 5ms 增大到约 1V，即时间常数的 5 倍时间后，输出电压与输入电压相同；1kHz 正弦波按照幅频特性进行衰减，输出频率相同、幅值衰减的正弦波；然后直流与正弦波相加构成总输出电压。Laplace 与实际电路瞬态仿真输出电压波形完全一致，所以在设计复杂电路系统时，首先应利用 Laplace 器件对电路进行简化，以提高仿真电路的集成度和速度。

注意：输入 s 的系数时一定要输入符号 $*$，例如输入 $1+0.001*s$，而不应该输入 $1+0.001s$。

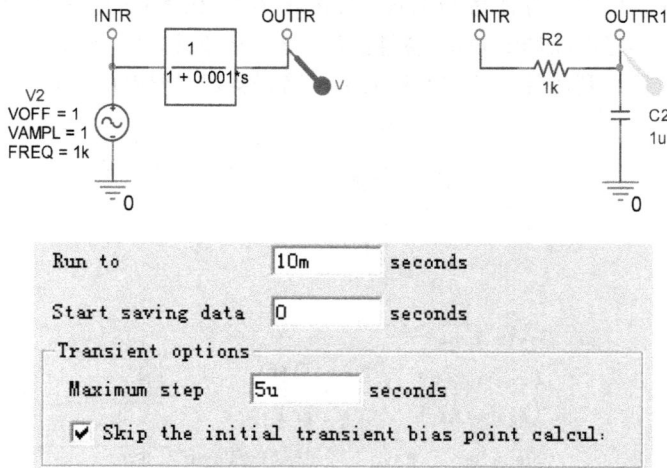

图 1.73　Laplace 与实际电路瞬态仿真设置

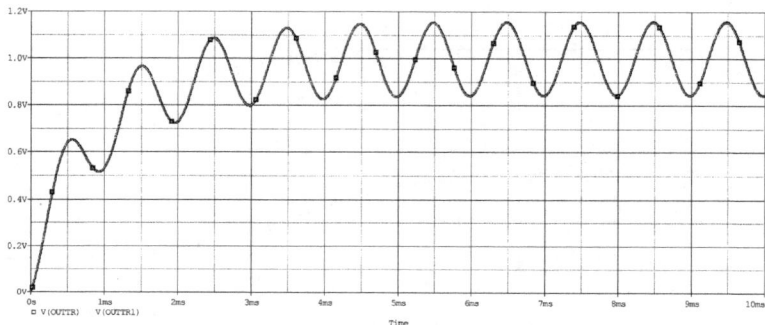

图 1.74　Laplace 与实际电路瞬态仿真输出电压波形

1.3.7　数学函数

ABM 数学函数器件符号见表 1.24，每个器件符号均有对应的输入、输出端口，按照信号走向进行连接。数学函数器件以 ANALOG 库中的电压控制电压源 E 为基础建立。每个器件提供一个或多个输入端口和指定的数学函数，然后输入信号根据数学函数在输出端口输出相应结果。

表 1.24　ABM 数学函数器件列表

元件名称	符号	特性、函数	功能	备注
ABS	ABS	ABS（x）	$\lvert x \rvert$	输入信号的绝对值
SQRT	SQRT	SQRT（x）	$\sqrt{x}$	输入信号的正二次方根
EXP	EXP	EXP（x）	e^x	自然常数指数函数
LOG	LOG	LOG（x）	$\ln x$	自然对数
LOG10	LOG10	LOG10（x）	$\lg x$	以 10 为底的对数
PWR	PWR 1.0	PWR（x，y）	$\lvert x \rvert^y$	x 绝对值的 y 次方
PWRS	PWRS1.0	PWRS（x，y）	x^y	x 的 y 次方
SIN	SIN	SIN（x）	$\sin x$	正弦函数，x 单位为 rad
COS	COS	COS（x）	$\cos x$	余弦函数，x 单位为 rad
TAN	TAN	TAN（x）	$\tan x$	正切函数，x 单位为 rad
ATAN	ATAN	ATAN（x）	$\tan^{-1}(x)$	反正切函数，所得数值单位为 rad

表 1.24 所示的 ABM 模型库中包含多种数学函数，此类函数能够直接应用到行为模型表达式中，以便对电路进行更加灵活的仿真分析。

利用数学函数器件建立 $V(OUT) = R \times e^{K \times \int_0^t V(IN)^2 dt}$ 模型电路，如图 1.75 所示。

图 1.75 所示为数学函数表达式电路图，输入信号首先由 PWR 进行二次方，然后通过 INTEG 进行积分，之后由 GAIN 进行增益调节，接下来由 EXP 进行幂函数转换，最后通过 GAIN 调节整体增益，各点波形如图 1.76 所示。

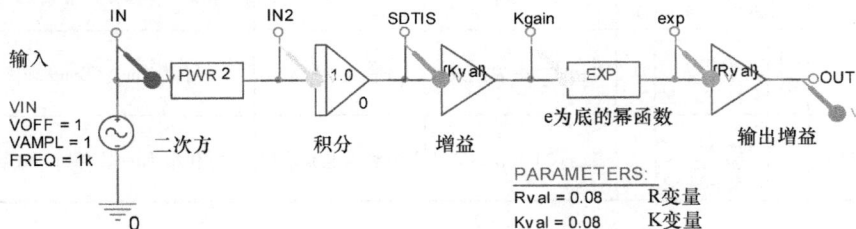

图 1.75　数学函数模型电路图

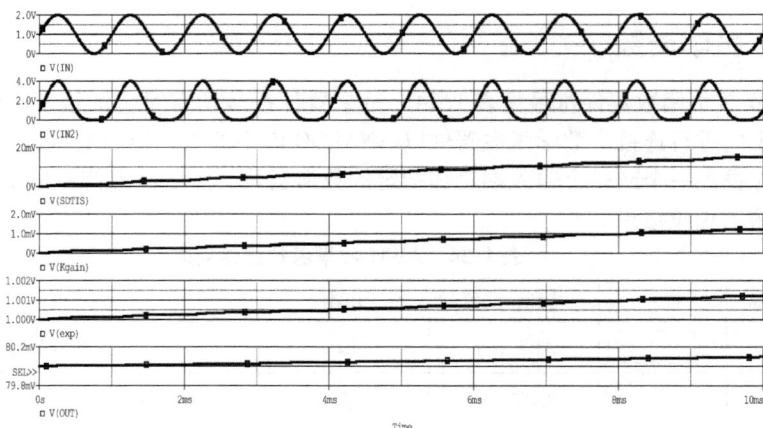

图 1.76　数学函数电路图各点电压波形

1.3.8　表达式器件

表 1.25　表达式器件列表

元件名称	符号	特性、函数	功能	备注
ABM	3.14159265	表达式 1…表达式 4	无输入电压输出	可利用 Time、Temp 和函数表达式
ABM/I	1.4142136	表达式 1…表达式 4	无输入电流输出	可利用 Time、Temp 和函数表达式
ABM1	(V(%IN) * 100) / 1000	表达式 1…表达式 4	1 路输入电压输出	可利用 Time、Temp 和函数表达式
ABM1/I	(V(%IN) * 100) / 1000	表达式 1…表达式 4	1 路输入电流输出	可利用 Time、Temp 和函数表达式
ABM2	(V(%IN1) +V(%IN2)) / 2.0	表达式 1…表达式 4	2 路输入电压输出	可利用 Time、Temp 和函数表达式
ABM2/I	(V(%IN1) + V(%IN2)) / 2.0	表达式 1…表达式 4	2 路输入电流输出	可利用 Time、Temp 和函数表达式
ABM3	(V(%IN1) +V(%IN2) +V(%IN3)) / 3.0	表达式 1…表达式 4	3 路输入电压输出	可利用 Time、Temp 和函数表达式
ABM3/I	(V(%IN1) +V(%IN2) +V(%IN3)) / 3.0	表达式 1…表达式 4	3 路输入电流输出	可利用 Time、Temp 和函数表达式

　　表 1.25 为表达式器件列表，包括器件类型和功能。表达式器件能够通过编写函数实现多种功能。每个器件均含有 4 个如下形式的表达式模块：EXPn，其中 n = 1，2，3，

4。生成电路网表时通过依次连接 4 个模块形成完整表达式，实现对传输函数的定义。表达式第一部分必须放在模块 1 中，第二部分放在模块 2 中，以此类推。

表达式由输入信号、数学函数、算子和标准 PSpice 运算符组成。利用表达式器件实现函数 $V(OUT) = R \times e^{K \times \int_0^t V(IN)^2 dt}$，该函数的 PSpice 表达式为 EXP(SDT(PWR(V(IN),2))*\{Kval\})*\{Rval\}，数学函数器件和表达式器件电路如图 1.77 所示。

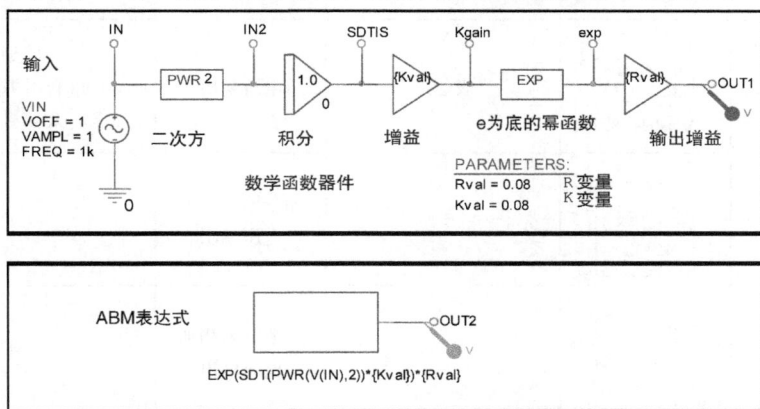

图 1.77　仿真电路

图 1.78 所示为仿真输出波形，利用数学函数器件和表达式器件能够实现同样的功能。对于比较复杂的数学函数通常利用表达式实现，以便对电路进行简化，如果表达式和数学函数器件结合，则使用将会更加游刃有余。

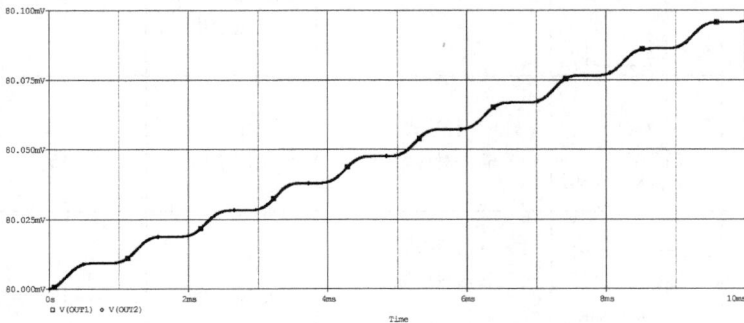

图 1.78　仿真输出波形

1.3.9　等效器件

表 1.26 为 PSpice 等效器件列表，该类器件对差分输入进行处理并且双端输出。ABM 库中所有等效器件均被划分为 E 型和 G 型。E 型器件输出电压信号，G 型器件输出电流信号。输出需要电压信号时使用 E 型器件，输出需要电流信号时使用 G 型器件。另外，等效器件的传递函数支持电压信号和电流信号的混合输入。

表 1. 26　PSpice 等效器件列表

元件名称	符号	特性、函数	功能	备注
EVALUE	E1 IN+OUT+ IN- OUT- EVALUE V(%IN+, %IN-)	表达式	电压输出	通用 可利用 Time，Temp 和函数表达式
GVALUE	G1 IN+OUT+ IN- OUT- GVALUE V(%IN+, %IN-)	表达式	电流输出	通用 可利用 Time，Temp 和函数表达式
ESUM	E2 IN1+ IN1-OUT+ ESUM IN2+OUT- IN2-		差分输入相加 电压输出	专用
GSUM	G2 IN1+ IN1-OUT+ GSUM IN2+OUT- IN2-		差分输入相加 电流输出	专用
EMULT	E3 IN1+ IN1-OUT+ EMULT IN2+OUT- IN2-		差分输入相乘 电压输出	专用
GMULT	G3 IN1+ IN1-OUT+ GMULT IN2+OUT- IN2-		差分输入相乘 电流输出	专用
ETABLE	E1 IN+OUT+ IN- OUT- ETABLE V(%IN+, %IN-)	表达式 输入对应数组	电压输入 电压输出	通用 （ -15， -15）（15, 15）
GTABLE	G1 IN+OUT+ IN- OUT- GTABLE V(%IN+, %IN-)	表达式 输入对应数组	电压输入 电流输出	通用 （ -15， -15）（15, 15）
EFREQ	E2 IN+OUT+ IN- OUT- EFREQ V(%IN+, %IN-)	表达式 输入对应数组	电压输入 电压输出	通用 （0, 0, 0） （1Meg， -10, 90）
GFREQ	G2 IN+OUT+ IN- OUT- GFREQ V(%IN+, %IN-)	表达式 输入对应数组	电压输入 电流输出	通用 （0, 0, 0） （1Meg， -10, 90）

（续）

元件名称	符号	特性、函数	功能	备注
ELAPLACE	E3 IN+OUT+ IN- OUT- ELAPLACE V(%IN+, %IN-)	传递函数	电压输入 电压输出	通用 1/s
GLAPLACE	G3 IN+OUT+ IN- OUT- GLAPLACE V(%IN+, %IN-)	传递函数	电压输入 电流输出	通用 1/s

　　EVALUE 和 GVALUE：传递函数为标准数学表达式；输入信号根据函数表达式在输出端输出结果。受控源表达式由常数、参数、电压、电流或时间构成；电压为网络节点电压或两个网络节点之间的电压；电流由电压源进行提取，比如 I（VSENSE）；表达式包括数学函数、算术符号和括号。

　　EMULT，GMULT，ESUM 和 GSUM：EMULT 和 GMULT 输出信号为两输入信号之积；ESUM 和 GSUM 输出信号为两输入信号之和。

　　ETABLE 和 GTABLE：通过表格描述传递函数，适用于有规则数据。

　　ETABLE：TABLE（−15，−15），(15，15)；EXPR V（%IN +，%IN −）

　　GTABLE：TABLE（−15，−15），(15，15)；EXPR V（%IN +，%IN −）

　　首先通过计算 EXPR 得到数值，然后利用该值进行查表。EXPR 为输入信号（电流或电压）的函数，与 EVALUE 使用方式相同。表格由成对数值组成，每对数值中前者为输入，后者为相应的输出。当输入为相邻两个数值之间的值时，采用线性内插法计算对应输出值；当输入信号超出表格范围时，器件输出最小或最大输入信号所对应的输出值。

　　EFREQ 和 GFREQ：以频率、幅度、相位形式对传输特性进行表述。频率单位为 Hz，幅度单位为 dB，相位单位为°。当输入值在两相邻数值之间时，采用内插法计算输出。相位通过线性内插法计算，幅度采用对数内插法计算（即在 dB 单位下采用线性内插法计算）。当输入信号频率超出规定频率范围时，输出信号幅度为 0。频率器件参数见表 1.27。

表 1.27　频率器件参数表

参数名称	功　　能
EXPR	用于查表的表达式；如果此项为空，则默认为输入 V（%IN +，%IN −）
TABLE	用一系列（输入频率、幅度、相位）三元组或（输入频率、实部、虚部）三元组描述复数值。如果此项为空，则默认为（0，0，0）(1Meg，−10，90)
DELAY	群延时增量，此项为空时值为 0
R_I	表格类型；如果此项为空，则频率分配表格式为（输入频率、幅度、相位）；如果为任意值（如 YES）定义该项，则频率分配表格式为（输入频率、实部、虚部）
MAGUNITS	幅度单位，分贝 DB 或者幅度 MAG；此项为空时默认单位为 dB
PHASEUNITS	相位单位，度 DEG 或者弧度 RAD，此项为空时默认单位为度 DEG

利用等效器件能够非常便捷地建立控制器模型，下面结合图 1.79 限幅器电路进行实例讲解。

利用等效器件 EVALUE 和 GVALUE 构成的限幅器如图 1.79 所示，通过参数设置限幅器的上限值和下限值。首先通过 Gd 将输入电压信号转化为电流信号；V1 和 V2 为直流电压源，其电压值分别为限幅器的下限值和上限值；二极管 D1 和 D2 实现隔离作用，为理想二极管，正向导通压降为零，反向电压无穷大，二极管模型语句为 . model dclamp d n = 0.001 rs = 50m；最后由 Edc 进行输出。当输入电压足够大时，二极管 D2 导通，输出为 V2 电压值，即限幅器上限值；当输入电压足够小时，二极管 D1 导通，输出为 V1 电压值，即限幅器下限值；当输入电压在限幅范围内时，输出电压为 V（IN）＊100u＊10k = V（IN），即输入电压。图 1.80 所示为限幅器输入、输出波形。

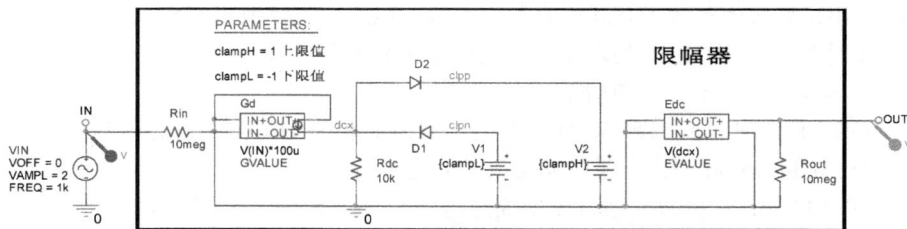

图 1.79　限幅器电路图

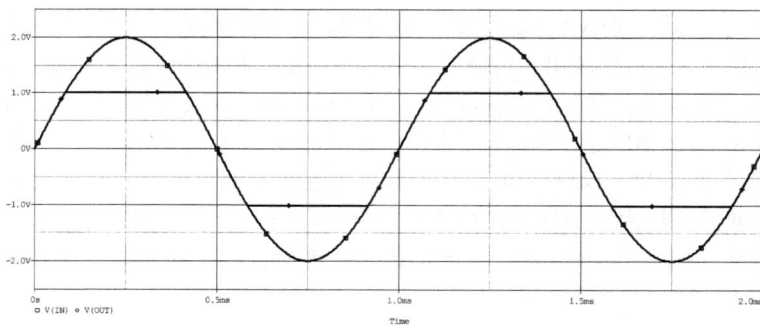

图 1.80　限幅器输入、输出波形

图 1.80 中波形 V（IN）为限幅器输入信号波形，V（OUT）为输出信号波形；当输入信号大于限幅器上限值时，输出被限制为上限值；当输入信号小于限幅器下限值时，输出被限制为下限值；当输入信号在限制值之间时，输出与输入一致。

1.3.10　IF 语句

PSpice 利用 ABM 调用 IF 语句建立逻辑功能器件模型。IF 语句格式、布尔函数和逻辑判别式见表 1.28。

表 1.28　IF 语句函数

IF (t, x, y)	x：t 为真 y：t 为非	t 为逻辑判别式
布尔函数		
~	NOT	非
|	OR	或
^	XOR	异或
&	AND	与
逻辑判别式		
= =	等于	
! =	不等于	
>	大于	
> =	大于等于	
<	小于	
< =	小于等于	

首先结合语句实例进行介绍：

(1) IF(V(3)>1,I(V4),V(2))：如果节点 3 电压 V(3)>1，则输出值为 I(V4)，否则输出为节点 2 的电压值 V(2)；I(V4) 表示通过电压源 V4 的电流。

(2) IF(V(9)>1.5,IF(V(10)>1.5,IF(V(11)>1.5,0.3,3.5),3.5),3.5)：如果节点 9 的电压 V(9)>1.5，节点 10 的电压 V(10)>1.5，节点 11 的电压 V(11)>1.5，则输出为 0.3V，否则输出为 3.5V。该语句利用嵌套形式实现三输入与非门功能。

(3) IF(V(1,2)<100m,100m,IF(V(1,2)>1,1,V(1,2)))：如果节点 1 和 2 之间电压 V(1,2)<100m，则输出为 100m；如果节点 1 和 2 之间电压 V(1,2)>1，则输出为 1；否则输出为节点 1 和 2 之间电压 V(1,2)。该语句利用嵌套实现限幅器功能。

(4) IF((V(1)>500m)&(V(2)>500m)&(V(3)>500m),0,5)：如果节点 1、2 和 3 的电压值都大于 500mV，则输出为 0V，否则输出为 5V。该语句利用布尔函数实现三输入与非门功能。

(5) IF((V(1)>500m)|(V(2)>500m),5,0)：如果节点 1 或节点 2 的电压值大于 500mV，则输出为 5V，否则输出为 0V。该语句利用布尔函数实现两输入或门功能。

(6) IF(V(1)>500m,0,5)：如果节点 1 的电压值大于 500mV，则输出为 0V，否则输出为 5V。该语句实现反向器功能。

下面结合滞环比较器 COMPARHYS 和 RS 触发器 FFLOP 模型的建立与测试过程，对 IF 语句进行实例练习。

COMPARHYS 滞环比较器模型电路如图 1.81 所示，元器件列表见表 1.29。

. SUBCKT COMPARHYS NINV INV OUT params：VHIGH = 5 VLOW = 100m VHYS = 50m
E2 HYS NINV Value = { IF (V(OUT) > {(VHIGH + VLOW)/2}, {VHYS}, 0) }
E1 4 0 Value = { IF (V(HYS,INV) > 0, {VHIGH}, {VLOW}) }
RO 4 OUT 10
CO OUT 0 100P
. ENDS

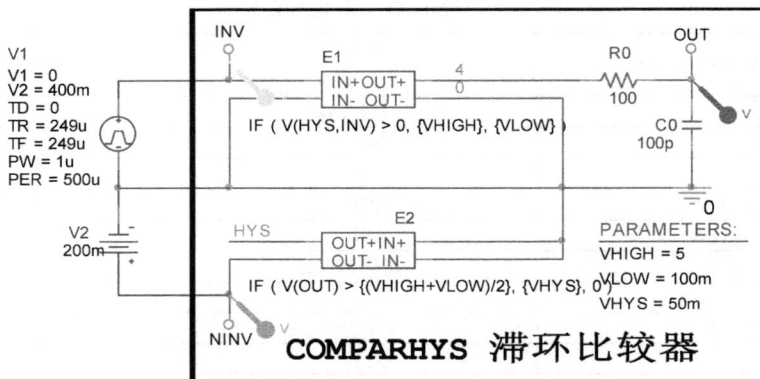

图 1.81　COMPARHYS 滞环比较器模型

表 1.29　COMPARHYS 滞环比较器电路图元器件列表

编号	名称	型号	参数	库	功能注释
R0	电阻	R	100	ANALOG	滤波
C0	电容	C	100p	ANALOG	滤波
E1	行为模型	EVALUE	见电路图	ABM	逻辑功能
E2	行为模型	EVALUE	见电路图	ABM	逻辑功能
PARAMETERS	参数	PARAM	见电路图	SPECIAL	参数定义
V1	脉冲源	VPULSE	见电路图	SOURCE	信号源
V2	直流电压源	VDC	200m	SOURCE	信号源
0	绝对地	0		SOURCE	绝对地

　　参数 VHIGH = 5 设置比较器输出高电平值，VLOW = 100m 设置比较器输出低电平值，VHYS = 50m 设置滞环电压值。

　　仿真结果如图 1.82 所示，三角波 V（INV）为反相端输入信号波形，直流电压 V（NINV）为同相端输入信号波形，方波 V（OUT）为输出波形。当正相电压恰好高于反相电压时输出为高，当反相电压高于正相电压 50mV 时输出为低，实现 50mV 滞环比较器功能。

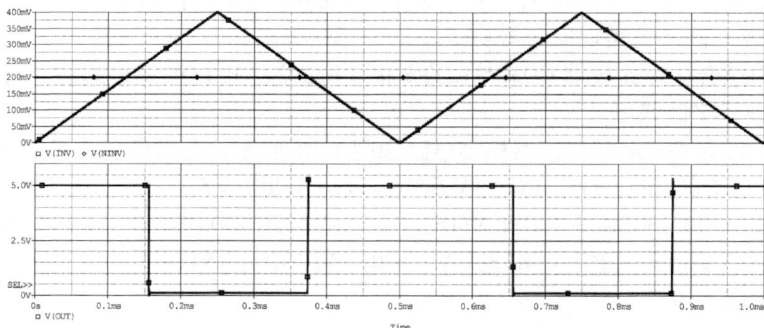

图 1.82　COMPARHYS 滞环比较器测试波形

RS 触发器 FFLOP 模型电路如图 1.83 所示，元器件列表见表 1.30。

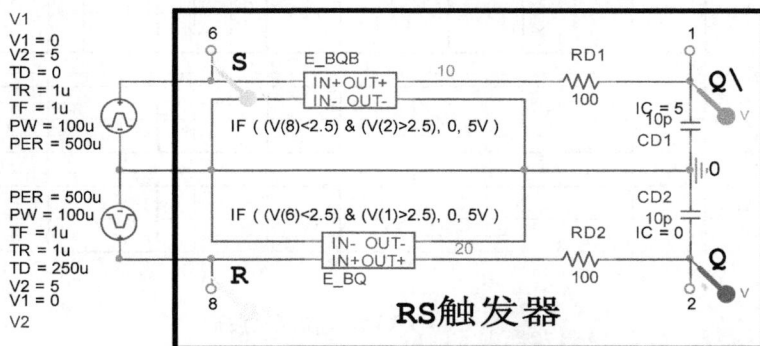

图 1.83　RS 触发器模型

利用行为模型 EVALUE 和 IF 语句建立触发器模型，电阻和电容实现输出缓冲和初始值设置，仿真波形如图 1.84 所示。

```
. SUBCKT FFLOP 6 8 2 1
*                S R Q Q\
E_BQB 10 0 VALUE = { IF ( ( V ( 8 ) < 2. 5 ) & ( V ( 2 ) > 2. 5 ) , 0, 5V ) }
E_BQ  20 0 VALUE = { IF ( ( V ( 6 ) < 2. 5 ) & ( V ( 1 ) > 2. 5 ) , 0, 5V ) }
RD1   10 1 10
CD1    1 0 10P IC = 5
RD2   20 2 10
CD2    2 0 10P IC = 0
. ENDS FFLOP
```

表 1.30　RS 触发器仿真电路图元器件列表

编号	名称	型号	参数	库	功能注释
RD1	电阻	R	100	ANALOG	滤波
RD2	电阻	R	100	ANALOG	滤波
CD1	电容	C	10p	ANALOG	滤波
CD2	电容	C	10p	ANALOG	滤波
E_BQB	行为模型	EVALUE	见电路图	ABM	逻辑功能
E_BQ	行为模型	EVALUE	见电路图	ABM	逻辑功能
V1	脉冲源	VPULSE	见电路图	SOURCE	触发
V2	脉冲源	VPULSE	见电路图	SOURCE	触发
0	绝对地	0		SOURCE	绝对地，电路必有

1.3.11　Time 时间变量

电路进行瞬态仿真分析时，利用 ABM 对时间变量 Time 进行提取，然后进行波形发生、逻辑判断及其他功能。

利用函数语句生成波形：Freq 为频率，Pi 为圆周率 π。

$\sin(2 * Pi * Freq * Time)$ 正弦波

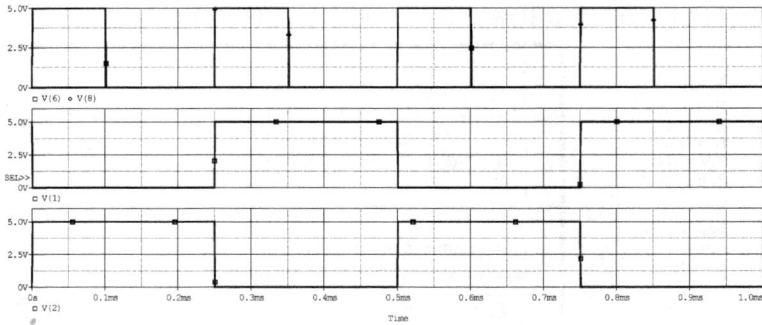

图 1.84　RS 触发器测试波形

当 S 端信号为高 R 端信号为低时 Q 为高、Q\ 为低

当 R 端信号为高 S 端信号为低时 Q 为低、Q\ 为高

SGN（sin(2 ∗ Pi ∗ Freq ∗ Time））方波

（1/Pi）∗ Acos（cos（2 ∗ Pi ∗ Freq ∗ Time ＋Pi/2））三角波

图 1.85 所示为波形发生和逻辑判断电路及其仿真设置，图 1.86 所示为仿真输出波形。

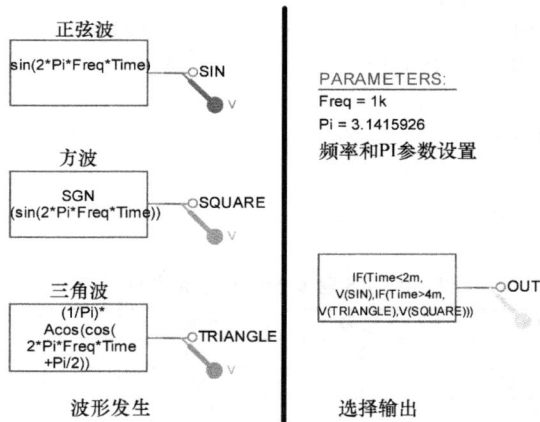

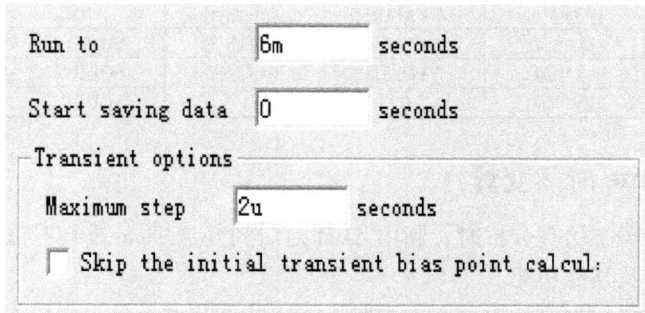

图 1.85　波形发生和逻辑判断电路及其仿真设置

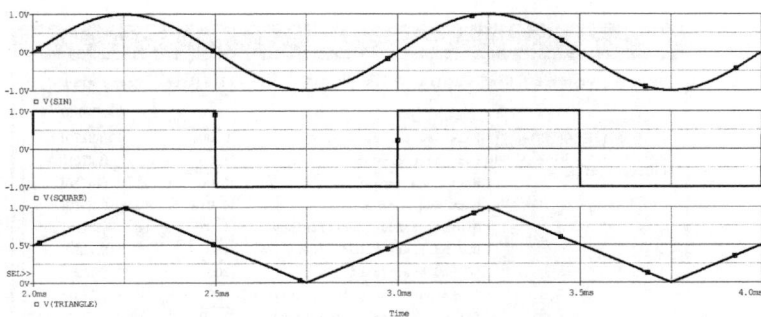

图 1.86　仿真输出波形：正弦波、方波和三角波

利用 IF 语句进行选择输出，0 ~ 2ms 输出正弦波；2 ~ 4ms 输出方波；4ms 之后输出三角波，语句如下：IF（Time < 2m, V（SIN）, IF（Time > 4m, V（SQUARE）, V（TRIAN-GLE）））, 输出波形如图 1.87 所示。

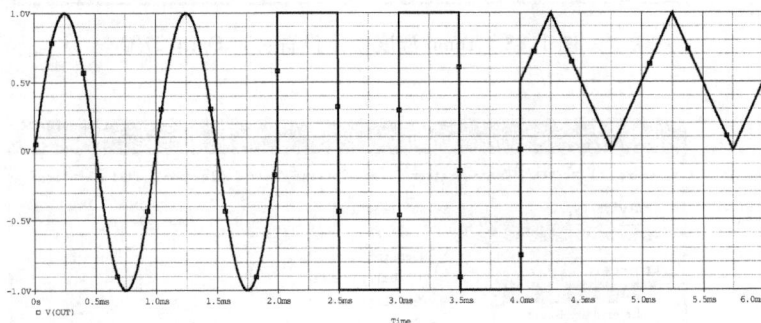

图 1.87　利用 IF 语句进行波形选择输出

1.4　Temp 温度变量

电路进行仿真分析时，利用 ABM 对温度变量 Temp 进行提取，然后进行函数运算、逻辑判断及其他功能。

如图 1.88 和图 1.89 所示，温度变量 Temp 通过 Options 设置中的 TNOM 进行设置，或者通过直流扫描分析中的温度变量 Temperature 进行温度参数扫描。下面结合铂电阻模型对 Temp 变量的具体使用进行实例分析，电路如图 1.90 所示。

PT100：{100 + 0.385 * Temp}，0℃时电阻值为 100Ω，温度每变化 1℃电阻值近似变化 0.385Ω。

PT1000：{1k + 3.792 * Temp}，0℃时电阻值为 1kΩ，温度每变化 1℃电阻值近似变化 3.792Ω。

E1：IF（Temp < 100, V（% IN +）, V（% IN -）），温度小于 100℃时输出 PT100阻值，否则输出 PT1000 阻值。

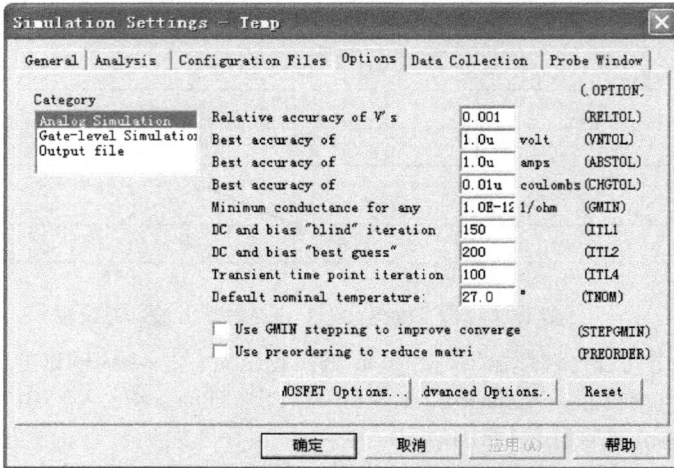

图 1.88　Temp 温度变量设置：TNOM = 27℃

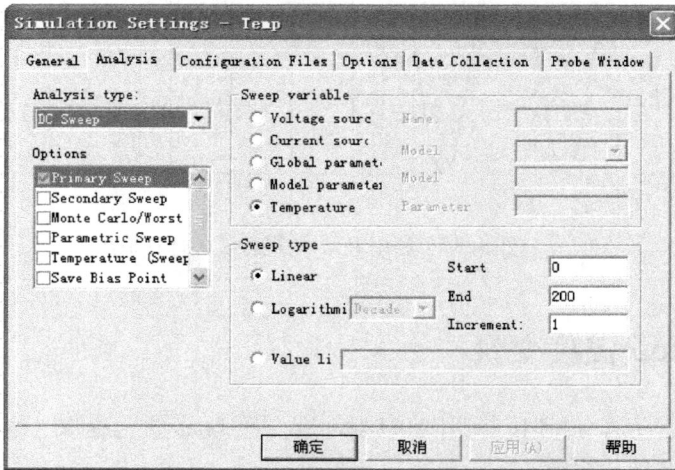

图 1.89　直流分析：温度扫描

　　图 1.91 所示为温度从 0 ~ 200℃变化时，PT100 和 PT1000 阻值变化曲线。图 1.91 中上面 V（PT100）为 PT100 阻值变化曲线，0℃时阻值为 100Ω，200℃时阻值为 177Ω；图中下面 V（PT1000）为 PT1000 阻值变化曲线，0℃时阻值为 1kΩ，200℃时阻值为 1758.4Ω。

　　图 1.92 所示为行为模型 EVALUE 输出波形，利用 EVALUE 和 IF 语句对温度进行判断，然后对 PT100 和 PT1000 进行选择输出。如图 1.92 所示，当温度小于 100℃时，输出为 PT100 阻值；当温度大于 100℃时，输出为 PT1000 阻值。

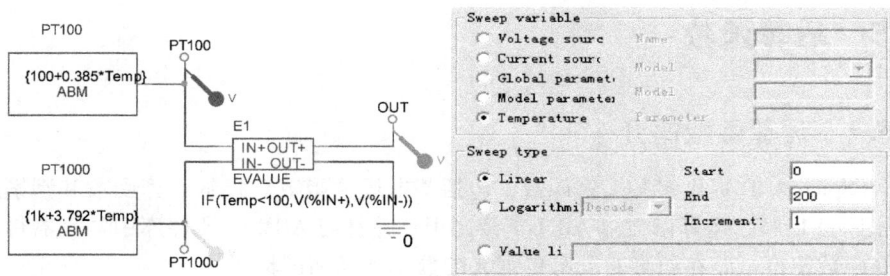

图 1.90　铂电阻 PT100 和 PT1000 模型测试电路及仿真设置

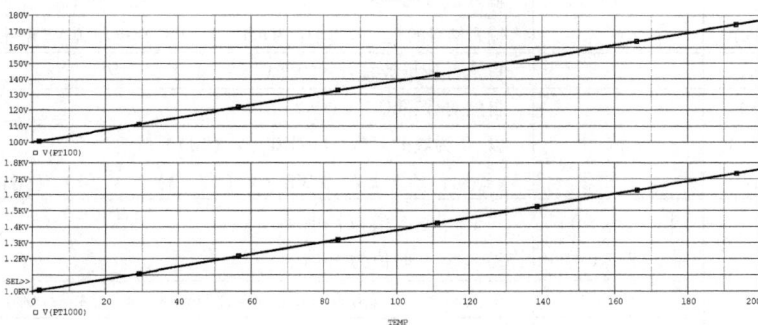

图 1.91　PT100 和 PT1000 阻值变化曲线

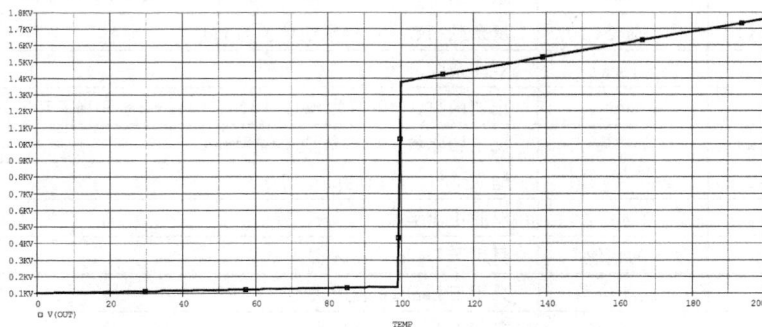

图 1.92　行为模型 EVALUE 输出波形

　　利用温度变量 Temp 建立与温度相关的器件模型非常实用和便捷,但是当温度范围变化比较大,例如上千度或者更高时,电路中其他器件模型可能也跟温度有关,就会产生仿真误差或者不收敛,此时通常把温度变量 Temp 转化为电压或 Time 变量,但是一定要在电路功能正确的情况下转化。电路功能是不变的,变化的是分析方式。

1.5 运算函数

1.5.1 运算函数简介

　　PSpice A/D 提供多种运算函数，包括基本运算函数、布尔运算函数和判别式函数，具体见表 1.31，运算函数由 ABM 直接调用，并且与 ABM 元器件库中的元器件相对应。运算函数使得电路在仿真时具有更强大的数学计算和逻辑功能。

表 1.31　PSpice 仿真电路中运算函数

函数表达式	意义	备注或实例
ABS（x）	$\lvert x \rvert$	输入信号的绝对值：ABS（V（9））节点 9 的电压绝对值
SQRT（x）	$\sqrt{x}$	输入信号的正二次方根：SQRT（I（VS））电压源 VS 电流的正二次方根
EXP（x）	e^x	自然常数指数幂：EXP（V（5，4））$e^{V(5,4)}$
LOG（x）	$\ln x$	自然对数：LOG（V（2））
LOG10（x）	$\lg x$	以 10 为底的对数：LOG10（V（10））
PWR（x，y）	$\lvert x \rvert^y$	x 绝对值的 y 次方：PWR（V（2），3）　V（2）绝对值的三次方
PWRS（x，y）	$\lvert x \rvert^y$（x>0） $-\lvert x \rvert^y$（x<0）	当 x>=0 时值为 $\lvert x \rvert^y$ 当 x<=0 时值为 $-\lvert x \rvert^y$
SIN（x）	$\sin x$	正弦函数，x 单位为 rad：SIN（Time*2*3.14*1000）
ASIN（x）	$\sin^{-1}x$	反正弦函数，所得数值单位为 rad
SINH（x）	$\sinh x$	双曲正弦函数
COS（x）	$\cos x$	余弦函数，x 单位为 rad：COS（Time*2*3.14*1000）
ACOS（x）	$\cos^{-1}x$	反余弦函数，所得数值单位为 rad
COSH（x）	$\cosh x$	双曲余弦函数
TAN（x）	$\tan x$	正切函数，x 单位为 rad：TAN（Time*2*3.14*1000）
ATAN（x）	$\tan^{-1}x$	反正切函数，所得数值单位为 rad
ATAN2（y，x）	$\tan^{-1}(y/x)$	输入 y 与 x 比值的反正切
TANH（x）	$\tanh x$	双曲正切函数
M（x）	x 的幅值	只用于 Laplace 表达式
P（x）	x 的相位角	只用于 Laplace 表达式
R（x）	x 的实部	只用于 Laplace 表达式
IMG（x）	x 的虚部	只用于 Laplace 表达式
DDT（x）	x 对时间的微分	仅用于瞬态仿真分析：DDT（V（1））
SDT（x）	x 对时间的积分	仅用于瞬态仿真分析：SDT（V（2））
TABLE（x1，y1，…，xn，yn）	y 为 x 的函数	y 值为（x1，y1 至 xn，yn）所描述的"分段线性"函数，经内差法求得

（续）

函数表达式	意义	备注或实例
MIN（x，y）	x 与 y 的最小值	输出节点 2 和节点 3 电压比较小的值 MIN（V（2），V（3））
MAX（x，y）	x 与 y 的最大值	输出节点 2 和节点 3 电压比较大的值 MAX（V（2），V（3））
LIMIT（x，min，max）	min：$x < min$ max：$x > max$ x：x 为其他值	限幅器 LIMIT（V（2），5，8）：当节点 2 电压大于 8V 时输出为 8V，小于 5V 时输出为 5V，否则输出 V（2），即节点 2 的电压值
SGN（x）	1：$x > 0$ 0：$x = 0$ −1：$x < 0$	符号判断 SGN（V（1））：当节点 1 电压大于 0V 时输出为 1，小于 0V 时输出为 −1，等于 0V 时输出为 0
STP（x）	1：$x > 0$ 0：x 为其他	过零判断 STP（V（3））：当节点 3 电压大于 0V 时输出为 1，否则输出为 0
IF（t，x，y）	x：t 为真 y：t 为非	逻辑判断 IF（V（1）>3，V（5），V（3））：如果 V（1）>3 输出 V（5），否则输出 V（3）
算术运算		
+	加法	
−	减法	
*	乘法	
/	除法	
* *	幂运算	
布尔函数——用于 IF 语句		
~	NOT	非
|	OR	或
^	XOR	异或
&	AND	与
逻辑判别式——用于 IF 语句		
= =	等于	IF（V（1）= =3，V（5），V（3））：如果 V（1）=3 则输出 V（5），否则输出 V（3）
! =	不等于	IF（V（1）! =3，V（5），V（3））：如果 V（1）≠3 则输出 V（5），否则输出 V（3）
>	大于	IF（V（1）>3，V（5），V（3））：如果 V（1）>3 则输出 V（5），否则输出 V（3）
> =	大于等于	IF（V（1）> =3，V（5），V（3））：如果 V（1）≥3 则输出 V（5），否则输出 V（3）
<	小于	IF（V（1）<3，V（5），V（3））：如果 V（1）<3 则输出 V（5），否则输出 V（3）
< =	小于等于	IF（V（1）< =3，V（5），V（3））：如果 V（1）≤3 则输出 V（5），否则输出 V（3）

1.5.2　运算函数创建及测试

利用基本函数能够创建新的运算函数，下面通过三变量函数实例讲解其建立过程。

第一步：打开文本文件 . txt，输入 . FUNC FUNC1(x,y,z) ｛x + y * z｝;. FUNC 为函数文件类型；FUNC1(x,y,z)为所定义 的函数名称及其自变量；｛x + y * z｝为函数体，定义在大括号 内，x、y、z 为自变量，是参数或电路中的测试信号。

图 1.93　函数文件

第二步：保存文件，如图 1.93 所示，将文件保存为 Function. func，该文件必须以 . func 结尾。

第三步：添加函数，如图 1.94 所示，在配置文件窗口中单击"Include"，然后通过 "Browse"浏览按钮查找并选定需要添加的函数 Function. func，然后单击"打开"按钮， 注意文件类型一定要选择"All Files（*.*）"。

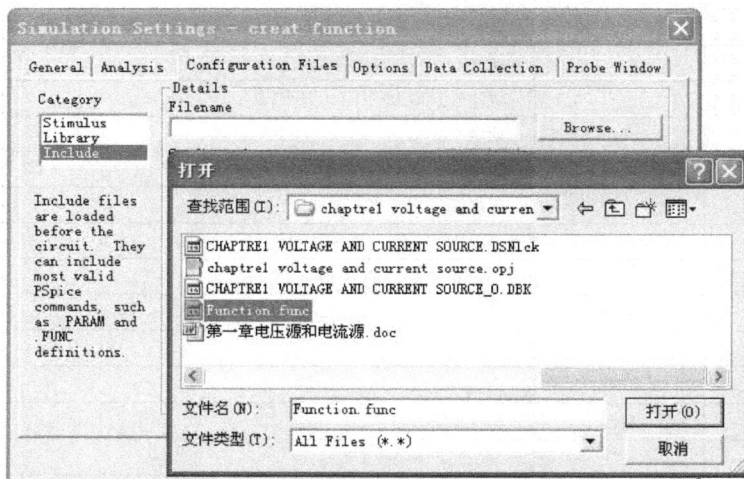

图 1.94　添加函数

第四步：选择函数添加类型，如图 1.95 所示，在配置文件窗口中包含 3 种类型， "Add to Global"添加为全局函数；"Add to Design"添加为本设计函数；"Add to Profile"添加为本文件函数。通常情况下选择"Add to Design"添加为本设计函数，如果 所建立函数非常通用或者使用率很高，则选择"Add as Global"添加为全局函数。

第五步：函数配置完成后单击鼠标左键"确定"按钮进行确认。

图 1.96 所示为函数测试电路及仿真设置，利用 ABM 对函数进行调用，输出电压为 x + V(y) * V(z) = 10 + 5 * (1 + sin(2 * 3. 14 * 1k * Time)) = 15 + 5 * sin(2 * 3. 14 * 1k * Time)，即输出电压为频率是 1k 的正弦波，直流偏置电压为 15V，幅值为 5V。

图 1.97 所示为输出电压波形，最大值为 20V、最小值为 10V、直流偏置为 15V、频 率为 1kHz，与所建立函数功能一致。

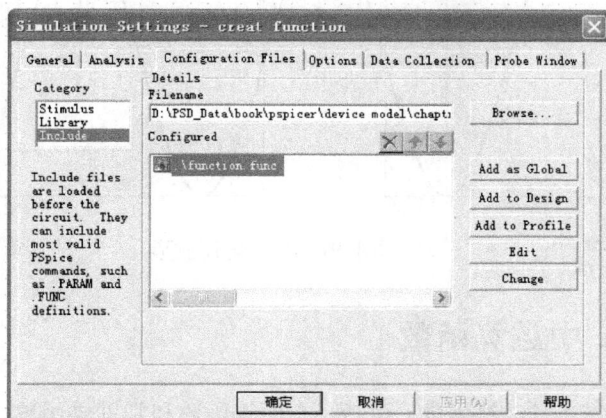

图 1.95　选择函数添加类型

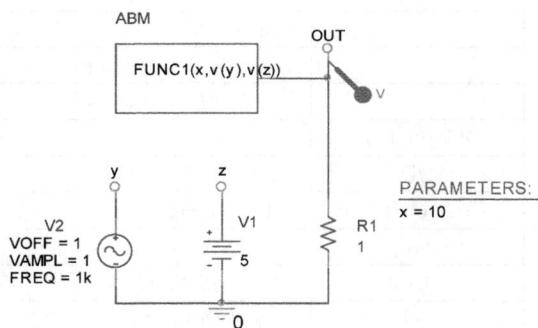

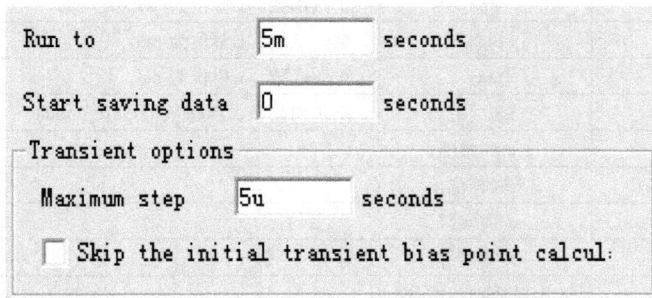

图 1.96　函数测试电路及仿真设置

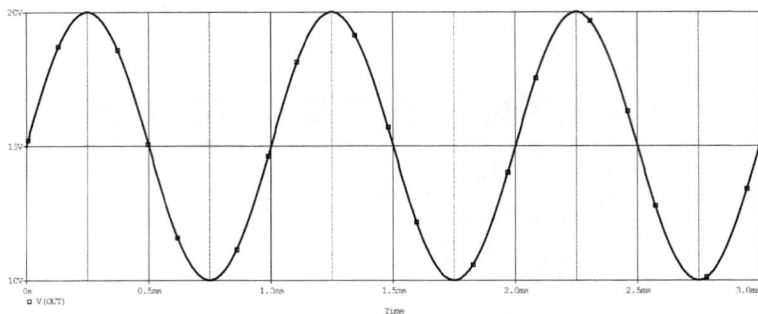

图 1.97   输出电压波形

1.6   Probe 中运算函数

Probe 提供许多种运算函数，包括基本运算函数和判别式函数，具体见表 1.32，运算函数直接在波形表达式中使用，使 Probe 的图形处理功能更加强大。

表 1.32   Probe 中运算函数

函数表示法	数学函数	备注
ABS（x）	$\lvert x \rvert$	输入信号的绝对值
AVG（x）		x 的平均值
AVG（x，d）		x 在范围 d 内的平均值
G（x）		x 的群延时，单位为 s
DB（x）	$20\log 10\ (x)$	x 的分贝值
SQRT（x）	$\sqrt{x}$	输入信号的正二次根
EXP（x）	e^x	自然常数指数幂
LOG（x）	$\ln x$	自然对数
LOG10（x）	$\lg x$	以 10 为底的对数
PWR（x，y）	$\lvert x \rvert^y$	x 绝对值的 y 次方
SIN（x）	$\sin x$	正弦函数，x 单位为 rad
COS（x）	$\cos x$	余弦函数，x 单位为 rad
TAN（x）	$\tan x$	正切函数，x 单位为 rad
ATAN（x）	$\tan^{-1} x$	反正切函数，所得数值单位为 rad
M（x）	x 的幅值	
P（x）	x 的相位角	
R（x）	x 的实部	
IMG（x）	x 的虚部	
d（x）	x 对横轴的微分	
s（x）	x 对横轴的积分	
MIN（x）	x 的最小值	
MAX（x）	x 的最大值	

（续）

函数表示法	数学函数	备注
SGN（x）	$1: x>0$ $0: x=0$ $-1: x<0$	符号判断
RMS（x）	x 的均方根值	

图 1.98 所示为 Probe 函数配置对话框，通过"Modify Trace"对话框配置函数和波形名称，单击"OK"按钮进行确定。

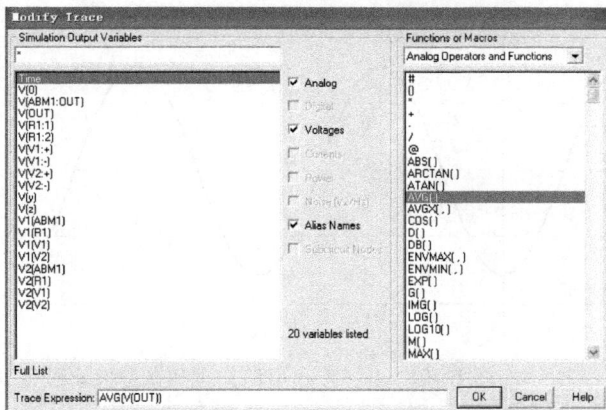

图 1.98　Probe 函数配置对话框

图 1.99、图 1.100 和图 1.101 所示分别为图 1.97 输出电压 V（OUT）的平均值波形、有效值波形和微分值波形。

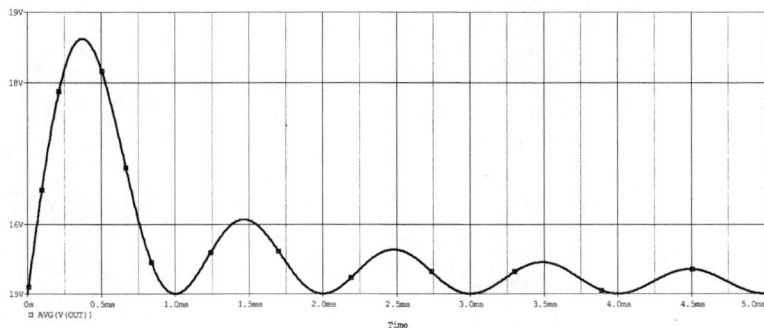

图 1.99　AVG（V（OUT））电压平均值波形

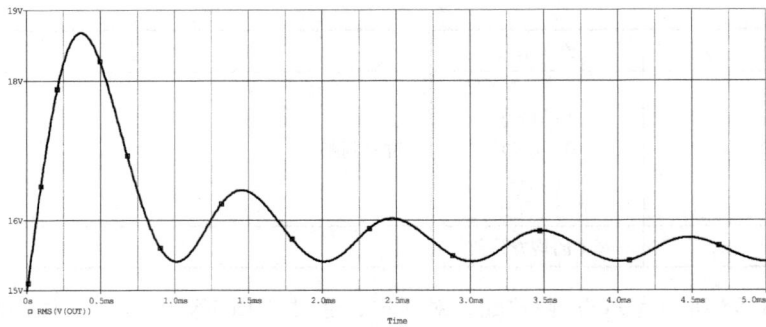

图 1.100 RMS（V（OUT））电压有效值波形

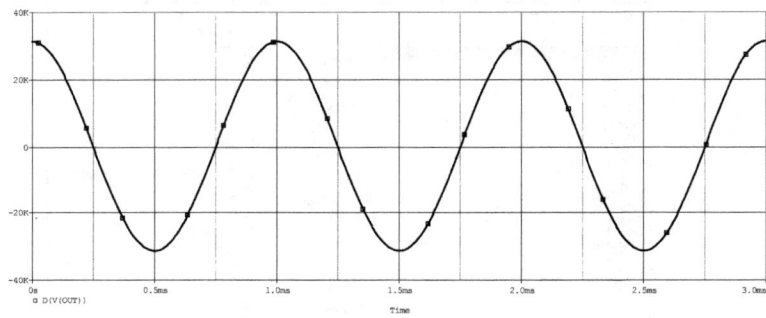

图 1.101 D（V（OUT））电压微分值波形

第 2 章
无 源 元 件

本章主要对 PSpice 软件中的电阻 R、电容 C、电感 L、变压器和开关模型进行详细讲解，包括模型构成、仿真设置和模型典型应用。

2.1 电阻模型

2.1.1 定值电阻模型

电阻模型主要包括 3 种，分别为 R、Rbreak 和 Resisitor，元件符号如图 2.1 所示，参数分别见表 2.1、表 2.2 和表 2.3。R 主要用于简单的直流、交流和瞬态仿真分析；Rbreak 主要用于蒙特卡洛和温度仿真分析；Resisitor 主要用于高级仿真分析。电阻名称必须以 R 开头，例如 R1、Rs1、Rxx 等。

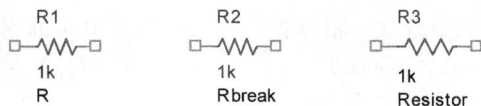

图 2.1 电阻模型符号

表 2.1 R 电阻模型

名称	库	模型参数	设置值	单位	功能	分析类型
R	ANALOG	Value	1k	Ω	电阻值	常规
		Tolerance	+ −5%		容差	蒙特卡洛
		Voltage	50	V	最大电压	高级分析
		POWER	0.5	W	最大功率	高级分析
		MAX_TEMP	100	℃	最高温度	高级分析

表 2.2　Rbreak 电阻模型

名称	库	模型参数	设置值	单位	功能	分析类型
Rbreak	BREAKOUT	Value	1k	Ω	电阻值	常规
		R	1		电阻因子	常规
		TC1	100u	℃ $^{-1}$	线性温度系数	常规和温度
		TC2	10u	℃ $^{-2}$	二次温度系数	常规和温度
		TCE	0	%/℃	指数温度系数	常规和温度
		DEV	5%		元件容差	蒙特卡洛
		LOT	5%		系统容差	蒙特卡洛

表 2.3　Resistor 电阻模型

名称	库	模型参数	设置值	单位	功能	分析类型
Resistor	PSPICE_ELEM	Value	1k	Ω	电阻值	常规
		TC1	RTMPL	℃ $^{-1}$	线性温度系数	常规和温度
		TC2	RTMPQ	℃ $^{-2}$	二次温度系数	常规和温度
		MAX_TEMP	RTMAX	℃	最高温度	高级分析
		NEGTOL	RTOL%	无	负容差	高级分析
		POSTOL	RTOL%	无	正容差	高级分析
		POWER	RMAX	W	最大功率	高级分析
		VOLTAGE	RVMAX	V	最高电压	高级分析

　　PSpice 软件按照如下公式，根据模型参数值计算 Rbreak 模型电阻值，公式如下：

$$R\_model\ (T) = R\_value * R * [1 + TC1 * (T - T_{nom}) + TC2 * (T - T_{nom})^2] \quad (2.1)$$

或者

$$R\_model\ (T) = R\_value * R * [1.01]^{TCE*(T - T_{nom})} \quad (2.2)$$

其中，T 为计算电阻值时电路的工作温度。式（2.1）使用线性和二次温度系数计算电阻值，TC1 和 TC2 通过 .MODEL 语句进行定义；式（2.2）使用指数温度系数计算电阻值。

　　例如：. model Rbk1 RES R = 1 DEV/gauss = 5% LOT/uniform = 5%
　　　　　　TC1 = 100u TC2 = 10u

　　上述语句表明电阻模型名称为 Rbk1；元件容差 DEV 为 5%，按照高斯分布进行变化；系统容差 LOT 为 5%，按照平均分布进行变化；线性温度系数 TC1 为 100u，二次温度系数 TC2 为 10u。对电阻进行温度分析，测试其阻值随温度变化的特性。

　　图 2.2 ~ 图 2.10 所示分别为 Rbk1 的电阻模型仿真测试电路、仿真设置和输出波形。

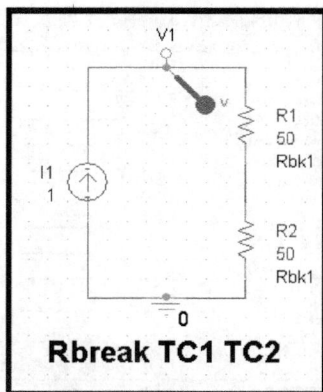

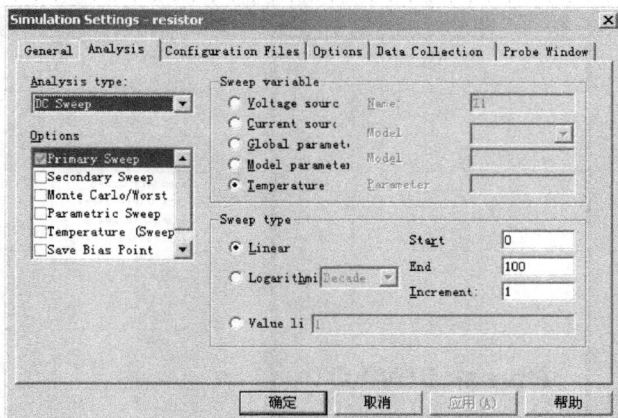

图 2.2 电阻温度分析设置：激励电流为 1A，温度范围为 0 ~ 100℃，步进为 1℃

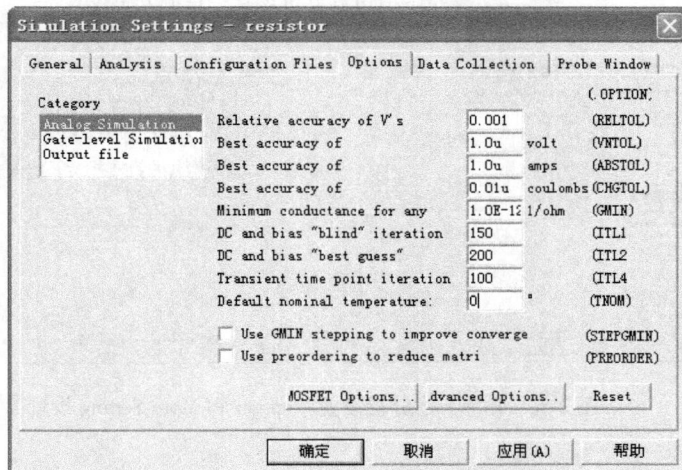

图 2.3 设置 TNOM 为 0

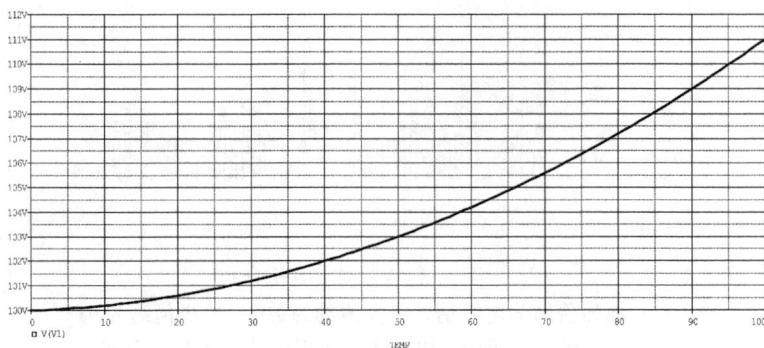

图 2.4 温度变化时电阻阻值变化曲线：最大变化值为 11Ω

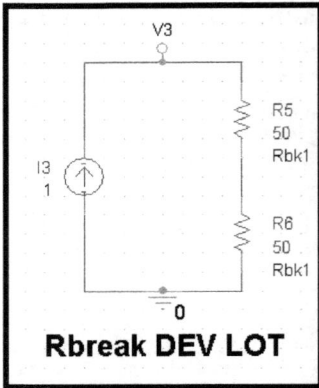

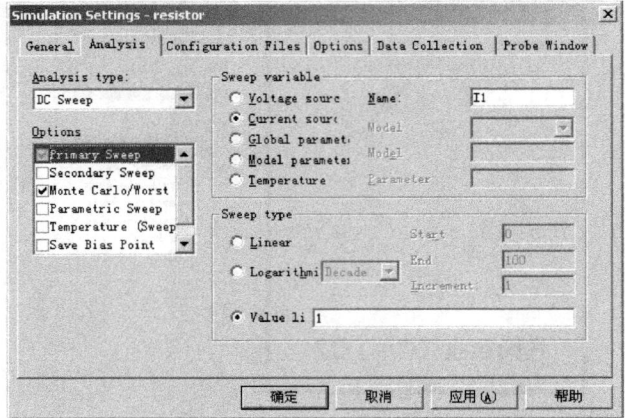

图 2.5   蒙特卡洛仿真分析设置：直流分析设置

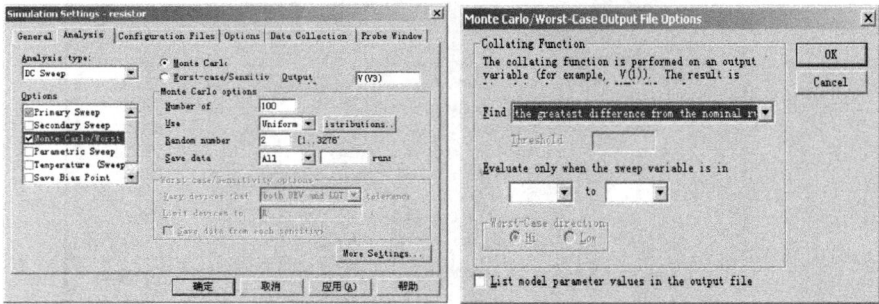

图 2.6   蒙特卡洛分析设置：option 和 More Setting 设置

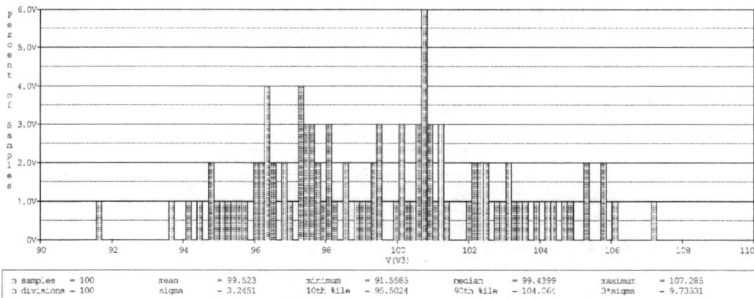

图 2.7   V3 节点电压分布
电压值即为电阻值，最大值约为 107，最小值约为 91
横轴为电阻值，纵轴为每个电阻值对应的百分比

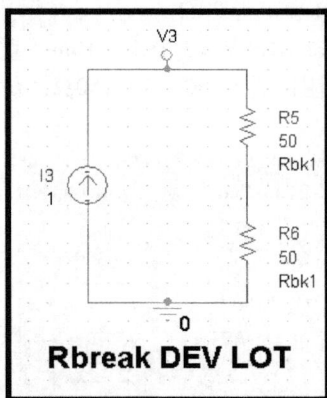

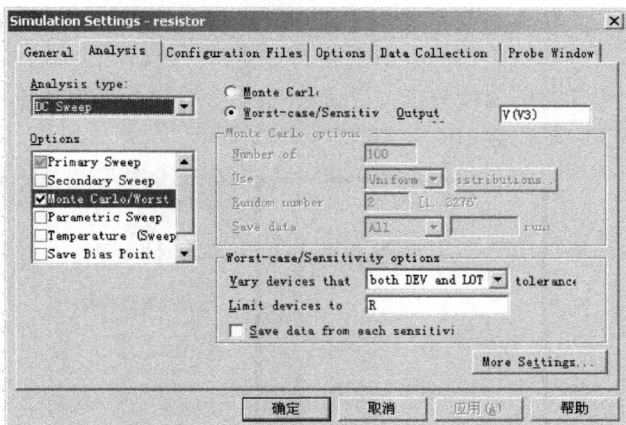

图 2.8　蒙特卡洛仿真分析设置：Worst – case/Sensitivity

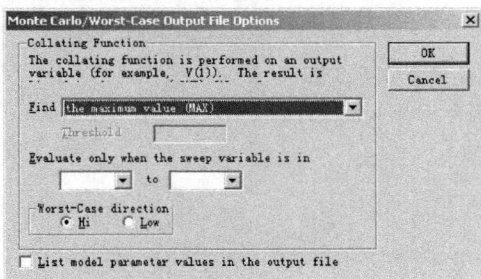

图 2.9　蒙特卡洛分析设置：最大阻值

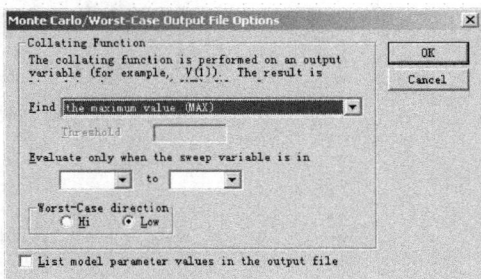

图 2.10　蒙特卡洛分析设置：最小阻值

Device	MODEL	PARAMETER	NEW VALUE	
R_R5	Rbk1	R	1. 1	（Increased）
R_R6	Rbk1	R	1. 1	（Increased）
RUN		MAXIMUM VALUE		

WORST CASE ALL DEVICES

　　　　　　　　　110　　at I_I1 =　　1

　　　　　　　　（ 110　　% of Nominal）

仿真结果：当电阻 R5 和 R6 阻值最大时总电阻值最大，为110Ω。

Device	MODEL	PARAMETER	NEW VALUE	
R_R5	Rbk1	R	. 9	（Decreased）
R_R6	Rbk1	R	. 9	（Decreased）
RUN		MAXIMUM VALUE		

WORST CASE ALL DEVICES

　　　　　　　　　90　　at I_I1 =　　1

　　　　　　　　（ 90　　% of Nominal）

仿真结果：当电阻 R5 和 R6 阻值最小时总电阻值最小，为 90Ω。

当电阻模型由 TCE 进行定义时，例如：. model Rbk2 RES R = 3 TCE = 10m，重新对电路进行温度分析，因为电阻因子 R = 3，所以每个电阻阻值为 50×3 = 150Ω，仿真设置和输出波形图 2.11 和图 2.12 所示。

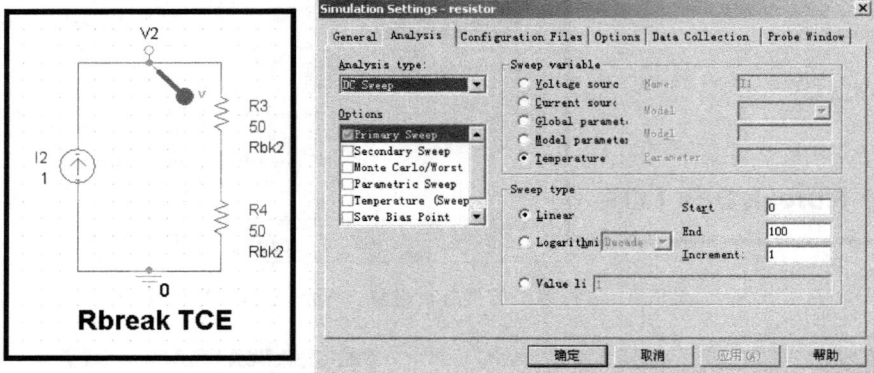

图 2.11　电阻电路温度分析设置：
激励电流 1A，温度范围 0～100℃，步进为 1℃

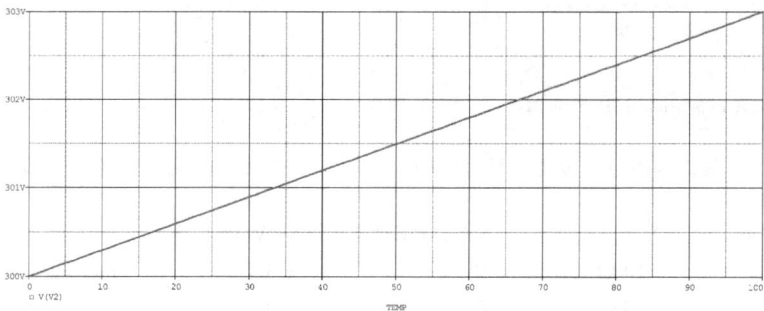

图 2.12　温度变化时总阻值变化曲线：
最大变化值为 3Ω，与计算值一致

2.1.2　可变阻抗模型

ZX 为可变阻抗模型，保存在 ANL_MISC. lib 元件库中。图 2.13 和表 2.4 所示分别为 ZX 符号和 ZX 可变阻抗模型详细参数。

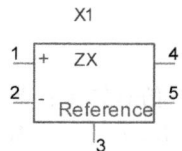

图 2.13　ZX 符号

表 2.4　ZX 可变阻抗模型参数

名称	库	设置变量	设置值	单位	功能	分析类型
ZX	ANL_MISC	Zref	1k	Ω	电阻值	常规
		Voltage	1	V	电阻因子	常规和温度

ZX 模型语句如下：

```
* Variable impedance：Zout = Zref * V
*         control input：voltage
*            |  reference inductor/resistor（connect other lead to ground）
*             / \ |  output：floating impedance
* + - | / \
.subckt zx 1 2 3 4 5
  eout    4 6 poly(2)（1,2）（3,0）0 0 0 0 1
  fcopy   0 3 vsense 1
  rin     1 21G
  vsense  6 5 0
.ends
```

输出阻抗计算公式为

$$Zout = Zref * Voltage$$

其中，输出阻抗 Zout 为参考阻抗 Zref 与控制电压 Voltage 的乘积；Zref 为电阻或者电感；Voltage 为控制电压，根据电路要求为恒定值或时变值。

图 2.14 所示为 ZX 仿真测试电路和仿真设置，电阻由 1A 恒流源进行激励，电阻两端电压值即为电阻值。图 2.15 所示为输出波形，可控电阻阻值按照 R = V4 * 1k 正弦波规律进行变化，控制电压 V（V4）与电阻值 V（V5）变化规律完全一致。

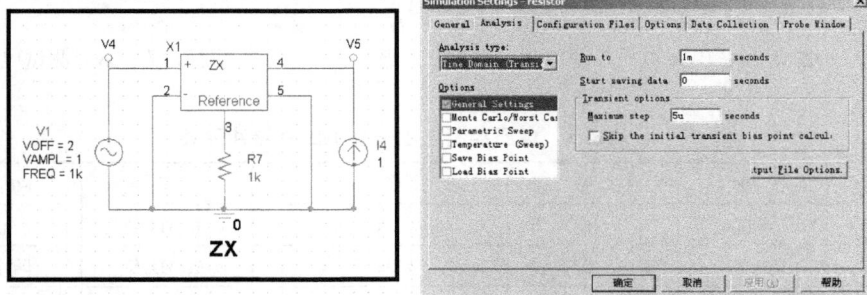

图 2.14　ZX 可变阻抗瞬态仿真设置

2.1.3　压控电阻模型 Rvar 建模

第一步：利用层电路建立可控电阻模型，并对其功能进行测试，如图 2.16 和图 2.17 所示。

具体元器件参数见表 2.5。

图 2.18 所示为瞬态仿真设置；图 2.19 所示为仿真波形，V（V6）为电阻控制信号波形，电阻由 1A 直流恒流源驱动，电阻两端电压值即为电阻值；V（V7）为电阻两端电压波形，与控制信号一致，实现电压控制电阻功能。

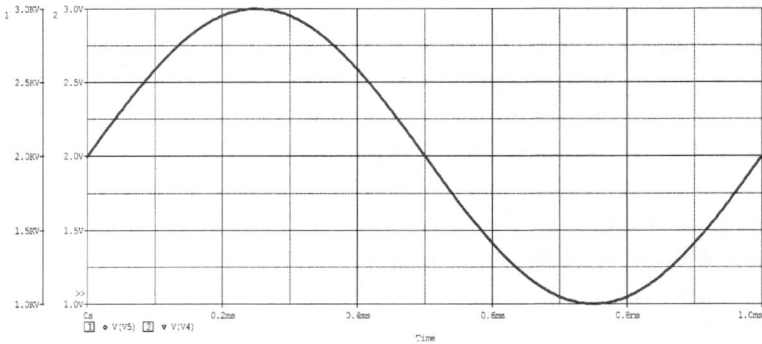

图 2.15 控制电压和电阻波形

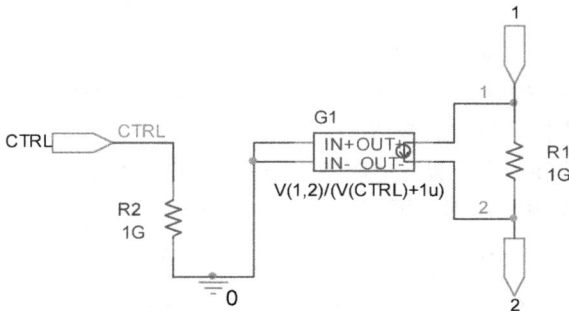

图 2.16 Rvar 电压控制电阻层电路

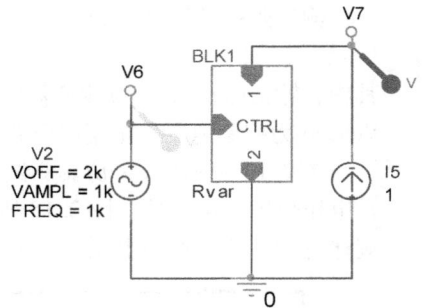

图 2.17 Rvar 测试电路

表 2.5 电压控制电阻仿真电路元器件列表

编号	名称	型号	参数	库	功能注释
R1	电阻	R	1G	ANALOG	防止悬空
R2	电阻	R	1G	ANALOG	防止悬空
G1	行为模型	GVALUE	V(1,2)/(V(CTRL)+1u)	ABM	电压控制电流
V2	正弦波电压源	VSIN		SOURCE	信号源
I5	直流电流源	IDC	1	SOURCE	信号源
CTRL	层接口 PIN	PORTRIGHT–R		CAPSYM	控制信号输入
1、2	层接口 PIN	PORTRIGHT–R		CAPSYM	等效电阻接口
0	地	0		SOURCE	绝对零

第二步：利用 RvarSub 子电路生成 Rvar. lib 和 Rvar. olb。

新建名称为 RvarSub 的原理图，然后将 Rvar 层电路复制到此电路图中，并且修改端口符号 PIN 为 PORT，如图 2.20 所示。

在项目根目录下选择菜单：Tools > Creat Netlist 创建 Rvar. lib，如图 2.21 所示。

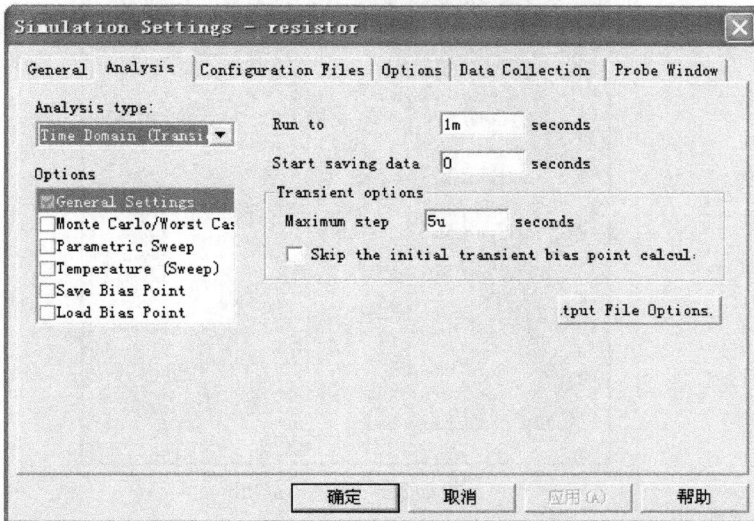

图 2.18　瞬态仿真设置

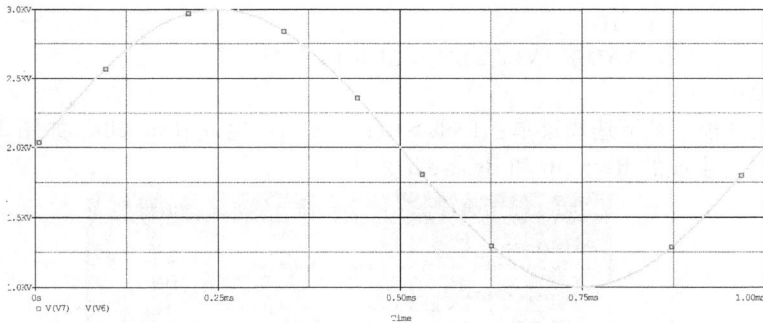

图 2.19　仿真波形

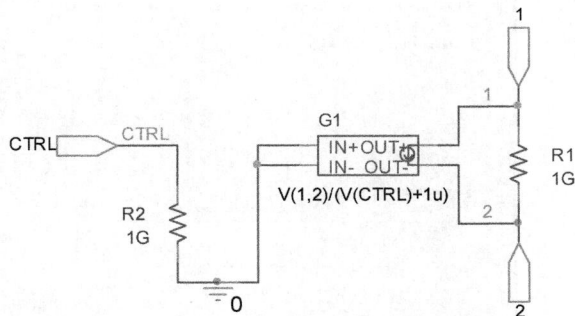

图 2.20　Rvar 子电路图

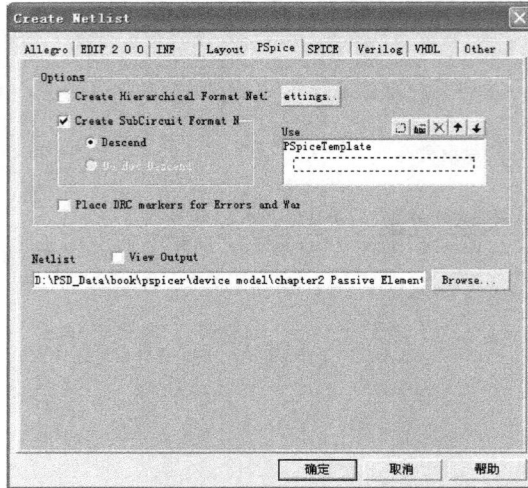

图 2.21　创建 Rvar. lib

* lib and olb

. SUBCKT Rvar 1 2 CTRL

R2　　　　　0 CTRL　1G

R1　　　　　2 1　1G

G1　　　　　1 2 VALUE {V(1,2)/(V(CTRL) +1u)}

. ENDS

在项目根目录下选择菜单：Tools > Generate Part 生成 Rvar. olb，如图 2. 22 所示。图 2. 23 所示为生成的 Rvar. lib 和 Rvar. olb 文件。

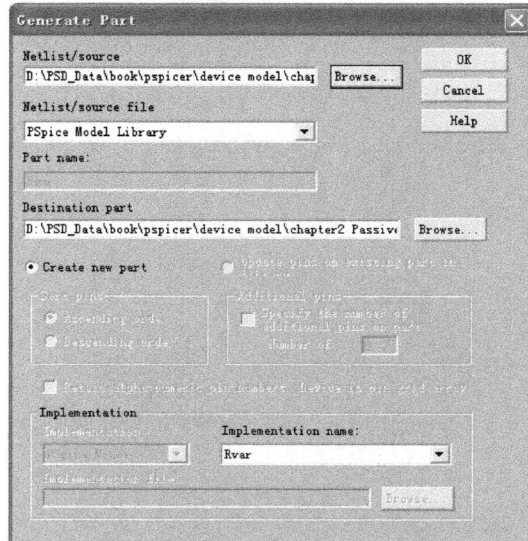

图 2. 22　创建 Rvar. lib

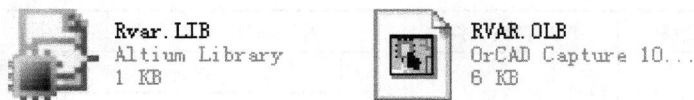

图 2.23　生成 Rvar.lib 和 Rvar.olb 文件

第三步：对 Rvar 层电路和 Rvar.olb 进行测试。

图 2.24 和图 2.25 所示分别为 Rvar 仿真测试电路和输出波形，Rvar 层电路和 Rvar.olb 仿真波形一致，均能实现电压控制电阻功能，但使用子电路更加简捷、方便。

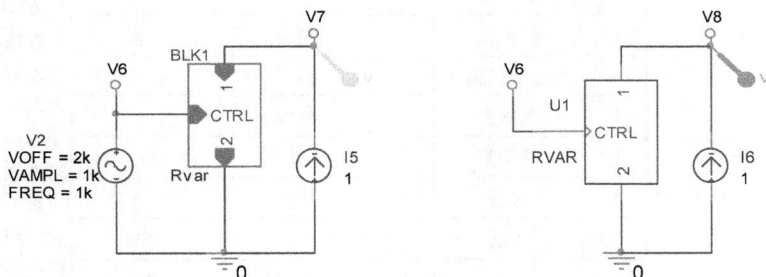

图 2.24　Rvar 层电路和 Rvar.olb 测试电路

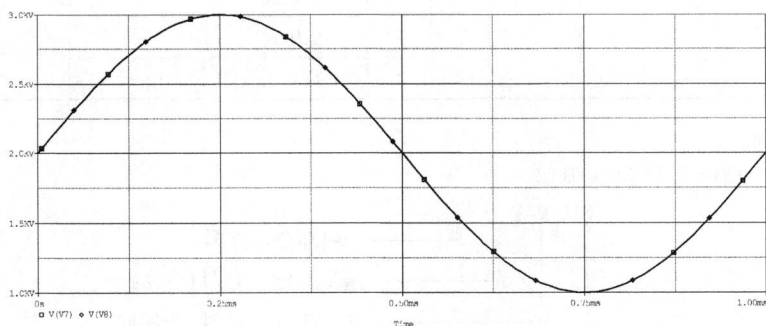

图 2.25　仿真波形

2.1.4　电阻器和电位器型号命名方法及主要技术指标

1. 电阻器和电位器型号命名方法

电阻器和电位器型号命名方法见表 2.6。

表 2.6　电阻器和电位器型号命名方法

第1部分：主称		第2部分：材料		第3部分：特征分类			第4部分：序号
符号	意义	符号	意义	符号	意义		
					电阻器	电位器	
R	电阻器	T	碳膜	1	普通	普通	对名称、材料相同，仅性能指标、尺寸大小有差别，但互换时基本不影响使用的产品，给予同一序号；若互换时对性能、指标、尺寸大小影响明显，则在序号后面用大写字母作为区别代号。
W	电位器	H	合成膜	2	普通	普通	
		S	有机实心	3	超高频	——	
		N	无机实心	4	高阻	——	
		J	金属膜	5	高温	——	
		Y	氧化膜	6	——	——	
		C	沉积膜	7	精密	精密	
		I	玻璃釉膜	8	高压	特殊	
		P	硼碳膜	9	特殊	特殊	
		U	硅碳膜	G	高功率	——	
		X	线绕	T	可调	——	
		M	压敏	W	——	微调	
		G	光敏	D	——	多圈	
		R	热敏	B	温度补偿	——	
				C	温度测量	——	
				P	旁热式	——	
				W	稳压式	——	
				Z	正温度系数	——	

示例：

（1）精密金属膜电阻器

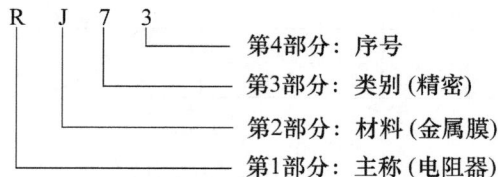

R　J　7　3

── 第4部分：序号

── 第3部分：类别（精密）

── 第2部分：材料（金属膜）

── 第1部分：主称（电阻器）

（2）多圈线绕电位器

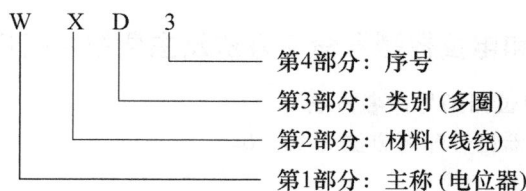

W　X　D　3

── 第4部分：序号

── 第3部分：类别（多圈）

── 第2部分：材料（线绕）

── 第1部分：主称（电位器）

2. 电阻器主要技术指标

（1）额定功率。电阻器在电路中长时间连续工作而不损坏或不显著改变其性能所允许消耗的最大功率称为电阻器的额定功率。电阻器额定功率并不是电阻器在电路中工作时一定要消耗的功率，而是电阻器在电路中工作时允许消耗的最大功率。不同类型的电阻器具有不同的额定功率，具体见表 2.7。

表 2.7　电阻器额定功率等级

名称	额定功率/W					
实心电阻器	0.25	0.5	1	2	5	—
线绕电阻器	0.5	1	2	6	10	15
	25	35	50	75	100	150
薄膜电阻器	0.025	0.05	0.125	0.25	0.5	1
	2	5	10	25	50	100

（2）标称阻值。阻值是电阻器的主要参数之一，不同类型的电阻器其阻值范围不同；不同精度的电阻器其阻值系列亦不同。根据国家标准，常用标称阻值系列见表 2.8。E24、E12 和 E6 系列适用于电位器和电容器。

表 2.8　标称阻值系列

标称阻值系列	精度	电阻器、电位器							
E24	±5%	1.0	1.1	1.2	1.3	1.5	1.6	1.8	2.0
		2.2	2.4	2.7	3.0	3.3	3.6	3.9	4.3
		4.7	5.1	5.6	6.2	6.8	7.5	8.2	9.1
E12	±10%	1.0	1.2	1.5	1.8	2.2	2.7	—	
		1.3	3.9	4.7	5.6	6.8	8.2		
E6	±20%	1.0	1.5	2.2	3.3	4.7	6.8	8.2	—

注：实际电阻标称值为表 2.8 中的数值再乘以 $10n$，其中 n 为正整数或负整数。

（3）允许误差等级

允许误差等级具体见表 2.9。

表 2.9　电阻器精度等级

允许误差（%）	±0.001	±0.002	±0.005	±0.01	±0.02	±0.05	±0.1
等级符号	E	X	Y	H	U	W	B
允许误差（%）	±0.2	±0.5	±1	±2	±5	±10	±20
等级符号	C	D	F	G	J（Ⅰ）	K（Ⅱ）	M（Ⅲ）

3. 电阻器标识方法

（1）文字符号直标法。将阿拉伯数字和文字符号两者有规律地组合来表示标称阻值、额定功率、允许误差等级。符号前面的数字表示整数阻值，后面的数字依次表示第 1 位小数阻值和第 2 位小数阻值，其文字符号所表示的单位见表 2.10。如 3R3 表示 3.3Ω，5K1 表示 5.1kΩ。

表 2.10　标称阻值

文字符号	R	K	M	G	T
表示单位	欧姆（Ω）	千欧姆（10^3Ω）	兆欧姆（10^6Ω）	千兆欧姆（10^9Ω）	兆兆欧姆（10^{12}Ω）

例如：

$$RJ71 - 0.125 - 5k1 - \text{II}$$

允许误差 ±10%
标称阻值(5.1kΩ)
额定功率1/8W
型号

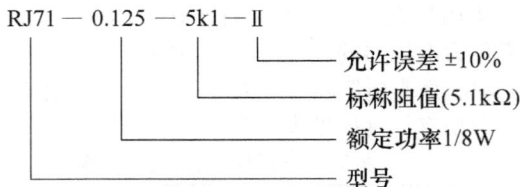

由标识可知：该电阻为精密金属膜电阻器，额定功率为 1/8W，标称阻值为 5.1kΩ，允许误差为 ±10%。

（2）色标法。色标法是将电阻器类别及主要技术参数通过颜色（色环或色点）标注在电阻器的外表面上。色标电阻（色环电阻）器分为 3 环、4 环、5 环 3 种标法。其含义如图 2.26 和图 2.27 所示。

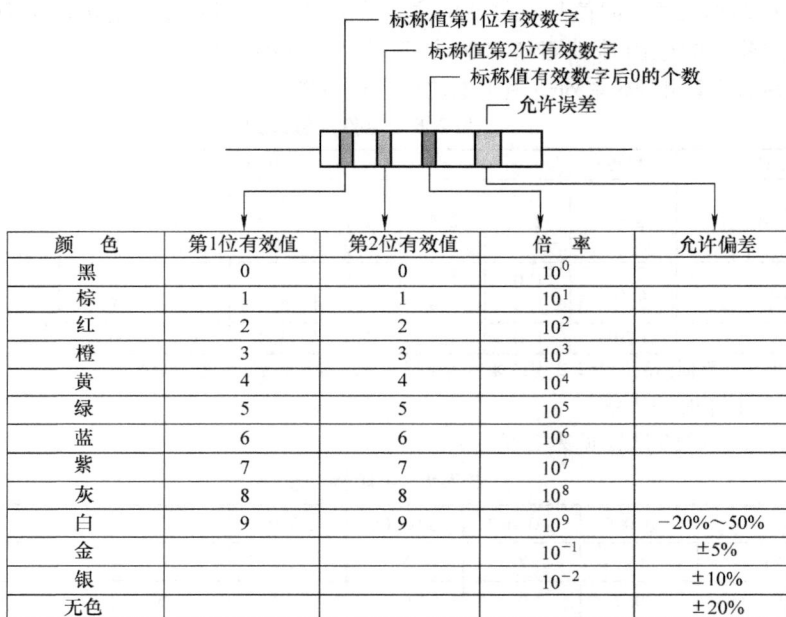

标称值第1位有效数字
标称值第2位有效数字
标称值有效数字后0的个数
允许误差

颜　色	第1位有效值	第2位有效值	倍　率	允许偏差
黑	0	0	10^0	
棕	1	1	10^1	
红	2	2	10^2	
橙	3	3	10^3	
黄	4	4	10^4	
绿	5	5	10^5	
蓝	6	6	10^6	
紫	7	7	10^7	
灰	8	8	10^8	
白	9	9	10^9	$-20\%\sim50\%$
金			10^{-1}	±5%
银			10^{-2}	±10%
无色				±20%

图 2.26　两位有效数字阻值色环表示法

3 色环电阻器标称电阻值实例——棕黑红，表示 $10 \times 102 = 1.0\text{k}\Omega \pm 20\%$ 电阻器。

4 色环电阻器标称电阻值实例——棕绿橙金，表示 $15 \times 103 = 15\text{k}\Omega \pm 5\%$ 电阻器。

5 色环电阻器标称电阻值实例——红紫绿黄棕，表示 $275 \times 104 = 2.75\text{M}\Omega \pm 1\%$ 电阻器。

通常 4 色环和 5 色环电阻器表示允许误差的色环特点是，该环离其他环的距离较远。比较标准的表示允许误差的色环宽度是其他色环的（1.5～2）倍。

有些色环电阻器厂家生产不规范，无法使用上面特征判断，此时只能借助万用表判断。

4. 电位器主要技术指标

（1）额定功率。电位器两个固定端上允许耗散的最大功率称为电位器的额定功率。

图中标注（从上到下）：
- 标称值第1位有效数字
- 标称值第2位有效数字
- 标称值第3位有效数字
- 标称值有效数字后0的个数
- 允许误差

颜色	第1位有效值	第2位有效值	第3位有效值	倍　率	允许偏差
黑	0	0	0	10^0	
棕	1	1	1	10^1	±1%
红	2	2	2	10^2	±2%
橙	3	3	3	10^3	
黄	4	4	4	10^4	
绿	5	5	5	10^5	±0.5%
蓝	6	6	6	10^6	±0.25
紫	7	7	7	10^7	±0.1%
灰	8	8	8	10^8	
白	9	9	9	10^9	
金				10^{-1}	
银				10^{-2}	

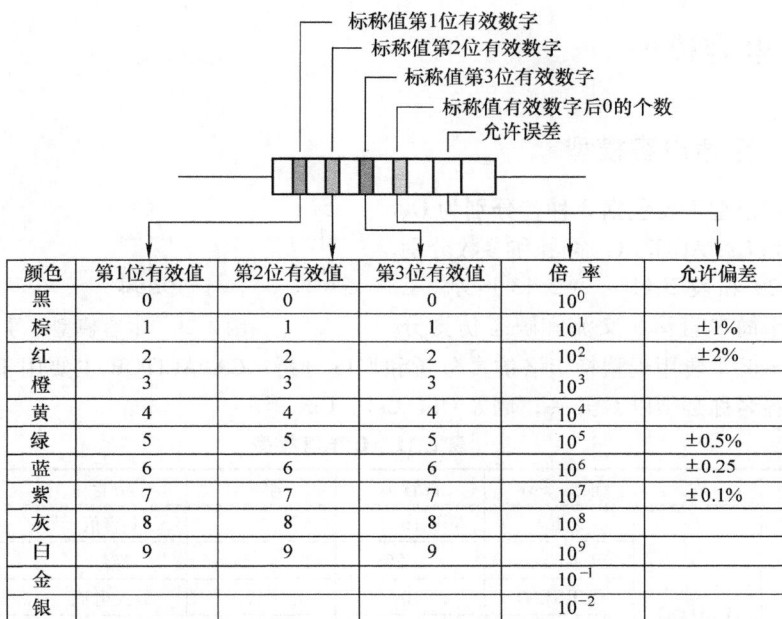

图 2.27　3 位有效数字阻值色环表示法

使用中应注意额定功率不等于中心抽头与固定端的功率。

（2）标称阻值。标称阻值是标在产品上的名义阻值，其系列与电阻系列类似。

（3）允许误差等级。允许误差等级是实测阻值与标称阻值的误差范围。根据不同精度等级，误差等级分为 ±20%、±10%、±5%、±2%、±1%，精密电位器的精度可达 ±0.1%。

（4）阻值变化规律。阻值与滑动片触点旋转角度（或滑动行程）之间的变化关系通常以直线式、对数式和指数式函数形式表示。

中直线式电位器适用于分压器；反转对数式（指数式）电位器适用于收音机、录音机、电唱机、电视机中的音量控制器。电位器维修时若找不到同类品则可用直线式代替，但不宜用对数式代替，因为对数式电位器只适用于音调控制等。

5. 电位器一般标识方法

通常情况下电位器按照图 2.28 所示方法进行标识，但是务必要分清薄膜电位器和线绕电位器。

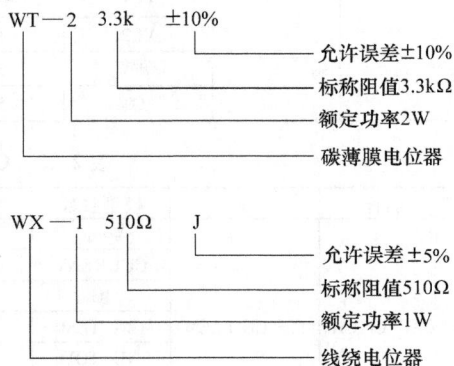

WT—2　3.3k　±10%
- 允许误差±10%
- 标称阻值3.3kΩ
- 额定功率2W
- 碳薄膜电位器

WX—1　510Ω　J
- 允许误差±5%
- 标称阻值510Ω
- 额定功率1W
- 线绕电位器

图 2.28　电位器标识方法

2.2　电容模型

2.2.1　定值电容模型

　　电容模型主要包括 3 种，分别为 C、Cbreak 和 CAPACITOR，符号和参数分别如图 2.29 和表 2.11 ~ 表 2.13 所示。C 主要用于简单直流、交流和瞬态仿真分析；Cbreak 主要用于蒙特卡洛仿真分析和温度分析；CAPACITOR 主要用于高级仿真分析。电容名称必须以 C 开头，例如 C1、Cs1、Cxx 等。

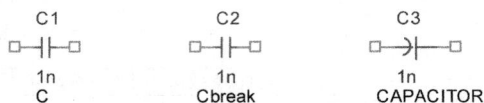

图 2.29　电容模型符号

表 2.11　C 电容模型

名称	库	模型参数	设置值	单位	功能	分析类型
C	ANALOG	Value	1n	F	电容值	常规
		Tolerance	+ −5%		容差	蒙特卡洛
		CURRENT	10	A	最大电流	高级分析
		IC	5	V	初始电压	常规
		VOLTAGE	100	V	最大电压	高级分析
		MAX_TEMP	100	℃	最高温度	高级分析

表 2.12　Cbreak 电容模型

名称	库	模型参数	设置值	单位	功能	分析类型
Cbreak	BREAKOUT	Value	1n	F	电容值	常规
		C	1		电容因子	常规
		TC1	100u	℃$^{-1}$	线性温度系数	常规和温度
		TC2	10u	℃$^{-2}$	二次温度系数	常规和温度
		VC1	100u	V^{-1}	线性电压系数	常规
		VC2	10u	V^{-2}	二次电压系数	常规
		DEV	5%		元件容差	蒙特卡洛
		LOT	5%		系统容差	蒙特卡洛

表 2.13　CAPACITOR 电容模型

名称	库	模型参数	设置值	单位	功能	分析类型
CAPACITOR	PSPICE_ELEM	Value	1n	F	电容值	常规
		CURRENT	10	A	最大电流	高级分析
		IC	1	V	初始电压值	常规
		MAX_TEMP	RTMAX	℃	最高温度	高级分析
		NEGTOL	CTOL%	无	负容差	高级分析
		POSTOL	CTOL%	无	正容差	高级分析
		VOLTAGE	CMAX	V	最高电压	高级分析

PSpice 软件根据电容器工作环境温度 T 和两端电压 V，结合模型参数值，按照如下公式计算电容值：

$$C(V,T) = \text{C\_value} * C * \left[1 + \text{VC1} * V + \text{VC2} * V^2\right] * \left[1 + \text{TC1}\left(T - T_{\text{nom}}\right) + \text{TC2}\left(T - T_{\text{nom}}\right)^2\right]$$

其中，T_{nom} 为常温，通过 option 设置中的 TNOM 选项进行设置。

如下为电容模型语句：

C1 1 0 Cbreak1 10e − 6 IC = 2.0

. MODEL Cbreak1 CAP(C = 1, VC1 = 0.001, VC2 = 0.00001, TC1 = − 0.000005)

上述语句定义电容模型电压和温度系数，根据如下公式计算电容值：

$$C(V,T) = 10.0 * 10^{-6} * \left[1 + 0.001V + 0.00001V^2\right] * \left[1 - 0.000005(T - T_{\text{nom}})\right]$$

电容模型与电阻模型测试电路相似，读者可以按照电阻模型相关测试电路对电容模型进行测试，此处不再赘述。

2.2.2　可变电容模型

YX 为可变容抗模型，保存在 ANL_MISC. lib 元件库中。图 2.30 和表 2.14 所示分别为 YX 符号和 YX 可变容抗模型详细参数。

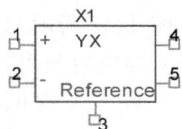

图 2.30　YX 符号

表 2.14　YX 可变容抗模型参数

名称	库	设置变量	设置值	单位	功能	分析类型
YX	ANL_MISC	Yref	10u	F	电容值	常规
		Voltage	1	V	电容因子	常规和温度

YX 模型语句如下：

```
*  Variable admittance：Yout = Yref * V
*        control input：voltage
*               |   reference capacitor/conductance（connect other lead to ground）
*            / \ |   output：floating admittance
*             + − | / \
. subckt yx 1 2 3 4 5
ecopy   3 6 poly(2) (1,2) (4,5) 0 0 0 0 1
fout    4 5 vsense 1
rin     1 2 1G
vsense 0 6 0
. ends
```

输出容抗计算公式为

$$\text{Yout} = \text{Yref} * \text{Voltage}$$

输出容抗 Yout 为参考容抗 Yref 与控制电压 Voltage 的乘积；Yref 为电容或电感；Voltage 为控制电压，为恒定值或根据电路要求为时变值。

2.2.3　压控电容模型 Cvar 建模

第一步：利用层电路建立测试电路，对模型功能进行测试。

图 2.31 所示为可变电容模型，由受控源和电阻、电容构成。图 2.32 所示为测试电路，电容由频率 1kHz、幅值 1A 的交流电流源驱动；可控电容由 $100\mu V$ 恒压源控制，即可控电容值为 $100\mu F$，与实际 $100\mu F$ 电容对比。图 2.33 所示为瞬态仿真设置，仿真时间为 10ms，最大步长为 $10\mu s$。图 2.34 所示为仿真电压波形，实际电容与可控电容电压完全一致，实现电压控制电容功能。表 2.15 为电路元器件列表，详细列出每个元器件的属性和功能。

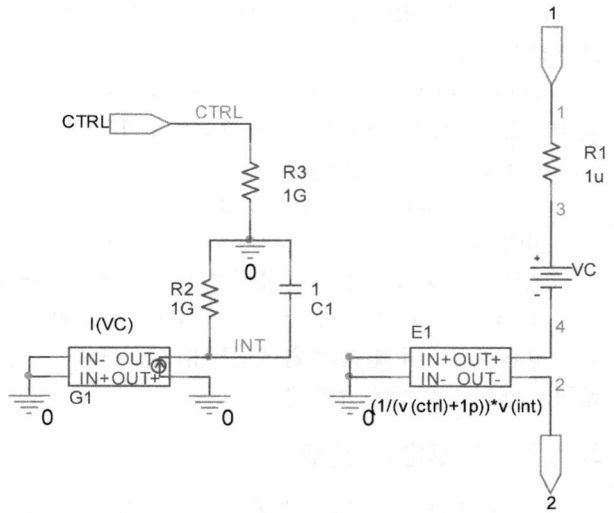

图 2.31　Cvar 电压控制电容层电路

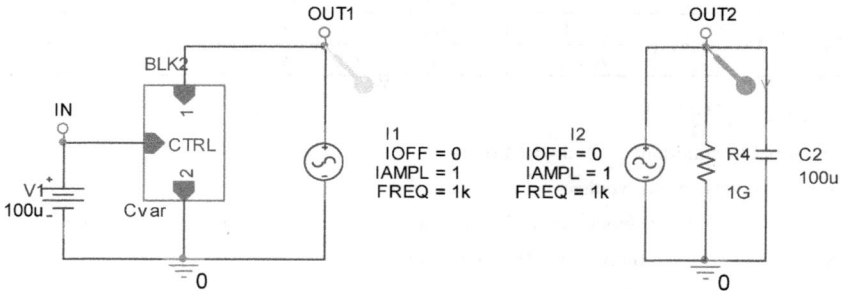

图 2.32　Cvar 模型测试电路

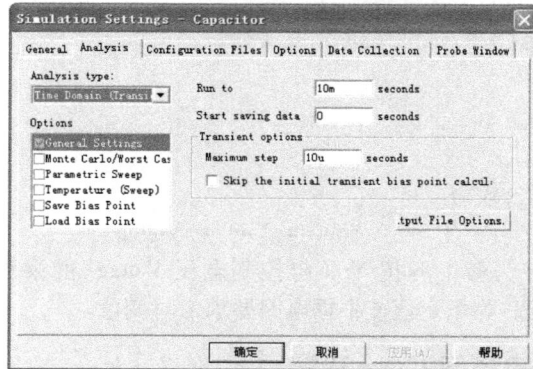

图 2.33　瞬态仿真设置

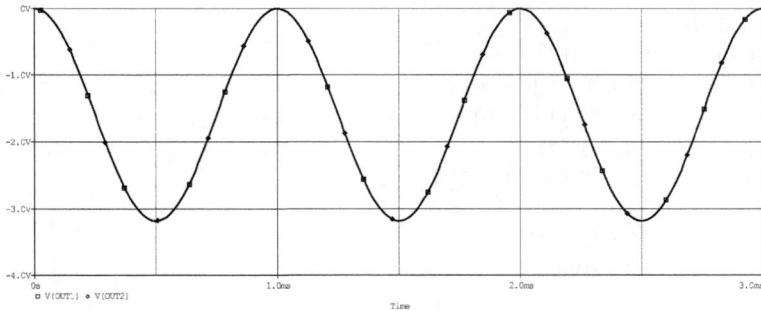

图 2.34 仿真波形

表 2.15 电压控制电容仿真电路元件列表

编号	名称	型号	参数	库	功能注释
R1	电阻	R	1u	ANALOG	串联电阻
R2	电阻	R	1G	ANALOG	防止悬空
R3	电阻	R	1G	ANALOG	防止悬空
R4	电阻	R	1G	ANALOG	防止悬空
C1	电容	C	1、IC = 0	ANALOG	积分
C2	电容	C	100u、IC = 0	ANALOG	测试电容
G1	行为模型	GVALUE	I（VC）	ABM	电压控制电流
E1	行为模型	EVALUE	$(1/(v(ctrl)+1p)) * v(int)$	ABM	电压控制电压
V1	直流电压源	VDC	100u	SOURCE	控制信号
I1，I2	正弦波电流源	ISIN	见图	SOURCE	信号源
CTRL	层接口 PIN	PORTRIGHT – R		CAPSYM	控制信号输入
1、2	层接口 PIN	PORTRIGHT – R		CAPSYM	等效电容接口
0	地	0		SOURCE	绝对零

第二步：利用 CvarSub 子电路生成 Cvar. lib 和 Cvar. olb。

新建名称为 CvarSub 的原理图，然后将 Cvar 层电路复制到此电路图中，并且修改端口符号 PIN 为 PORT，如图 2.35 所示。

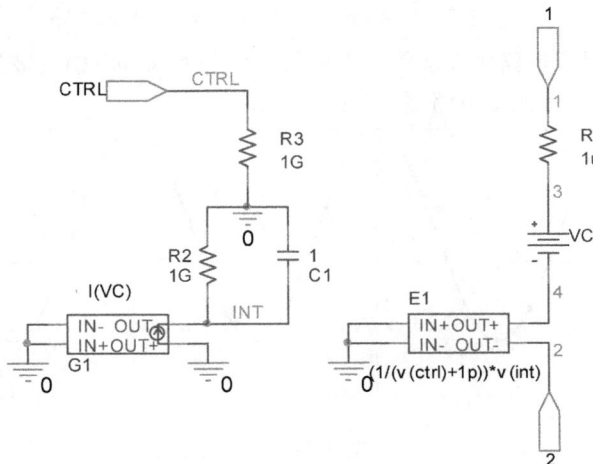

图 2.35 Cvar 子电路图

```
* lib and olb
. SUBCKT Cvar 1 2 CTRL
C _ C1          0 INT   1 IC = 0
E _ E1          4 2 VALUE { ( 1/( v( ctrl) + 1p) ) * v( int) }
R _ R2          INT 0   1G
G _ G1          0 INT VALUE { I( V _ VC) }
R _ R1          3 1   1u
R _ R3          0 CTRL   1G
V _ VC          3 4 0Vdc
. ENDS
```

图 2.36 所示为生成的 Cvar. lib 和 Cvar. olb 文件。

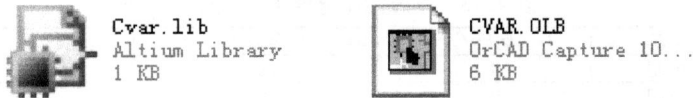

图 2.36   生成 Cvar. lib 和 Cvar. olb 文件

第三步：对 Cvar 层电路和 Cvar. olb 进行测试。

测试电路如图 2.37 所示。

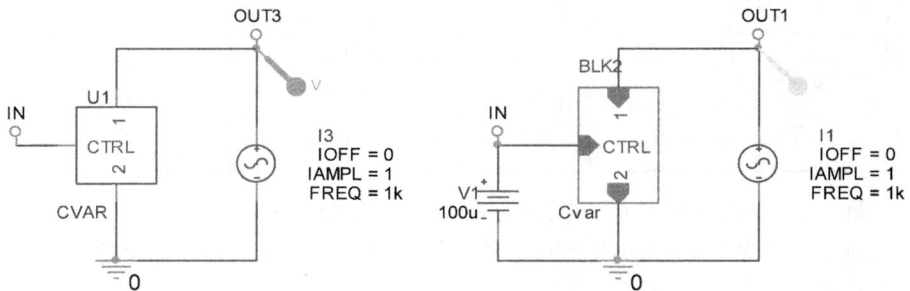

图 2.37   Cvar 层电路和 Cvar. olb 测试电路

图 2.38 所示为电路仿真波形，Cvar 层电路和 Cvar. olb 仿真波形一致，均能实现电压控制电容功能，使用子电路更加简捷、方便。

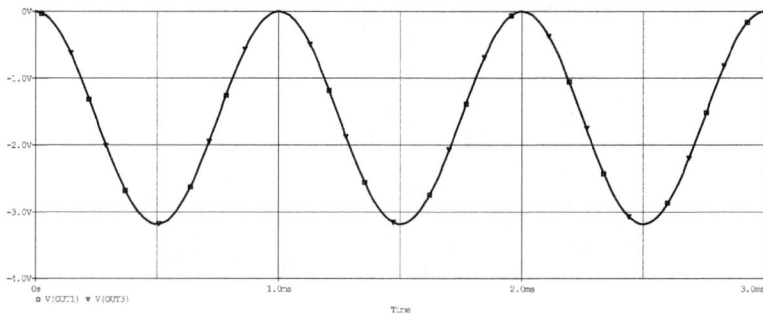

图 2.38   仿真波形

2.2.4 电容器型号命名方法及主要技术指标

1. 电容器型号命名方法

电容器型号命名方法见表2.16。

表2.16 电容器型号命名方法

第1部分：主称		第2部分：材料		第3部分：特征、类					第4部分：序号
符号	意义	符号	意义	符号	意义				
					瓷介	云母	玻璃	电解	其他	
C	电容器		瓷介	1	圆片	非密封	—	箔式	非密封	对名称、材料相同，仅尺寸、性能指标略有不同，但互换基本不影响使用的产品，给予同一序号；若尺寸性能指标差别明显；互换影响使用时，则在序号后面用大写字母作为区别代号
		Y	云母	2	管形	非密封	—	箔式	非密封	
		I	玻璃釉	3	迭片	密封	—	烧结粉固体	密封	
		O	玻璃膜	4	独石	密封	—	烧结粉固体	密封	
		Z	纸介	5	穿心	—	—	—	穿心	
		J	金属化纸	6	支柱	—	—	—	—	
		B	聚苯乙烯	7	—	—	—	无极性	—	
		L	涤纶	8	高压	高压	—	—	高压	
		Q	漆膜	9	—	—	—	特殊	特殊	
		S	聚碳酸酯	J	金属膜					
		H	复合介质	W	微调					
		D	铝							
		A	钽							
		N	铌							
		G	合金							
		T	钛							
		E	其他							

示例：

（1）铝电解电容器

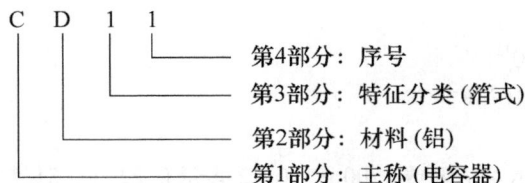

```
C   D   1   1
              └── 第4部分：序号
          └────── 第3部分：特征分类（箔式）
      └────────── 第2部分：材料（铝）
  └────────────── 第1部分：主称（电容器）
```

（2）圆片形瓷介电容器

```
C C 1 1
        │ │ │ └── 第4部分：序号
        │ │ └──── 第3部分：特征分类（圆片）
        │ └────── 第2部分：材料（瓷介质）
        └──────── 第1部分：主称（电容器）
```

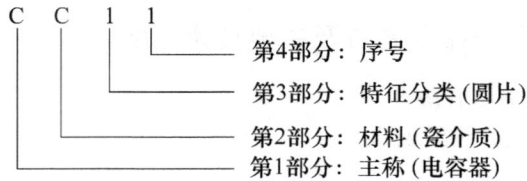

（3）纸介金属膜电容器

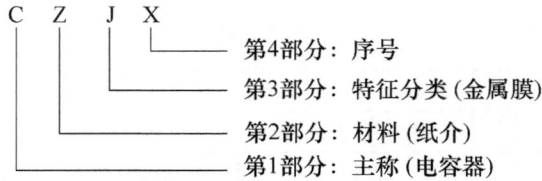

```
C Z J X
        │ │ │ └── 第4部分：序号
        │ │ └──── 第3部分：特征分类（金属膜）
        │ └────── 第2部分：材料（纸介）
        └──────── 第1部分：主称（电容器）
```

2. 电容器主要技术指标

（1）电容器耐压。常用固定式电容器直流工作电压系列为 6.3V、10V、16V、25V、40V、63V、100V、160V、250V、400V。

（2）电容器容许误差等级。常见的 7 个等级见表 2.17。

表 2.17　误差等级

容许误差	±2%	±5%	±10%	±20%	+20% −30%	+50% −20%	+100% −10%
级别	0.2	I	Ⅱ	Ⅲ	Ⅳ	Ⅴ	Ⅵ

（3）标称电容量。固定式电容器标称容量系列和容许误差见表 2.18。

表 2.18　固定式电容器标称容量系列和容许误差

系列代号	E24	E12	E6
容许误差	±5%（I）或（J）	±10%（Ⅱ）或（K）	±20%（Ⅲ）或（M）
标称容量对应值	10，11，12，13，15，16，18，20，22，24，27，30，33，36，39，43，47，51，56，62，68，75，82，90	10，12，15，18，22，27，33，39，47，56，68，82	10，15，22，23，47，68

注：标称电容量为表中数值乘以 10^n，其中 n 为正整数或负整数，单位为 pF。

3. 电容器标识方法

（1）直标法。容量单位为 F（法拉）、μF（微法）、nF（纳法）、pF（皮法或微微法）。

$$1F = 10^6 \mu F = 10^{12} pF$$

$$1\mu F = 10^3 nF = 10^6 pF$$

$$1nF = 10^3 pF$$

例如，4n7 表示 4.7nF 或 4700pF；0.22 表示 0.22μF，51 表示 51pF。通常使用大于 1 的两位以上数字表示单位为 pF 的电容，例如 101 表示 100pF；使用小于 1 的数字表示

单位为 μF 的电容，例如 0.1 表示 0.1μF。

（2）数码表示法。通常使用 3 位数字表示电容器容量大小，单位为 pF。前两位为有效数字，后一位表示位率，即乘以 10^i，i 为第 3 位数字，若第 3 位数字为 9，则乘以 10^{-1}。如 223J 代表 $22 \times 10^3 pF = 22000 pF = 0.22 \mu F$，允许误差为 $\pm 5\%$；又如 479K 代表 $47 \times 10^{-1} pF$，允许误差为 $\pm 5\%$，此种表示方法最为常见。

（3）色码表示法。该种表示法与电阻器色环表示法类似，将颜色涂于电容器一端或从顶端向引线排列。色码通常只有 3 种颜色，前两环为有效数字，第 3 环为位率，单位为 pF。

2.3 电感模型

2.3.1 定值电感模型

电感模型主要包括 3 种，分别为 L、Lbreak 和 Inductor，符号如图 2.39 所示，参数分别见表 2.19 ~ 表 2.21。L 主要用于直流、交流和瞬

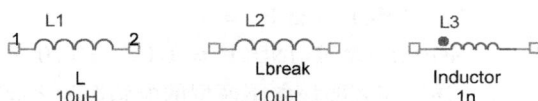

图 2.39 电感模型符号

态仿真分析；Lbreak 主要用于蒙特卡洛和温度仿真分析；Inductor 主要用于高级仿真分析。电感名称必须以 L 开头，例如 L1、Ls1、Lxx 等。

表 2.19 L 电感模型参数

名称	库	模型参数	设置值	单位	功能	分析类型
L	ANALOG	Value	10μ	H	电感值	常规
		Tolerance	−5%		容差	蒙特卡洛
		CURRENT	10	A	最大电流	高级分析
		IC	5	A	初始电流	常规

表 2.20 Lbreak 电感模型参数

名称	库	模型参数	设置值	单位	功能	分析类型
Lbreak	BREAKOUT	Value	10μ	H	电感值	常规
		L	1		电感因子	常规
		TC1	100μ	℃$^{-1}$	线性温度系数	常规和温度
		TC2	10μ	℃$^{-1}$	二次温度系数	常规和温度
		IL1	100μ	A^{-1}	线性电流系数	常规
		IL2	10μ	A^{-2}	二次电流系数	常规
		DEV	5%		元件容差	蒙特卡洛
		LOT	5%		系统容差	蒙特卡洛

表 2.21 Inductor 电感模型参数

名称	库	模型参数	设置值	单位	功能	分析类型
Inductor	PSPICE _ ELEM	Value	1n	H	电感值	常规
		CURRENT	10	A	最大电流	高级分析
		IC	1	A	初始电流值	常规
		NEGTOL	CTOL%	无	负容差	高级分析
		POSTOL	CTOL%	无	正容差	高级分析

PSpice 软件根据电感工作环境温度 T 和通过电流 I，结合模型参数值按照如下公式计算电感值：

$$L(I,T) = \text{L\_value} * L * [1 + \text{IL}1 * I + \text{IL}2 * I^2] * [1 + \text{TC}1(T - T_{\text{nom}}) + \text{TC}2(T - T_{\text{nom}})^2]$$

其中，T_{nom} 为常温，通过 option 设置中的 TNOM 选项进行设置。

如下为电感模型语句：

L11 2 LMOD 20m IC = 1A

. MODEL LMOD IND(L = 1 IL1 = 0.002 TC1 = −0.00001)

上述语句表明该电感模型的电感值为 20mH，初始电流为 1A，其电感值为工作温度和电流的函数，计算公式如下：

$$L(I,T) = 20.0 * 10^{-3} * [1 + 0.002I] * [1 - 0.00001(T - T_{\text{nom}})]$$

图 2.40 所示为 Lbreak 电感模型仿真电路，图 2.41 所示为瞬态仿真设置。

. model Lbreak IND L = 0.01 TC1 = 0.01 TC2 = 0.005 IL1 = 0.01 IL2 = 0.002

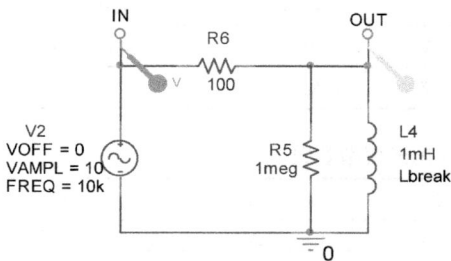

图 2.40 电感模型仿真电路

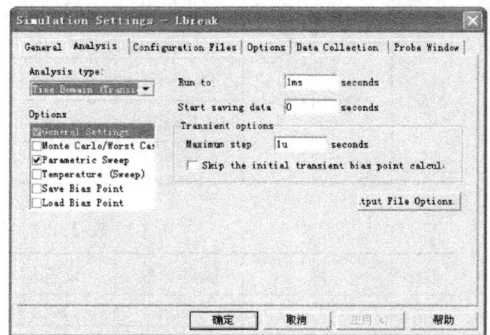

图 2.41 瞬态仿真设置

图 2.42 所示为电感模型测试电路仿真波形，上面 V（IN）为输入电压波形，下面 V（OUT）为输出电压波形，该电路实现电压衰减和移相。

图 2.43 和图 2.44 所示分别为温度仿真分析设置和输出电压波形。当温度在 0 ~ 100℃变化时电感值随之变化，从而引起输出电压变化。

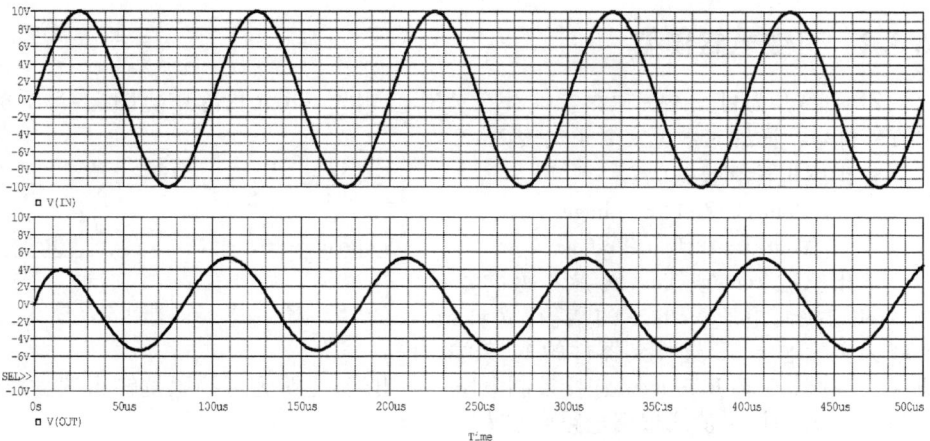

图 2.42　仿真波形

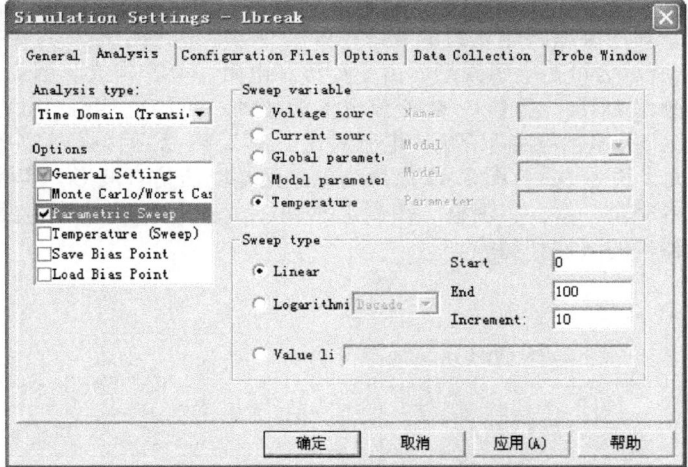

图 2.43　温度仿真分析设置

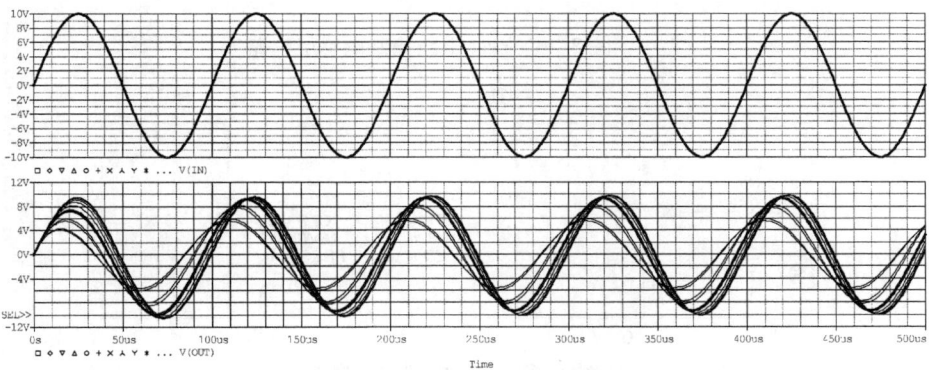

图 2.44　温度变化时仿真波形

2.3.2　可变电感模型

ZX 和 YX 为可变感抗模型，保存在 ANL _ MISC.lib 元件库中。图 2.45 所示为 ZX 和 YX 符号，详细参数见表 2.4 和表 2.13。

输出感抗计算公式为

$$Zout = Zref * Voltage$$
$$Yout = Yref * Voltage$$

输出感抗 Zout 或 Yout 为参考感抗 Zref 或 Yref 与控制电压 Voltage 的乘积；Zref 或 Yref 为实际电感 L，连接到器件的 1、2 端，

图 2.45　ZX 和 YX 符号

即 + 、 − 端；3 端 Reference 连接控制电压；输出端 4、5 为可控感抗输出端。控制电压 Voltage 通常为恒定值或根据电路要求为时变值。

2.3.3　压控电感模型 Lvar 建模

第一步：利用层电路建立测试电路，对模型功能进行测试。

图 2.46 所示为可控电感模型，由受控源和电阻、电容构成。图 2.47 所示为仿真电路，电感由频率 1kHz、幅值 1A 的交流电流源驱动；可控电感由 50μV 恒压源控制，即可控电感值为 50μH，与实际 50μH 电感对比。图 2.48 所示为瞬态仿真设置，仿真时间为 5ms，最大步长为 1μs。图 2.49 所示为电感两端电压仿真波形，实际电感与可控电感电压仿真波形完全一致，实现电压控制电感功能。表 2.22 为仿真电路元器件表，详细列出每个元器件的属性和功能。

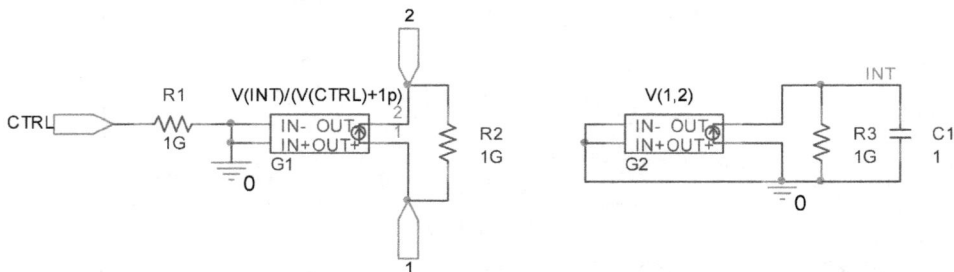

图 2.46　Lvar 电压控制电感层电路

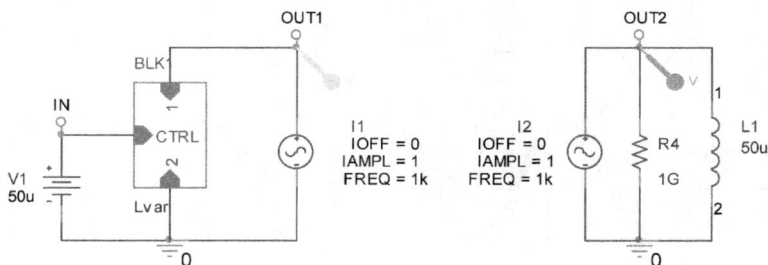

图 2.47　Lvar 模型仿真测试电路

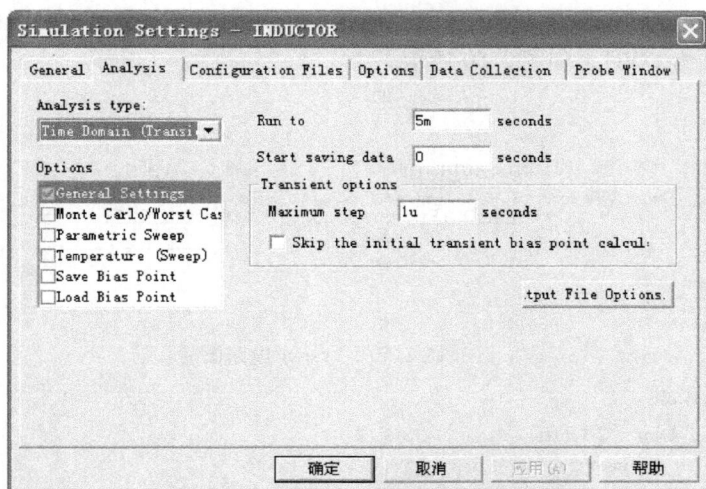

图 2.48　瞬态仿真设置

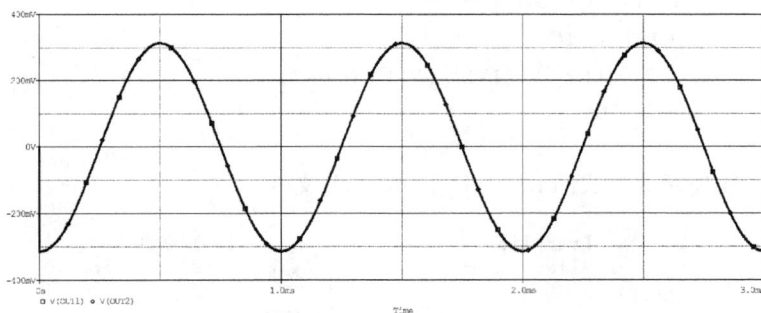

图 2.49　仿真波形

表 2.22　电压控制电感仿真电路元件列表

编号	名称	型号	参数	库	功能注释
R1	电阻	R	1G	ANALOG	防止悬空
R2	电阻	R	1G	ANALOG	防止悬空
R3	电阻	R	1G	ANALOG	防止悬空
R4	电阻	R	1G	ANALOG	防止悬空
C1	电容	C	1、IC = 0	ANALOG	积分
L1	电感	L	50u、IC = 0	ANALOG	测试电感
G1	行为模型	GVALUE	$V(INT)/(V(CTRL)+1p)$	ABM	电压控制电流
G2	行为模型	GVALUE	$V(1,2)$	ABM	电压控制电流
V1	直流电压源	VDC	50u	SOURCE	控制信号
I1、I2	正弦波电流源	ISIN	见图	SOURCE	信号源
CTRL	层接口 PIN	PORTRIGHT – R		CAPSYM	控制信号输入
1、2	层接口 PIN	PORTRIGHT – R		CAPSYM	等效电感接口
0	地	0		SOURCE	绝对零

第二步：利用 LvarSub 子电路生成 Lvar. lib 和 Lvar. olb。

新建名称为 LvarSub 的原理图，然后将 Lvar 层电路复制到此电路图中，并且修改端口符号 PIN 为 PORT，如图 2.50 所示。

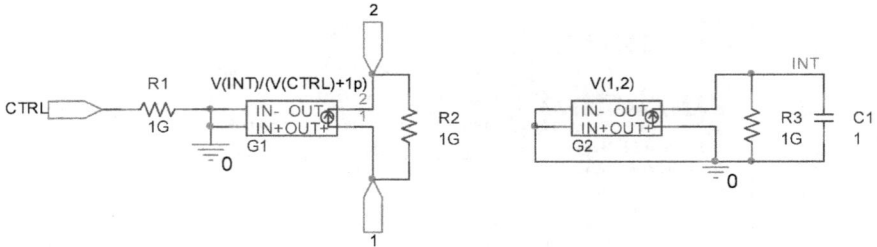

图 2.50　Lvar 子电路图

```
* lib and olb
. SUBCKT Lvar 1 2 CTRL
G2          0 INT VALUE { V(1,2) }
R3          0 INT   1G
C1          0 INT   1 IC = 0
R1          CTRL 0  1G
G1          1 2 VALUE { V(INT)/(V(CTRL)+1p) }
R2          1 2   1G
. ENDS
```

图 2.51 所示为生成的 Lvar. lib 和 Lvar. olb 文件。

图 2.51　生成 Lvar. lib 和 Lvar. olb 文件

第三步：对 Lvar 层电路和 Lvar. olb 进行测试，如图 2.52 所示。

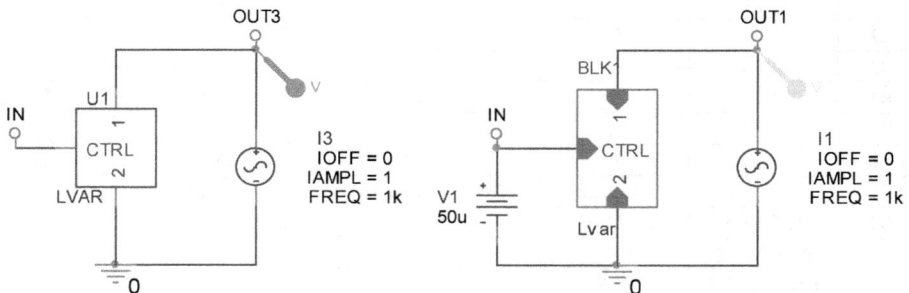

图 2.52　Lvar 层电路和 Lvar. olb 测试电路

图 2.53 所示为电路仿真波形，Lvar 层电路和 Lvar. olb 仿真波形一致，均能实现电

压控制电感功能，使用子电路更加简捷、方便。

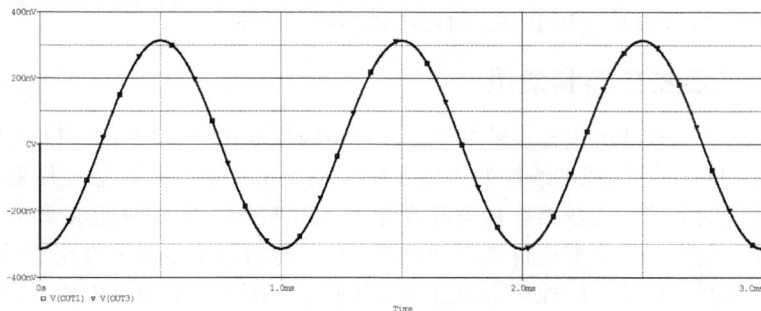

图 2.53　仿真波形

2.3.4　电感器分类及主要技术指标

1. 电感器分类

常用电感器包括固定电感器、微调电感器、色码电感器等。变压器、阻流圈、振荡线圈、偏转线圈、天线线圈、中周、继电器以及延迟线和磁头等都属于电感器。

2. 电感器主要技术指标

（1）电感量。在无非线性导磁物质存在的条件下，载流线圈磁通量与线圈中的电流成正比，比例常数称为自感系数，用 L 表示，简称为电感，即 $L = \phi/I$，式中，ϕ 为磁通量 I 为电流强度。

（2）固有电容。线圈各层、各匝之间，绕组与底板之间均存在分布电容，统称为电感器固有电容。

（3）品质因数。电感线圈品质因数定义为 $Q = \omega L/R$，式中，ω 为工作角频率；L 为线圈电感量；R 为线圈总损耗电阻。

（4）额定电流。线圈中允许通过的最大电流。

（5）线圈损耗电阻。线圈直流损耗电阻。

3. 电感器标识方法

（1）直标法。单位为 H（亨利），mH（毫亨）或 μH（微亨）。

（2）数码表示法。方法与电容器表示方法相同。

（3）色码表示法。表示法与电阻器色标法相似，色码包括 4 种颜色，前两种颜色为有效数字，第 3 种颜色为位率，单位为 μH，第 4 种颜色为误差位。

2.4　变压器模型

本节将详细讲解 PSpice 电路仿真中变压器模型的使用方法和注意事项，包括通用线性变压器模型、由线性磁心模型构成的线性变压器模型、具有磁滞现象和饱和特性的由非线性磁心构成的非线性变压器模型；利用电压控制电压源和电流控制电流源构成的具有交流和直流传输特性的理想变压器模型。另外提出利用模型编辑器（Model Editor）

建立非线性磁心模型的两种方法，即参数提取法（Extract Parameters）和试错法（Trial and Error），并且设计测试电路，对磁心模型进行测试。

2.4.1　变压器分类和使用

PSpice 仿真软件中包含多种变压器，其中线性变压器（XFRM_LINEAR）和由线性磁心（K_Linear）构成的线性变压器在特定情况下可以当作理想变压器使用。由非线性磁心构成的非线性变压器存在磁滞现象和饱和特性，应用时能够真实地反映实际情况。另外，电力电子电路进行稳态分析和小信号分析时常常需要直流变压器模型，而实际电路中却并不存在，因此可以通过电压控制电压源和电流控制电流源构建理想变压器模型。

PSpice 仿真软件包含模型编辑器（Model Editor）组件，能够利用模型编辑器对非线性磁心的 B-H 回线进行修改，当符合要求时提取 Jiles-Atherton 参数，并且根据参数选取所需磁心。利用试错法（Trial and Error）通过修改 Jiles-Atherton 参数测试 B-H 回线是否符合要求，根据最优 Jiles-Atherton 参数选取磁心进行试验研究。

1. 线性变压器模型

线性变压器（XFRM_LINEAR）保存在 analog.olb 库中，如图 2.54a 所示。变压器变比由一次侧和二次侧的电感值确定，变比为 $\sqrt{Ls/Lp}$，Lp 为变压器一次侧电感值，Ls 为变压器二次侧电感值。变压器耦合系数为 K，其取值范围为 $-1 \sim 1$。对于常规线性变压器通常取 $K=1$，仅在变压器绕组不完全耦合时采用小于 1 的值。

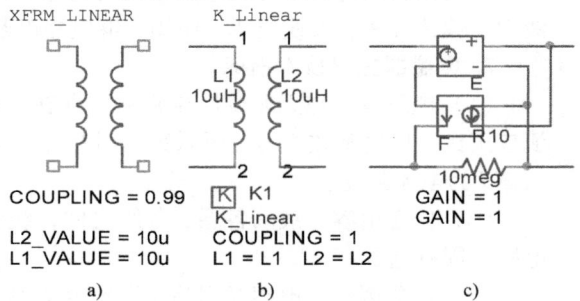

图 2.54　线性变压器模型
a）线性变压器 XFRM_LINEAR
b）由线性磁心（K_Linear）构成的线性变压器
c）由受控源（E 和 F）构成的线性变压器

2. 线性磁心（K_Linear）构成的线性变压器（图 2.54b）**的使用**

线性磁心（K_Linear）保存在 analog.olb 库中，由线性磁心构成的线性变压器使用方法和线性变压器（XFRM_LINEAR）相似，只是耦合电感自由设置，至少需要两个耦合电感，最多可有 6 个电感耦合在一起。切忌电感值单位为 H，电感器连接时注意同名端位置。

3. 受控源构成的线性变压器（图 2.54c）**的使用**

为了更好地设计电力电子电路，需要对电路的稳态电路和小信号电路进行分析和仿真，此时将会用到直流变压器，然而在实际中直流变压器并不存在。在 PSpice 仿真软件中，可以利用电压控制电压源和电流控制电流源构建理想变压器，使之符合如下关系：一次侧和二次侧电压之比等于二次侧和一次侧电流之比。受控源构成的线性变压器变比由受控源的连接方式和增益（Gain）决定。受控电压源和受控电流源的增益（Gain）互为倒数。使用该变压器时应该注意：电压控制电压源的被控端不能与电压源相连，电流控制电流源的被控端不能与电流源相连，否则电路仿真时会发散。如果仿真时在变压器的一次侧和二次侧分别串联一个小阻值电阻，则仿真时的收敛性会更好。

2.4.2　变压器应用

使用线性变压器（XFRM_LINEAR）和由线性磁心（K_Linear）构成的线性变压器时应该注意其励磁电感的影响。PSpice 仿真软件中线性变压器的励磁电感近似为一次侧电感。在图 2.55 中，激励源为正弦信号，幅值为 100V，变压器一次侧和二次侧电感值同为 10μH，励磁电感近似为 10μH，受控源增益同为 1。负载电阻为 100Ω，激励源串联等效电阻为 0.1Ω。仿真结果如图 2.56 所示。

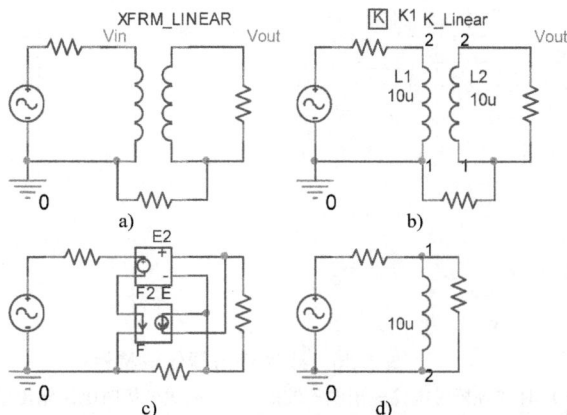

图 2.55　线性变压器构成的变比为 1 的变压电路

a）由线性变压器（XFRM_LINEAR）构成的变压电路

b）由线性磁心（K_Linear）构成的线性变压器的变压电路

c）由受控源构成变压器的变压电路

d）图 2.55a 和图 2.55b 的近似等效电路

图 2.56a 所示图形为瞬态仿真波形，通过图形可以得到：① 图 2.55b 所示电路的输入与输出信号完全一致，所以受控源组成的线性变压器为理想变压器；②由线性变压器（XFRM_LINEAR）、线性磁心（K_Linear）和其近似等效电路构成的变压电路输出信号一致，表明线性变压器、线性磁心和其近似等效电路构成的变压电路特性一致，等效电路合理，但是输出信号滞后于输入信号，所以 PSpice 中变压器与实际非常相似，能够真实地反映实际电路的工作情况。

图 2.56b 所示为激励源幅值为 100V、频率从 1Hz～1Meg 扫描时的输出电压波形：由受控源构成的线性变压器不受频率影响，而线性变压器和其等效电路受频率影响非常严重，主要是由于励磁电感的影响。当频率很高时励磁电感影响很小，线性变压器近似为理想变压器。通过频率扫描能够检测出耦合电感量和激励源频率是否合适，电路设计是否合理。

图 2.56c 所示为激励源幅值为 100V、频率为 10KHz 时，对图 2.55b 电路的耦合电

a)

b)

c)

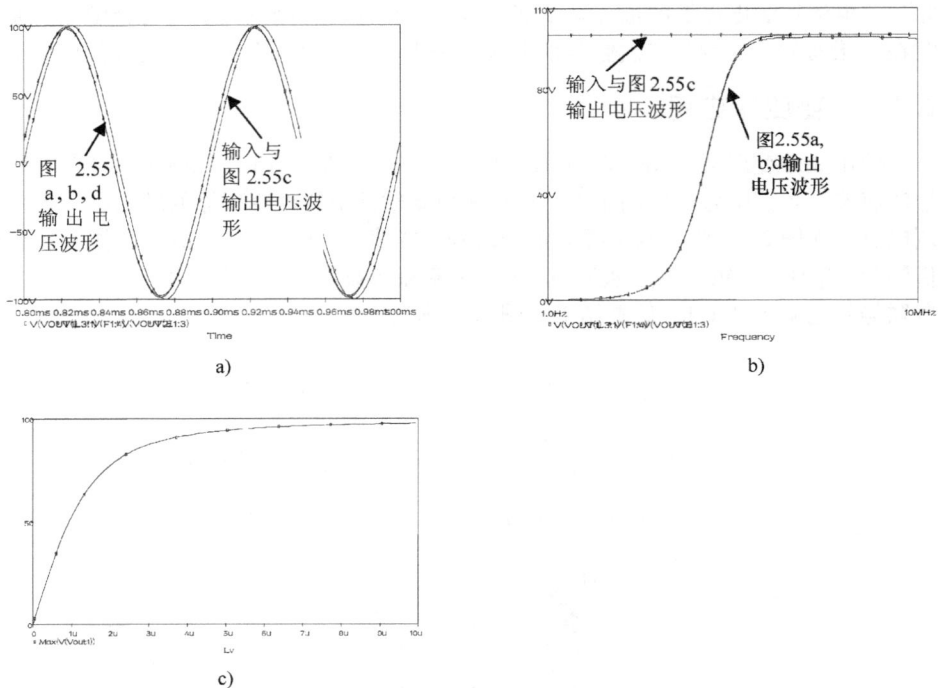

图 2.56 线性变压器传输特性

a）时域分析时电路输出电压波形　b）频域分析时电路输出电压波形

c）图 b）中耦合电感值变化时输出电压波形

感量进行参数扫描时输出电压的幅值波形，随着耦合电感量增加，输出电压幅值逐渐增大。当激励源确定时，通过参数扫描确定变压器耦合电感值，使变压器能够更好地工作。

2.4.3　非线性变压器使用

1. 非线性变压器特性主要由非线性磁心决定

PSpice 仿真软件中包含 4 种非线性变压器模型，均保存于 BREAKOUT. olb 库中，如图 2.57 所示。通过修改变压器 Implementation 属性改变变压器非线性磁心，从而改变变压器特性。非线性磁心保存在 magnetic. olb 库中。非线性变压器变比由一次侧和二次侧绕组匝数决定，其他使用方法和线性变压器一致。

非线性磁心 Kbreak 保存在 BREAKOUT. olb 库中，作为通用非线性磁心使用。和非线性变压器一样，耦合电感单位为绕组匝数而非电感量，使用时只需把 Implementation 属性改为相应非线性磁心模型即可，使用方法和线性磁心模型 K _ Linear 一致。

2. 非线性变压器应用

图 2.58 所示为激励源为正弦波、非线性变压器匝数比为 10、非线性磁心模型为 I93 _ 28 _ 30 _ 3C85 的升压电路，磁心模型参数如下：

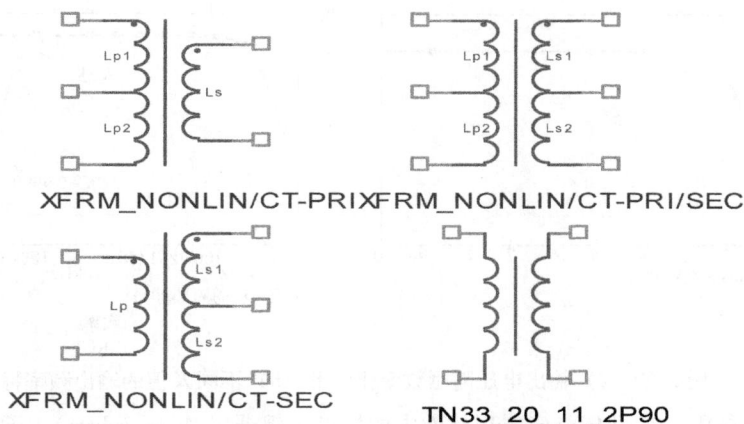

图 2.57　非线性变压器模型

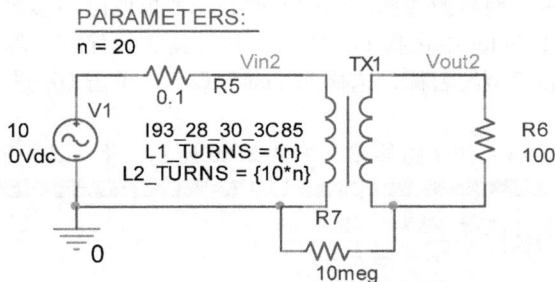

图 2.58　变比为 10 的非线性变压器电路

. MODEL I93 _ 28 _ 30 _ 3C85 CORE

+ MS = 376. 91E3 A = 22. 015 C = . 14355 K = 20. 230

+ AREA = 8. 3600 PATH = 21

当激励源频率确定、绕组匝数之比确定时，由于磁心为非线性，因此变压器输出电压随匝数增加，接近理想变压器，如图 2.59a 所示。当激励源频率变化时，对于相同的非线性变压器，不同的耦合系数决定不同的传输特性，如图 2.59b 所示。上述特性恰好表明实际变压器的传输特性。当选用符合型号的非线性磁心构成变压器时，应该根据实际情况选定耦合系数和绕组匝数来进行电路仿真，以便仿真结果与实际更加接近。

2. 4. 4　非线性磁心建模

由于实际所用变压器通常为磁心变压器，因此必须考虑变压器磁化曲线的非线性特性。PSpice 利用模型编辑器（Model Editor），采用参数提取法（Parameter Extract）和试错法（Trial and Error），根据 Jiles - Atherton 模型建立方法建立非线性变压器模型，下面分别对两种方法进行详细介绍。

1. 参数提取法（Parameter Extract）**建立非线性磁心**

通常情况下，变压器设计者通过 B - H 回线选择磁心，但是仅仅从 B - H 回线很难

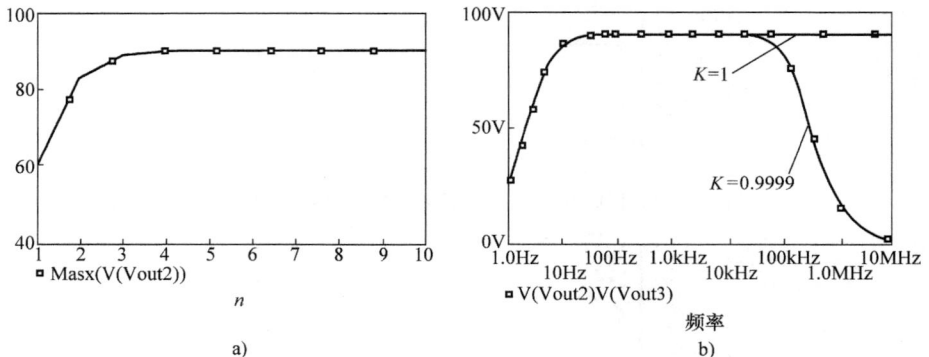

图 2.59　a）输出电压随匝数变化波形　b）不同 K 值的输出频率特性

确定磁心参数。使用 PSpice 仿真软件中的模型编辑器（Model Editor），通过对磁心模型 B – H 回线进行修改得到所需的 B – H 回线，然后通过参数提取得到 Jiles – Atherton 模型参数，从而进行磁心型号的选择。利用模型编辑器提取磁心参数具体步骤如下：

（1）在 Model Editor 中选择 File/New，并对其进行保存，然后选择 Model/New，输入将要建立的磁心模型的名称，选择 Magnetic Core，单击 OK 进入模型编辑界面，如图 2.60 所示。

（2）根据要求输入初始磁导率，如图 2.60 所示，将 Initial Permeability 设为 10000。

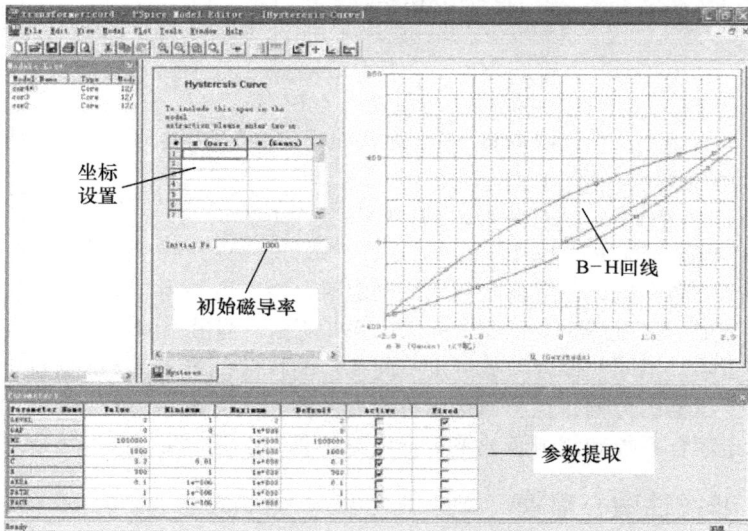

图 2.60　非线性磁心编辑界面

（3）输入 B – H 回线与 B，H 轴在第一象限的交点，如（0，600），（0.04，0）。

（4）输入 B – H 回线的闭合点，如（0.4，3000）。

（5）在 B – H 回线第一象限的两个分支上分别输入坐标点，如（0.12，2200），（0.12，1600）。

（6）设置坐标轴，Plot/Axis Setting，如 X _ Axis 设为 – 0.40，0.40。

（7）最后进行 Jiles – Atherton 参数提取，Tools/Extract Parameters。如 MS = 33.6E + 4，A = 10.93，C = 0.481，K = 4.308。

平均磁路长度 PATH 和平均磁心有效截面积 AREA 并非是从 B – H 回线中提取出来的，必须由设计者确定。本例中设定 AREA = 1.17，PATH = 8.49，其余参数采用默认值，参数提取如图 2.61 所示。磁心建立过程中应该注意以下几方面：①应在第一象限 B – H 回线的下游设置坐标点；②模型编辑器将磁场的最大范围规定为 X_Axis 范围，所以 X_Axis 的设置非常关键；③许多手册中 H 的单位为 A/m，而模型编辑器中 H 的单位为 Oersted，100A/m 等于 1.25Oersted；④磁心建立过程中不要固定 Jiles – Atherton 参数，尤其是 MS、A、C、K。而 AREA 和 PATH 参数值由设计者根据实际情况设定；⑤非线性磁心和线性磁心的使用方法相似，但是耦合电感单位为绕组匝数，而非电感量。

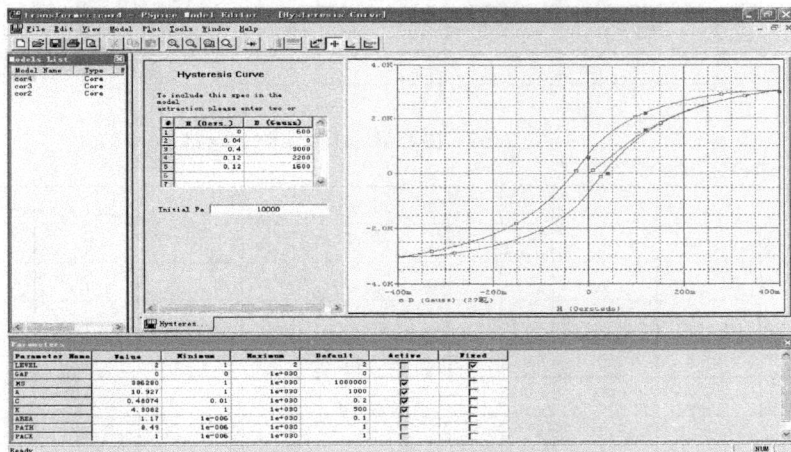

图 2.61　参数提取法建立非线性磁心

2. 试错法（Trial and Error）建立非线性磁心

利用试错法对磁心参数进行修改，得到所需 B – H 回线。具体步骤如下：首先设置 K 为零，此时 B – H 回线变为一条线，如同脊骨一样；设置 MS = Bmax/0.01257，Bmax 为所需最大磁通密度；然后调整形状参数 A 值，直到接近实际曲线；逐渐调节 Ms 值来得到合适的饱和磁化强度，之后通过改变磁畴壁销连系数 K 值来修改磁滞回线开阔程度，当得到合适开阔程度后轻微修改 K 值以协调剩余磁通和矫顽力；最后通过修改磁畴壁挠曲系数 C 来确定初始磁导率，磁心模型基本建立完成，可以通过测试电路对其进行测试。

图 2.62 所示为磁心 B – H 回线测试电路，对该电路进行瞬态仿真设置，时间长度为 4s，最大时间间隔为 0.01s。电感为 20 匝，磁心为 magnetic.olb 中的线性磁心 K528T500_3C8 和用试错法建立的非线性磁心 cor2。为了验证所建立磁心的实用性，测试电路中新建磁心和实际磁心选用同样参数，图 2.64 所示的两磁心 B – H 回线完全重合，验证所建立磁心的正确性；通过比较图 2.63 和图 2.64 中的 B – H 回线，得出两图形

无论从形状还是数值上都非常接近，表明使用此方法建立的磁芯用于仿真电路时能够反映实际情况，对电路设计提供指导。

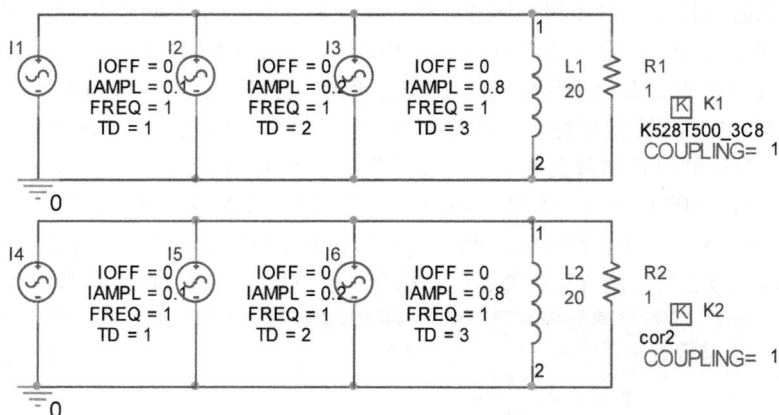

图 2.62　磁心 B－H 回线测试电路

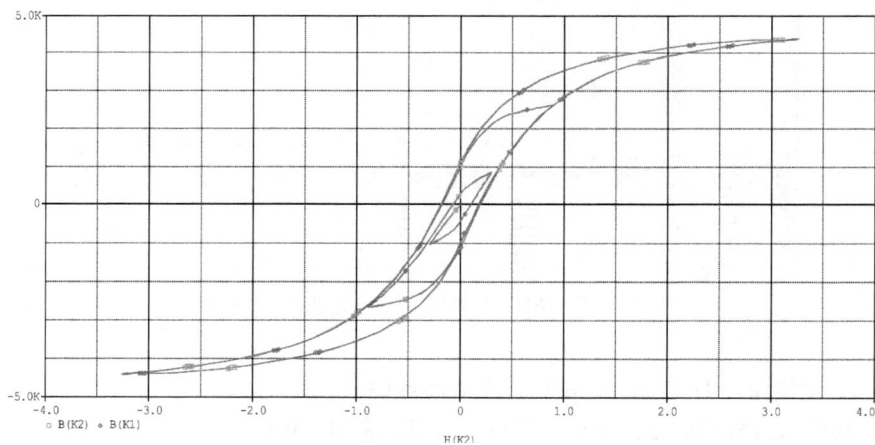

图 2.63　利用试错法建立非线性磁心 B－H 回线波形

　　由于耦合电感之间存在耦合系数限制，因此当对多电感耦合变压器进行瞬态仿真分析时，电路可能发散。耦合电感之间存在固有特性，即耦合矩阵（K 矩阵）值绝对确定。例如，三电感耦合使用如下不等式检验：K122 + K132 + K232 - 2 * K12 * K13 * K23 ≦1，Kij 是第 i 个和第 j 个电感之间的耦合系数。

　　例如，如果 K12 = 1，K13 = 0.9，K23 = 0.95，则等式左面值为 1.0025(> 1.0000)，系统不收敛。

　　如果 K12 = 1，K13 = 0.9，K23 = 0.9，则等式左面值为 1(= 1.0000)，系统收敛。

2.4.5　实际变压器模型参数辨识

　　图 2.65 所示为实际双绕组变压器 PSpice 模型，该变压器由理想变压器、励磁电感

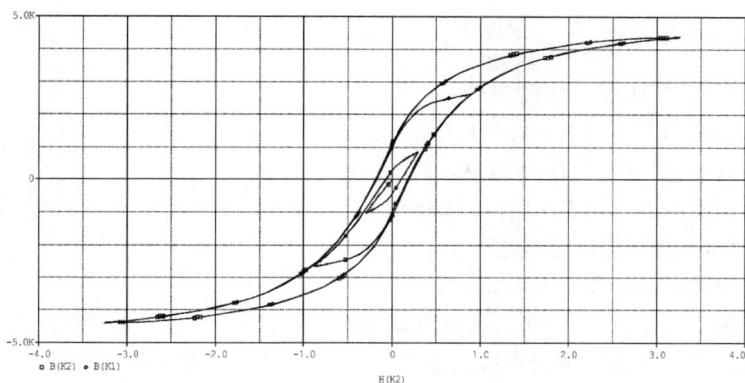

图 2.64　两种磁心 B – H 回线测试波形
X 轴单位为 Oersted，Y 轴单位为 Gauss

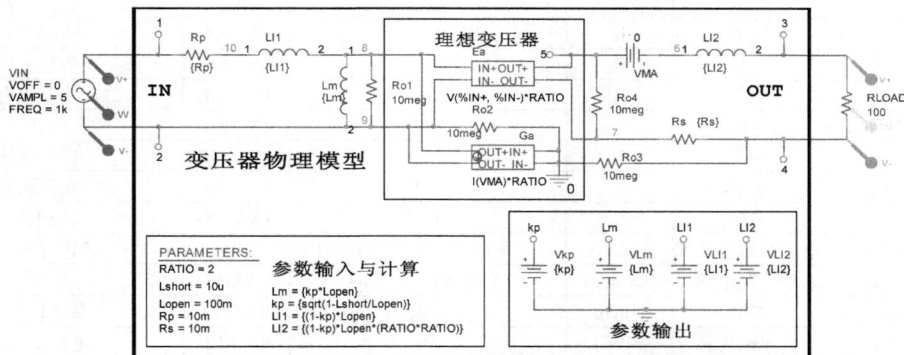

图 2.65　实际双绕组变压器 PSpice 模型及测试电路

Lm、一次侧和二次侧漏感 LI1 和 LI2、一次侧和二次侧直流电阻 Rp 和 Rs 构成。使用该模型时需要设置 RATIO、Lshort、Lopen、Rp 和 Rs 的参数值。

下面对变压器参数计算进行详细说明。

（1）RATIO：变压器变比。

测试方法：二次侧开路，一次侧输入频率为 1kHz 正弦波电压源 V_p，测量二次侧输出电压 V_s，变压器变比 RATIO = V_s/V_p。

（2）Lopen：变压器开路电感。

测试方法：变压器二次侧开路，在频率为 1kHz 处测量一次侧电感值，即 Lopen 数值。

（3）Lshort：变压器短路电感。

测试方法：变压器二次侧短路，在频率为 10kHz 处测量一次侧电感值，即 Lshort 数值。

（4）kp：变压器耦合系数。

计算公式：$kp = \sqrt{1 - \dfrac{Lshort}{Lopen}}$。

（5）LI1：变压器一次侧漏感。

计算公式：$LI1 = (1 - kp) \times Lopen$。

（6）LI2：变压器二次侧漏感。

计算公式：$LI2 = (1 - kp) \times Lopen \times RATIO^2$。

（7）Lm：变压器励磁电感。

计算公式：$Lm = kp \times Lopen$。

（8）Rp，Rs：一次侧和二次侧直流电阻。

测试方法：使用欧姆表直接测量变压器一次侧和二次侧直流电阻。

实际双绕组变压器元器件列表见表 2.23。

表 2.23　实际双绕组变压器 PSpice 模型仿真电路元器件列表

编号	名称	型号	参数	库	功能注释
Ro1 ~ Ro4	电阻	R	10meg	ANALOG	防止悬空
Rp	电阻	R	｛Rp｝	ANALOG	一次侧直流电阻
Rs	电阻	R	｛Rs｝	ANALOG	二次侧直流电阻
RLOAD	电阻	R	100	ANALOG	负载
LI1	电感	L	｛LI1｝	ANALOG	一次侧漏感
LI2	电感	L	｛LI2｝	ANALOG	二次侧漏感
Lm	电感	L	｛Lm｝	ANALOG	励磁电感
Ea	电压控制电压源	EvalueV	(%IN + , %IN −) * RATIO	ABM	理想变压器
Ga	电压控制电流源	Gvalue	I(VMA) * RATIO	ABM	模型
Parameters	参数	Param	见电路图	SPECIAL	参数设置
VMA	直流电压源	VDC	0	SOURCE	电流采样
Vkp	直流电压源	VDC	｛kp｝	SOURCE	耦合系数 kp 参数提取
VLm	直流电压源	VDC	｛Lm｝	SOURCE	励磁电感 Lm 参数提取
VLI1	直流电压源	VDC	｛LI1｝	SOURCE	一次侧漏感 LI1 参数提取
VLI2	直流电压源	VDC	｛LI2｝	SOURCE	二次侧漏感 LI2 参数提取
VIN	正弦波电压源	VSIN	见电路图	SOURCE	信号源
0	地	0		SOURCE	绝对零

图 2.66 和图 2.67 所示分别为仿真设置和仿真输出波形。图 2.67 所示为输入、输出电压波形和输入、输出功率波形：变压器变比 RATIO = 2，输入电压为 5V，输出电压为 10V，符合变比设置；输入功率和输出功率一致，由于漏感和直流电阻的原因，功率实时值会有细微差别。

图 2.68 所示为变压器模型子电路原理图，利用该原理图生成库文件并对其进行仿真测试。

变压器模型 lib 语句：

. SUBCKT transub 1 2 3 4 kp LI1 LI2 Lm　PARAMS：Lopen = 100m LI1 = ｛(1 − kp) * Lopen｝ LI2 = ｛(1 − kp) * Lopen * (RATIO * RATIO)｝ RATIO = 2

+ 　kp = ｛sqrt(1 − Lshort/Lopen)｝ Rp = 10m Lshort = 10u Lm = ｛kp * Lopen｝ Rs = 10m

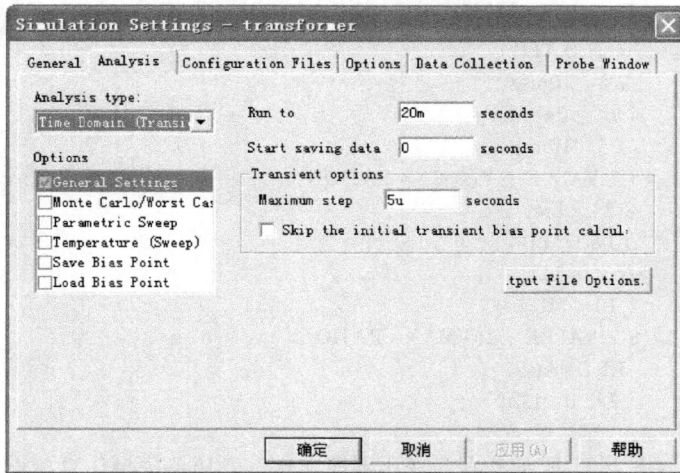

图 2.66 瞬态仿真分析设置

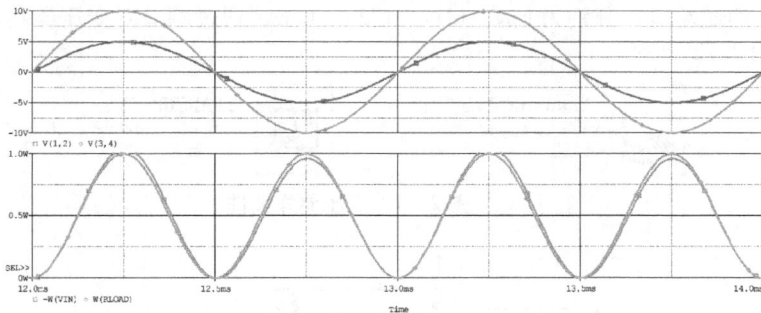

图 2.67 仿真波形

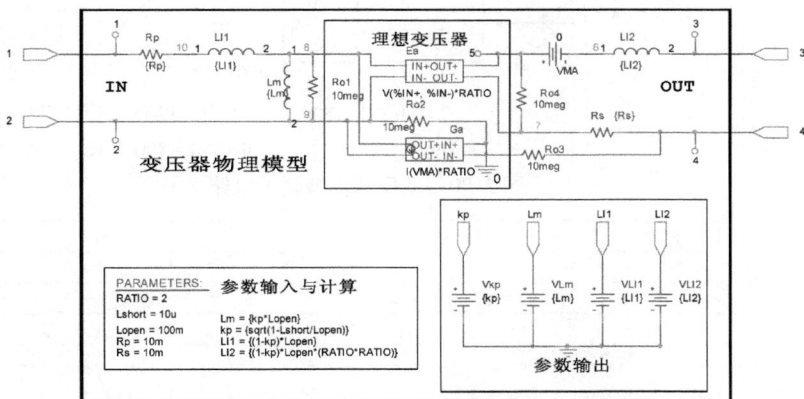

图 2.68 变压器模型子电路原理图

Ro3	0 4	10meg
VMA	5 6 0	
Ro2	2 0	10meg

```
VLm          LM  0  {Lm}
VLI1         LI1 0  {LI1}
Ro1          2 8   10meg
Rs           4 7   {Rs}
Ro4          7 5   10meg
Ea           5 7 VALUE { V(8,2) * RATIO }
Lm           8 2   {Lm}
LI1          10 8  {LI1}
LI2          6 3   {LI2}
Rp           1 10  {Rp}
Ga           8 2 VALUE { I(VMA) * RATIO }
Vkp          KP 0  {kp}
VLI2         LI2 0 {LI2}
. ENDS
```

图 2.69 ~ 图 2.71 所示分别为变压器库文件、变压器模型仿真测试电路和仿真波形。图 2.71 所示为电压和功率波形，与原始电路测试值一致。另外模型还提供 kp、LI1、LI2、Lm 测试端口，分别为 kpv、LI1v、LI2v、Lmv，通过端口对变压器物理参数进行测量，如图 2.72 所示。

图 2.69　变压器库文件

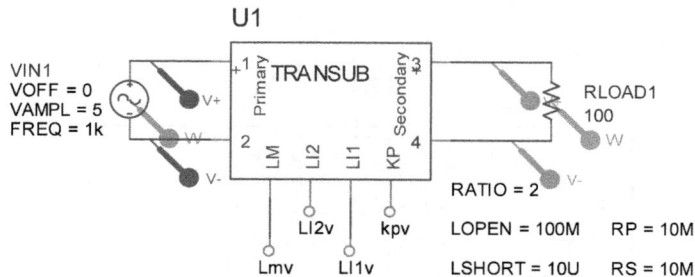

图 2.70　变压器模型测试电路

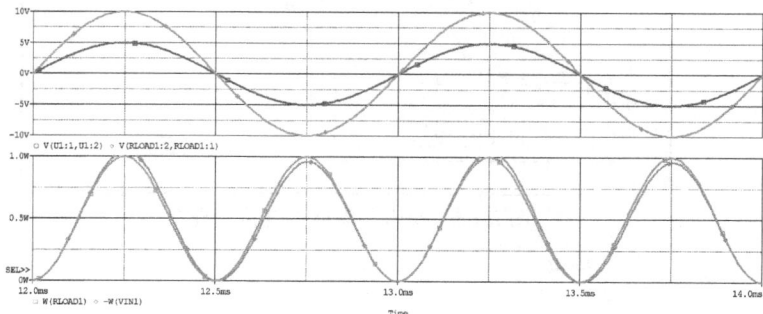

图 2.71　电压和功率仿真波形

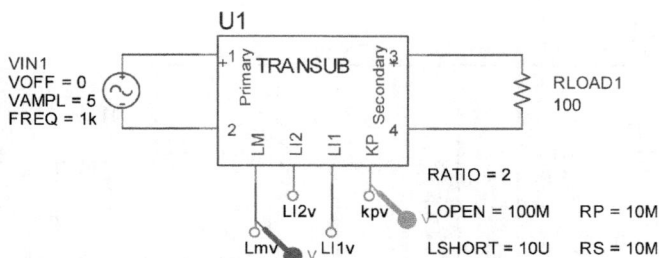

图 2.72 变压器模型物理参数测试电路

根据实际测试输入变压器变比 RATIO、一次侧开路电感 Lopen、一次侧短路电感 Lshort、一次侧直流电阻 Rp 和二次侧直流电阻 Rs 参数值，对电路进行瞬态仿真分析。

图 2.73 所示为变压器模型物理参数输出波形，耦合系数 kp = 0.99995，励磁电感 Lm = 100mH，使用非常方便。

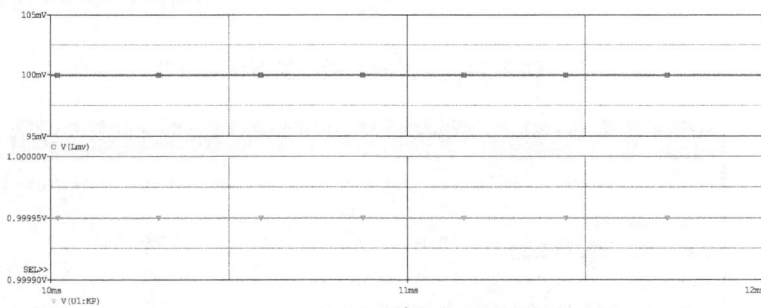

图 2.73 变压器模型物理参数输出波形

2.4.6 变压器模型在反激变换器中的应用

图 2.74 所示为自激式反激变换器电路图，输入电压为 5V，输出电压为浮动直流 10V，电流为 1mA。变压器由线性磁心 K_Linear 和电感 L1、L2、L3 耦合而成，电路工作于自激振荡方式，输出电压经过二极管 D1 整流，最后由稳压管 D2 进行稳压输出；电阻 R2 为 1mA 等效负载。仿真设置和仿真波形分别如图 2.75 和图 2.76 所示，电路稳定后输出电压约为 10V。

2.4.7 变压器模型总结

在 PSpice 仿真电路中使用线性变压器模型时，由于存在励磁电感，因此变压器传输特性与工作频率有关，可以通过修改耦合电感值使变压器与激励源相匹配。由压控电压源和流控电流源构成的理想变压器，既能传递直流能量又能传递交流能量，适用于等效电路和小信号电路分析和仿真。使用非线性变压器时应该注意非线性磁心特性，正确选择耦合电感匝数和耦合系数是使仿真结果与实际相一致的关键。利用模型编辑器建立非线性磁心模型，主要包括参数提取法和试错法；前者通过拟和 B－H 回线得到磁心参数，后者通过反复修改磁心参数得到所需 B－H 回线。两种方法均非常方便和有效，从

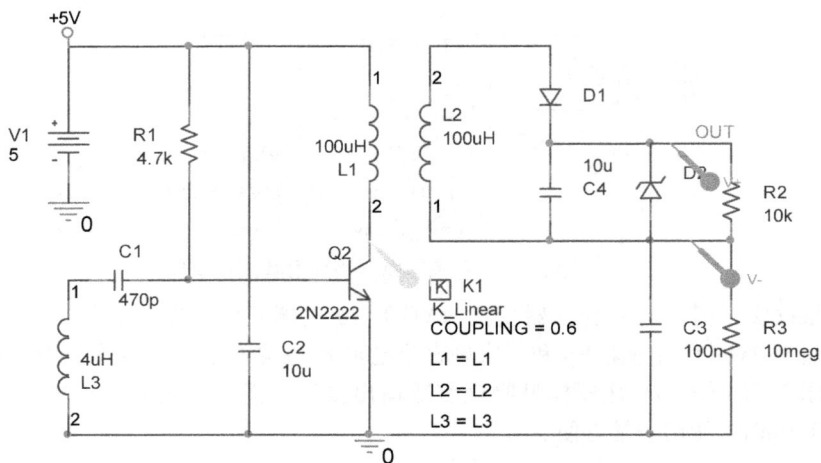

图 2.74　自激式反激变换器仿真电路

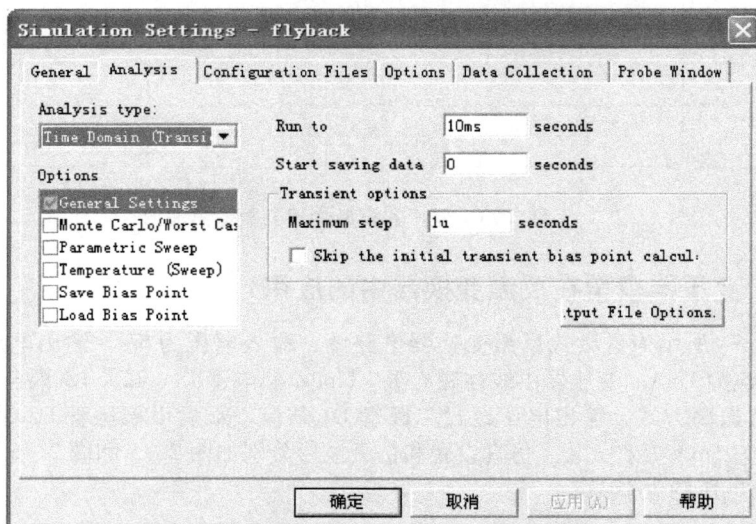

图 2.75　反激变换器仿真设置

而使仿真结果与实际更加接近。正确使用变压器模型能够使开关电源仿真电路与实际测试更加接近。设计者进行电路仿真之前务必对电路的工作原理进行研究，以便仿真更快、更准确地验证理论，从而对实践进行指导，以达到事半功倍的效果。

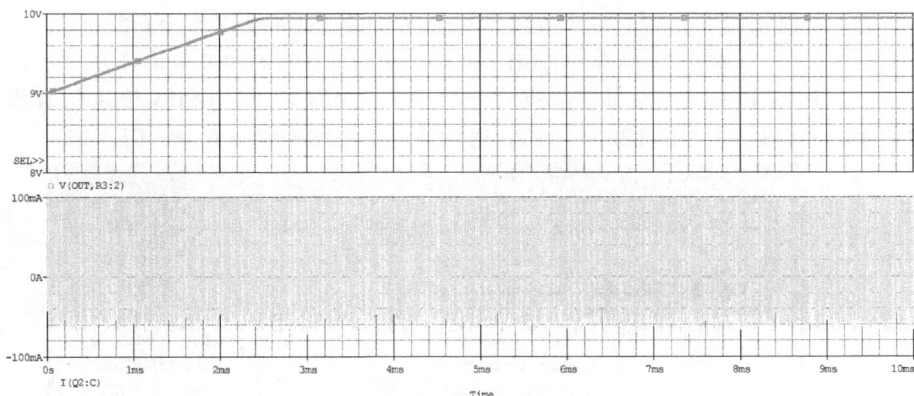

图 2.76　仿真波形

2.5　开关

PSpice 包括 3 种类型开关，如图 2.77 所示，分别为压控开关 Sbreak 和 S、流控开关 Wbreak 和 W、时控开关 Sw＿tClose 和 Sw＿tOpen，下面分别对 3 类开关的功能和具体使用方法进行讲解。

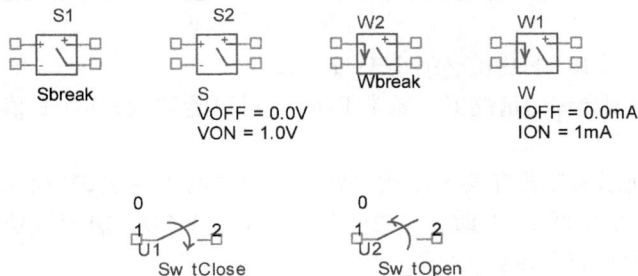

图 2.77　开关符号

2.5.1　压控开关

Sbreak 和 S 为压控开关，具体模型参数见表 2.24。当开关开通即控制电压高于 VON 时，电阻为 RON；当开关关断即控制电压低于 VOFF 时，电阻为 ROFF；当控制电压在 VON 和 VOFF 之间时，电阻在 RON 和 ROFF 之间连续变化。

表 2.24　压控开关 S 模型参数

名称	库	模型参数	默认值	单位	功能	分析类型
S	ANALOG	VON	1.0	V	开通电压	常规
		VOFF	0.0	V	关断电压	常规
		RON	1.0	Ω	开通电阻	常规
		ROFF	1e6	Ω	关断电阻	常规

Sbreak 语句如下，与开关 S 参数含义一致，使用时需要注意如下事项：

. model Sbreak VSWITCH Roff = 100 Ron = 10 Voff = 0. 0 Von = 1. 0

（1）RON 和 ROFF 参数值必须介于零和 1/GMIN 之间。GMIN 值由仿真设置选项 OPTIONS 进行设置，如图 2.78 所示，通常情况下 GMIN 默认值为 1.0E – 12。

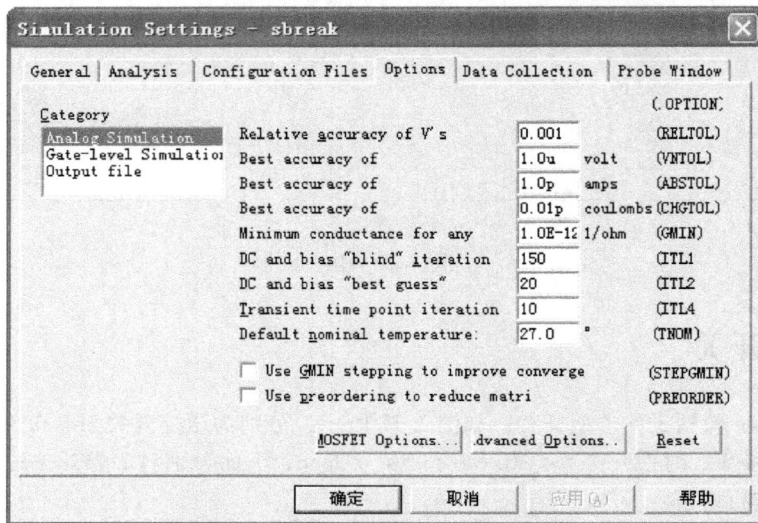

图 2.78　GMIN 设置

（2）RON 与 ROFF 比值必须小于 1E + 12。

（3）在精度允许的情况下，通常 RON 值尽可能取大，ROFF 值尽可能取小，使电路仿真收敛性更好。

图 2.79 所示为压控开关 S 测试电路，当控制电压高于 5V 时，开关导通，电阻为 0.1Ω；当控制电压低于 1V 时，开关断开，电阻为 1e6Ω；输入信号为频率 1kHz、幅值 20V、正负对称的正弦波。

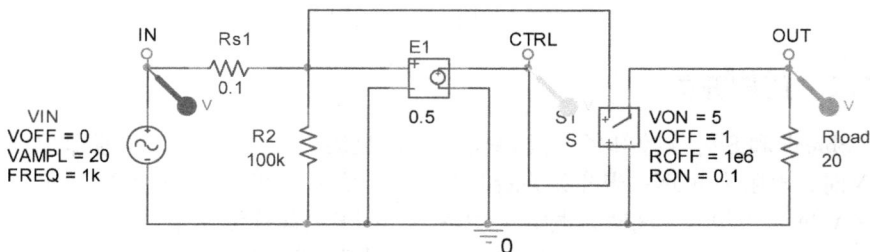

图 2.79　S 测试电路

图 2.80 所示为 S 仿真波形：V（IN）为输入电压波形，V（OUT）为输出电压波形，V（CTRL）为控制信号电压波形。当控制电压高于 5V 时，输出与输入一致；当控制电压低于 1V 时，输出为 0；当控制电压在 1～5V 时，输出与输入按比例变化，与控制电压呈线性关系。

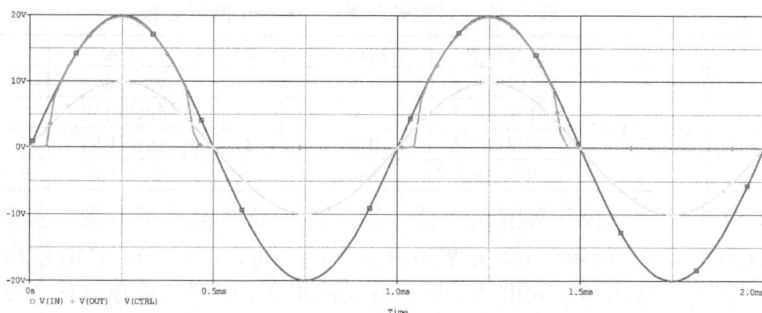

图 2.80 S 仿真波形

2.5.2 流控开关

Wbreak 和 W 为流控开关，具体模型参数见表 2.25。当开关开通即控制电流高于 ION 时，电阻为 RON；当开关关断即控制电流低于 IOFF 时，电阻为 ROFF，当控制电流在 ION 和 IOFF 之间时，电阻在 RON 和 ROFF 之间连续变化。

表 2.25 流控开关 W 模型参数

名称	库	模型参数	默认值	单位	功能	分析类型
W	ANALOG	ION	1.0	mA	开通电流	常规
		IOFF	0.0	mA	关断电流	常规
		RON	1.0	Ω	开通电阻	常规
		ROFF	1e 6	Ω	关断电阻	常规

Wbreak 语句如下，与开关 W 参数含义和使用方法均一致。

.model Wbreak ISWITCH Ioff = 0.0 Ion = 1e − 3 Roff = 1e6 Ron = 1.0

2.5.3 时控开关

Sw _ tClose 和 Sw _ tOpen 为时控开关，具体模型参数见表 2.26 和表 2.27。Sw _ tClose 为常断开关，断开时电阻值为 ROPEN；在 TCLOSE 时刻开关闭合，由断开到闭合的转换时间为 TTRAN，转换期间电阻值连续变化；开关闭合之后电阻值为 RCLOSED。该模型只能用于瞬态仿真分析。Sw _ tOpen 为常闭开关，闭合时电阻值为 RCLOSED；在 TOPEN 时刻开关断开，由闭合到断开的转换时间为 TTRAN；开关断开之后电阻值为 ROPEN。该模型只能用于瞬态仿真分析。

表 2.26 时控开关 Sw _ tClose 模型参数

名称	库	模型参数	默认值	单位	功能	分析类型
Sw _ tClose	ANL _ MISC	TCLOSE	0	s	闭合时刻	瞬态
		TTRAN	1μ	s	转换时间	瞬态
		RCLOSED	0.01	Ω	闭合电阻	瞬态
		ROPEN	1meg	Ω	断开电阻	瞬态

表 2. 27 时控开关 Sw_tOpen 模型参数

名称	库	模型参数	默认值	单位	功能	分析类型
Sw_tOpen	ANL_MISC	TOPEN	0	s	断开时刻	瞬态
		TTRAN	1μ	s	转换时间	瞬态
		RCLOSED	0. 01	Ω	闭合电阻	瞬态
		ROPEN	1meg	Ω	断开电阻	瞬态

图 2. 81 所示为时控开关测试电路，输入为正弦波电压信号源，负载为固定电阻。U1 为常闭开关 Sw_tOpen，U2 为常断开关 Sw_tClose。在 1ms 之前输出电压为 0；在 1ms 时 U2 闭合，输出与输入电压一致；在 4ms 时 U1 断开，输出电压为 0，仿真波形如图 2. 82 所示。

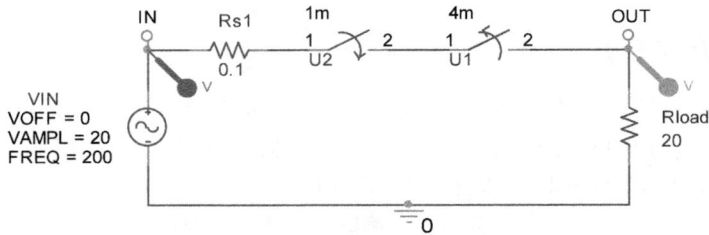

图 2. 81 时控开关测试电路

图 2. 82 所示为时控开关仿真波形，V（IN）为输入电压波形，V（OUT）为输出电压波形。0~1ms 输出电压为零；1~4ms 输出电压与输入电压一致；4~5ms 输出电压为零；电路设置与仿真输出一致。

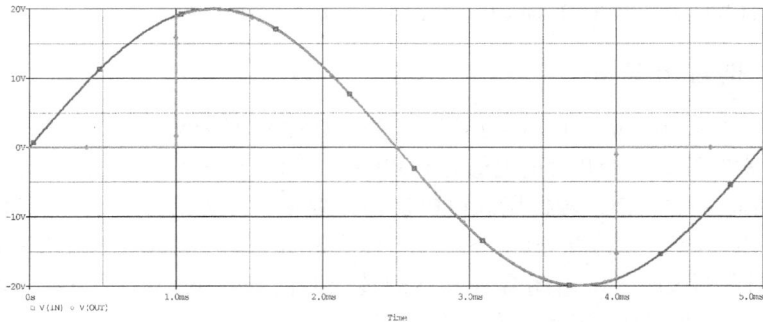

图 2. 82 时控开关仿真波形

第3章
二 极 管

本章主要讲解 PSpice 软件中半导体二极管模型的建立方法，即参数计算、曲线拟合和子电路建模；然后对所建模型进行仿真测试；最后介绍二极管分类及选型。

3.1 二极管模型

PSpice 二极管模型主要包括带反向偏置条件的二极管模型、小信号二极管模型和带反向偏置条件的静态二极管模型，分别如图 3.1a、b、c 所示。

在静态模型中，二极管 pn 结电压决定其通过电流，所以静态模型通常使用电流源代替。PSpice 根据静态工作点计算二极管小信号模型参数，然后建立小信号模型。通常情况下只需对模型的关键参数进行建模，PSpice 将其余模型参数自动设置为默认值。

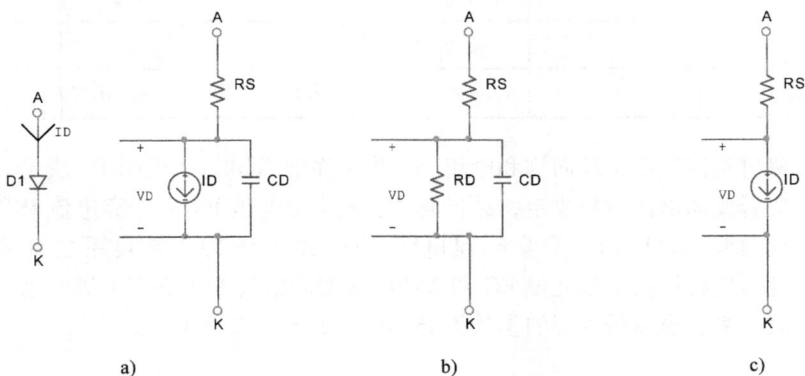

图 3.1 二极管模型

a）带反向偏置条件的二极管模型 b）小信号二极管模型 c）带反向偏置条件的静态二极管模型

二极管模型语句通用格式如下：

. MODEL DNAME D(P1 = B1 P2 = B2 P3 = B3. . . PN = BN)

. model MUR1560 D(Is = 95. 51p Rs = 6. 69m Ikf = 8. 883m N = 1 Xti = 6 Eg = 1. 11 Cjo = 125. 4p

+ M = . 414 Vj = . 75 Fc = . 5 Isr = 251. 2n Nr = 2 Tt = 148n)

DNAME 为二极管模型名称，最长为 8 个英文字母；D 为二极管类型代号；P1、P2、…B1、B2、…分别为模型参数名称及其参数值。二极管主要模型参数见表 3.1，其中面积因子用于确定模型中等效并联二极管的数量；受面积因子影响的模型参数用星号（＊）标注。

表 3.1 二极管主要模型参数

名称	受面积因子影响	模型参数	单位	默认值	典型值
IS	＊	反向饱和电流	A	1E - 14	1E - 14
RS	＊	寄生电阻	Ω	0	0
N		发射系数	1	1	
TT		渡越时间	s	0	1E - 10
CJO	＊	零偏 pn 结电容	F	0	2E - 12
VJ		结电势	V	1	0.6
M		梯度系数		0.5	0.5
EG		禁带能量	eV	1.11	1.11
XTI		饱和电流温度指数		3	3
KF		闪烁噪声系数		0	
AF		闪烁噪声指数		1	
FC		正偏耗尽电容系数		0.5	
BV		反向击穿电压	V	∞	50
IBV	＊	反向击穿电流	A	1E - 10	

二极管直流特性由反向饱和电流 IS、发射系数 N 和寄生电阻 RS 决定。反向击穿电压由二极管反向电流指数决定，并且通过反向击穿电压 BV 和击穿电流 IBV 设置。电荷存储效应由渡越时间 TT、零偏 pn 结电容 CJO、结电势 VJ 和梯度系数 M 决定。反向饱和电流的温度特性由禁带能量 EG 和饱和电流温度指数 XTI 决定。进行电力电子电路仿真分析时二极管模型最重要的参数为 IS、BV、IBV、TT 和 CJO。

3.2 二极管工作特性

二极管传输特性 V - I 曲线如图 3.2 所示，电流 I_D 和结电压 V_D 关系式为

$$I_D = I_S(e^{V_D/(nV_T)} - 1) \tag{3.1}$$

式中 I_D——流过二极管电流，单位为 A；

　　　V_D——二极管结电压，单位为 V；

I_S——漏电流（或反向饱和电流），典型范围为 $10^{-20} \sim 10^{-6}$A；

V_T——热电压常量，25℃典型值为 25.8mV；

n——发射系数（或理想因子），典型范围为 $1 \sim 2$。

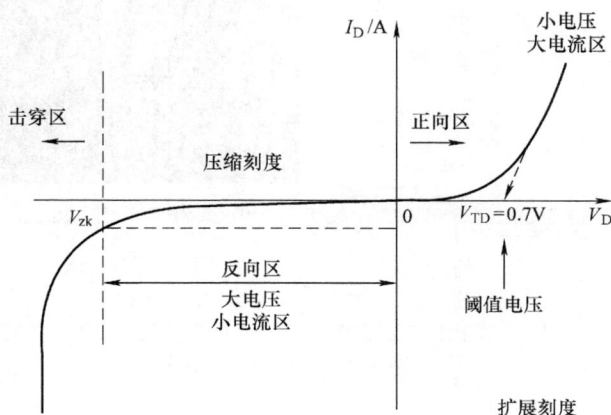

图 3.2 二极管传输特性 $V-I$ 曲线

发射系数 n 取决于二极管材料和物理结构，锗管 n 值通常取 1，硅管 n 值通常取 2，对于大多数硅管 n 值在 $1.1 \sim 1.8$。

式（3.1）中，V_T 为热电压常量，计算公式为

$$V_T = \frac{kT}{q} \tag{3.2}$$

式中 q——电子电量，$q = 1.6022 \times 10^{-19}$C；

T——绝对温度，K；t 为摄氏温度，通常取 25℃，$T = 273 + t$；

k——玻尔兹曼常数，$k = 1.3806 \times 10^{-23}$J/K。

当结温为 25℃时，由式（3.2）得

$$V_T = \frac{kT}{q} = \frac{1.3806 \times 10^{-23} \times (273 + 25)}{1.6022 \times 10^{-19}}V \approx 25.8mV$$

温度一定时二极管漏电流 I_S 保持不变，功率二极管 I_S 典型值为 10^{-15}A。

如图 3.3 所示，利用 PSpice Model Editor 对二极管特性曲线进行查看，包括正向电压与正向电流（$V_{fwd} - I_{fwd}$）、结电容（$V_{rev} - C_j$）、反向泄漏（$V_{rev} - I_{rev}$）、反向击穿（V_Z、I_Z、Z_Z）和反向恢复（T_{rr}、I_{fwd}、I_{rev}）。

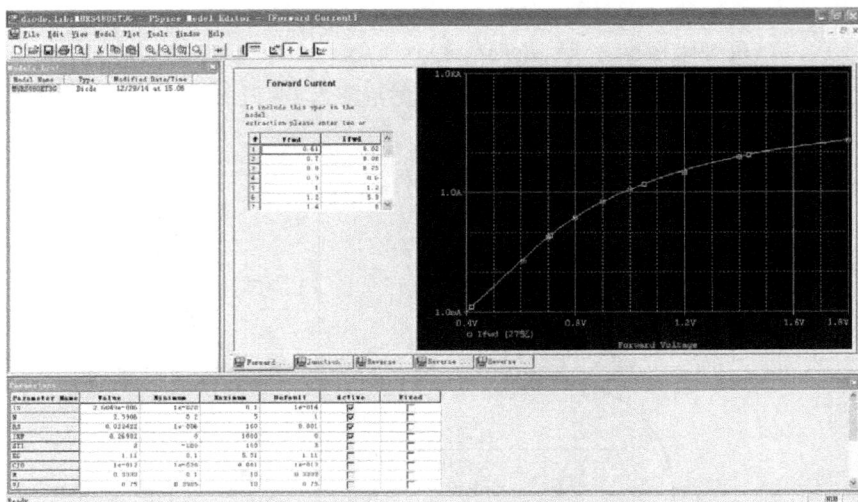

图 3.3   二极管特性曲线

3.3   二极管模型参数计算建模

下面根据二极管 1N914 数据手册计算 BV、IBV、N、IS、TT 和 CJO 参数值，然后利用 Dbreak 建立其 PSpice 模型。

1. BV：反向击穿电压

数据手册资料：

符号	参数	默认值	单位
V_R	最大重复反向电压	100	V

BV 取最大值：BV = 100V。

2. IBV：反向击穿电流

数据手册资料：

符号	参数	默认值	单位
I_R	反向漏电流	100（$V_R = 100V$）	μA

计算反向击穿电流 I_R 时，V_R 取最大值 100V：IBV = $100\mu A$ = 100E − 6A。

3. N：发射系数

图 3.4 所示为二极管典型正向电压 − 正向电流波形。温度为 25℃，$V_{D1} = 0.4V$ 时 $I_{D1} = 12\mu A$，$V_{D2} = 0.6V$ 时 $I_{D2} = 700\mu A$，$V_{D3} = 0.7V$ 时 $I_{D3} = 5mA$，根据如下公式计算发射系数 n：

$$V_{D2} - V_{D1} = 2.3nV_T \lg\left(\frac{I_{D2}}{I_{D1}}\right) \tag{3.3}$$

$$0.6 - 0.4 = 2.3n \times 0.0258 \times \lg\left(\frac{700}{12}\right) \tag{3.4}$$

$$n = 1.86 \tag{3.5}$$

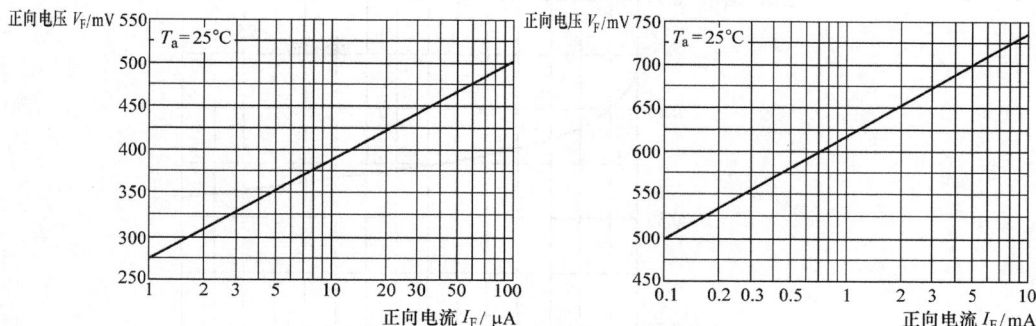

图 3.4 典型正向电压 – 正向电流波形

4. IS：反向饱和电流

$$I_D = I_S(e^{V_D/(nV_T)} - 1) \tag{3.6}$$

$$I_S = \frac{I_D}{e^{V_D/(nV_T)} - 1} \tag{3.7}$$

将 $n = 1.86$，$V_T = 25.8m$，$V_D = 0.7V$，$I_D = 5mA$ 代入式（3.7），求得

$$I_S = \frac{I_D}{e^{V_D/(nV_T)} - 1} = \frac{5mA}{e^{0.7/(1.86 \times 25.8m)} - 1} = 5.6 \times 10^{-9} mA = 5.6E - 9mA \tag{3.8}$$

5. TT：渡越时间

数据手册中没有渡越时间的具体参数和波形，通常根据反向恢复时间 t_{rr} 计算渡越时间。

通常情况下，$TT = t_{rr}/2$，根据图 3.5 得到 t_{rr} 最大值约为 4ns，所以 $TT = 2ns$。

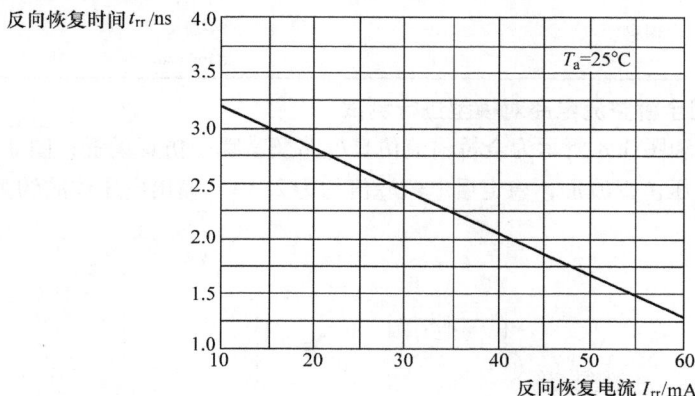

图 3.5 反向恢复电流 – 反向恢复时间波形

6. CJO：零偏 pn 结电容

根据图 3.6 所示反向电压 – 总结电容波形得到：pn 结电压为零时总结电容为 0.87pF，即 $CJO = 0.87pF$。

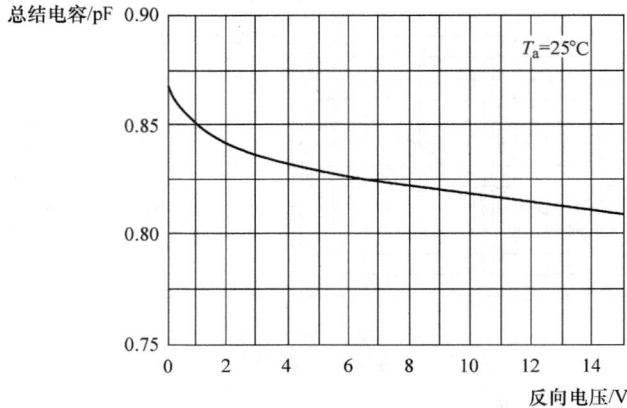

图 3.6　反向电压 - 总结电容波形

根据以上计算得到二极管 1N914 的模型参数为：BV = 100，IBV = 100μ，N = 1.86，IS = 5.6E − 9，TT = 2n，CJO = 0.87p。

7. 利用 Dbreak 建立模型

第一步	从 BREAKOUT 库中调用 Dbreak 元件	D1 Dbreak
第二步	编辑模型—右键：Edit PSpice Model	. model dbreak d N = 0.01
第三步	修改模型名称、输入模型参数	. model d1n914m d BV = 100 IBV = 100u n = 1.86 IS = 5.6E − 9 TT = 2n CJO = 0.87p
第四步	保存	D1 d1n914m

8. 利用全桥整流电路对模型进行测试

图 3.7 和图 3.8 所示为全桥整流仿真电路及其瞬态仿真设置；图 3.9 所示为整流电流和输出电压仿真波形，稳定后电流峰值约为 2.5A，输出电压纹波约为 5V。

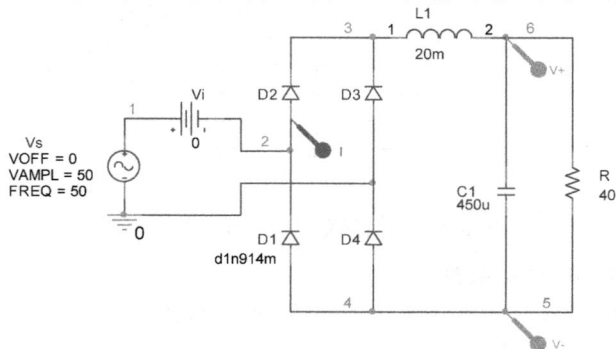

图 3.7　全桥整流仿真电路

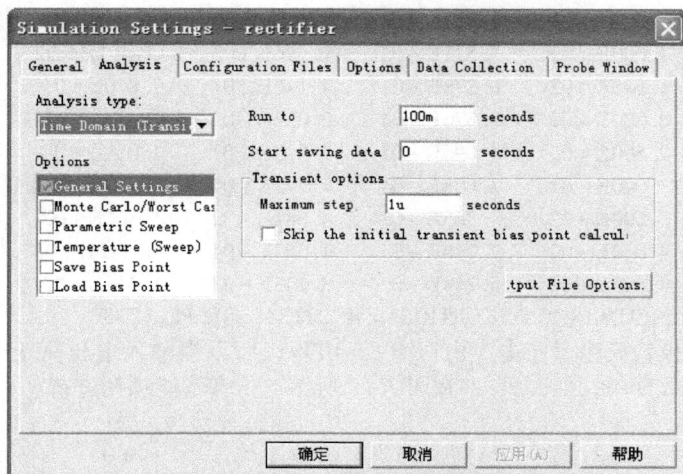

图 3.8 瞬态仿真设置

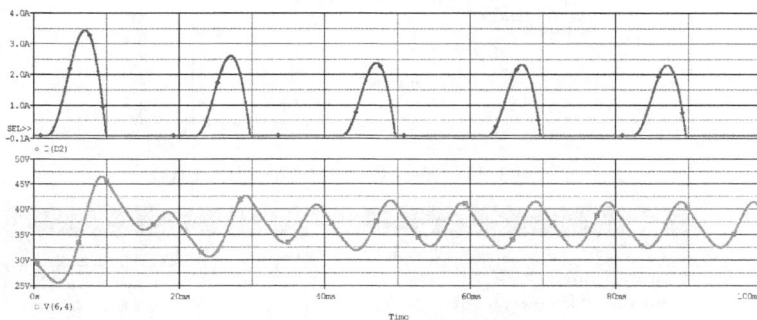

图 3.9 仿真波形

图 3.10 所示为输入电流傅里叶仿真设置，仿真结果如下，根据仿真结果计算 THD、PF 等参数。

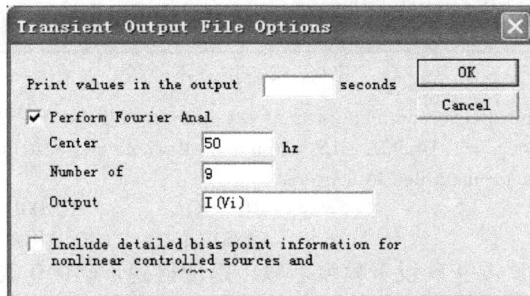

图 3.10 输入电流傅里叶仿真计算

FOURIER COMPONENTS OF TRANSIENT RESPONSE I(V _ Vi)

DC COMPONENT = 2.371172E − 03

HARMONIC NO	FREQUENCY (HZ)	FOURIER COMPONENT	NORMALIZED COMPONENT	PHASE (DEG)	NORMALIZED PHASE (DEG)

1	5.000E+01	1.659E+00	1.000E+00	-3.131E+01	0.000E+00
2	1.000E+02	2.531E-03	1.526E-03	-1.491E+02	-8.651E+01
3	1.500E+02	6.878E-01	4.146E-01	7.870E+01	1.726E+02
4	2.000E+02	3.376E-04	2.035E-04	-1.620E+02	-3.672E+01
5	2.500E+02	1.296E-01	7.810E-02	1.021E+02	2.587E+02
6	3.000E+02	2.608E-04	1.572E-04	-1.060E+02	8.186E+01
7	3.500E+02	7.765E-01	4.681E-02	1.361E+02	3.553E+02
8	4.000E+02	2.740E-04	1.652E-04	-1.122E+02	1.383E+02
9	4.500E+02	5.213E-02	3.143E-02	1.416E+02	4.234E+02

TOTAL HARMONIC DISTORTION = 4.256684E+01 PERCENT

因为二极管模型反向击穿电压 BV = 100V，所以当输入电压高于 100V 时，仿真将会出现不收敛现象，如图 3.11 和图 3.12 所示，仿真不能顺利进行。

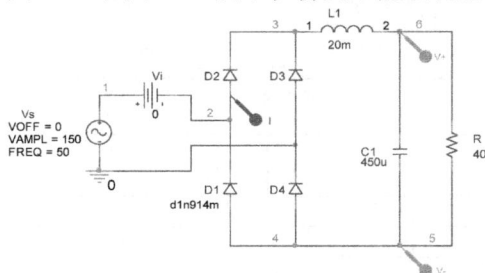

图 3.11　VAMPL = 150 高于 BV = 100

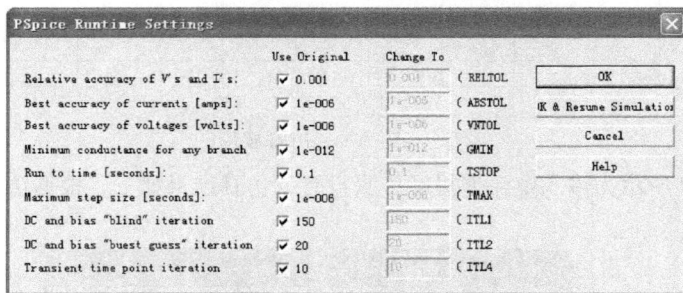

图 3.12　仿真不收敛

ERROR – – Convergence problem in transient analysis at Time = 2.404E–03
　　　　Time step = 14.90E–15, minimum allowable step size = 100.0E–15
These supply currents failed to converge：
　　I(V_Vs)　　　　　　　　= -10.00GA　\　-10.00GA
　　I(V_Vi)　　　　　　　　= 10.00GA　\　10.00GA

所以仿真时务必要正确设置模型参数，以便得到正确的仿真结果。

3.4　二极管曲线拟合建模

二极管模型参数主要由材料决定，利用特性曲线对 PSpice 模型参数进行提取。由于二极管的 PSpice 模型参数与数据表中所列参数通常并不是一一对应的，因此在创建模型时需要对实际参数进行提取，然后再将其转化为 PSpice 模型参数。下面以二极管 MURS480ET3G 模型为例，具体介绍曲线拟合建模过程。

第一步：新建名称为 MURS480ET3G 的二极管元件库。

选择菜单 Model→New，如图 3.13 所示，建立二极管模型库。

第二步：在二极管模型界面中输入数据。

图 3.14 所示为二极管模型图形数据输入界面，主要包括 5 个界面，分别为正向电压 - 正向电流、反向电压 - 结电容、漏电流、击穿电压、反向恢复。

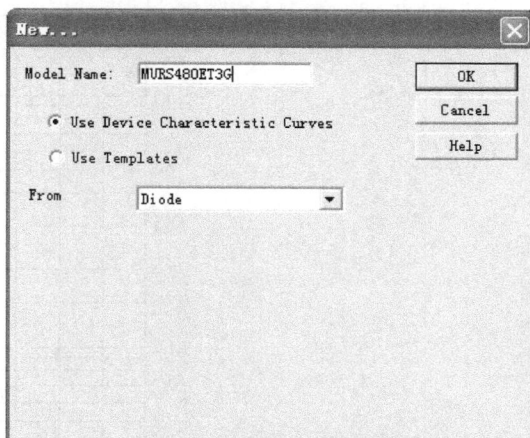

图 3.13　新建二极管模型库

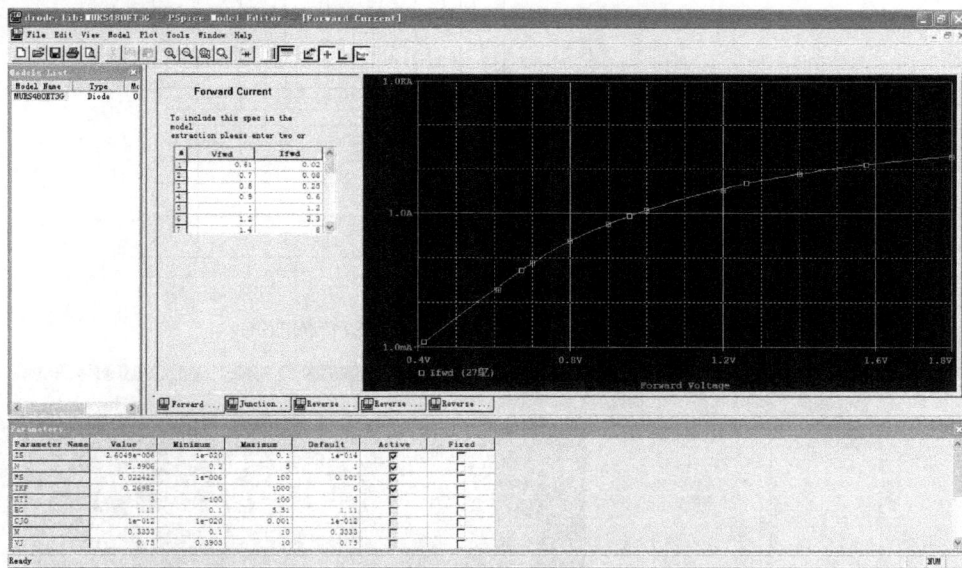

图 3.14　二极管模型图形数据输入界面

根据数据手册中相应的特性曲线完成正向电压 - 正向电流、反向电压 - 结电容、反向电压 - 漏电流的数据输入，精度取决于所取数据点的准确度和数量。数据点越多精度越高，当数据值较小时更是如此。当数据输入完成后选择菜单命令 Tools > Extract 对模型参数进行提取。

Trr 为反向恢复时间、Ifwd 为正向电流、Irev 为初始反向电流、R1 为负载电阻。

按照图 3.15 ~ 图 3.24 进行数据输入，数据输入全部完成之后选择菜单 Tools > Extract Parameters 进行参数拟合，生成 lib 文件。最后选择菜单 File > Export to Capture Part Library 生成 olb 文件，如图 3.25 所示。

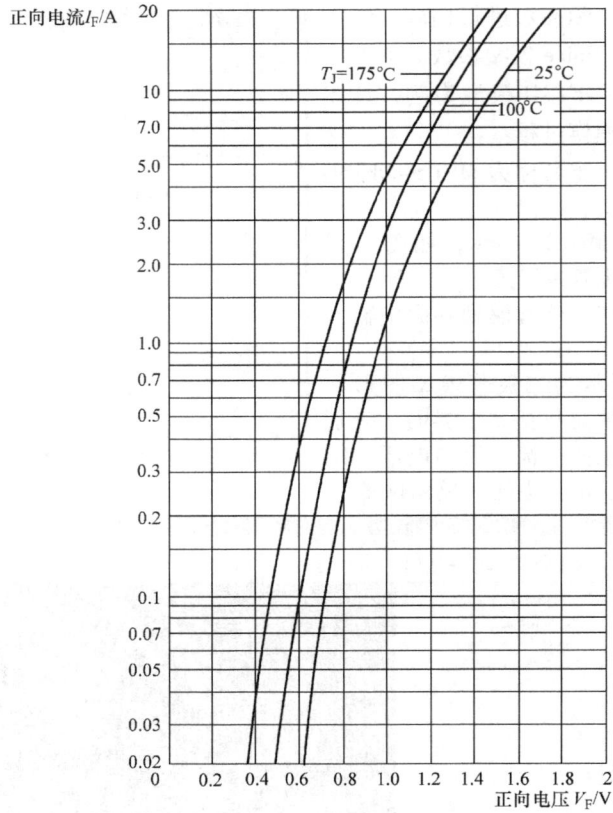

图 3.15 正向电压－正向电流传输曲线

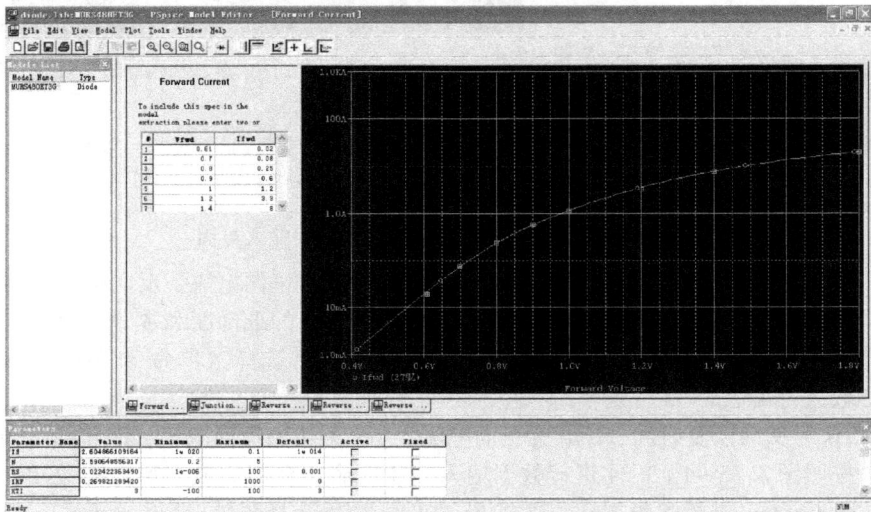

图 3.16 正向电压－正向电流传输曲线数据输入

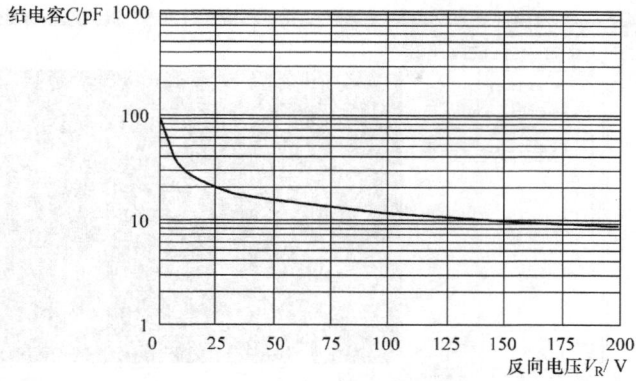

图 3.17 反向电压 – 结电容

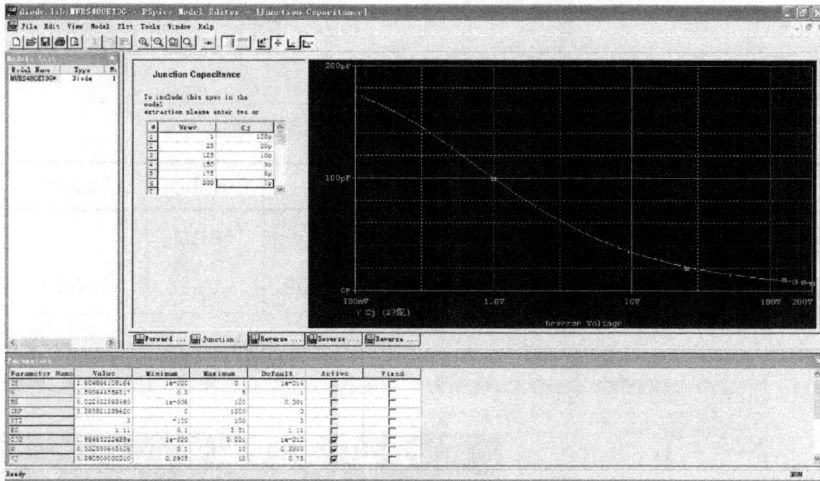

图 3.18 反向电压 – 结电容数据输入

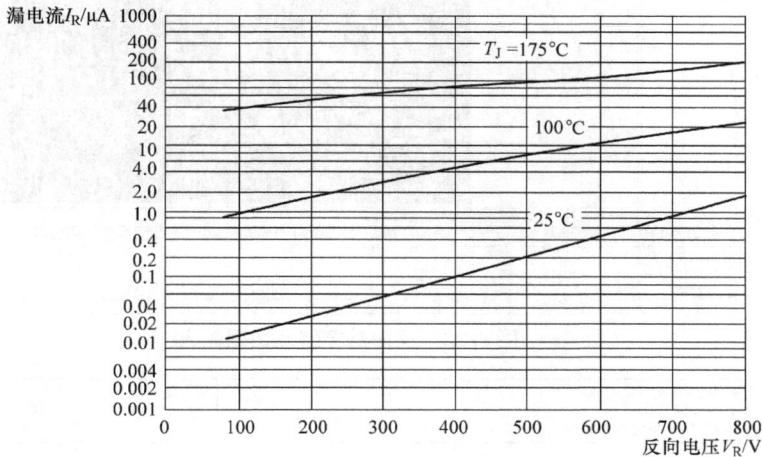

图 3.19 反向电压 – 漏电流曲线

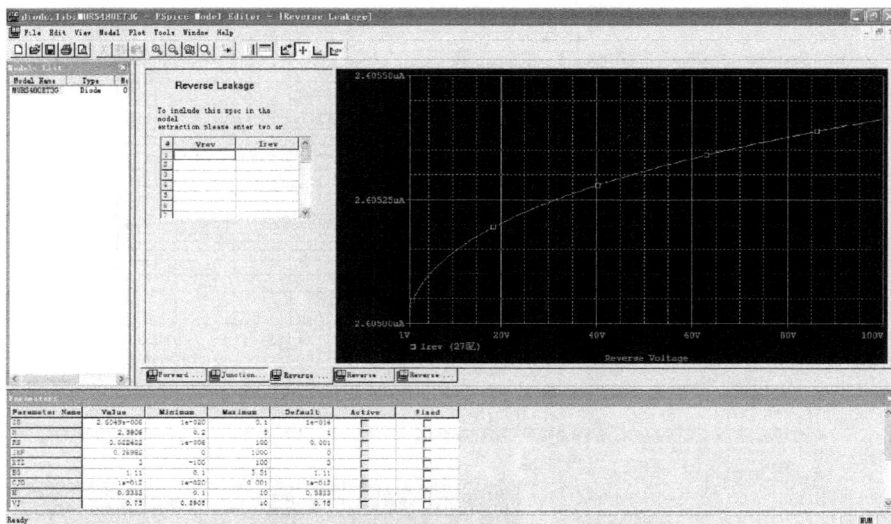

图 3.20　反向电压 – 漏电流数据输入

Rating	Symbol	Value	Unit
Peak Repetitive Reverse Voltage Working Peak Reverse Voltage DC Blocking Voltage　　MURS480E	V_{RRM} V_{RWM} V_R	 800	V

图 3.21　反向击穿电压 800V

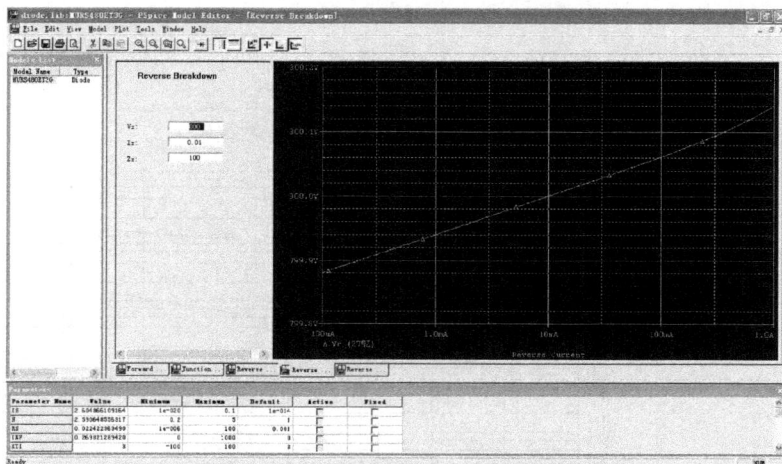

图 3.22　反向击穿特性数据输入

| Maximum Reverse Recovery Time
(I_F = 1.0 A, di/dt = 50 A/μs)
(I_F = 0.5 A, i_R = 1.0 A, I_{REC} = 0.25 A) | t_{rr} |
100
75 | ns |

图 3.23　反向恢复时间

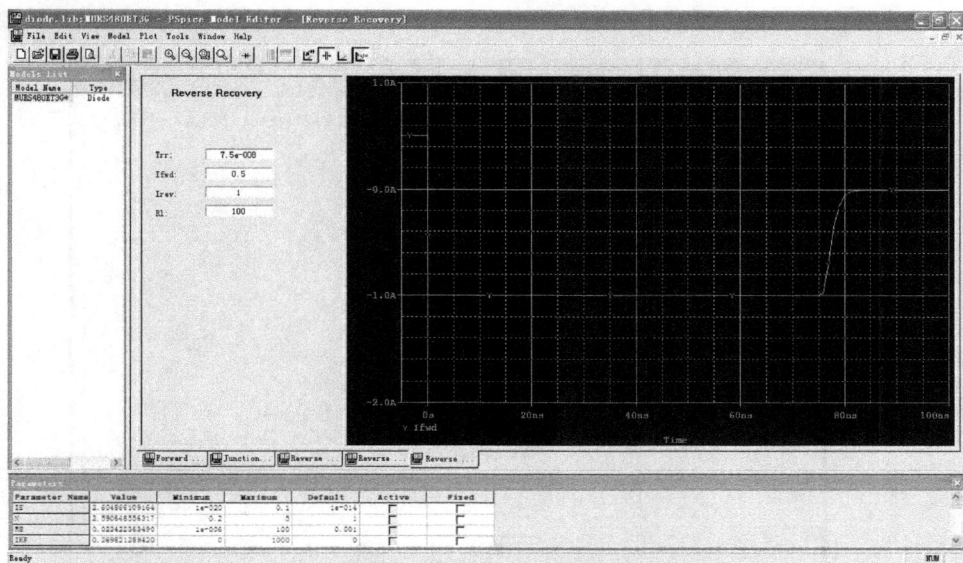

图 3.24 反向恢复特性数据输入

V_z 为齐纳电压、I_z 为齐纳电流、Z_z 为齐纳阻抗，反向击穿电压 BV 和反向击穿电流 IBV 分别对应 V_z 和 I_z。二极管击穿效应由指数函数进行功能建模，所以对 BV 和 IBV 的参数值进行适当微调，以得到正确阻抗 Z_z（电压变化与电流变化比值）值。

图 3.26 所示为 diode.lib 和 diode.olb 文件，下面对模型性能进行测试。

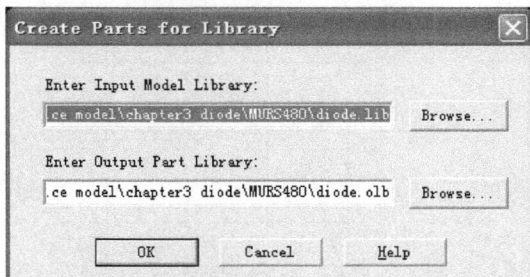

图 3.25 生成 olb 文件

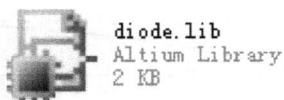

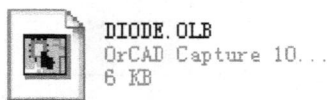

图 3.26 diode.lib 和 diode.olb 文件

1. 二极管直流传输特性测试

图 3.27 和图 3.28 所示分别为二极管直流传输特性测试电路图和仿真设置，当二极管两端电压变化时测试其电流特性。

图 3.29 和图 3.30 所示分别为 -900 ~ 2V 直流传输特性曲线和 0 ~ 2V 直流传输特

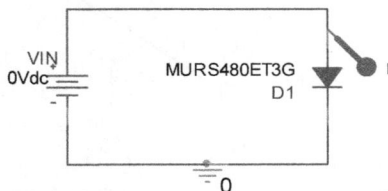

图 3.27 二极管直流传输特性测试电路图

性放大曲线。二极管反向击穿电压为800V，正向导通时传输特性与设置值基本一致。

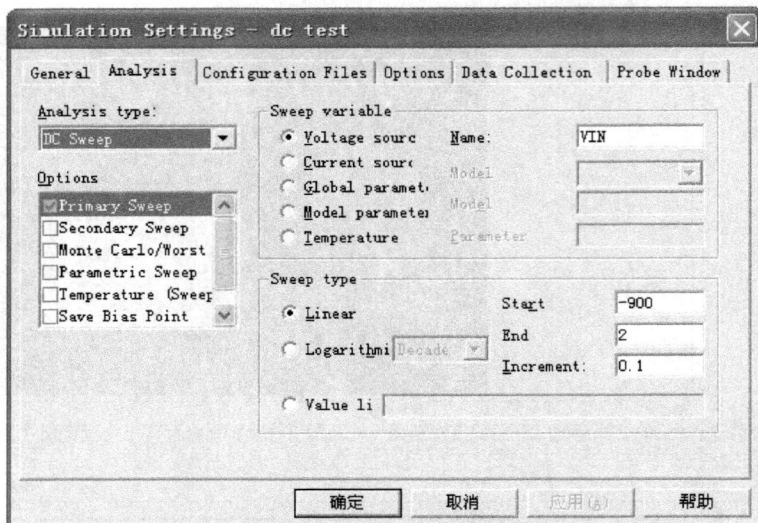

图 3.28　直流传输特性仿真设置

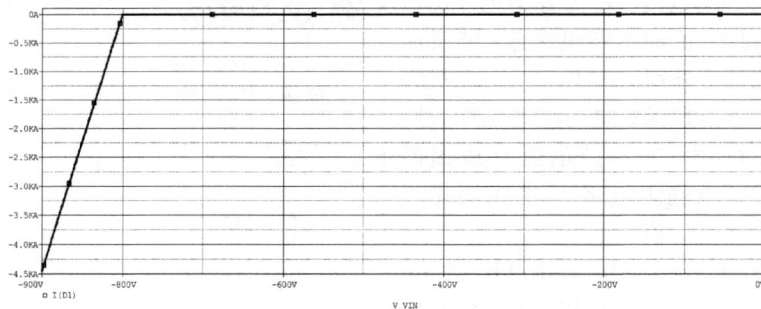

图 3.29　-900~2V 直流传输特性曲线

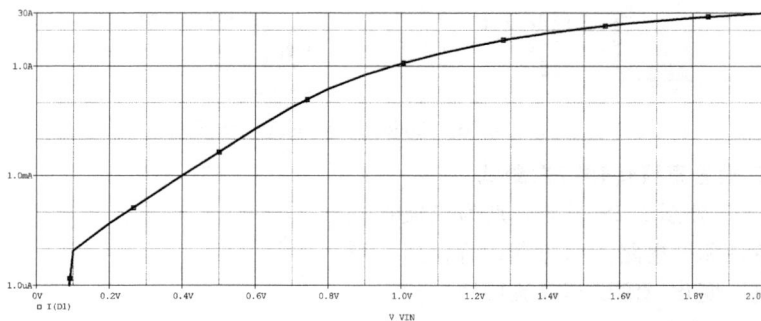

图 3.30　0~2V 直流传输特性曲线

利用 Model Editor 建立二极管模型的注意事项：由于模型捕获数据可能存在误差，因此反向恢复时间可能与数据表不完全匹配；在模型编辑器中对每条曲线进行参数调整时，仅显示活跃参数；利用模型进行仿真时，在特殊试验条件下仿真曲线与模型编辑器中的数据可能不完全匹配，在这种情况下，用户可以对模型参数进行微调，使得仿真结果正确。

2. 模型实例测试

利用 Buck 电路测试二极管模型开关特性，仿真电路如图 3.31 所示，仿真设置如图 3.32 所示，仿真波形如图 3.33 ~ 图 3.35 所示。

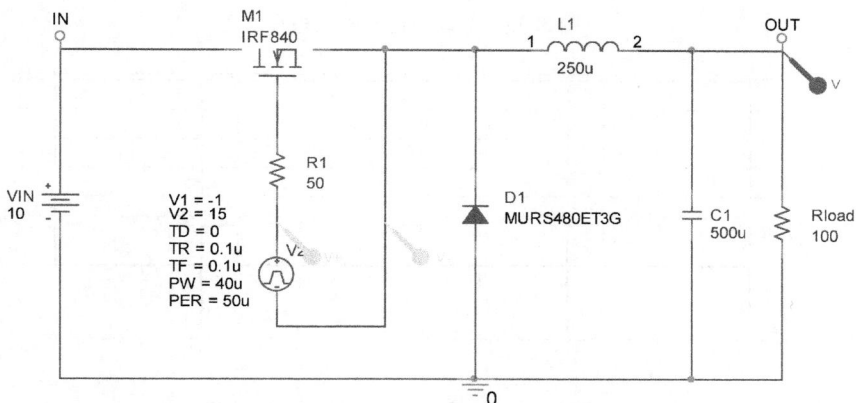

图 3.31　Buck 仿真电路

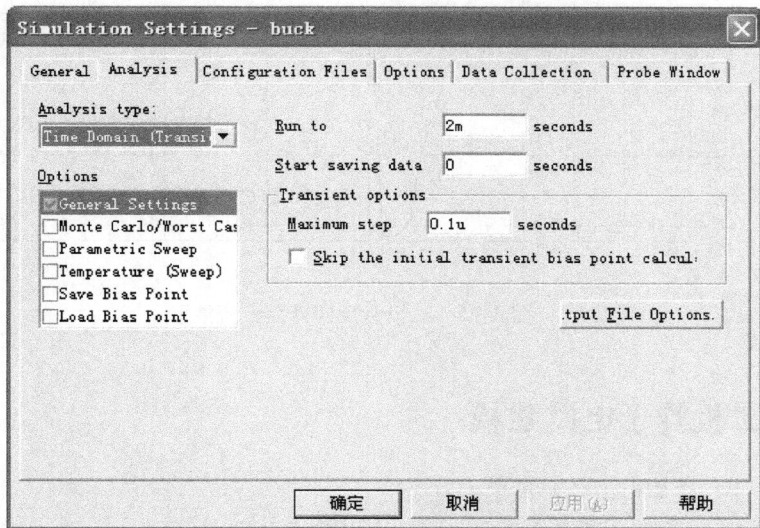

图 3.32　瞬态仿真设置

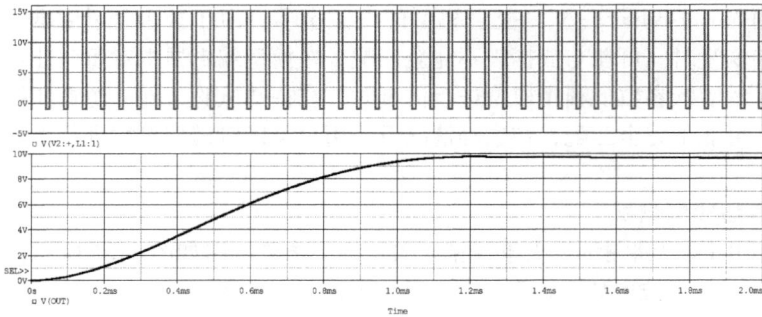

图 3.33 驱动电压和输出电压波形

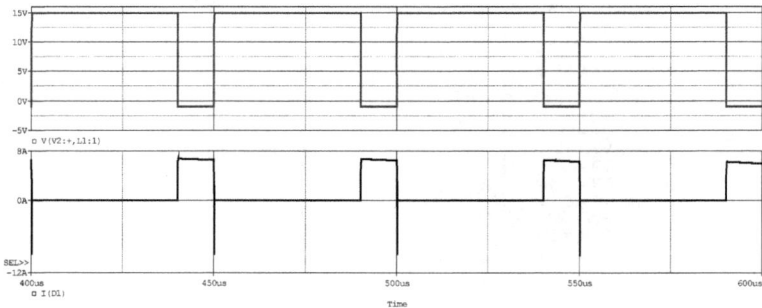

图 3.34 驱动电压和二极管电流波形

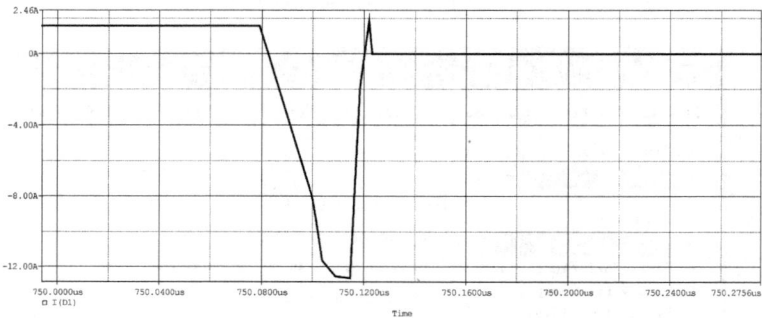

图 3.35 二极管反向恢复电流波形

3.5 二极管子电路建模

第一步：采用层电路对模型进行测试。

图 3.36 所示为二极管仿真电路图和二极管层电路。

二极管模型由层电路构成，主要包括二极管、受控源、恒流源和电阻，二极管模型

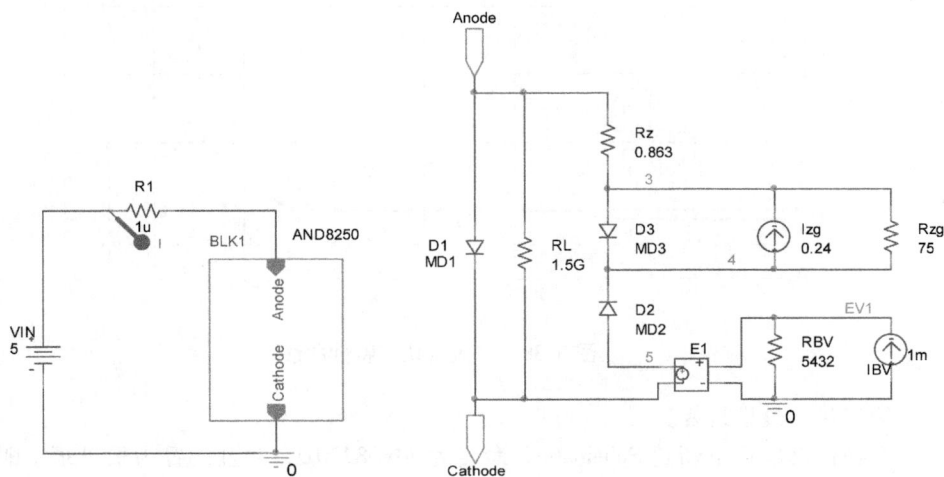

图3.36 二极管仿真电路图和二极管层电路

语句如下：

    . MODEL MD1 D IS = 7. 58703e − 07 N = 3. 10159 XTI = 1 RS = 0. 856 CJO = 1. 5e − 10 TT =
1e − 08

    . MODEL MD2 D IS = 2. 5e − 12 N = 0. 475376 XTI = 0 EG = 0. 1

    . MODEL MD3 D IS = 2. 5e − 12 N = 0. 198247 XTI = 0 EG = 0. 1

    对二极管进行直流仿真分析，测试其伏安特性，仿真分析设置如图3.37所示，仿
真结果如图3.38所示。

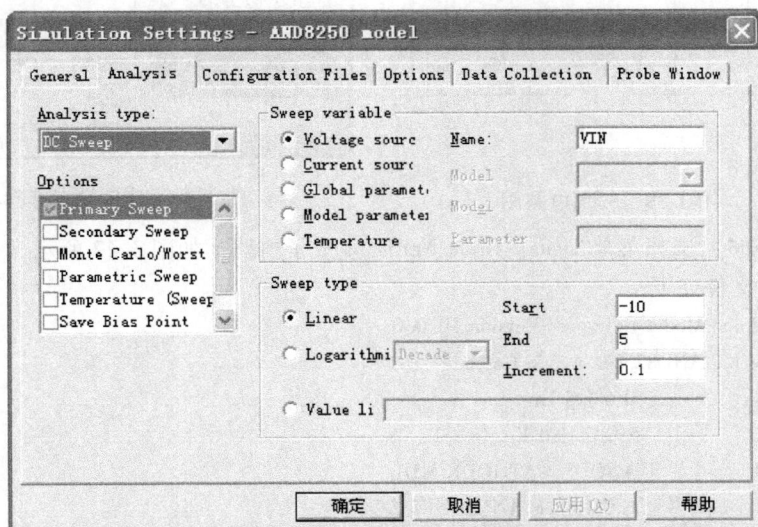

图3.37 直流仿真分析设置

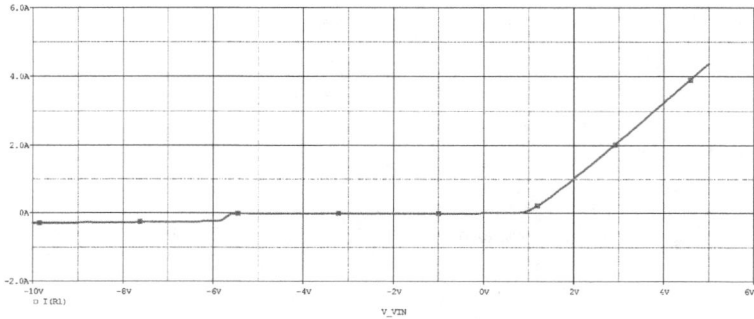

图 3.38　二极管伏安特性曲线

第二步：模型封装。

在该仿真项目下新建 Schematic，命名为 AND8250D，并且设置为根目录，即 Make Root。然后绘制如图 3.39 所示模型电路图，并且进行网络节点命名。最后按照图 3.40 选择连接端点并对其进行命名。

电路图绘制完成后，返回文件管理窗口，选定 AND8250D 文件夹，如图 3.41 所示。

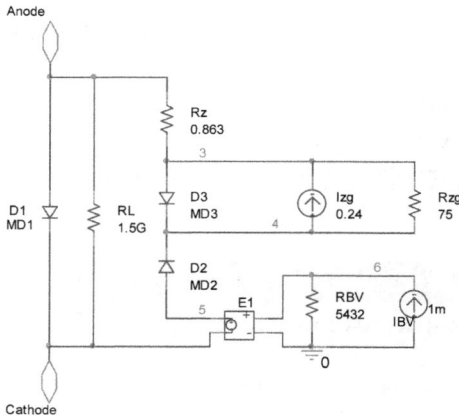

图 3.39　模型电路图

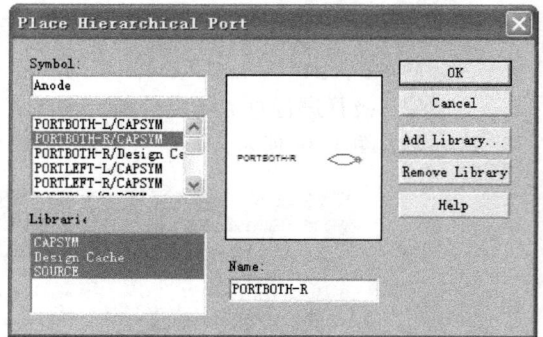

图 3.40　连接端点选择和命名

第三步：选择菜单 Tools > Creat Netlist 生成子电路，如图 3.42 所示。

.lib 文件如下：

```
* PSpice Model Editor - Version 10.0.0
. SUBCKT AND8250D Anode Cathode
I _ IBV          0 6 DC 1m
E _ E1           5 CATHODE 6 0 - 1
D _ D1           ANODE CATHODE MD1
R _ RL           CATHODE ANODE  1.5G
R _ Rz           3 ANODE  0.863
```

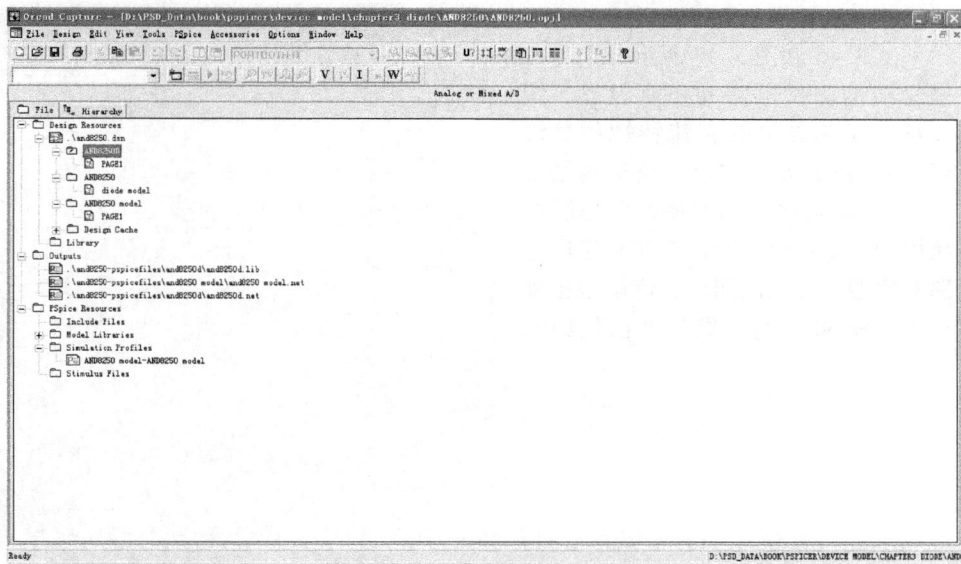

图 3.41　选定 AND8250D 文件夹

R _ Rzg　　　　4　3　　75

R _ RBV　　　　0 6　　5432

D _ D3　　　　　3 4 MD3

D _ D2　　　　　5 4 MD2

I _ Izg　　　　　4 3 DC 0. 24

. MODEL MD1 D IS = 7. 58703e − 07 N = 3. 10159 XTI = 1 RS = 0. 856 CJO = 1. 5e − 10 TT = 1e − 08

. MODEL MD2 D IS = 2. 5e − 12 N = 0. 475376 XTI = 0 EG = 0. 1

. MODEL MD3 D IS = 2. 5e − 12 N = 0. 198247 XTI = 0 EG = 0. 1

. ENDS

*$

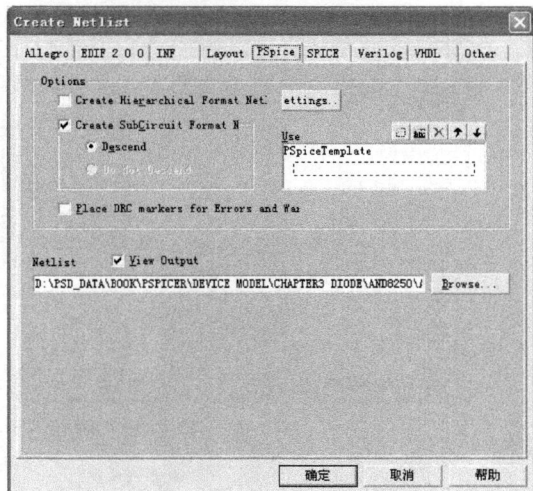

图 3.42　生成子电路 lib 设置

第四步：选择菜单 Tools > Generate Part 生成元件 olb，如图 3.43 所示。

第五步：选择菜单 Place > Part 添加 AND8250D. olb 文件，如图 3.44 所示。

第六步：选择菜单 PSpice > New Simulation Profile 进行仿真设置。

按照图 3.45 选择 Configuration Files，然后选择 Library，通过 Browse 对库文件 AND8250D. lib 进行查找。如果该库文件只用于该仿真项目，则将库文件配置为 Add to Design 项目库；如果该库文件应用于多个仿真项目，则将库文件配置为 Add to Global 全局库。

第七步：模型测试。

图 3.46 和图 3.47 所示分别为二极管模型测试电路和仿真设置，图3.48 所示为二极管直流特性仿真波形，利用 olb 元件和层电路仿真结果一致。olb 元件使用方便，但是层电路模型易于修改，所以首先利用层电路对模型进行全面测试，待模型正确后再生成 olb 元件，供其他电路使用。

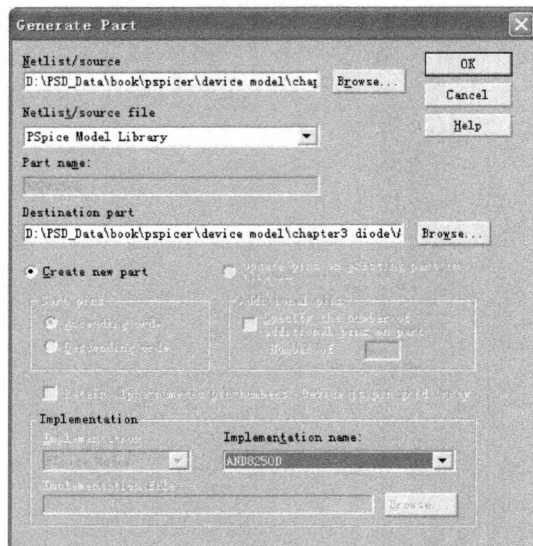

图 3.43　生成元件符号 olb 设置

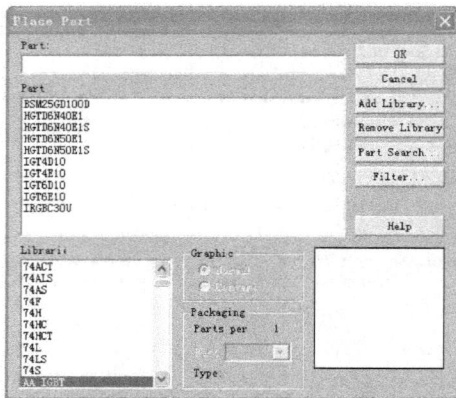

图 3.44　添加 AND8250D. olb 文件

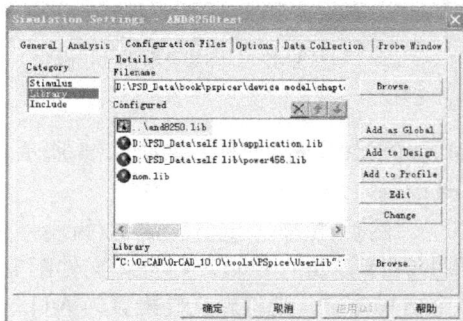

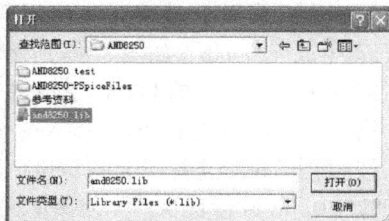

图 3.45　库文件 AND8250D. lib 配置

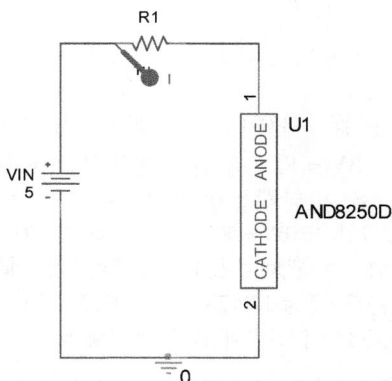

图 3.46 二极管模型 AND8250D 测试电路

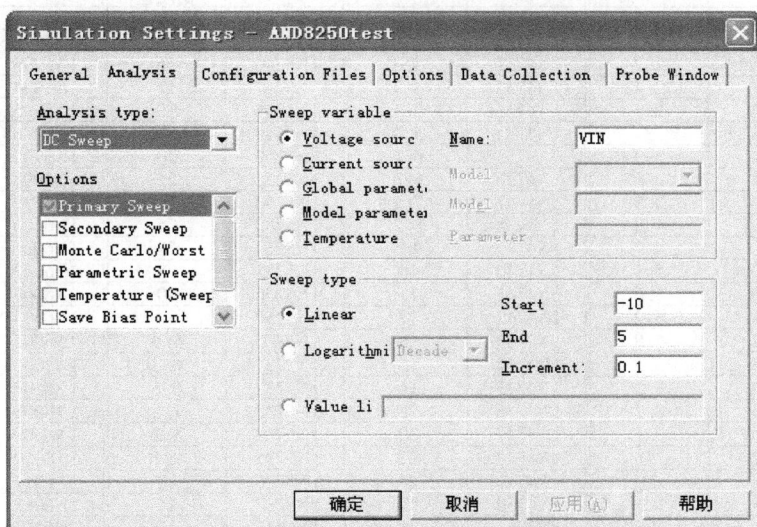

图 3.47 直流仿真设置

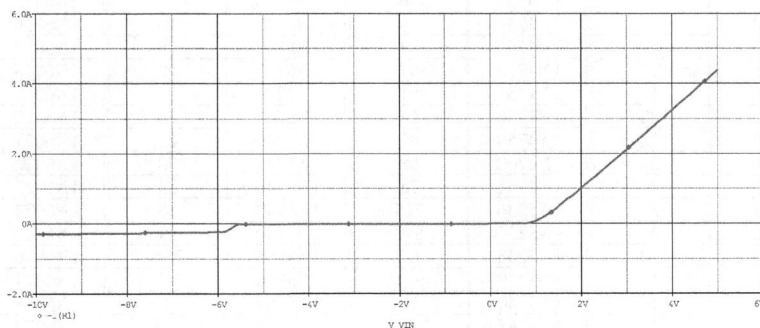

图 3.48 二极管直流特性仿真波形

3.6 齐纳二极管

齐纳二极管即稳压二极管，齐纳电压 V_Z 即为稳压二极管稳压值。二极管模型参数 BV 为击穿电压即稳压值，BV = V_Z。齐纳二极管保存在 Diode. lib 和 Diz. lib 元件库中。稳压值 BV 为 50V 时，齐纳二极管模型语句如下：

. MODEL D50V D(IS = 2. 22E 15 BV = 50V IBV = 12E 2 CJO = 2PF TT = 1US)

表 3. 2 为 1N 系列齐纳二极管型号及其稳压值列表，同一稳压值通常有不同的二极管模型对应，比如 5. 1V 稳压管为 1N4733 或者 D1N4733，稳压值一样但是属于不同器件厂商的模型，一般情况下使用 D1N 系列齐纳二极管。

表 3. 2   1N 系列稳压二极管型号及其稳压值   （单位：V）

型号	稳压值	型号	稳压值	型号	稳压值	型号	稳压值
1N4678	1. 8	1N4729	3. 6	1N5244	14	1N5991	4. 3
1N4679	2	1N4730	3. 9	1N5245	15	1N5992	4. 7
1N4680	2. 2	1N4731	4. 3	1N5246	16	1N5993	5. 1
1N4681	2. 4	1N4732	4. 7	1N5247	17	1N5994	5. 6
1N4682	2. 7	1N4733	5. 1	1N5248	18	1N5995	6. 2
1N4683	3	1N4734	5. 6	1N5249	19	1N5996	6. 8
1N4684	3. 3	1N4735	6. 2	1N5250	20	1N5997	7. 5
1N4685	3. 6	1N4736	6. 8	1N5251	22	1N5998	8. 2
1N4686	3. 9	1N4737	7. 5	1N5252	24	1N5999	9. 1
1N4687	4. 3	1N4738	8. 2	1N5253	25	1N6000	10
1N4688	4. 7	1N4739	9. 1	1N5254	27	1N6001	11
1N4689	5. 1	1N4740	10	1N5255	28	1N6002	12
1N4690	5. 6	1N4741	11	1N5256	30	1N6003	13
1N4691	6. 2	1N4742	12	1N5257	33	1N6004	15
1N4692	6. 8	1N4743	13	1N5730	5. 6	1N6005	16
1N4693	7. 5	1N4744	15	1N5731	6. 2	1N6006	18
1N4694	8. 2	1N4745	16	1N5732	6. 8	1N6007	20
1N4695	8. 7	1N4746	18	1N5733	7. 5	1N6008	22
1N4696	9. 1	1N4747	20	1N5734	8. 2	1N6009	24
1N4697	10	1N4748	22	1N5735	9. 1	1N6010	27
1N4698	11	1N4749	24	1N5736	10	1N6011	30
1N4699	12	1N4750	27	1N5737	11	1N6012	33
1N4700	13	1N4751	30	1N5738	12	1N6013	36
1N4701	14	1N4752	33	1N5739	13	1N6014	39
1N4702	15	1N4753	36	1N5740	15	1N6015	43
1N4703	16	1N4754	39	1N5741	16	1N6016	47
1N4704	17	1N4755	43	1N5742	18	1N6017	51
1N4705	18	1N4756	47	1N5743	20	1N6018	56
1N4706	19	1N4757	51	1N5744	22	1N6019	62
1N4707	20	1N4758	56	1N5745	24	1N6020	68
1N4708	22	1N4759	62	1N5746	27	1N6021	75
1N4709	24	1N4760	68	1N5747	30	1N6022	82
1N4710	25	1N4761	75	1N5748	33	1N6023	91
1N4711	27	1N5236	7. 5	1N5749	36	1N6024	100
1N4712	28	1N5237	8. 2	1N5750	39	1N6025	110
1N4713	30	1N5238	8. 7	1N5985	2. 4	1N6026	120
1N4714	33	1N5239	9. 1	1N5986	2. 7	1N6027	130
1N4715	36	1N5240	10	1N5987	3	1N6028	150
1N4716	39	1N5241	11	1N5988	3. 3	1N6029	160
1N4717	43	1N5242	12	1N5989	3. 6	1N6030	180
1N4728A	3. 3	1N5243	13	1N5990	3. 9	1N6031	200

3.7 二极管分类和选型

3.7.1 半导体二极管分类

半导体二极管按其用途分为普通二极管和特殊二极管。普通二极管包括整流二极管、检波二极管、稳压二极管、开关二极管、快速二极管等；特殊二极管包括变容二极管、发光二极管、隧道二极管、触发二极管等。

3.7.2 半导体二极管主要参数

1. 反向饱和漏电流 I_R

I_R 指在二极管两端施加反向电压时流过二极管的电流，该电流与半导体的材料和温度有关。常温下硅管 I_R 为纳安（nA）级，锗管 I_R 为微安（μA）级。

2. 额定整流电流 I_F

I_F 指二极管长期运行时，根据允许温升计算所得的平均电流值。目前大功率整流二极管 I_F 值可达 1000A。

3. 最大平均整流电流 I_O

I_O 指在半波整流电路中，流过负载电阻的平均整流电流的最大值，该值非常重要。

4. 最大浪涌电流 I_{FSM}

I_{FSM} 指允许流过的最大正向电流，该值为瞬间电流，通常非常大。

5. 最大反向峰值电压 V_{RM}

V_{RM} 指为避免二极管击穿所能施加的最大反向电压。即使没有反向电流，只要不断地提高反向电压，最终也会使二极管损坏。该反向电压不是瞬时电压，而是反复施加的反向电压，目前最高 V_{RM} 值可达几千伏。

6. 最大反向直流电压 V_R

上述最大反向峰值电压为反复施加的峰值电压，V_R 是连续施加的直流电压值，用于直流电路，最大直流反向电压对于确定电压允许值和上限值非常重要。

7. 最高工作频率 f_M

由于 pn 结电容的存在，当工作频率超过某一值时其单向导电性变差。点接触式二极管 f_M 值较高，在 100MHz 以上；整流二极管 f_M 较低，一般不高于几千 Hz。

8. 反向恢复时间 T_{rr}

当工作电压从正向电压变成反向电压时，理想二极管电流能瞬时截止。实际上一般要延迟一段时间，电流截止延长时间即为反向恢复时间。大功率开关管工作在高频开关状态时，此项指标至关重要。

9. 最大功率 P

二极管功率为二极管两端电压与流过电流之积，最大功率 P 为功率最大值，该参数对稳压二极管、可变电阻二极管特别重要。

3.7.3 常用二极管特性

1. 整流二极管

整流二极管的主要结构为平面接触型，特点为正向电流比较大，反向击穿电压比较高，但 pn 结电容比较大，通常广泛应用于低频电路，例如整流电路、电压钳位、保护电路等。整流二极管选型准则为最大整流电流和最高反向工作电压应大于实际工作值的两倍。

2. 快速二极管

快速二极管工作原理与普通二极管相同，但因为普通二极管工作在开关状态时反向恢复时间较长（约为 1～2ms），所以不能适应高频开关电路的要求。快速二极管主要应用于高频整流电路、高频开关电源、高频阻容吸收电路、逆变电路等，其反向恢复时间可达 10ns。快速二极管主要包括快恢复二极管和肖特基二极管。

快恢复二极管（简称 FRD）具有开关特性好、反向恢复时间短等特点，主要应用于开关电源、PWM 脉宽调制器、变频器等电力电子电路中，作为高频整流二极管、续流二极管或阻尼二极管使用。快恢复二极管在制造上采用掺金、单纯扩散等工艺，可获得较高的开关速度，同时也能得到较高的耐压。快恢复二极管的内部结构与普通 pn 结二极管不同，属于 pin 结型二极管，即在 p 型硅材料与 n 型硅材料中间增加基区 i，构成 pin 硅片。因基区很薄，反向恢复电荷很少，所以快恢复二极管反向恢复时间较短，正向压降较低，反向击穿电压（耐压值）较高。目前快恢复二极管主要应用在逆变电源中作为整流元件，高频电路中用作限幅、钳位等。

肖特基（Schottky）二极管又称为肖特基势垒二极管（简称 SBD），由金属与半导体接触形成势垒层为基础制成二极管，主要特点为正向导通压降小（约 0.45V），反向恢复时间短，开关损耗小，是一种低功耗、超高速半导体器件，广泛应用于开关电源、变频器、驱动器等电路中；作为高频、低压、大电流整流二极管、续流二极管、保护二极管使用，或在微波通信等电路中作为整流二极管、小信号检波二极管使用。肖特基二极管在结构原理上与 pn 结二极管有很大区别，其内部由阳极金属（用钼或铝等材料制成的阻挡层）、二氧化硅（SiO_2）电场消除材料、n－外延层（砷材料）、n 型硅基片、n＋阴极层及阴极金属等构成，在 n 型基片和阳极金属之间形成肖特基势垒。当在肖特基势垒两端加上正向偏压（阳极金属接电源正极、n 型基片接电源负极）时，肖特基势垒层变窄、内阻变小；反之，为在肖特基势垒两端加上反向偏压时，肖特基势垒层则变宽、内阻变大。

肖特基二极管的主要弊端为耐压比较低、反向漏电流比较大。目前应用在功率变换电路中的肖特基二极管大体耐压在 150V 以下，平均电流在 100A 以下，反向恢复时间为 10～40ns，所以肖特基二极管通常用于高频低压电路。

3. 稳压二极管

稳压二极管利用二极管被反向击穿后，在一定的反向电流范围内，反向电压不随反向电流变化的特性进行稳压。稳压二极管又称为齐纳二极管或反向击穿二极管，在电路中起稳定电压的作用。稳压二极管通常由硅半导体材料采用合金法或扩散法制成，既具有普通二极管单向导电特性，又能工作于反向击穿状态。在反向电压较低时稳压二极管截止；当反向电压达到一定数值时，反向电流突然增大，稳压二极管进入击穿区，此时即使反向电流在很大范围内变化，稳压二极管两端的反向电压也能保持基本不变。但若反向电流增大到一定数值后，稳压二极管则会被彻底击穿而损坏。

稳压二极管根据封装形式、电流容量、内部结构的不同，分为金属外壳封装稳压二极管、玻璃封装（简称玻封）稳压二极管和塑料封装（简称塑封）稳压二极管。塑封稳压二极管又分为有引线型和表面封装型两种类型。

稳压管主要参数：①稳压值 V_Z 为当流过稳压管的电流为某一规定值时稳压管两端的压降；②电压温度系数为稳压值 V_Z 的温度系数，当 V_Z 低于 4V 时为负温度系数，当 V_Z 大于 7V 时为正温度系数，当 V_Z 值在 6V 左右时其温度系数近似为零，目前低温度系数稳压管由两只稳压管反向串联而成，利用两只稳压管处于正、反向工作状态时具有正、负不同的温度系数得到温度补偿；③动态电阻 r_z 反应稳压管稳压性能的优劣，工作电流越大 r_z 越小；④允许功耗 P_Z 由稳压管允许达到的温升决定，小功率稳压管的 P_Z 值为 100～1000mW，大功率可达 50W；⑤稳定电流 I_Z 为测试稳压管参数时所加电流，实际流过稳压管电流低于 I_Z 时仍能稳压，但 r_z 较大。

稳压管最主要的用途为稳定电压。在精度不高、电流较小时可选与所需稳压值最为接近的稳压管直接同负载并联使用。稳压管在稳压、稳流电源系统中一般用作基准电源，也用于集成运放中直流电平的平移；其缺点为噪声系数较高、稳定性较差。

第4章
三端稳压器模型建立及应用

本章主要对通用三端稳压器 LM78XX、LM79XX 和 LM317 三种器件进行模型建立及典型应用电路的设计、仿真和实际测试。

4.1 LM78XX 系列稳压器 PSpice 模型建立

LM78XX 系列三端稳压器的输出电压固定，输出电流大于 1A，通常能够改善输出阻抗两个数量级，并且在降低静态电流的同时实现限流功能，以将峰值输出电流限制在安全值范围内；当内部功耗超出散热范围时，热关断电路启动，以防止芯片过热而损坏。LM78XX 系列稳压器普遍应用于测试系统、仪器仪表、音响和其他固态电子设备中，应用非常广泛。

LM78XX 和 LM79XX 系列稳压器的具体电气参数分别见表 4.1 和表 4.2，以供应用和选型参考。根据输出电流能力不同，每种型号包括两种封装，TO-220 塑料封装最大输出电流为 1A，TO-3 铝壳封装最大输出电流为 3A。

表 4.1　LM78XX 系列三端稳压器电气参数

型号	输出电压/V	最小输入 Vin/V	最大输入 Vin/V
7805	5	7	20
7806	6	8	21
7808	8	10.5	25
7809	9	11.5	25
7812	12	14.5	27
7815	15	17.5	30
7818	18	21	33
7820	20	23	35
7824	24	27	38

表 4.2 **LM79XX** 系列三端稳压器电气参数

型号	输出电压/V	最小输入 Vin/V	最大输入 Vin/V
7905	−5	−7	−20
7906	−6	−8	−21
7908	−8	−10.5	−25
7909	−9	−11.5	−25
7912	−12	−14.5	−27
7915	−15	−17.5	−30
7918	−18	−21	−33
7920	−20	−23	−35
7924	−24	−27	−38

4.1.1 **LM78XX** 功能模型建立及仿真测试

LM78XX 三端稳压器 PSpice 模型语句如下，根据模型语句建立功能模型。

∗ ∗ ∗ Voltage regulators（positive）

.SUBCKT x _ LM78XX Input Output Ground PARAMS：

+　　　Av _ feedback = 1665，R1 _ Value = 1020

∗ SERIES 3 – TERMINAL POSITIVE REGULATOR

∗ Note：This regulator is based on the LM78XX series of

∗　　　regulators（also the LM140 and LM340）. The model

∗　　　will cause some current to flow to Node 0 which

∗　　　is not part of the actual voltage regulator circuit.

∗ Band – gap voltage source：

∗　　　The source is off when Vin < 3V and fully on when Vin > 3.7V.

∗　　　Line regulation and ripple rejection）are set with

∗　　　Rreg = 0.5 ∗ dVin/dVbg. The temperature dependence of this

∗　　　circuit is a quadratic fit to the following points：

∗　　　　　　　　　　　　　　　T　　　　Vbg（T）/Vbg（nom）

∗　　　　　　　　　　　　　　－ － －　　－ － － － － － － － － － － －

∗　　　　　　　　　　　　　　0　　　　.999

∗　　　　　　　　　　　　　37.5　　　1

∗　　　　　　　　　　　　　125　　　.990

∗　　　The temperature coefficient of Rbg is set to 2 ∗ the band gap

∗　　　temperature coefficient. Tnom is assumed to be 27 deg. C and

∗　　　Vnom is 3.7V

Vbg 100 0 DC 7.4V

Sbg（100,101）,（Input,Ground）Sbg1

Rbg 101 0 1 TC = 1. 612E − 5 , − 2. 255E − 6

Ebg（102,0）,（Input,Ground）1

Rreg 102 101 7k

. MODEL Sbg1 VSWITCH（Ron = 1 Roff = 1MEG Von = 3. 7 Voff = 3）

* Feedback stage

*　　　　Diodes D1 ,D2 limit the excursion of the amplifier

*　　　　outputs to being near the rails.　Rfb, Cfb Set the

*　　　　corner frequency for roll − off of ripple rejection.

*　　　　The opamp gain is given by:　Av ＝（Fores/Freg）＊（Vout/Vbg）

*　　　　where Fores ＝ output impedance corner frequency

*　　　　　　　　with Cl = 0（typical value about 1MHz）

*　　　　　Freg　＝ corner frequency in ripple rejection

*　　　　　　　　（typical value about 600 Hz）

*　　　　　Vout　＝ regulator output voltage（5 ,12 ,15V）

*　　　　　Vbg　＝ bandgap voltage（3. 7V）

*　　　Note: Av is constant for all output voltages , but the

*　　　feedback factor changes. If Av = 2250 , then the

*　　　Av ＊ Feedback factor is as given below:

*

*　　　　　　　　　　Vout　　Av ＊ Feedback factor

*　　　　　　　　　　－ － －　－ － － － － － －

*　　　　　　　　　　5　　　1665　　　　R1 _ Value = 1020

*　　　　　　　　　　12　　　694　　　　R1 _ Value = 2448

*　　　　　　　　　　15　　　550　　　　R1 _ Value = 3060

Rfb 9 8 1MEG

Cfb 8 Ground 265PF

Eopamp 105 0 VALUE = {2250 ＊ v（101,0）+ Av _ feedback ＊ v（Ground,8）}

Vgainf 200 0 {Av _ feedback}

Rgainf 200 0 1

* Eopamp 105 0 POLY(3),(101,0),(Ground,8),(200,0) 0 2250 0 0 0 0 0 1

Ro 105 106 1k

D1 106 108 Dlim

D2 107 106 Dlim

. MODEL Dlim D（Vj = 0. 7）

Vl1 102 108 DC 1

Vl2 107 0 DC 1

* Quiescent current modelling

*　　　Quiescent current is set by Gq, which draws a current

*　　　proportional to the voltage drop across the regulator and

```
*          R1 (temperature coefficient . 1%/deg C).    R1 must change
*          with output voltage as follows： R1 = R1(5v) * Vout/5v.
Gq (Input,Ground),(Input,9) 2. 0E - 5
R1 9 Ground {R1 _ Value} TC = 0. 001
* Output Stage
*          Rout is used to set both the low frequency output impedence
*          and the load regulation.
Q1 Input 5 6 Npn1
Q2 Input 6 7 Npn1 10
. MODEL Npn1 NPN ( Bf = 50 Is = 1E - 14 )
* Efb Input 4 VALUE = {v(Input,Ground) + v(0,106)}
Efb Input 4 POLY(2),(Input,Ground),(0,106) 0 1 1
Rb 4 5 1k TC = 0. 003
Re 6 7 2k
Rsc 7 9 0. 275 TC = 1. 136E - 3 , - 7. 806E - 6
Rout 9 Output 0. 008
* Current Limit
Rbcl 7 55 290
Qcl 5 55 9 Npn1
Rcldz 56 55 10k
Dz1 56 Input Dz
. MODEL Dz D ( Is = 0. 05p Rs = 3 Bv = 7. 11 Ibv = 0. 05u)
. ENDS
* - - - - - - - - - - - - - - - - - - - - - - - - - - - - - - - - LM7805C
. SUBCKT LM7805C Input Output Ground
    x1 Input Output Ground x _ LM78XX PARAMS：
+        Av _ feedback = 1665 , R1 _ Value = 1020
. ENDS
* - - - - - - - - - - - - - - - - - - - - - - - - - - - - - - - - LM7812C
. SUBCKT LM7812C Input Output Ground
    x1 Input Output Ground x _ LM78XX PARAMS：
+        Av _ feedback = 694 , R1 _ Value = 2448
. ENDS
* - - - - - - - - - - - - - - - - - - - - - - - - - - - - - - - LM7815C
. SUBCKT LM7815C Input Output Ground
    x1 Input Output Ground x _ LM78XX PARAMS：
+        Av _ feedback = 550 , R1 _ Value = 3060
. ENDS
```

首先通过 lib 语句建立 sub circuit 子电路模型，并对模型进行仿真分析。

图 4.1 所示为按照 lib 搭建的子电路模型，通过修改参数 AV _feedback 和R1 _Value 改变稳压器模型的稳压值，使其输出分别为 5V、12V 和 15V。

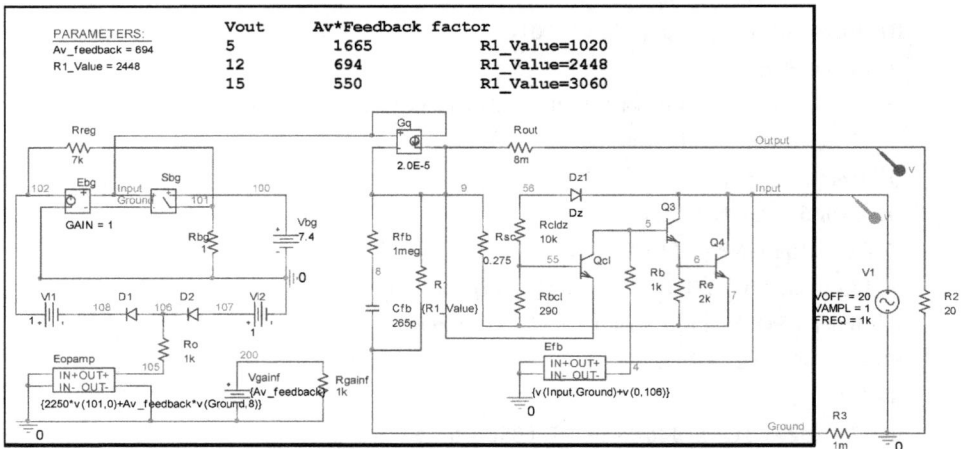

图 4.1　按照 lib 搭建子电路及其测试电路

图 4.2 所示为输入和输出电压波形。输入电压为直流 20V，纹波峰峰值为 2V；输出电压为 12V，纹波峰峰值约为 1mV，纹波抑制优于 60dB。

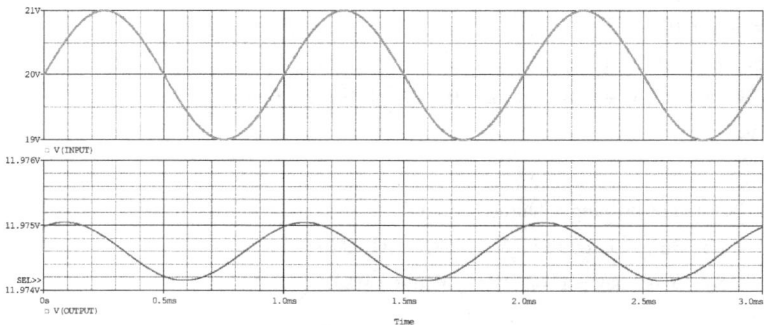

图 4.2　输入和输出电压波形

图 4.3 所示为稳压器过电流保护测试电路，当负载电阻为 2Ω 时，稳压器输出过电流，对稳压器工作状态进行测试。

图 4.4 所示为限流时输出电压和输出电流的仿真波形。输出电压约为 4V，输出电流约为 2A，稳压器工作在限流状态。

负载电阻为 20Ω 时对电路进行直流和温度分析，仿真设置如图 4.5 所示，测试输出电压随温度的变化状况。

当输入电压为 20V，温度从 1℃ 变化至 90℃ 时，三端稳压器输出电压随温度变化特性如图 4.6 所示。从 1℃ 变化至 30℃ 过程中，输出电压逐渐升高，最大变化量约为 10mV；温度从 30℃ 变化至 90℃ 过程中，输出电压逐渐降低，最大变化量约为 50mV。

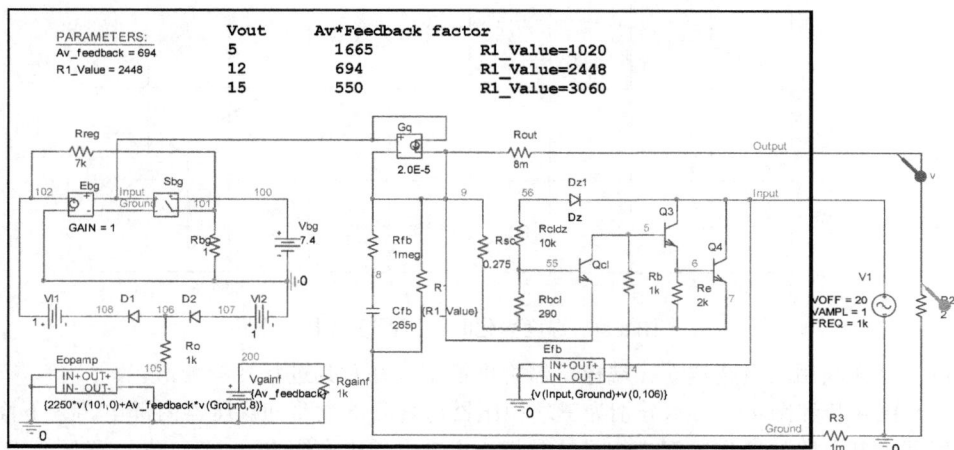

图 4.3 稳压器过电流保护测试电路

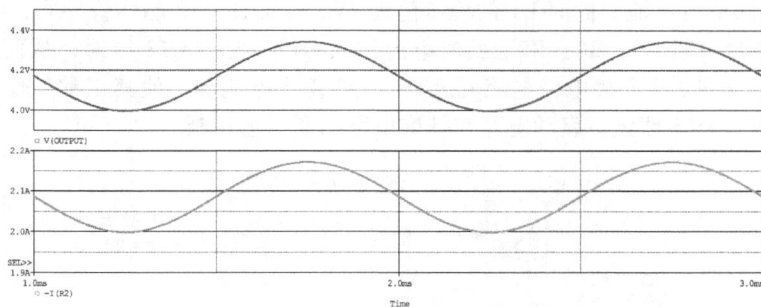

图 4.4 限流状态下输出电压和电流波形

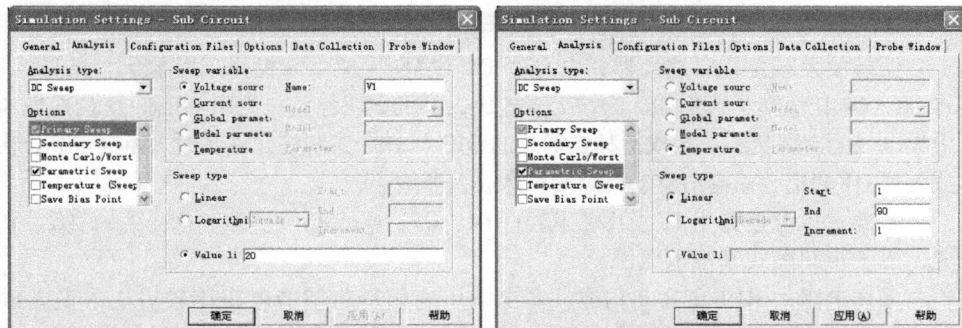

图 4.5 直流和温度分析仿真设置

4.1.2 三端稳压器物理模型建立及仿真测试

按照稳压器内部物理模型，利用分立元件搭建稳压器等效电路，并对其进行仿真测

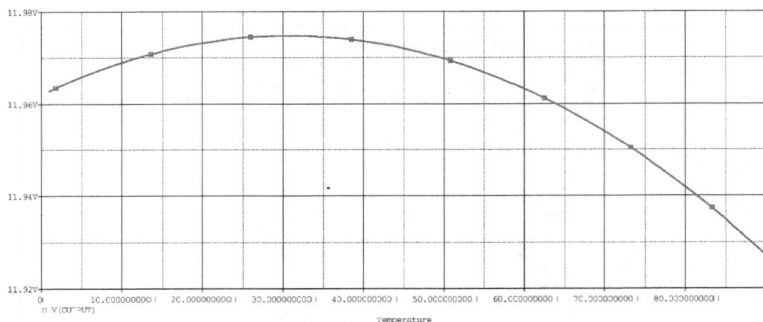

图 4.6　温度变化时稳压器输出电压波形

试。首先利用层电路建立三端稳压器物理模型，并对其进行性能测试。

图 4.7 和图 4.8 所示分别为三端稳压器仿真测试电路和稳压器内部电路，下面对稳压器内部电路的工作原理进行具体分析。启动电路由电阻 R4、R5、R6，稳压管 D1，晶体管 Q12、Q13 组成。当电路接通电源时，输入电压 V（IN）使得电阻 R4 和稳压二极管 D1 支路流过电流，此时 D1 的稳压值为 7V，从而使 Q12 晶体管导通，约为 1mA 的恒定电流流过电阻 R5、R6、R7。此时电流注入 Q13，使得 Q13 导通，从而电流流过 Q1、Q7 和 R1 支路。Q13 集电极电流流过 Q9、Q8 镜像电流源，使其正常工作。待整个电路正常工作后 Q13 截止，启动电路与基准电路的联系被切断。

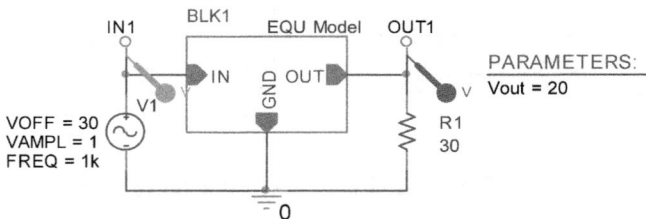

图 4.7　三端稳压器仿真电路图

误差放大器为共射放大器，由 Q3、Q4 和 Q9 构成。为提高误差放大器的输入阻抗，将 Q3、Q4 接成达林顿形式。为增大误差放大器的电压增益，使用 Q8 和 Q9 构成电流源作为集电极的有源负载。接成达林顿形式的 Q16 和 Q17 为调整元件，输入阻抗很高，由误差放大器 Q4 的集电极输出驱动，以便提高放大器增益。

基准电压源电路由 R1、R2、R3、R14、Q1、Q2、Q3 和 Q4、Q5、Q6、Q7、R15 构成，属于带间隙式基准电压源。

采样电阻由 R19 和 R20 构成。输出电压变化量与基准电压比较后送入误差放大器 Q3、Q4 的基极。由于 Q3、Q4 本身 e、b 极的 pn 结电压是基准电压的组成部分，因此误差放大器工作时温度稳定性良好。假设由于负载变化引起输出电压增加，其变化量由电阻 R19 和 R20 采样后反馈到误差放大器 Q3 的基极，使其电位提高；从而使 Q3 和 Q4 集电极电流提高，其集电极电位下降，即调整管基极电位下降，输出管压差变大，输出电压降低，抵消原来输出电压增大的变化，使得输出电压保持稳定。

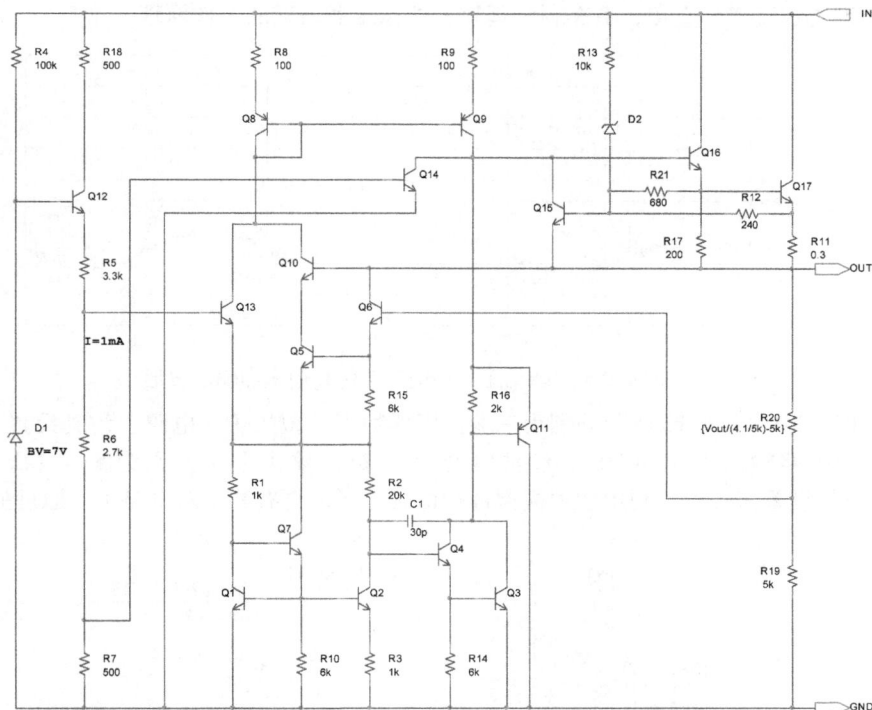

图 4.8　稳压器内部电路

　　过电流保护由 R11 和 Q15 完成。R11 串联在调整管 Q17 的发射极和输出端之间，当输出电流超过额定值，即 R11 压降超过 0.7V 时，Q15 导通，使得 Q16 基极电位降低，从而限制输出电流。

　　R13、D2、R12 和 Q15 组成调整管安全工作区保护电路。在允许的工作电流下，将 Q17 的基极—射极压差限制在一定范围内，约为 7V，超过该电压范围时，R13、D2 支路将有电流流过，其中一部分注入 Q15 基极使其工作，从而限制 Q17 输出电流。Q17 的集电极—射极压差越大，Q15 基极注入电流越大，Q17 集电极电流就减小得越多，使 Q17 的工作电压、电流都保持在安全工作区内。

　　R7 和 Q14 组成过热保护电路。R7 为正温度系数扩散电阻，Q14 晶体管的 e、b 极 pn 结电压具有负温度特性，Q14 的集电极与 Q16 的基极相连接。当温度较低时，R7 上的压降不足以激励 Q14 导通，对输出调整管无影响；当芯片温度达到临界值时，R7 的压降升高，Q14 导通，使得 Q14 的集电极电位降低，从而减小 Q16、Q17 的输出电流，减小芯片功耗，降低芯片温度，实现过热保护。

　　图 4.9 所示为三端稳压器物理模型的输入和输出电压仿真波形。上面 V（IN1）为输入电压波形，直流 30V，纹波峰峰值为 2V；下面 V（OUT1）为输出电压波形，直流 20V，纹波峰峰值为 20mV，纹波抑制为 40dB，与稳压器功能模型相比纹波抑制要低一些，主要是由于实际器件的放大倍数、反馈控制比功能模型相对要弱一些，但是使用物

理模型更加真实、直接，更有利于理解三端稳压器内部的工作原理。

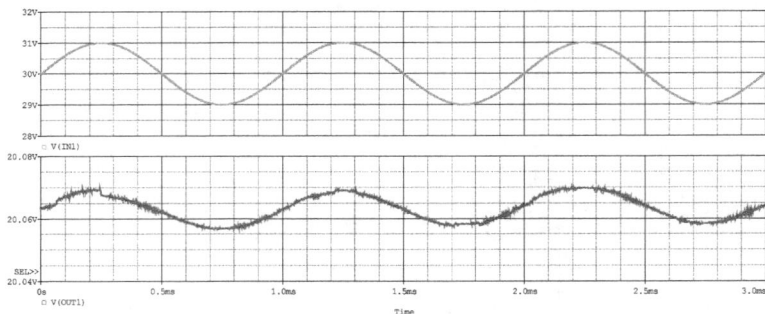

图 4.9　三端稳压器物理模型仿真输入和输出波形

图 4.10 ~ 图 4.12 所示分别为三端稳压器物理模型的仿真电路、仿真设置和仿真波形。该电路输入电压为 30V，纹波峰峰值为 2V，输出电压分别为 5V、12V、15V 和 24V，与设置值一致，利用物理模型进行仿真分析，更有利于对电路工作原理的理解。

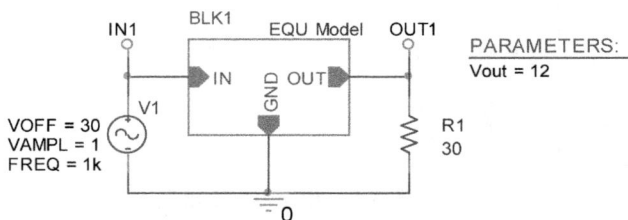

图 4.10　三端稳压器物理模型仿真电路

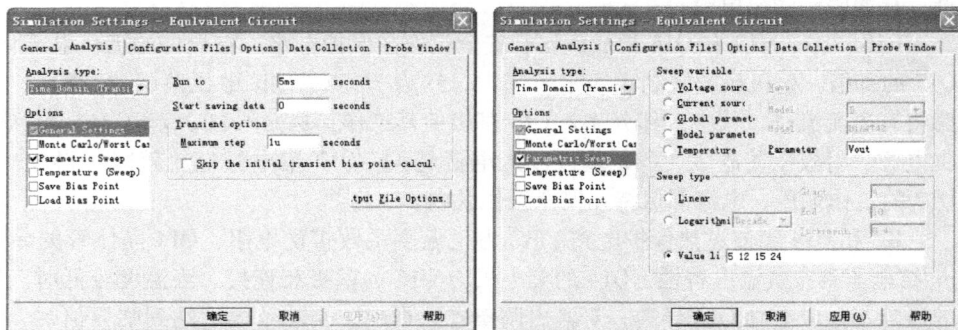

图 4.11　输出电压参数仿真设置：5、12、15、24

图 4.13 所示为过电流测试电路，负载电阻 R1 为 2Ω，测试过电流时的输出电压特性。

图 4.14 所示为过电流时电路的输出电压和电流波形，最大电流约为 1.1A，输出电压为 2.2V，实现过电流保护功能。

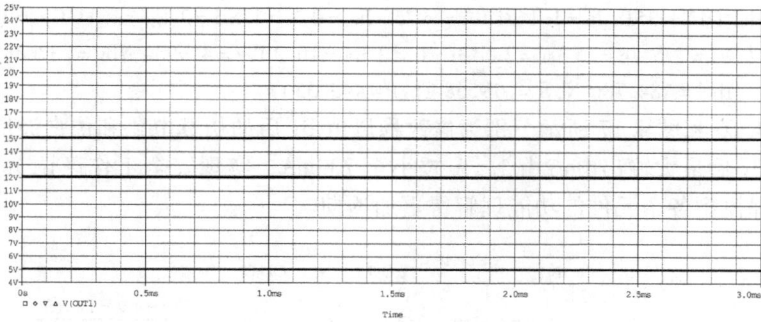

图 4.12　输出电压仿真波形：从上到下依次为 24V、15V、12V 和 5V

图 4.15 所示为安全工作区测试电路，安全工作区由稳压管 D2 的稳压值设置，通过调节稳压管的稳压值改变安全工作区，从而改变稳压管的输出特性。

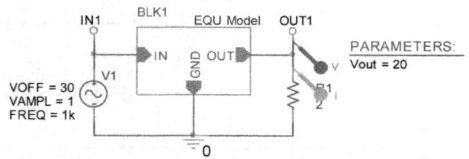

图 4.13　过电流测试电路

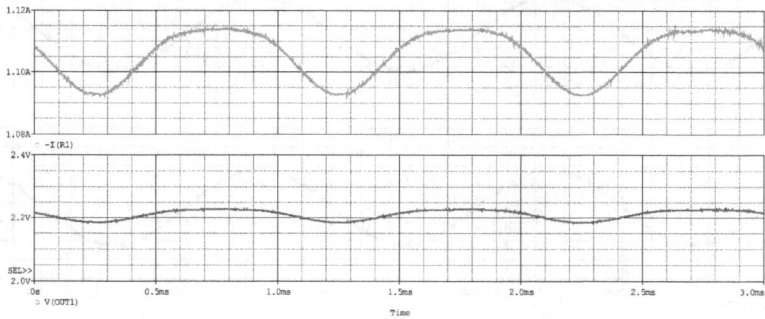

图 4.14　过电流时电压输出和电流波形

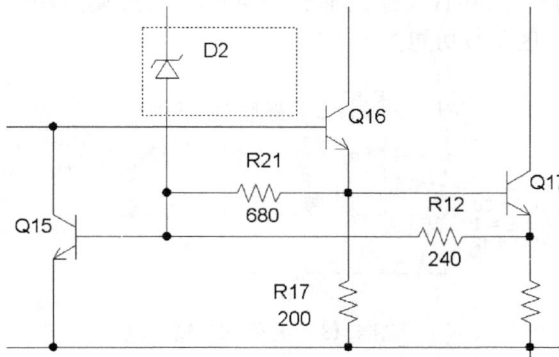

图 4.15　修改 D2 稳压值，测试电路安全工作区

. model D1N4735D(Is = 1. 168f Rs = . 9756 Ikf = 0 N = 1 Xti = 3 Eg = 1. 11 Cjo = 140p M = . 3196

+　　　　Vj = . 75 Fc = . 5 Isr = 2. 613n Nr = 2 Bv = 16. 2 Ibv = 4. 9984 Nbv = . 32088

+　　　　Ibvl = 184. 78u Nbvl = . 19558 Tbvl = 443. 55u)

图 4. 16 和图 4. 17 所示分别为修改稳压值 Bv 后的仿真电路和仿真波形, 修改 D2 的稳压值 Bv 后最大输出电流由 1. 1A 减小至 700mA, 实现安全工作区调节, 通过仿真能够对物理模型各个元件的功能理解得更加透彻。

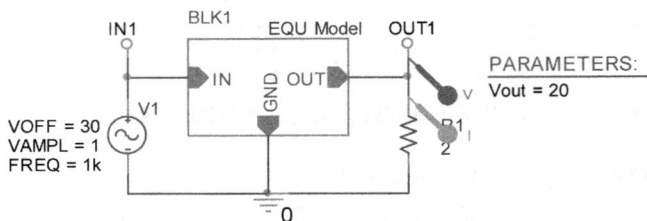

图 4. 16　修改稳压值 Bv 后的仿真电路

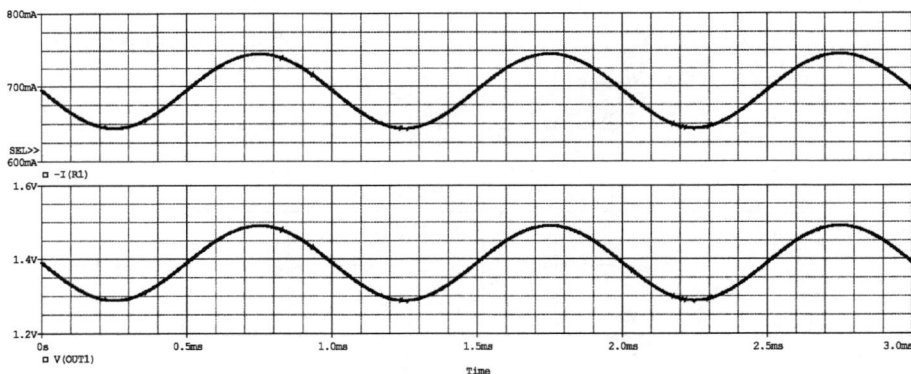

图 4. 17　仿真波形

图 4. 18 和图 4. 19 所示分别为正常工作时的仿真电路和仿真波形。输出电压为 20V, 纹波峰峰值约为 20mV, 纹波抑制为 40dB, 物理模型功能正常, 能够实现稳压、过电流和安全工作区调节功能。

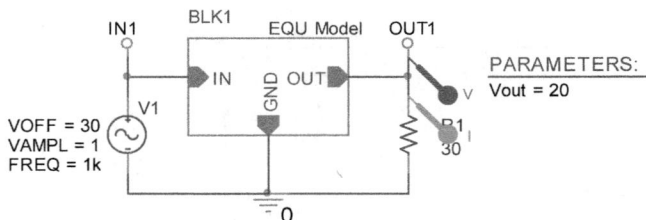

图 4. 18　正常 20V 输出电路

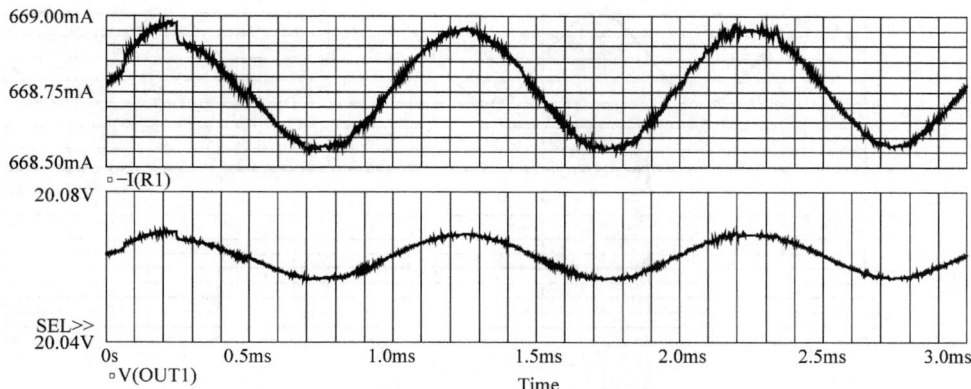

图 4.19　输出电压和输出电流波形，纹波抑制 40dB

4.2　LM78XX 系列三端稳压器典型应用电路

4.2.1　固定输出稳压电路

图 4.20 所示为三端稳压器 LM7815C 固定输出稳压电路图，输入电压为直流与交流叠加，输出端并联 10μF 电解电容和 0.1μF 薄膜电容，以保证输出电压的瞬态响应特性，同时保证高频时稳压器仍具有低阻特性。

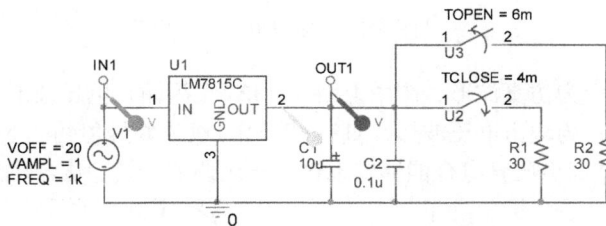

图 4.20　固定输出稳压电路

图 4.21 所示为仿真波形，上面 V（IN1）为输入电压波形，中间 V（OUT1）为输出电压波形，下面 −I（U1：OUT）为输出电流波形。在 4ms 时输出电流由 0.5A 增大至 1A，输出电压瞬间减小约 0.1V，然后约 100μs 后恢复正常；在 6ms 时输出电流由 1A 减小至 0.5A，输出电压瞬间增大约 0.1V，然后约 150μs 后恢复正常，稳压器稳压特性和瞬态特性非常优秀。

4.2.2　输出电压调节

图 4.22 所示为稳压管调节稳压器输出电压电路图。输入电压为直流与交流叠加，稳压器的 GND 端与输入电压低端连接稳压管，输出端并联 10μF 电解电容和 0.1μF 薄

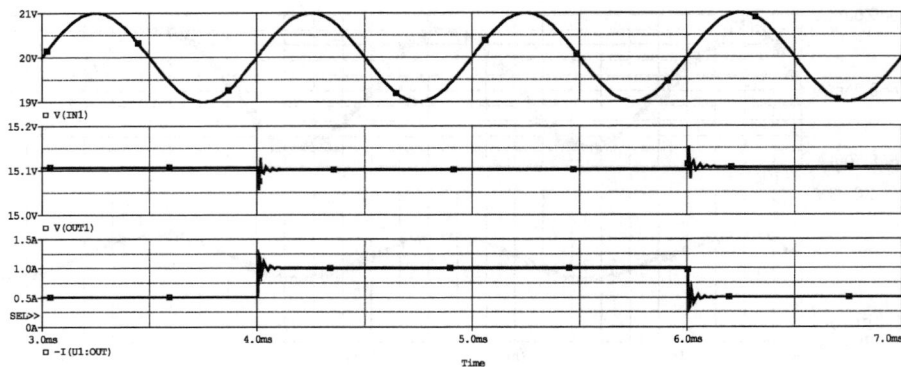

图 4.21　仿真波形

膜电容，负载电阻为 30Ω。

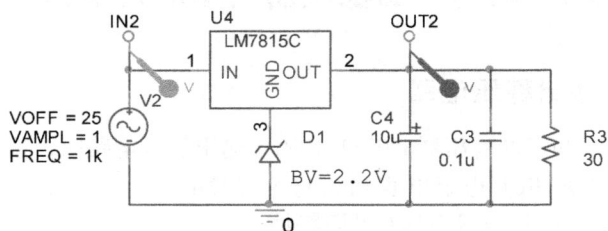

图 4.22　输出电压调节电路

图 4.23 所示为仿真波形，图中上面 V（IN2）为输入电压波形，纹波峰峰值为 2V；下面 V（OUT2）为输出电压波形，直流 17.2V，纹波峰峰值约为 5mV。利用上述电路，通过三端稳压器和稳压管组合能够实现输出电压调节，使稳压器应用更加广泛。

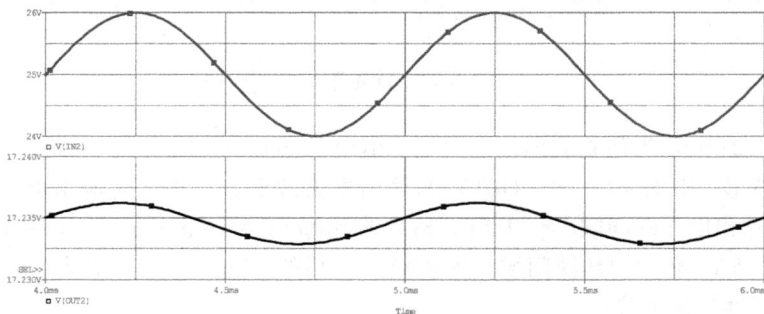

图 4.23　仿真波形

4.2.3　输入电压扩展

图 4.24 所示为晶体管与稳压器构成的稳压电路。输入电压为直流与交流叠加，稳

压器输入端由晶体管和稳压管调节，输出端并联 $10\mu F$ 电解电容和 $0.1\mu F$ 薄膜电容，负载电阻为 30Ω。图 4.24 中 IN3C 处电压由稳压管 D2 的稳压值决定，V(IN3C) = V(IN3) − BV − 0.7，IN3 和 IN3C 之间的电压差值由晶体管 Q1 承担，输出电流通过 Q1，所以 Q1 功耗比较大，一定要合理计算其功耗并且进行散热处理。如果输入电压更高，则可以采用多级稳压管和晶体管进行串联使用，该设计对于输入电压高、输出电流小的设计需求非常适用。

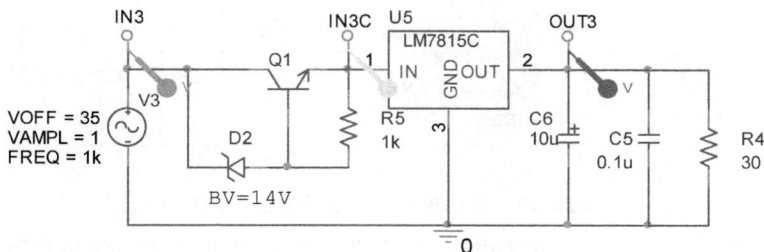

图 4.24　晶体管与稳压器构成的稳压电路

图 4.25 所示为仿真波形，负载电流为 0.5A。上面 V（IN3）为输入电压波形，直流偏置为 35V，纹波峰峰值为 2V；中间 V（IN3C）为晶体管调整输出电压波形，直流偏置为 21V，纹波峰峰值为 2V；下面 V（OUT3）为输出电压波形，直流为 15V，纹波峰峰值约为 5mV。利用上述电路，通过三端稳压器和晶体管增大输入电压范围，使稳压器应用更加广泛。利用该电路可以降低稳压器的压降，提高其可靠性。

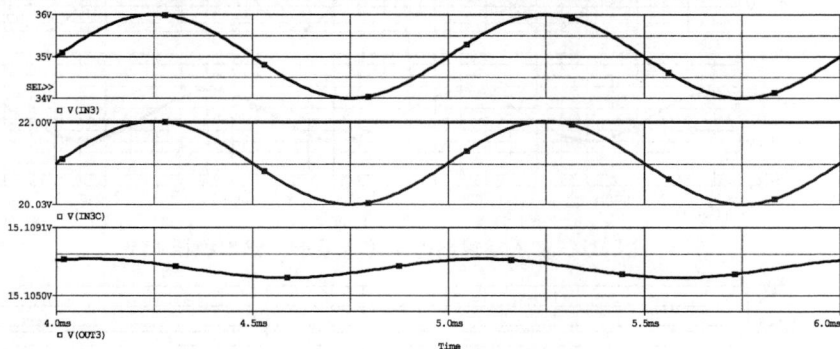

图 4.25　仿真波形

4.2.4　输出扩流

图 4.26 所示为晶体管与稳压器构成的扩流稳压电路。输入电压为直流与交流叠加，然后通过采样电阻和功率晶体管构成扩流电路。当电阻 R7 两端电压高于 Q2 的 Vbe 电压时，Q2 导通，假设 Vbe 为 0.9V，IREG 为 Q2 开始工作时的电流值；当电流小于 IREG 时，Q2 不工作，输出功率由三端稳压器 LM7815C 提供；当电流大于 IREG 时，Q2

开始工作，此时三端稳压器 LM7815C 近似工作于恒流状态，电流为 IREG，大于 IREG 的电流由 Q2 提供。利用该电路能够实现输出扩流，从而提高输出功率。稳压电路输出端并联 $10\mu F$ 电解电容和 $0.1\mu F$ 薄膜电容，负载电阻为 7.5Ω。

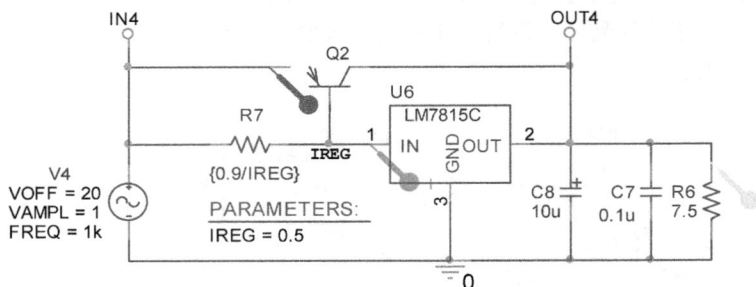

图 4.26　晶体管与稳压器构成的扩流稳压电路

图 4.27 所示为输入、输出电压仿真波形；图 4.28 所示为电流仿真波形。当负载电阻为 7.5Ω 时，负载电流约为 2A，为图 4.28 最下面波形 -I（R6）；三端稳压器输出电流约为 0.5A，与设置值一致，为图 4.28 中间波形 I（U6：IN）；晶体管 Q2 输出电流约为 1.5A，为图 4.28 最上面波形 IE（Q2）。通过三端稳压器和晶体管组合提高输出电流和功率，使稳压器应用更加广泛。

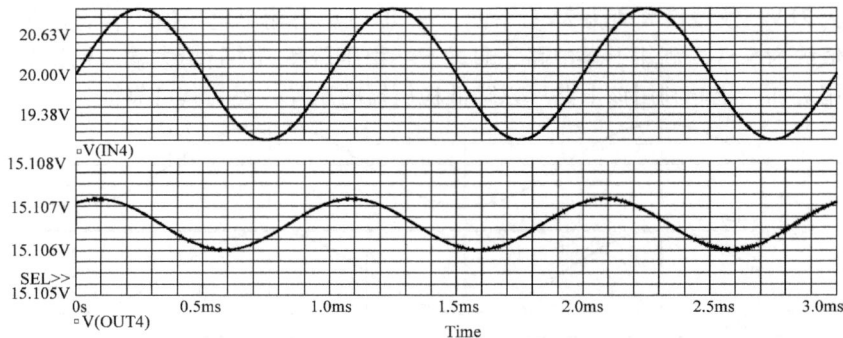

图 4.27　输入、输出电压仿真波形：输出稳压 15V

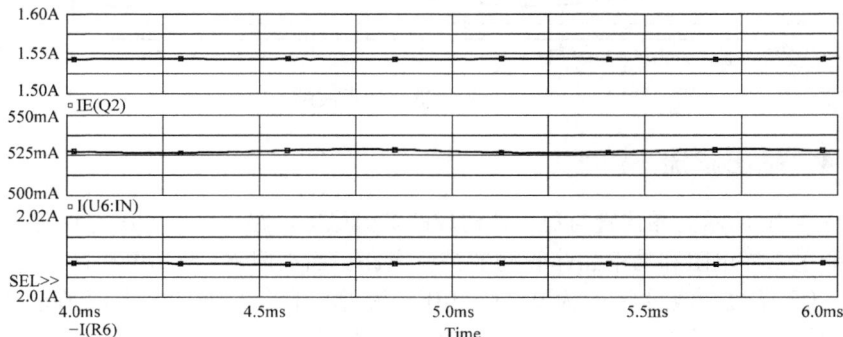

图 4.28　电流仿真波形

图 4.29~图 4.32 所示分别为负载变化时的仿真电路、仿真设置和输出波形。图 4.32 中上面 I（U6：IN）为稳压器电流波形，下面 – IC（Q2）为晶体管电流波形。当负载电流小于 0.5A 时，只有稳压器输出电流，晶体管电流几乎为零；当负载电流大于 0.5A 时，稳压器电流几乎保持恒定值 0.5A，其余电流由晶体管承担。

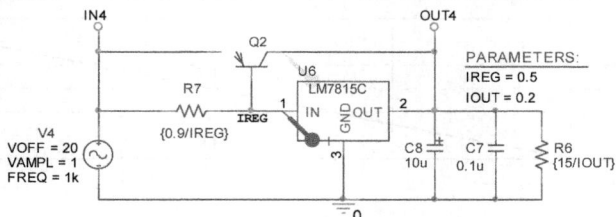

图 4.29　负载电流变化测试电路

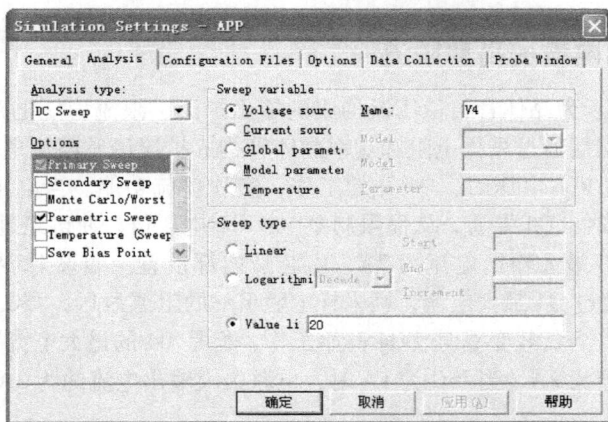

图 4.30　直流仿真设置：输入电压 20V

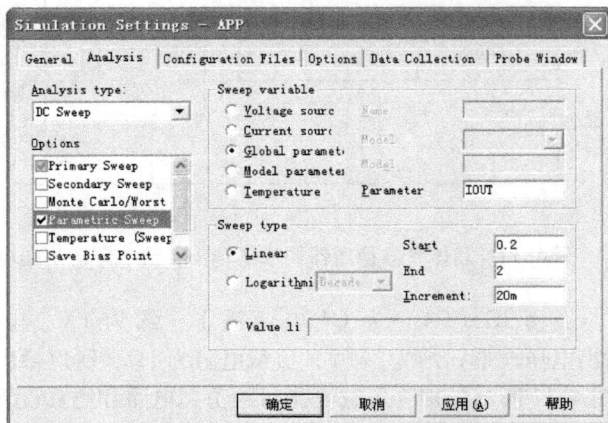

图 4.31　参数设置：负载电流从 0.2A 线性增加至 2A，步长为 20mA

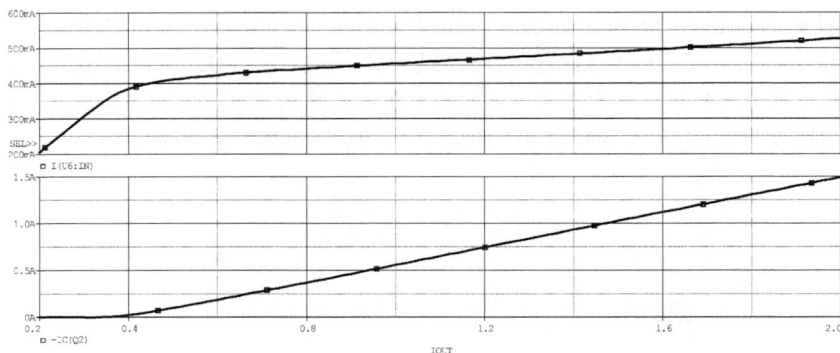

图 4.32　仿真电流波形

4.2.5　输出电流提高和限流

图 4.33 所示为晶体管与稳压器构成的输出扩流、限流稳压电路。输入电压为直流与交流叠加，然后通过采样电阻和功率晶体管构成扩流以及限流电路。当电阻 R9 两端电压高于 Q4 的 Vbe 电压时，Q4 开始工作，实现扩流功能。当电阻 Rsc 两端电压高于 Q5 的 Vbe 电压时，Q5 导通，从而限制 Q4 的 Vbe 电压值，使得经过 Q4 的电流与设置值一致。LM7815C 最大输出电流为 2A，由芯片内部设置。假设 Q5 导通时，Vbe 电压为 0.8V，ISC 为流过 Q4 最大电流，则采样电阻 Rsc 的阻值为 0.8/ISC。负载较轻时只有三端稳压器工作；当负载变重时，Q4 开始工作，但是 Q4 的最大电流为 ISC 设置值；稳压器最大输出电流为 2A，当 ISC 为 1A 时，电路最大输出电流约为 3A。

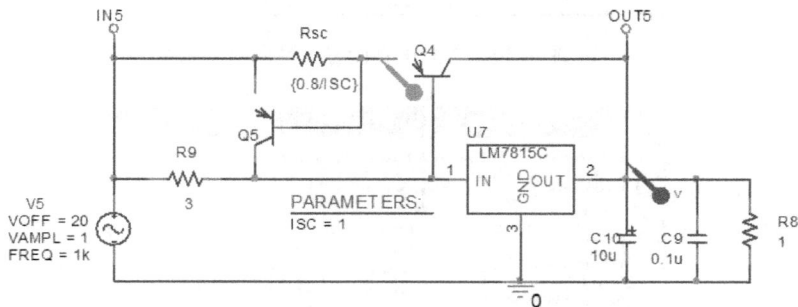

图 4.33　晶体管与稳压器构成的输出扩流、限流稳压电路

图 4.34 中，上面 IE（Q4）为 Q4 电流波形，约为 1A，与设置值一致；下面 V（OUT5）为输出电压波形，约为 3.1V，负载电阻为 1Ω，所以输出电流近似为 3A。

图 4.35 ~ 图 4.37 所示分别为负载变化时的仿真电路和仿真设置。图 4.38 所示为仿真波形：上面 V（OUT5）为输出电压波形，当负载电阻小于 5Ω，即负载电流大于 3A 时，输出限流，输出电压为 RL * 3，随着负载变轻，输出电压升高，当负载电流小于 3A 时，

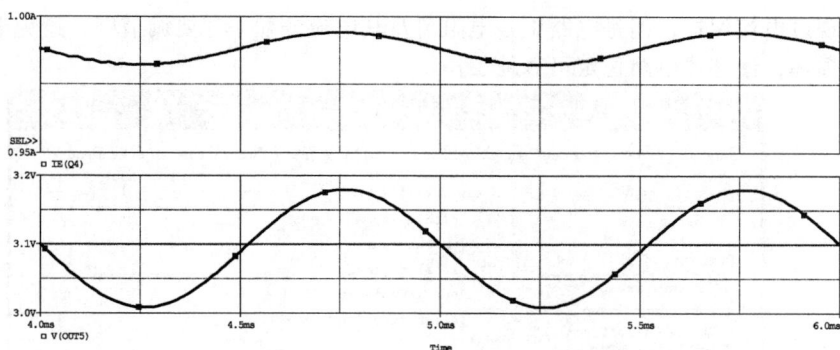

图 4.34　仿真波形

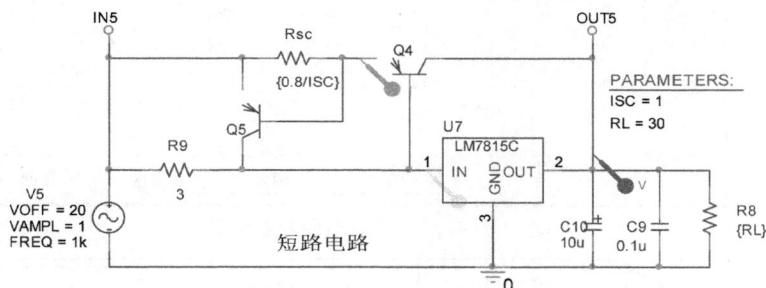

图 4.35　负载变化时的仿真电路

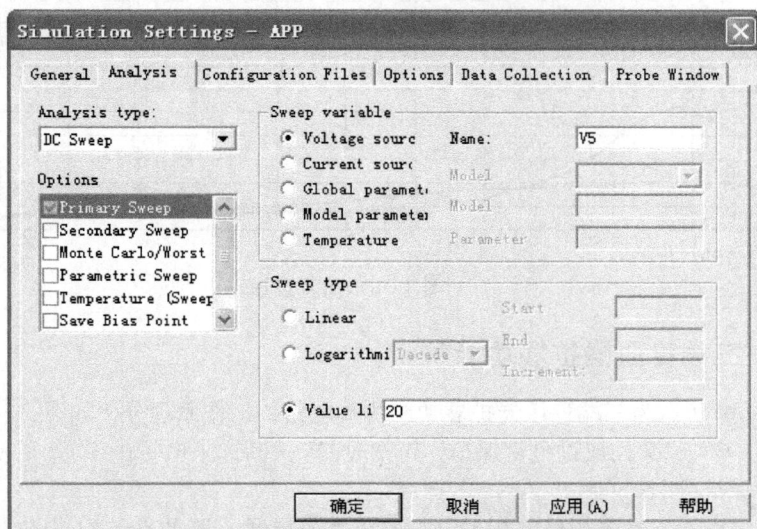

图 4.36　直流仿真设置：输入电压 20V

输出电压为 15V；IE(Q4) 为 Q4 电流波形，输出限流时，Q4 电流近似为设置值 ISC = 1A；I(U7：IN) 为 LM7815 电流波形，当输出电压升高时，三端稳压器输入和输出电压差减小，使其最大输出电流增大，所以会出现驼峰形式。利用该电路既能实现扩流功能又能实现过电流保护，但是电路中各电阻值及其电流分配一定要调节好，避免电阻功率过大而损坏，使整体电路稳定可靠地工作。

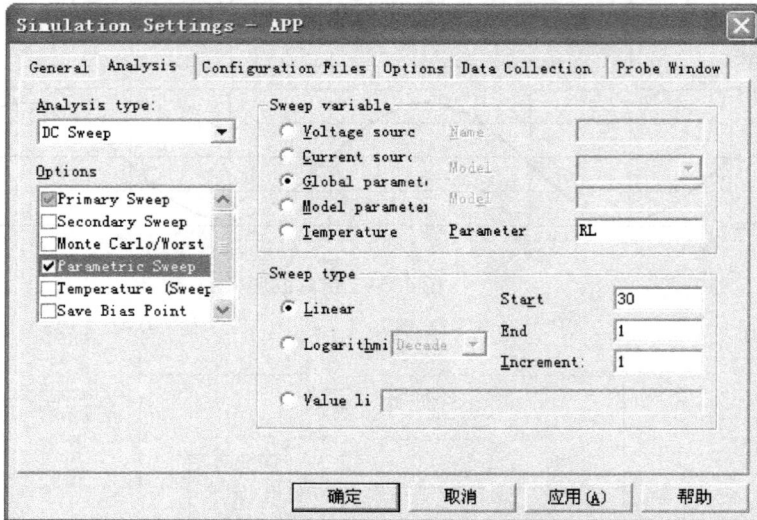

图 4.37　负载电阻参数设置

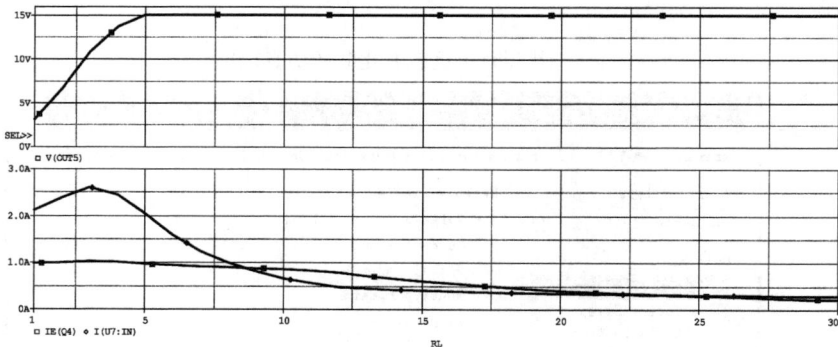

图 4.38　仿真波形

4.2.6　三端稳压器扩展功能

图 4.39 所示为三端稳压器扩展功能仿真电路，工作原理分析如下：

（1）Q3 与 R7 构成过电流保护，正常时 Q3 关断；上电后由于 C5 的初始电压为零，因此 M1 保持关断。

（2）节点 Vb 的电压稳定在 5V 以后 Q1 率先导通，随之节点 V1 电位被拉低，M1 逐渐开启，输出加载到节点 V2；当 V2 上升到 20V 后将不再升高，因为 R4 和 R5 的分压作用，$Vfb = R5 * 20/(R4 + R5)$，约为 5V，$Ve = Vfb - 0.7 = 4.3V$；当 V2 降低时会导致 Ve 降低，使得 Q1 迅速导通，节点 V1 电压降低，M1 输出电流增大；当 V2 升高时，Vfb 和 Ve 升高，使得 Q1 导通程度降低，V1 电压升高，M1 输出电流减小；U2 用于生成

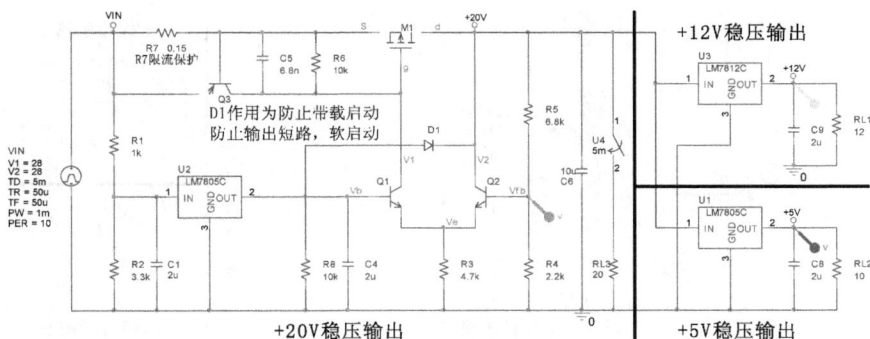

图 4.39　三端稳压器扩展功能仿真电路

+5V 参考电压，Q2 和 Q1 构成比较器放大负反馈电路。

图 4.40 所示为三端稳压器功能扩展电路仿真波形，在 5ms 时，+20V 输出负载电流增加 1A，输出电压约 250μs 后恢复正常，+20V 电压波动峰峰值约为 1V，其他两路输出电压波动峰峰值小于 20mV。

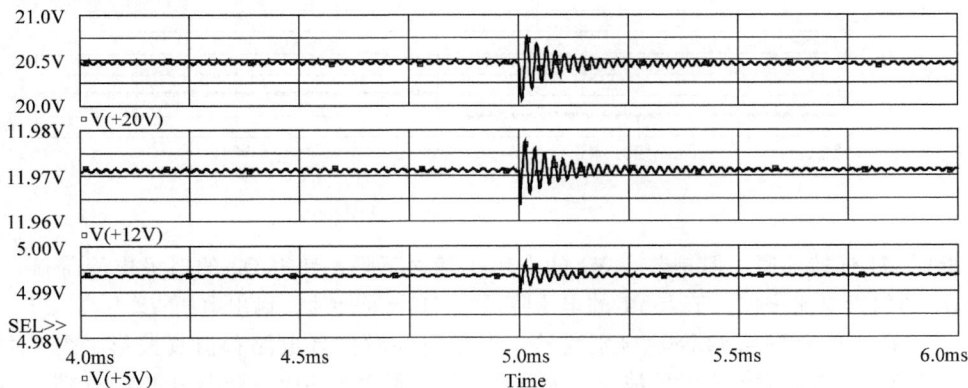

图 4.40　电路仿真波形：从上到下分别为 +20V、+12V 和 +5V

（3）负载限流时，由于电阻 R7 的作用，Q3 转为导通状态，用来控制 M1 的 Vgs 电压，对输出进行限流，最大电流约为 0.7/R7。

图 4.41 和图 4.42 所示分别为过电流仿真电路和仿真波形。输出过电流时的最大电流由电阻 R7 和 Q3 的 Vbe 电压决定，Imax = Vbe/R7。负载过电流时输出电压降低，电路工作于恒流状态。如图 4.42 所示，在 5ms 时负载过电流，输入电流被限制于 2A，+20V 和 +12V 输出电压均降低，电路工作于恒流输出状态。

（4）输入电压快速升高时，由于 Q1 处于开启状态，因此 C5 的耦合作用不再明显，节点 V2 的电压几乎同步跟进提高。由于负反馈作用，节点 V2 的电压最终回归到 20V 并且保持恒定。短暂上升与振荡过程由后级电容吸收，以减少输出电压的大幅度波动。

（5）输入电压快速下降时，由于电容 C5 的耦合作用，节点 V1 的电压快速下降，

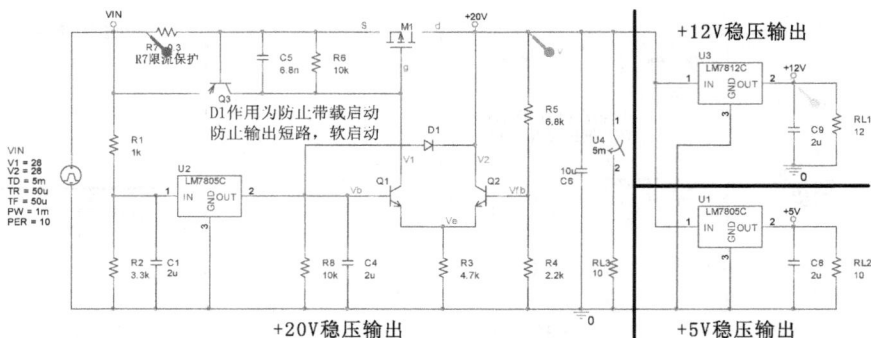

图 4.41　过电流仿真电路

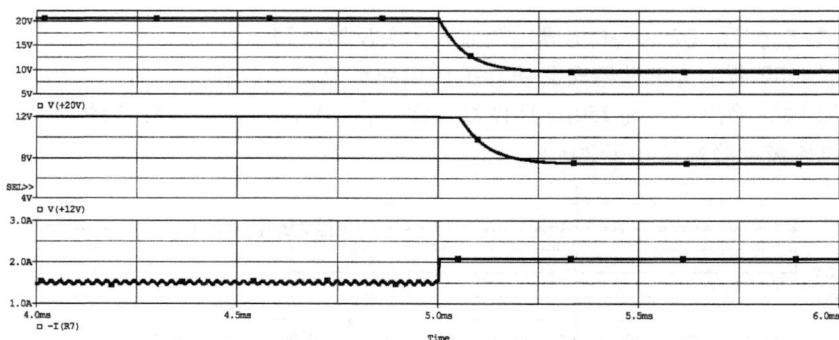

图 4.42　过电流仿真波形

此时 M1 保持导通。但是节点 V2 的电压也随之下降，使得 Q2 的射极电流降低，导致 Q1 的射极电流增加，节点 V1 的电压降低，M1 导通加速，输出电压 V2 升高。

图 4.43 和图 4.44 所示分别为输入电压波动时仿真电路和仿真波形。图 4.44 中，上面 V（VIN）为输入电压波形，为脉冲电压，最大为 30V，最小为 26V，周期为 4ms，

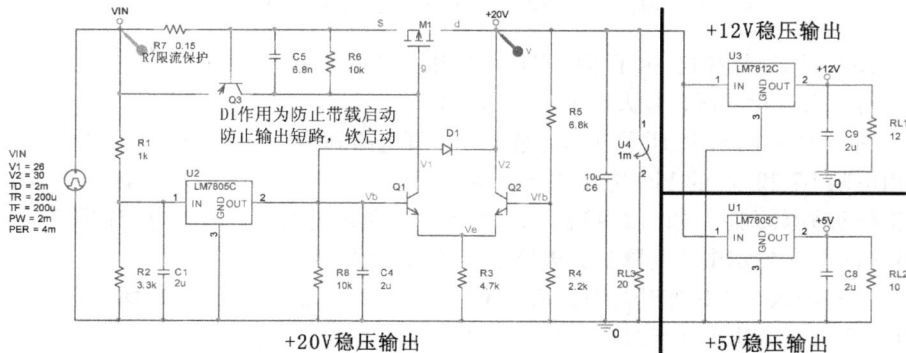

图 4.43　输入电压波动时仿真电路

占空比为 50%；下面 V（+20V）为 +20V 输出电压波形，当输入电压升高时，输出电压升高约 25mV，当输入电压降低时，输出电压降低约 25mV，电路工作稳定。

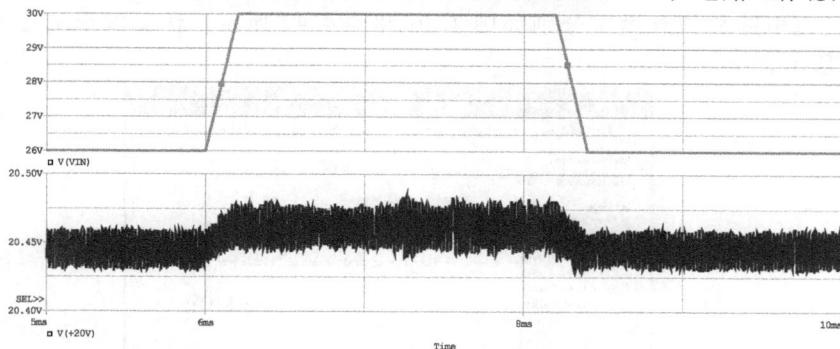

图 4.44　输入电压波动时仿真波形

4.3　三端稳压器实际应用电路设计

4.3.1　三端稳压器实际应用电路设计和仿真

输入电压为 220V、50Hz 交流市电，输出电压为 +5V/1A 和 −5V/1A 直流电压。如图 4.45 所示，首先利用兵字工频变压器 S15−07B 进行降压，然后进行全桥整流，最后通过三端稳压器 LM7805C 和 LM7905C 进行输出稳压调节。

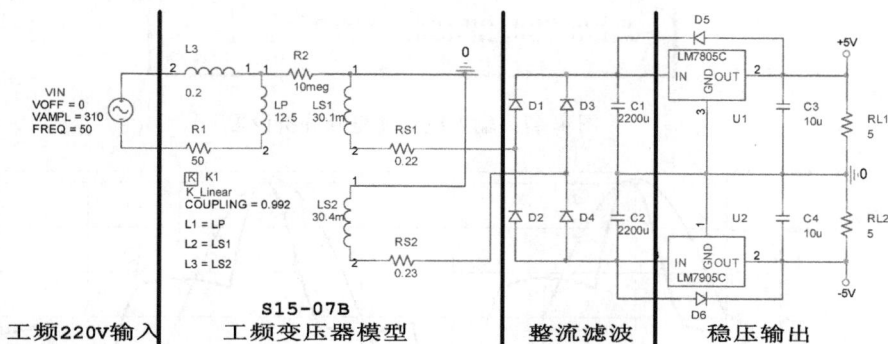

图 4.45　三端稳压器仿真电路

S15−07B 变压器参数（测量设备 LCR 电桥）：
一次侧电感为 12.5H，一次侧漏感为 0.2H，一次侧等效串联电阻为 50Ω；
二次侧 LS1 电感为 30.1mH，等效串联电阻为 0.22Ω；
二次侧 LS2 电感为 30.4mH，等效串联电阻为 0.23Ω；
负载电阻均为 5Ω，即负载电流为 1A；

耦合系数 $K = \sqrt{1 - \dfrac{0.2}{12.5}} = 0.992$。

仿真电路和仿真设置分别如图 4.46 和图 4.47 所示；仿真波形如图 4.48 和图 4.49 所示。

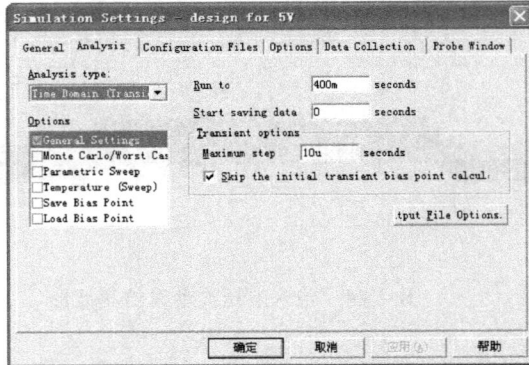

图 4.46   瞬态仿真分析设置

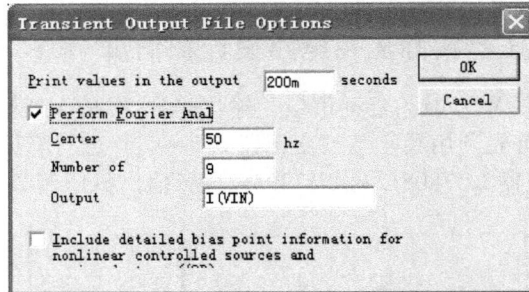

图 4.47   输入电流傅里叶分析设置

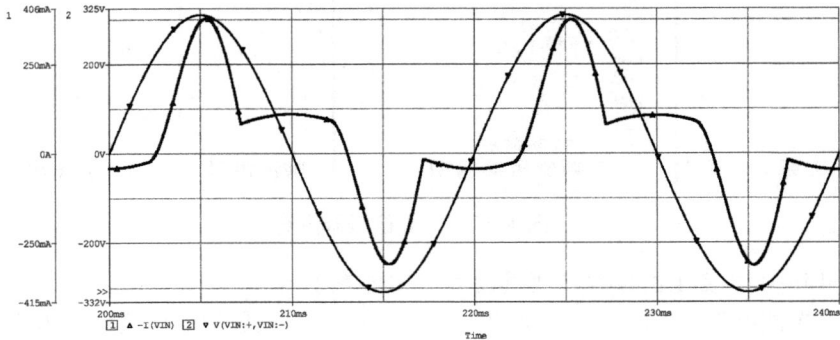

图 4.48   输入电压和输入电流波形

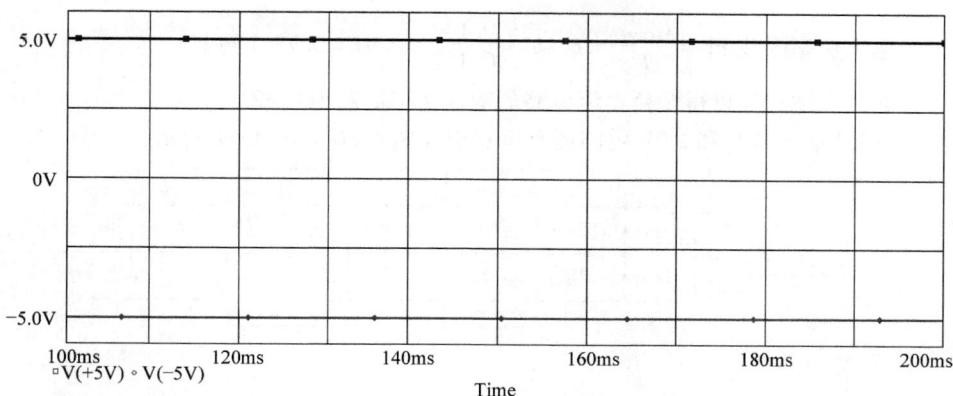

图 4.49 输出电压波形：上面 V(+5V) 为 +5V/1A 输出；
下面 V(-5V) 为 -5V/1A 输出

输入电流傅里叶分析：

FOURIER COMPONENTS OF TRANSIENT RESPONSE I(V_VIN)

DC COMPONENT = -5.713261E-02

HARMONIC NO	FREQUENCY (HZ)	FOURIER COMPONENT	NORMALIZED COMPONENT	PHASE (DEG)	NORMALIZED PHASE (DEG)
1	5.000E+01	2.026E-01	1.000E+00	1.555E+02	0.000E+00
2	1.000E+02	1.313E-04	6.480E-04	1.675E+02	-1.436E+02
3	1.500E+02	1.244E-01	6.140E-01	-7.698E+00	-4.743E+02
4	2.000E+02	8.887E-05	4.387E-04	-1.635E+02	-7.856E+02
5	2.500E+02	4.958E-02	2.447E-01	1.586E+02	-6.191E+02
6	3.000E+02	4.283E-05	2.114E-04	-1.645E+02	-1.098E+03
7	3.500E+02	1.064E-02	5.251E-02	-1.024E+02	-1.191E+03
8	4.000E+02	3.270E-05	1.614E-04	-1.737E+02	-1.418E+03
9	4.500E+02	1.106E-02	5.458E-02	-2.141E-01	-1.400E+03

TOTAL HARMONIC DISTORTION = 6.652839E+01 PERCENT

从 I (VIN) 傅里叶分析得到：

直流输入电流 $I_{in(DC)}$ = -57mA，理想值为 0；

输入电流基波分量有效值 $I_{1(RMS)}$ = 0.203/$\sqrt{2}$ = 0.144A；

输入电流总谐波失真 THD = 66.5% = 0.665；

谐波电流有效值 $I_{h(RMS)}$ = $I_{1(RMS)}$ × THD = 0.144 × 0.665 = 0.096；

输入电流有效值 I_s = $(I_{in(DC)}^2 + I_{1(RMS)}^2 + I_{h(RMS)}^2)^{1/2}$

$$= (0.057^2 + 0.144^2 + 0.096^2) = 0.182A$$

位移角 ϕ_1 = 180 - 155.5 = 24.5°

位移功率因数 DF = $\cos\phi_1$ = cos (24.5) = 0.91 （超前）

输入功率因数 $\mathrm{PF} = \dfrac{I_{1(\mathrm{RMS})}}{I_s} \times \cos\phi_1 = \dfrac{0.144}{0.182} \times 0.91 = 0.72$ （超前）

通过上述计算可得全桥整流电路的输入功率因数为 0.72。

$\pm 15\mathrm{V}$、$\pm 12\mathrm{V}$ 和 $\pm 5\mathrm{V}$ 电路图和电路板如图 4.50 和图 4.51 所示。

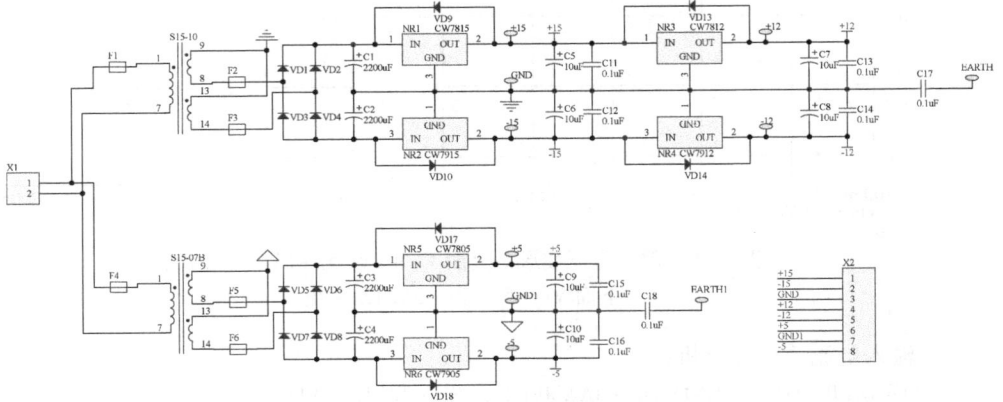

图 4.50　三端稳压器电路图

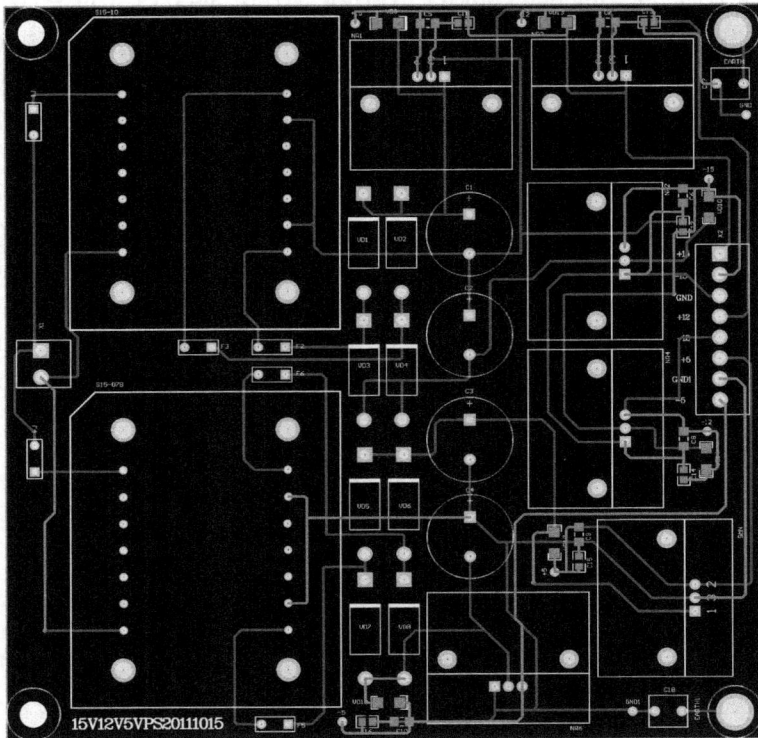

图 4.51　三端稳压器电路板

4.3.2　三端稳压器用兵字变压器选型指南

1.　"银天使" S 系列和 SL 系列（扁平式）全封闭环氧灌封电源变压器

"银天使" S 系列和 SL 系列产品的最大特点为电磁特性指标好，输入过电压能力高（高至 + 25% 即可达 275V），环境适应范围宽，安全性能好（绕组间抗电强度承受 50Hz、3750V 有效值/1 分钟），内部安装温度保护器，即使在变压器负载出现短路的恶劣情况下也能有效切断电源，防止设备烧坏，为生产工业级设备和军用级产品客户的非常合适的配套选择。因其外壳全部采用银灰色阻燃型 PBT 和 PBO 工程塑料，并且性能指标像天使般优异，故称为"银天使"。

2.　"蓝精灵" T 系列和 TL 系列（扁平式）全封闭环氧灌封电源变压器

"蓝精灵" T 系列和 TL 系列产品的最大特点为体积小、功率密度大、安全性能高且价格经济，为生产各类民用级产品客户非常合适的选择。因其外壳全部采用天蓝色阻燃型 PBT 工程塑料，并且个小力大像个小精灵，故称为"蓝精灵"。

3.　"绿魔方" M 系列环形全封闭环氧灌封电源变压器

"绿魔方" M 系列为环形封装式变压器，其最大特点为效率高、漏磁小、输出特性好、EMC 能力强、安全性能高，绕组间抗电强度可承受 50Hz 4000V/min，内置温度保护器，即使在变压器负载出现短路的恶劣情况下也能有效切断电源，防止设备烧坏。体积小、重量轻，为生产工业级设备和军用级产品客户的非常合适的配套选择。因其外壳全部采用标志环保的绿色阻燃型 PPO 工程塑料，性能指标符合国家对电源行业提出的"绿色、环保、节能、高效"的要求，并且性能如同被施加了魔力般优异，故称为"绿魔方"。

S 系列、SL 系列和 T 系列、TL 系列及 M 系列产品型号命名规则。

（1）标准类产品。

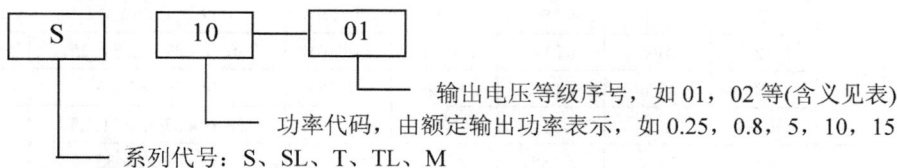

输出电压等级序号，如 01，02 等(含义见表)
功率代码，由额定输出功率表示，如 0.25，0.8，5，10，15
系列代号：S、SL、T、TL、M

（2）非标类产品。

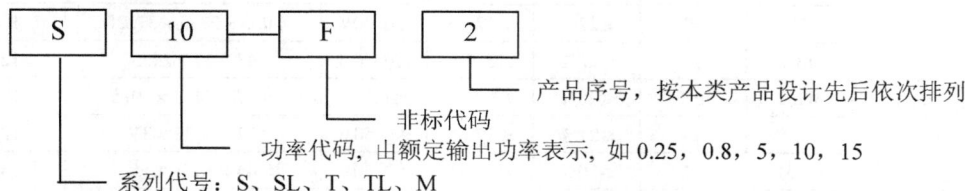

产品序号，按本类产品设计先后依次排列
非标代码
功率代码，出额定输出功率表示，如 0.25，0.8，5，10，15
系列代号：S、SL、T、TL、M

（3）S 系列和 T 系列中有些功率代码后加一个"L"字符，表示这类产品比功率代码后面无"L"字符的同功率产品高度低。

（4）为便于选型，下面列出 S 系列、SL 系列和 T 系列、TL 系列及 M 系列标准产品特性对照表，以供参考。

电压等级序号	01	01B	02	03	04	05	05B	06	06B
输出电压	6V	7.5V	9V	12V	15V	18V	21V	24V	27V
电压等级序号	07	07B	08	09	10	11	11B	12	12B
输出电压	2×6V	2×7.5V	2×9V	2×12V	2×15V	2×18V	2×21V	2×24V	2×27V

功率	型号	输入过压能力	电压调整率	220V/50Hz 输入时 空载电流	220V/50Hz 输入时 空载损耗	长×宽×高 （mm³）	重量 （g）
0.25VA	S0.25	25%	≤26%	≤2.5mA	≤0.10W	26×22.5×23	40
0.35VA	S0.35L	15%	≤45%	≤3.5mA	≤0.20W	32.6×27.6×16	40
0.5VA	S0.5	25%	≤30%	≤4.5mA	≤0.3W	26×22.4×26	50
0.5VA	T0.5	10%	≤40%	≤6mA	≤0.25W	26×22.5×23	40
0.6VA	S0.6	25%	≤38%	≤3mA	≤0.12W	30.5×27.5×20.5	60
0.6VA	T0.6	10%	≤39%	≤3.5mA	≤0.16W	30.5×27.5×20.5	60
0.8VA	S0.8	25%	≤20%	≤4mA	≤0.20W	30.5×27.5×25	75
1VA	S1	25%	≤20%	≤6mA	≤0.15W	30.5×27.5×25	75
1VA	S1L	25%	≤23%	≤8mA	≤0.17W	32.6×27.6×22.2	75
1VA	T1	10%	≤20%	≤7mA	≤0.29W	30.5×27.5×25	75
1.2VA	S1.2	25%	≤16%	≤7mA	≤0.25W	30.5×27.5×31.25	100
1.3VA	S1.3L	25%	≤17%	≤7.5mA	≤0.26W	43×35×22	110
1.3VA	T1.3L	10%	≤18%	≤9mA	≤0.50W	43×35×22	110
1.5VA	S1.5	25%	≤17.5%	≤7.5mA	≤0.20W	30.5×27.5×31.25	100
1.5VA	T1.5	10%	≤23%	≤8.5mA	≤0.35W	30.5×27.5×25	75
1.5VA	S1.5L	25%	≤12.5%	≤8mA	≤0.35W	43×35×24.5	125
1.6VA	M1.6	10%	≤30%	≤1.0mA	≤0.08W	39.6×39.6×18.5	80
2VA	S2	25%	≤15%	≤7.5mA	≤0.20W	37.5×32×31	125
2VA	T2	10%	≤21%	≤10mA	≤0.40W	30.5×27.5×31.25	100
2VA	S2L	25%	≤15%	≤8.5mA	≤0.35W	44×36×26.5	135
2VA	S2S	25%	≤21%	≤12mA	≤0.25W	32.6×27.6×31.25	135
3VA	S3	25%	≤15%	≤8mA	≤0.25W	37.5×32×35	155
3VA	SL3	20%	≤25%	≤12mA	≤0.25W	53×43×21.5	165
3VA	T3	10%	≤22%	≤17mA	≤0.40W	30.5×27.5×31.25	100
3VA	T3L	10%	≤22%	≤15.5mA	≤0.50W	43×35×24.5	125
3.2VA	M3.2	10%	≤28%	≤1.5mA	≤0.1W	44.7×44.7×19.5	120
3.5VA	T3.5	10%	≤21%	≤17mA	≤0.50W	37.5×32×31	125
3.5VA	T3.5L	10%	≤20%	≤18mA	≤0.50W	44×36×26.5	135
4VA	S4	25%	≤13%	≤16mA	≤0.50W	45×37×33	195
4VA	T4	10%	≤18%	≤18mA	≤0.60W	37.5×32×35	155
4VA	T4L	10%	≤18%	≤18mA	≤0.50W	44×36×26.5	135

（续）

功率	型号	输入过压能力	电压调整率	220V/50Hz 输入时		长×宽×高（mm³）	重量（g）
				空载电流	空载损耗		
4.5VA	TL4.5	10%	≤28%	≤26mA	≤0.45W	54.5×44×18	160
5VA	S5	25%	≤13%	≤18mA	≤0.35W	45×37×33	195
	T5	10%	≤15%	≤20mA	≤0.40W	37.5×32×35	155
	M5	10%	≤25%	≤2.0mA	≤0.15W	49.7×49.7×19.5	150
6VA	SL6	20%	≤24%	≤15mA	≤0.32W	53×43×25.5	220
	T6	10%	≤16%	≤24mA	≤0.80W	45×37×33	195
	TL6	10%	28%	≤20mA	≤0.5W	58.5×43.5×18.2	170
7VA	M7	10%	≤20%	≤2.5mA	≤0.2W	49.7×49.7×23.1	180
8VA	S8	25%	≤20%	≤20mA	≤0.80W	51×43×33.8	275
	T8	10%	≤16%	≤28mA	≤0.60W	45×37×33	195
	T8H	10%	≤16%	≤25mA	≤1.00W	45×37×40	195
9VA	T9	10%	≤21%	≤18mA	≤0.90W	51×43×33.8	275
	SL9	20%	≤23%	≤20mA	≤0.43W	53×43×30	280
10VA	S10	25%	≤15%	≤20mA	≤0.65W	51×43×36	300
	S10D	25%	≤15%	≤20mA	≤0.65W	69×43×38.5	300
	T10	10%	≤13%	≤28mA	≤1.00W	51×43×36	300
	T10D	10%	≤13%	≤28mA	≤1.00W	69×43×38.5	300
	SL10	15%	≤26%	≤30mA	≤0.75W	68×55×24	290
	M10	10%	≤18%	≤3.5mA	≤0.3W	55×55×26	250
12VA	S12	25%	≤15%	≤20mA	≤0.50W	51×43×36	300
	T12	10%	≤15%	≤28mA	≤1.00W	51×43×36	300
15VA	S15	25%	≤11%	≤28mA	≤0.70W	58.5×49×40	415
	T15	10%	≤15%	≤35mA	≤0.70W	51×43×36	300
	M15	10%	≤18%	≤4mA	≤0.4W	60×60×26.3	300
18VA	S18	25%	≤10%	≤28mA	≤0.60W	58.5×49×40	415
	T18	10%	≤12%	≤40mA	≤1.20W	58.5×49×40	415
20VA	T20	10%	≤9%	≤45mA	≤0.90W	58.5×49×40	415
	SL20	15%	≤18%	≤50mA	≤0.85W	68×55×31	420
25VA	M25	10%	≤14%	≤6mA	≤0.6W	60×60×37.5	430
30VA	SL30	15%	≤13%	≤70mA	≤1.25W	68×55×37	540
35VA	M35	10%	≤12%	≤8mA	≤0.8W	72×72×37.5	500
40VA	T40D	10%	≤10%	≤45mA	≤2W	81×53×53	750
	SL40	15%	≤12%	≤65mA	≤1.80W	83.5×70.5×39	760
50VA	M50	10%	≤10%	≤10mA	≤1.0W	82.4×82.4×37.5	650

4.4　LM317 模型建立与电路测试

4.4.1　子电路模型建立与测试

* connections：　　　　input

*　　　　　　　　　　｜　adjustment pin

```
*                      |   |   output
*                      |   |   |
. SUBCKT LM317    IN ADJ OUT
* POSITIVE ADJUSTABLE VOLTAGE REGULATOR
VREF 4 ADJ 1. 250
DBK IN 13 DMOD
* ZERO OF RIPPLE REJECTION
CBC 13 15 800. 0E - 12
RBC 15 5 1. 000E3
QPASS 13 5 OUT QPASSMOD
RB1 7 6 1
RB2 6 5 128. 3
* CURRENT LIMITING
DSC 6 11 DMOD
ESC 11 OUT VALUE = {5. 646 - . 6667 * V (6, 5) * V (13, 5)}
* FOLDBACK CURRENT
DFB 6 12 DMOD
EFB 12 OUT VALUE = {8. 822 - . 4024 * V(13,5) +5. 250E - 3 * V(13,5) * V(13,5)
+ - . 6667 * V (13, 5) * V (6, 5)}
EB 7 OUT 8 OUT 6. 939
* ZERO OF OUTPUT IMPEDANCE
RP 9 8 100
CPZ 10 OUT 3. 183E - 6
DPU 10 OUT DMOD; POWER - UP CLAMPLING DIODE
RZ 8 10 . 1
EP 9 OUT 4 OUT 100
RI OUT 4 100MEG
. MODEL QPASSMOD NPN (IS = 30F BF = 50 VAF = 1. 500 NF = 1. 701)
. MODEL JADJMOD NJF (BETA = 50. 00E - 6 VTO = - 1)
. MODEL DMOD D (IS = 30F N = 1. 701)
. ENDS
```

LM317 sub test：子电路模型建立与测试

第一步：瞬态仿真分析——正常工作时的电路工作特性。

图 4.52 和图 4.53 所示分别为 LM317 子电路模型仿真电路和仿真设置，图 4.54 所示为仿真波形：上面 V（IN）为输入电压波形，直流偏置为 20V，纹波峰峰值为 2V，频率为 1kHz；下面 V（OUT）为 15V 输出电压波形，纹波峰峰值约为 35mV，纹波抑制约为 35dB。

第二步：直流仿真分析——输入电压变化时的电路工作特性。

图 4.55 所示为直流仿真设置，线性扫描方式，起始值为 10V，结束值为 20V，步进为

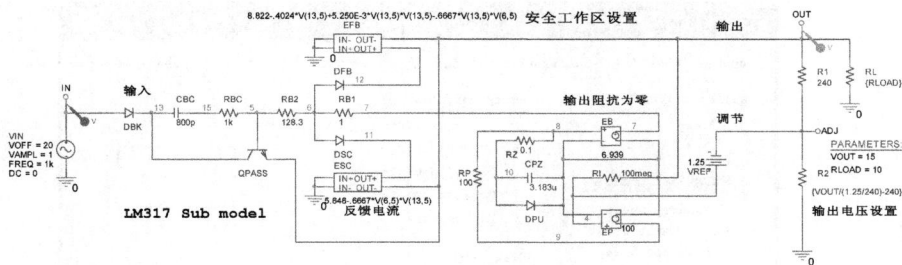

图 4.52　LM317 子电路模型：输出电压 15V，负载 10Ω

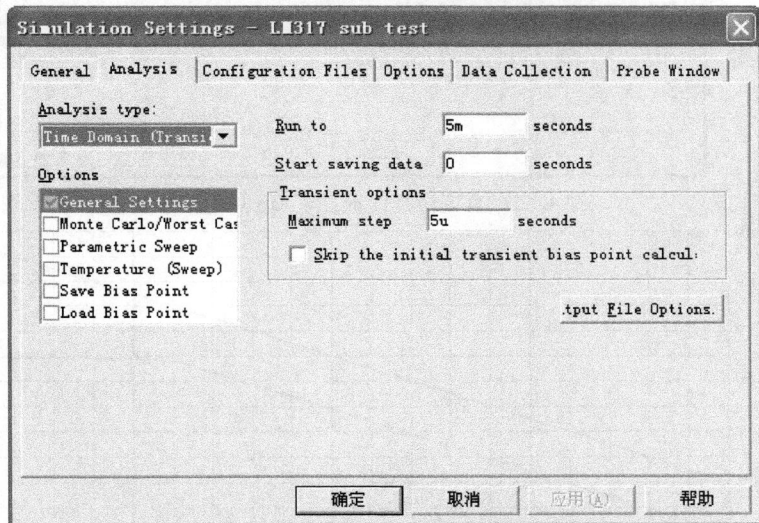

图 4.53　瞬态仿真设置：仿真时间为 5ms，最大步长为 5μs

0.2V。图 4.56 中 V（IN）为输入电压波形，为一条直线；V（OUT）为输出电压波形，为一条折线。当输入电压低于 17V 时，输出电压随输入电压变化，其差值约为 2V，电路未稳压；当输入电压高于 17V 时，输出电压稳定于 15V，电路实现稳压功能。当使用 LM317设计稳压电源时，输入电压应该比输出电压至少高 2V 才能完全输出稳定电压。

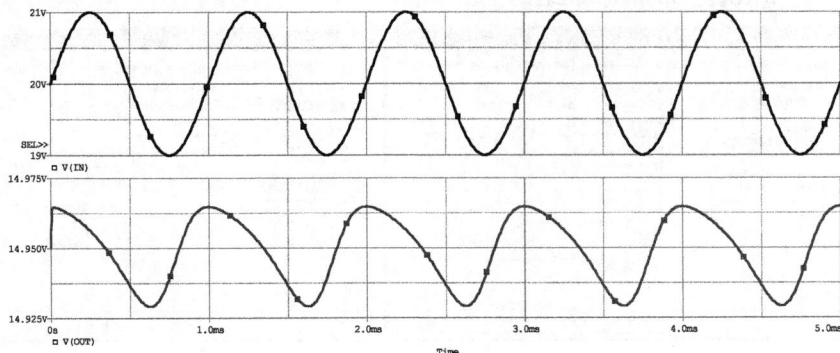

图 4.54　仿真波形

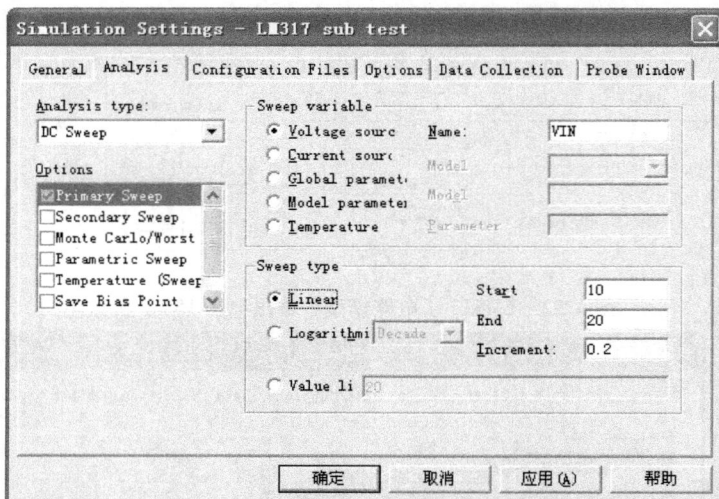

图 4.55　直流仿真设置：V（IN）为扫描变量

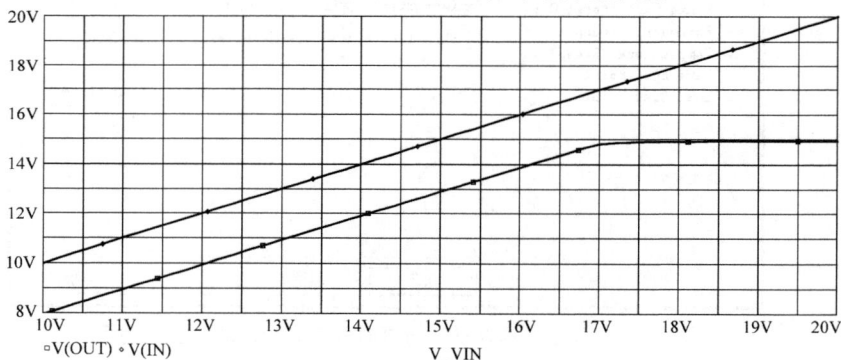

图 4.56　输入电压 V（IN）变化时的输出电压波形

第三步：参数仿真分析——负载电流变化时的电路工作特性。

如图 4.57 所示对电路进行直流和参数仿真设置。直流电压为 20V，负载电阻从 5Ω 线性变化至 10Ω，步进为 0.2Ω。

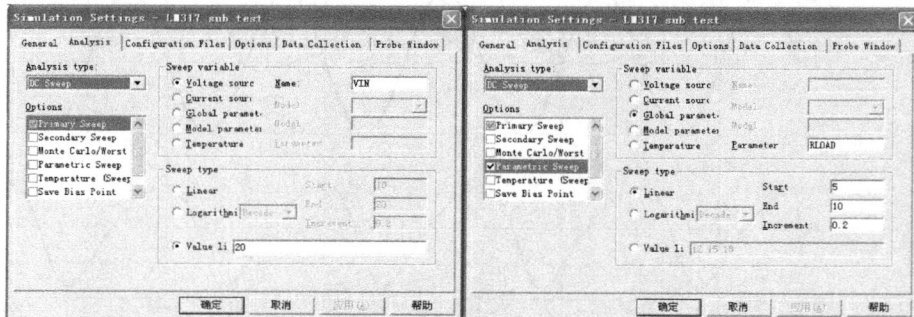

图 4.57　直流和参数仿真设置

图 4.59 所示为输出电压和负载
电流波形，按照图 4.58 进行高性能
分析设置。当负载电阻值小于 7Ω
时，稳压电路工作于恒流状态，输出
电流约为 2.2A，输出电压随负载电
阻增加而升高；当负载电阻值大于
7Ω 时，稳压电路工作于恒压状态，
输出电压为恒定值 15V，不再随负载
电阻增加而变化。

对电路进行安全工作区仿真分
析，输出电压 VOUT = 15V，负载电
阻 RLOAD = 8Ω，仿真设置如图 4.60
所示。

图 4.61 所示为安全工作区仿真

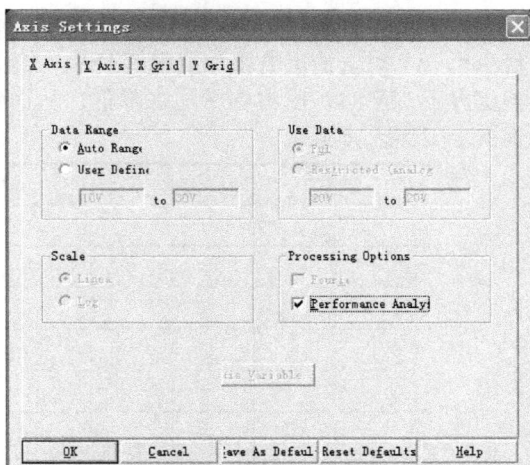

图 4.58　高性能分析设置

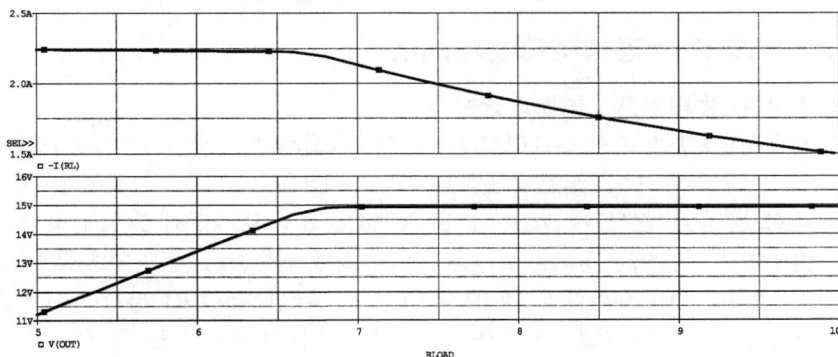

图 4.59　仿真波形

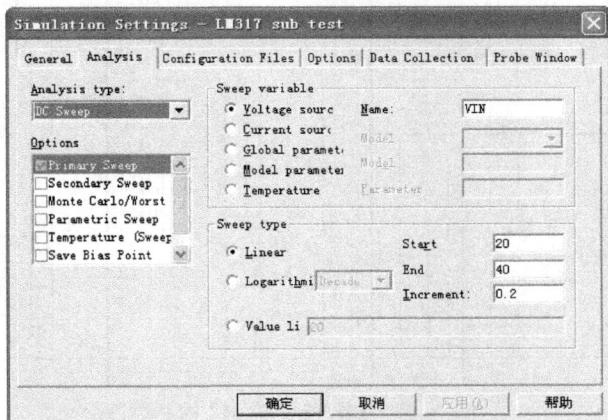

图 4.60　直流仿真设置

波形，横轴为输入电压 V（IN），纵轴为输出电压 V（OUT），当输入电压与输出电压差值小于 15V 时，输出电压为恒定值 15V；当输入电压继续升高，即输入电压与输出电压差值大于 15V 时，输出电压随之降低，从而使输出电流减小，以限定稳压器损耗，实现安全工作区功能。

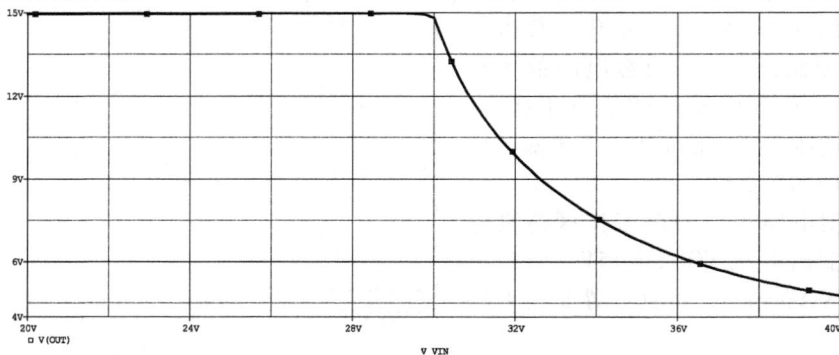

图 4.61 安全工作区仿真波形

4.4.2 LM317 物理模型建立与测试

1. LM317 物理模型工作原理分析

三端可调正稳压器系列 LM117/217/317 只有工作温度的区别，工作原理和电路构成基本相同。LM117/217/317 工作温度分别为 −55 ~ +150℃，−25 ~ +150℃ 和 0 ~ +125℃。

图 4.62 所示为 LM117/217/317 内部原理图。Q1、D1 和 R1 为启动电路，电路通电之后，由于输入、输出之间的差值电压作用于场效应管 Q1，稳压二极管 D1 为 Q1 建立恒流偏置。稳压管 D1 产生约 6.3V 的稳定电压，该电压经过 R1 为 Q3 和 Q5 提供基极电流，使电路中的三组电流源开始工作，为基准电压源和误差放大器提供工作电流。

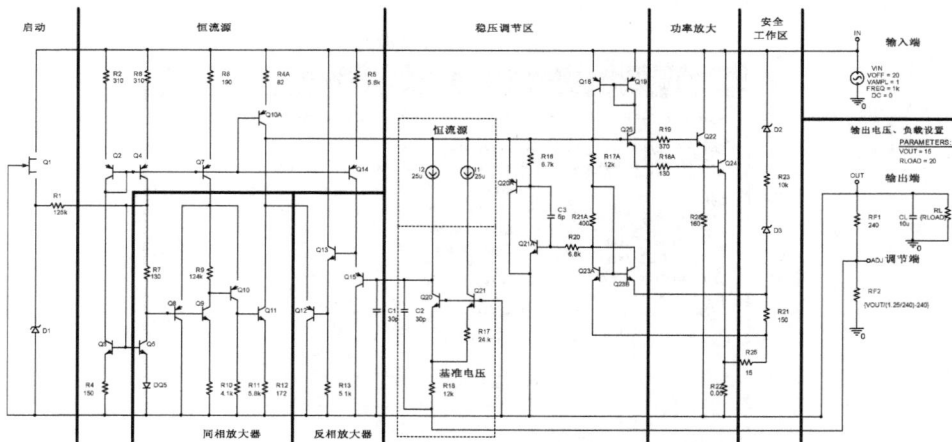

图 4.62 LM117/217/317 内部原理图

三组电流源分析：第一组由 Q2、Q4 和 Q7 构成镜像电流源，由 Q3 集电极电流启动，作为 Q8 和 Q9 的有源负载；第二组由 Q14 单管构成小电流源，作为 Q15 发射极的有源负载；第三组由 Q18 和 Q19 构成镜像电流源，用于驱动输出调整管。Q19 既是同相放大器 Q12 的有源发射负载，又是反相放大器 Q11 的有源集电极负载，从而实现两组放大器对输出调整管基极电流的控制。除此之外，I1 和 I2（使用 I1 和 I2 代替 Q16 和 Q17 构成恒流源）为基准电路提供恒定电流。

基准电压源由 I1、I2、Q20、Q21 和电阻 R17、R18 构成。I1、I2、Q20、Q21 组成封闭超级恒流源，Q20 和 Q21 电流之比为 1，流过其电流约为 25μA，所以流过电阻 R18 的电流约为 50μA，压降约为 0.6V。当输入电压在大范围内变动时，I1、I2、Q20 和 Q21 的工作电压基本保持恒定，由于输出调整管 Q22 和 Q24 的基极和射极电压控制在约 1.4V，因此流过电阻 R18 的电流非常稳定。电阻 R18 两端的电压加上 Q20 基极和射极电压 U_{be} 构成可调稳压器基准电压，约为 1.25V。

误差放大器主要包括两级，即同相放大器和反相放大器，两级放大器在 Q11 和 Q12 处进行连接，共同控制输出调整管 Q22 的注入电流，以实现对输出电压的控制。

Q5、Q8、Q9、Q10、Q11 构成同相放大器，为四级直接耦合放大器，Q5 为第一级，反馈作用适度；Q9 为第二级；Q10 为第三级，既具有放大作用，又负责偏置调节；Q11 为第四级。Q8 为射级跟随器，当 Q7 的集电极电流变化时，起补偿调节作用。Q19 为 Q11 集电极的有源负载，当输入电压和输出电压差值变大时，Q8 集电极电位降低，Q9 集电极电位升高，Q10 集电极电位升高，调整管输入电压升高，使调整管集电极—射级压差减小，输出电压随之升高，使输入电压和输出电压的差值恢复正常。

Q12、Q13、Q14、Q15、Q20 和 Q21 构成反相放大器，Q20 为共射放大器，只有 Q20 起实质反相作用。输出电压变化量与基准电压差值送入 Q20 的基极，误差信号由 Q20 的集电极送至 Q15 的基极。由于 I1、I2、Q20 和 Q21 构成超级电流源，因此 Q20 的集电极电流非常稳定，输入阻抗非常高，Q12、Q13 和 Q15 构成三级射极跟随器，输入阻抗同样很高，所以 Q20 电压增益非常大。当输出电压降低时，Q20 集电极电位升高，引起 Q12 射极电位升高，从而调整管 Q22 基极电位升高，使得输出电压升高，加上三级射极跟随器的缓冲作用，使得电路对调整管的控制非常灵敏，从而使稳压精度非常高。

功率输出为达林顿结构，由 Q22 和 Q2 组成。当两管放大倍数在 50 以上时，输出电流最大为 0.5A；当两管放大倍数在 70 以上时，输出电流可达 1.5A。

Q23A、Q23B 和电阻 R22 够成过电流保护电路。当流过电阻 R22 的电流过大时，Q23A 集电极电位升高，Q20A 射极电流增大，调整管驱动电流降低，从而限制输出电流。

稳压管 D2、D3，电阻 R21、R23、R25 和晶体管 Q23A、Q23B 构成安全工作区保护电路。当输入电压和输出电压差值超过两个稳压管的稳压值，即 12.6V 时，D2、D3 和 R21、R23、R25 支路开始有电流流过，Q23A 和 Q23B 集电极电位升高，Q20A 射极电流增大，从而减小 Q22 输出，调整管驱动电流，将 Q24 集电极和射极电压、工作电流限制在一定范围内，使调整管能够稳定、可靠地工作。

2. 模型测试

第一步：瞬态测试，输入直流电压为 20V，纹波峰峰值为 2V，输出电压为 15V，负载电阻为 15Ω。

图 4.63 所示为瞬态仿真分析设置；图 4.64 所示为瞬态仿真分析输入和输出电压波

形，上面 V（IN）为输入电压波形，下面 V（OUT）为输出电压波形，稳态输出值为14.9V，纹波抑制约为 40dB。

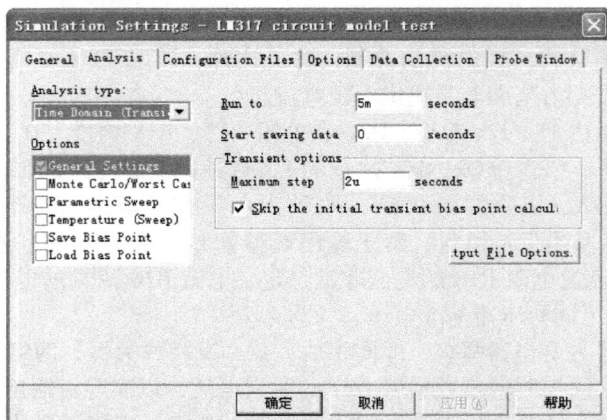

图 4.63　瞬态仿真分析设置

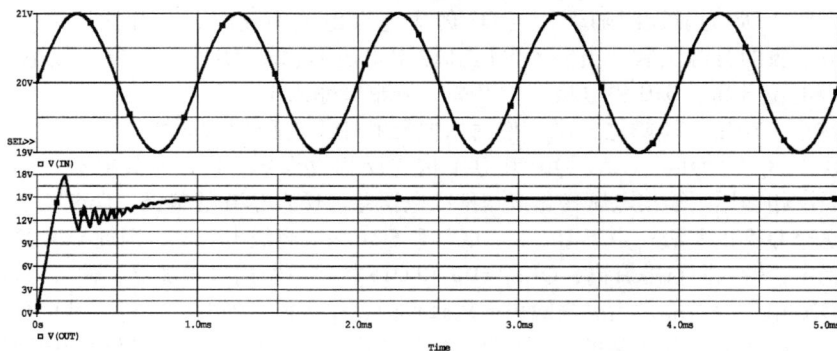

图 4.64　瞬态仿真输入和输出电压波形

第二步：直流和安全工作区测试，输出电压为 15V。

输入直流电压 VIN 为 20V，负载电阻从 5Ω 线性变化至 15Ω，仿真输出电压和输出电流特性波形，仿真设置如图 4.65 所示。

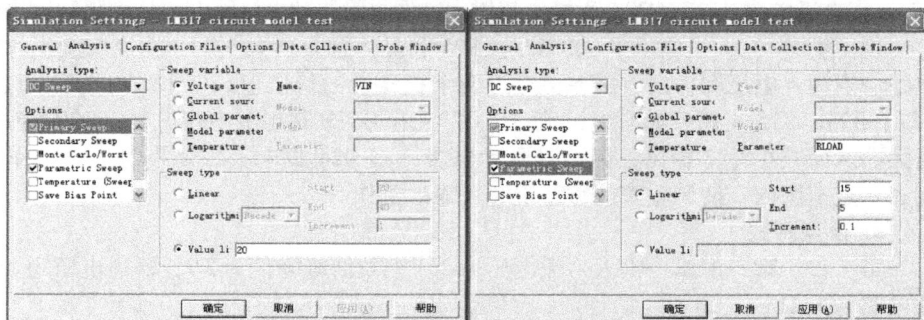

图 4.65　直流和负载电阻参数仿真分析设置

图 4.66 所示为仿真波形，当负载电阻在 5~7.5Ω 变化时，电路工作于恒流状态，输出电流约为 2A，并且保持恒定；当电阻大于 7.5Ω 时，电路工作于恒压状态，输出电压保持 15V 恒定。

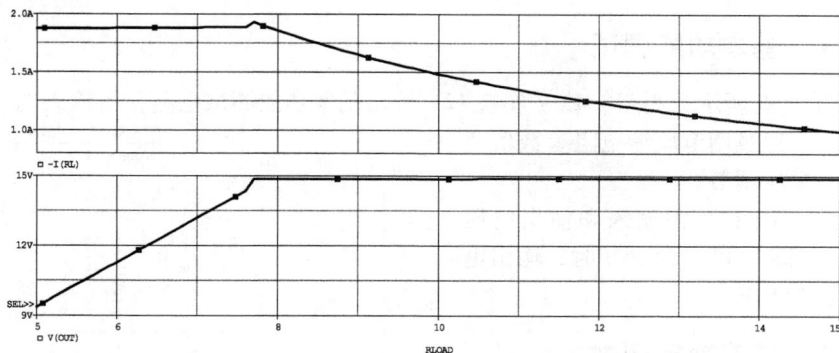

图 4.66　电阻变化时输出电压和输出电流波形

图 4.67 所示为直流和安全工作区仿真分析设置，负载电阻 RLOAD = 7.5Ω；图 4.68 所示为直流和安全工作区仿真输出电压波形。由于输出电流 2A 时电路工作于近似恒流区，因此输出电压略低于 15V；当输入直流电压接近 27V 时，输出电压开始降低，并且输入电压越高，输出电压越低，输出电流越小，实现安全工作区限定作用，使得电路能够稳定、可靠地工作。

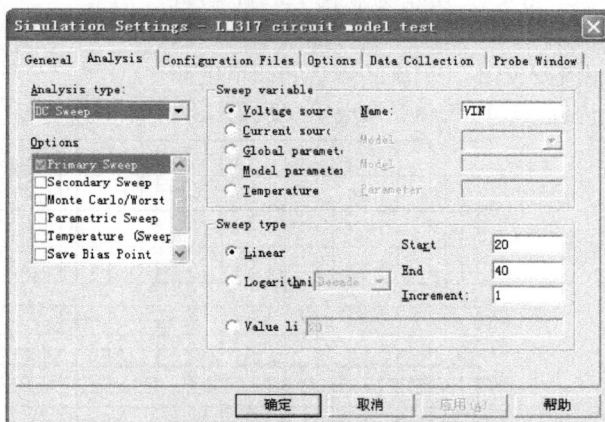

图 4.67　直流和安全工作区仿真分析设置

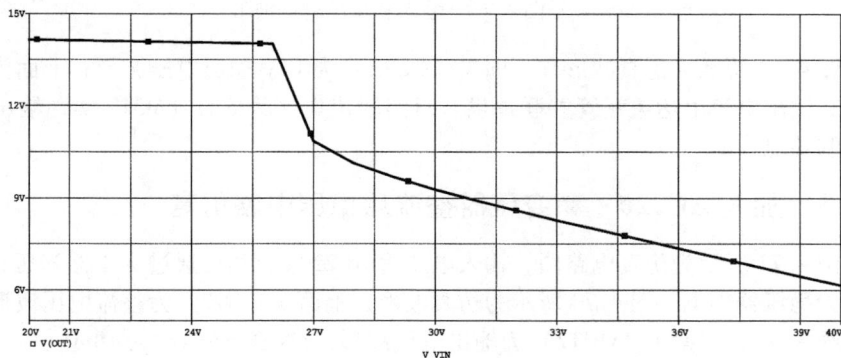

图 4.68　直流和安全工作区仿真输出电压波形

4.5 LM317 测试电路

4.5.1 基本功能测试

图 4.69 所示为利用 LM317 实现 12V 输出基本功能测试电路，由输入电压和调节电路构成，通过调节反馈电阻参数值实现输出电压调节。

图 4.70 所示为输入和输出电压波形，当输入电压为 16V 时，输出电压稳定在 12V。

4.5.2 扩流功能测试

图 4.71 所示为利用 LM317 实现输出 12V/12A 扩流功能测试电路，由输入电源、扩流晶体管和调节电路构成。LM317 和反馈电阻实现稳压功能，晶体管 Q1、Q4 和 Q5 实现扩流功能。

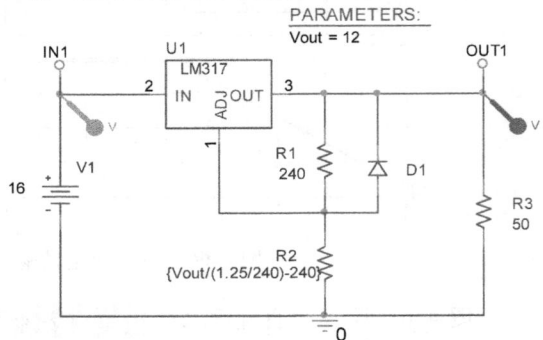

图 4.69　基本功能测试电路

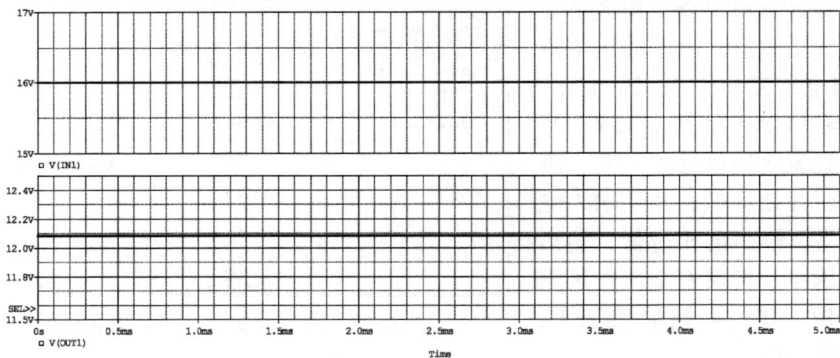

图 4.70　输入和输出电压波形

图 4.72 所示为仿真波形，下面 V（OUT2）为 12V 输出电压波形；上面为输出电流波形，输出电流由达灵顿管并联提供，每路输出电流为 6A；LM317 实现输出电压调节和控制功能。

4.5.3 加入 AC220V 和变压器整流后稳压电路仿真

图 4.73 所示为仿真电路图，输入电压为 AC220V，然后通过变压器降压、全桥整流滤波为稳压器供电；图 4.74 所示为仿真波形，上面 V（IN2）为整流电压波形，纹波峰峰值约为 3V；下面 V（OUT2）为输出电压波形，纹波峰峰值约为 10mV。

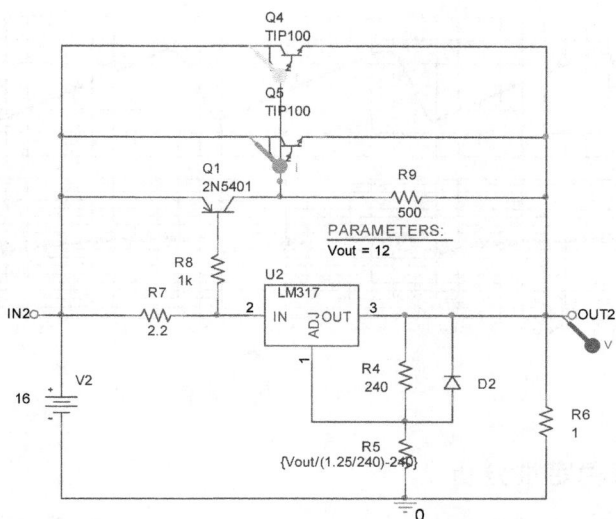

图 4.71　扩流功能测试电路

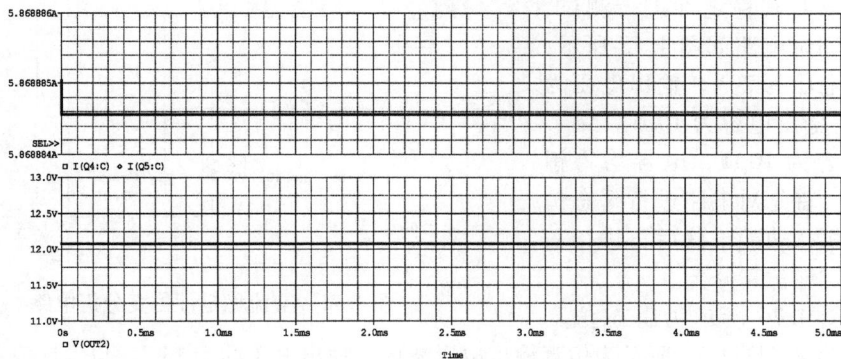

图 4.72　输出电压和输出电流波形

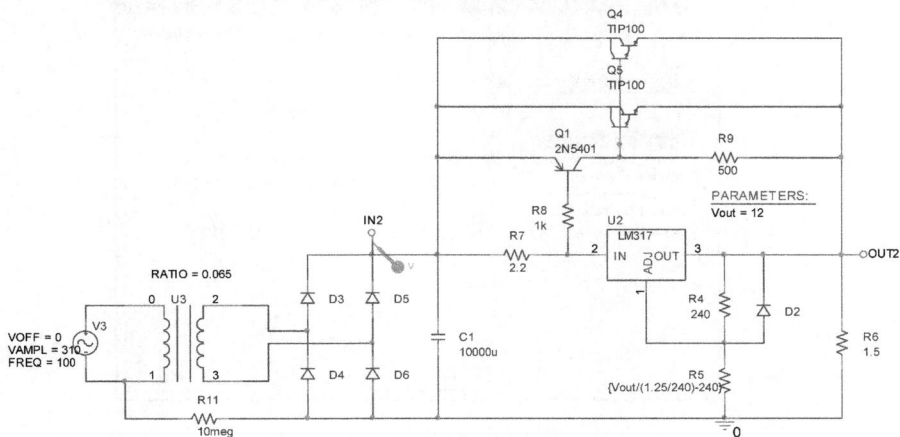

图 4.73　稳压仿真电路图

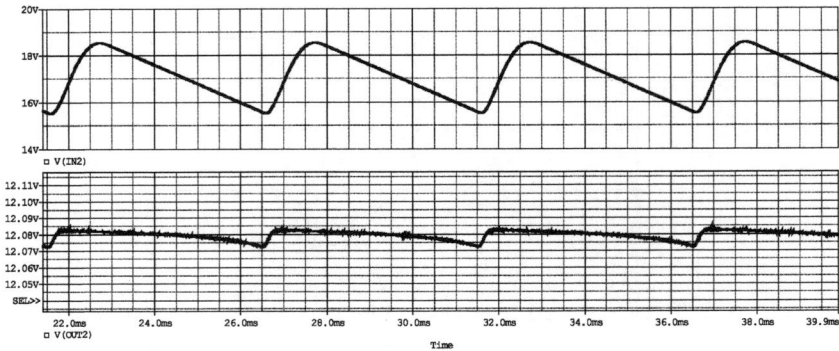

图 4.74　仿真波形

4.5.4　交流稳定性分析

利用 LM317 设计稳压电路时需要对其稳定性进行测试，分析测试电路如图 4.75 所示，输入电压为 20V，输出电压为 15V，输出电容为 10μF，调节端电容为 10μF，电容均为钽电容。首先对电路进行瞬态仿真分析，功能正确后再进行交流稳定性仿真分析。

图 4.76 所示为瞬态仿真

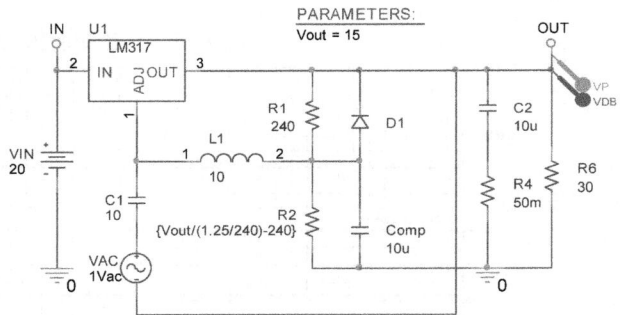

图 4.75　交流稳定性仿真分析电路

分析设置；图 4.77 所示为仿真输出电压波形，输出电压约为 15V，与设计值一致。

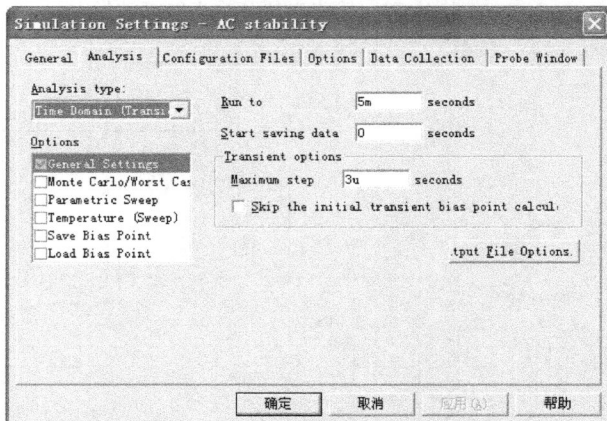

图 4.76　瞬态仿真分析设置

图 4.78 所示为交流稳定性仿真分析设置；图 4.79 所示为幅频和相频波特图，相位裕度为 16.4°，交叉频率为 44.1kHz。通过调整参数能够使电路更加稳定、可靠地工作。

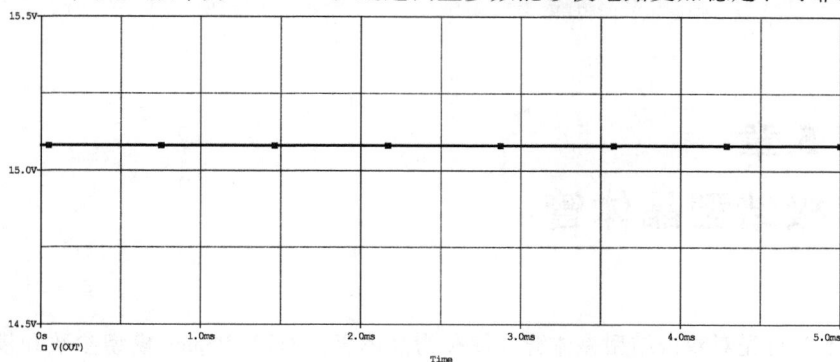

图 4.77　输出电压波形

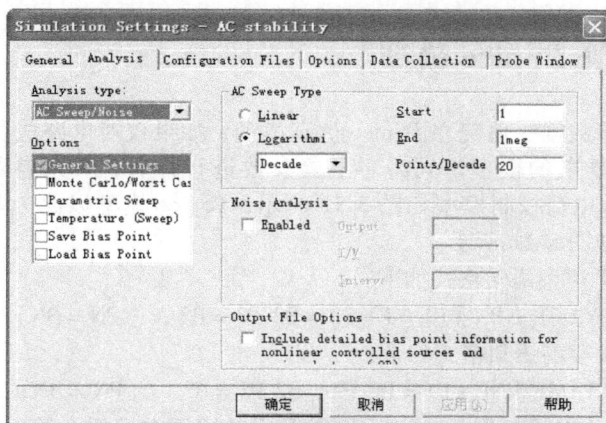

图 4.78　交流稳定性仿真分析设置

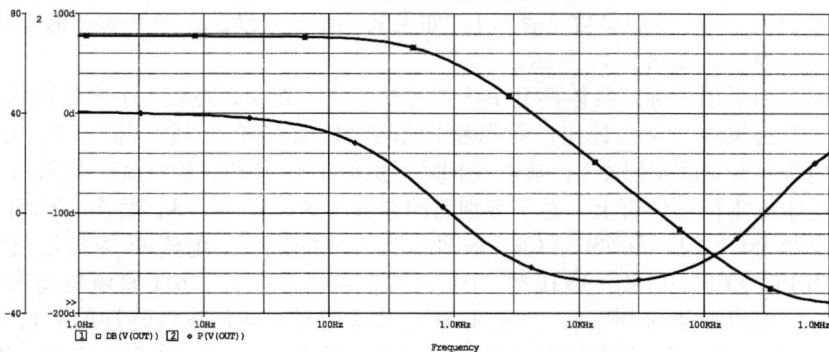

图 4.79　幅频和相频波特图

第 5 章
双极结型晶体管

本章首先对双极结型晶体管（简称为晶体管，BJT）PSpice 模型参数和模型建立进行详细讲解；然后对晶体管典型电路进行仿真分析，包括晶体管偏置电路灵敏度分析、放大特性及频率响应、音频放大电路；最后介绍实际晶体管的命名及选型。

5.1　晶体管 PSpice 模型

根据晶体管数据手册建立 PSpice 仿真模型，如果仅对电路进行仿真分析，则没有必要建立非常复杂的模型，只需对主要参数进行计算，其余参数采用默认值即可。Gummel 和 Poon 电荷控制模型如图 5.1a 所示，PSpice 模型以此为基础；晶体管 PSpice 直流静态模型如图 5.1b 所示。

NPN 型 BJT 模型语句格式如下：

. MODEL QNAME NPN（P1 = B1 P2 = B2 P3 = B3 ... PN = BN）

PNP 型 BJT 模型语句格式如下：

. MODEL QNAME PNP（P1 = B1 P2 = B2 P3 = B3 ... PN = BN）

其中，QNAME 为 BJT 模型名，NPN 和 PNP 为晶体管类型标示符。模型名称 QNAME 可以以任意字母开头，但长度限制为 8 位。P1、P2、…和 B1、B2、…分别为模型参数名称及参数值。BJT 模型参数见表 5.1。如果某些参数未设定，则 PSpice 假设使用 Ebers - Moll 简单模型，如图 5.1c 所示。

面积因子用于确定具体模型中等效并联的 BJT 数量，在表 5.1 中受面积因子影响的模型参数由星号（*）标注，面积因子值与器件面积有关，默认值为 1。BJT 模型建立在集电极（RC/面积因子）、基极（RB/面积因子）和发射极（RE/面积因子）均串联欧姆电阻的本征晶体管上。对于有别名的参数，如 VAF 和 VA，每个名称均可使用。

参数 IS1（C2）和 ISC（C4）设置为比 1 大的值时，电流 IS 为倍增值而非绝对电流。当 ISE > 1 时用 ISE * IS 代替，ISC 设置值与上述一致。BJT 直流模型参数包括：①决定正向电流增益的 BF、C2、IK 和 NE；②决定反向电流增益特性的 BR、C4、IKR 和 VC；③分别决定正向区域电导和反向区域电导的 VA 和 VB；④反向饱和电流 IS。

描述基极电荷存储效应的参数包括：①正向和反向传输时间 TF 和 TR，由 CJE、PE 和 ME 决定的 be 结耗尽层非线性电容；②由 CJC、PC 和 MC 决定的 bc 结电容。CCS 为集

a)

b)

c)

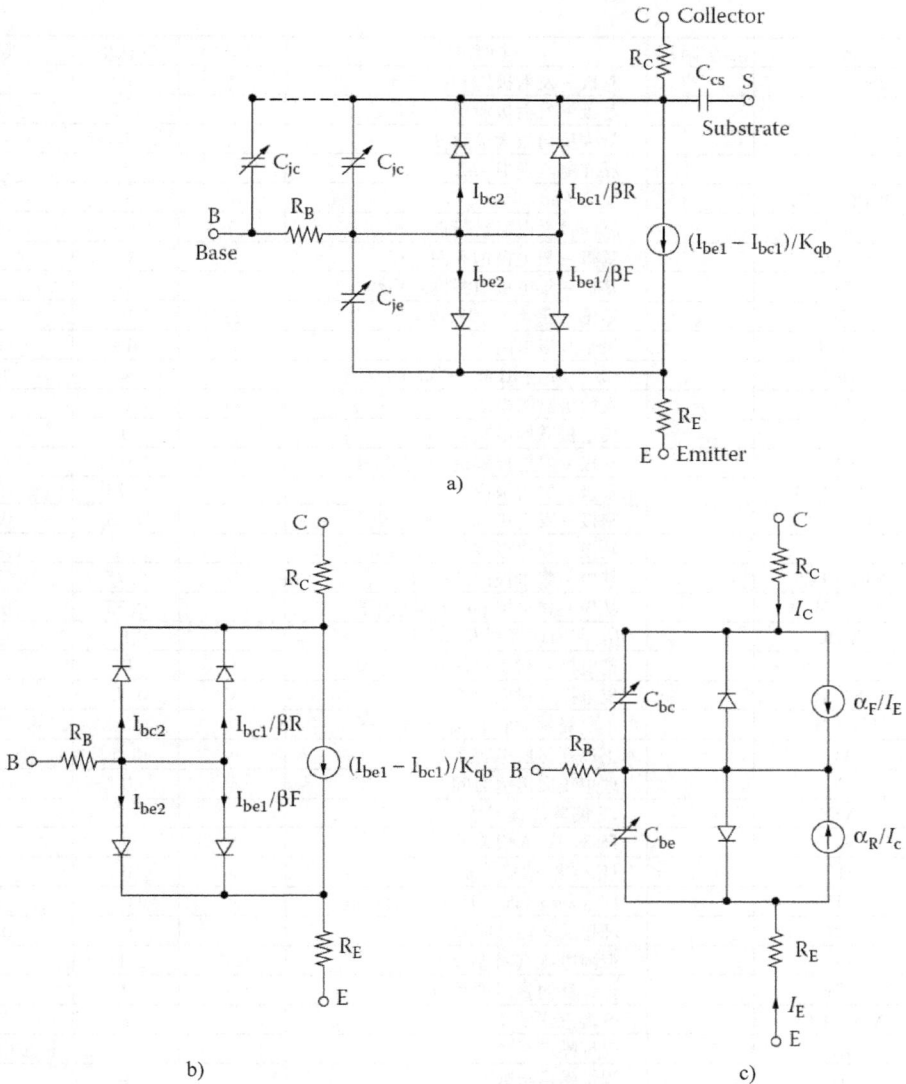

图 5.1 晶体管模型

a) Gummel 和 Poon 电荷控制模型 b) 直流静态模型 c) Ebers – Moll 简单模型

电极衬底电容。饱和电流对温度的依赖性由禁带宽度 EG 和饱和电流温度指数 PT 决定。

表 5.1 BJT 模型参数

名称	面积因子	模型参数	单位	默认值	典型值
IS	*	pn 结饱和电流	A	1E – 16	1E – 16
BF		最大正向放大倍数 $\alpha = 90°$		100	100
NF		正向电流注入系数		1	1
VAF（VA）		正向 Early 电压	V	∞	100
IKF（IK）		正向 β 大电流转折点	A	∞	10M

（续）

名称	面积因子	模型参数	单位	默认值	典型值
ISE（C2）		基极 – 发射极饱和漏电流	A	0	1000
NE		基极 – 发射极泄漏发射系数		1.5	2
BR		最大反向放大倍数 β		1	0.1
NR		反向电流发射系数		1	
VAR（VB）		反向 Early 电压	V	∞	100
IKR	*	反向 β 大电流转折点	A	∞	100M
ISC（C4）		基极 – 集电极饱和漏电流	A	0	1
NC		基极 – 集电极泄漏发射系数		2	2
RB	*	零偏（最大）基极电阻	Ω	0	100
RBM		最小基极电阻	Ω	RB	100
IRB		RB 下降到 RBM 一半时的电流	A	∞	0.1
RE	*	发射极欧姆电阻	Ω	0	1
RC	*	集电极欧姆电阻	Ω	0	10
CJE	*	基极 – 发射极零偏 pn 结电容	F	0	2p
VJE（PE）		基极 – 发射极内建电势	V	0.75	0.7
MJE（ME）		基极 – 发射极 pn 结梯度因子		0.33	0.33
CJC	*	基极 – 集电极零偏结电容	F	0	1p
VJC（PC）		基极 – 集电极内建电势	V	0.75	0.5
MJC（MC）		基极 – 集电极 pn 结梯度因子		0.33	0.33
XCJC		C_{bc} 向内连接到 R_B 部分		1	
CJS（CCS）		集电极 – 衬底零偏 pn 结电容	F	0	2p
VJS（PS）		集电极 – 衬底内建电势	V	0.75	
MJS（MS）		集电极 – 衬底 pn 结梯度因子		0	
FC		正偏耗尽层电容系数		0.5	
TF		理想正向传输时间	s	0	0.1n
XTF		TF 偏置依赖系数			
VTF		TF 对 V_{bc} 依赖关系	V	0	
ITF		TF 对 I_C 依赖关系	A	0	
PTF		1/（2π × TF）Hz 处超前相位	°	0	30
TR		理想反向传输时间	s	0	0.1n
EG		带隙电压（势垒高度）	eV	1.11	1.11
XTB		正、反向 β 温度系数		0	
XTI（PT）		IS 温度影响指数		3	
KF		闪烁噪声系数		0	6.6E – 16
AF		闪烁噪声指数		1	1

对于电力电子电路，影响 BJT 开关特性的最主要参数包括 IS、BF、CJE、CJC、VA、TR 和 TF。BJT 的符号为 Q，所以 BJT 的名称必须以 Q 开始，格式如下：

Q < name > NC NB NE NS QNAME [（area）value]

其中，NC、NB、NE 和 NS 分别为集电极、基极、发射极和衬底。QNAME 为模型名称，长度不超过 8 个字符。衬底为可选项，如果未指定则默认为接地。正向电流定义为流入节点的电流。对于 NPN 型 BJT，正向电流从集电极流入、从发射极流出，但所有电流之和必须等于 0，即 $I_E + I_B + I_C = 0$。

5.2 晶体管工作特性

双极型晶体管（BJT）由两个背靠背连接的 pn 结构成，工作状态由多数载流子和少数载流子的流动状态决定。BJT 直流特性由 Ebers - Moll 模型进行描述。基极 - 发射极和基极 - 集电极电压决定 BJT 的工作区域。通常情况下 BJT 工作于正向工作区、反向工作区、饱和区或截止区。根据基极 - 发射极和基极 - 集电极的偏置状态，表 5.2 列出 BJT 的工作区。

表 5.2 BJT 工作区

基极 - 射级	基极 - 集电极	工作区
正向偏置	反向偏置	放大区
正向偏置	正向偏置	饱和区
反向偏置	反向偏置	截止区

当双极型晶体管基极 - 发射极正向偏置、基极 - 集电极反向偏置时，BJT 工作于正向偏置区，BJT 放大电路通常工作于该区域。工作于正向偏置区时，集电极电流 I_C 和基极电流 I_B 满足如下一阶表达式：

$$I_C = I_S \exp\left(\frac{V_{be}}{V_T}\right)\left(1 + \frac{V_{ce}}{V_{af}}\right) \tag{5.1}$$

$$I_B = \frac{I_S}{\beta_F} \exp\left(\frac{V_{be}}{V_T}\right) \tag{5.2}$$

式中 β_F——BJT 工作于共射状态时的大信号正向电流增益；

V_{af}——正向欧拉电压；

I_S——BJT 的 pn 结饱和电流；

V_T——热敏电压，定义如下：

$$V_T = \frac{kT}{q} \tag{5.3}$$

式中 k——玻尔兹曼常数（$k = 1.381 \times 10^{-23}$ J/K）；

T——绝对温度，单位为 K；

q——一个电子的电荷量（$q = 1.602 \times 10^{-19}$ C）。

当 $V_{af} \gg V_{ce}$ 时，由式（5.1）和式（5.2）可以得到

$$I_C = \beta_F I_B \tag{5.4}$$

当基极 - 发射极和基极 - 集电极均处于正向偏置时，BJT 工作于饱和区。当基极 - 发射极和基极 - 集电极均处于反向偏置时，BJT 工作于截止区。当 BJT 工作于截止区时，相比于正向偏置区和饱和区，其集电极和基极电流非常小，微乎其微。

从式（5.2）可以看出，当 BJT 基极 - 发射极处于正向偏置时，其特性与二极管非常相似。如果电阻 R_B 和 R_E 变化忽略不计，则 I_C 随 β_F 变化而变化。此外，不同厂家不同批次晶体管的 β_F 也会不同。

5.3　晶体管参数计算建模

影响晶体管特性最主要的模型参数包括 IS、BF、CJE、CJC、VA、TR 和 TF。下面根据数据手册对 NPN 型晶体管 2N3904 模型参数进行计算。

1. IS：pn 结饱和电流

$$IS = \frac{I_C}{e^{V_{be}/nV_T - 1}} \tag{5.5}$$

式中　I_C——集电极电流；

　　　V_{be}——基极 – 发射极电压；

　　　n——发射系数，通常取 1；

　　　V_T——热敏电压常量，25℃时 $V_T = 25.8\text{mV}$。

图 5.2 所示为 $I_C - V_{be}$ 图形，25℃时，当 $V_{be} = 0.7\text{V}$ 时 $I_C = 4\text{mA}$，则

$$IS = \frac{I_C}{e^{V_{be}/nV_T - 1}} = \frac{0.004}{e^{0.7/0.0258 - 1}} = 1.791 \times 10^{-14} \tag{5.6}$$

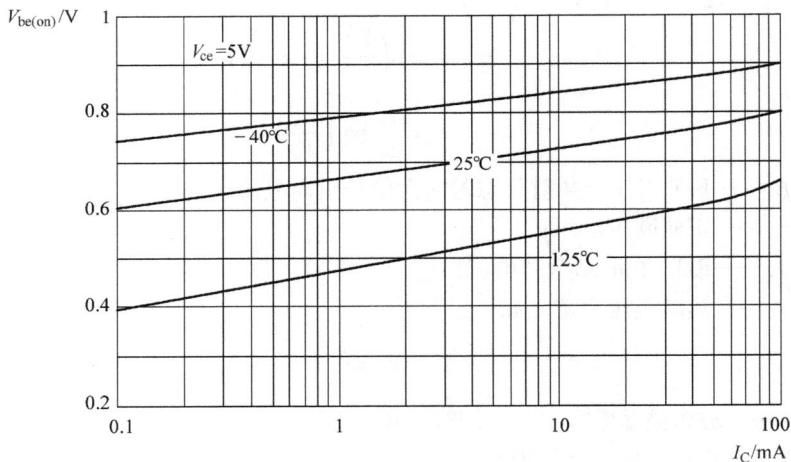

图 5.2　$I_C - V_{be}$ 图形

2. BF：理想状态下的最大正向放大倍数

h_{fe}	直流电流增益	$I_C = 0.1\text{mA}$,　$V_{ce} = 1.0\text{V}$	40	300
		$I_C = 1.0\text{mA}$,　$V_{ce} = 1.0\text{V}$	70	
		$I_C = 10\text{mA}$,　$V_{ce} = 1.0\text{V}$	100	
		$I_C = 50\text{mA}$,　$V_{ce} = 1.0\text{V}$	60	
		$I_C = 100\text{mA}$,　$V_{ce} = 1.0\text{V}$	30	

BF 由几何平均数计算，h_{fe} 为直流电流增益，当 $I_C = 10mA$，$V_{ce} = 1.0V$ 时，h_{fe} 最小值为 100，最大值为 300，则 BF $= \sqrt{100 \times 300} = 173.2$。

3. CJE：基极－发射极零偏 pn 结电容

C_{ibo}	输入电容	$V_{eb} = 0.5V$，$I_C = 0$，$f = 1.0MHz$	8.0	pF

$$C_{je} = C_{ibo} \times (1 + V_{eb}/V_{je})^{M_{je}} \tag{5.7}$$

通常情况下 $M_{je} = 0.333$，$V_{je} = 0.75$，当 $V_{eb} = 0.5V$，$I_C = 0$ 时，$C_{ibo} = 8.0pF$，计算得 $C_{je} = 9.483pF$。

4. CJC：基极－集电极零偏结电容

C_{obo}	输出电容	$V_{cb} = 5.0V$，$I_E = 0$，$f = 1.0MHz$	4.0	pF

$$C_{jc} = C_{obo} \times (1 + V_{cb}/V_{je})^{M_{je}} \tag{5.8}$$

通常情况下 $M_{je} = 0.333$，$V_{je} = 0.75$，当 $V_{cb} = 5V$，$I_E = 0$ 时，$C_{obo} = 4.0pF$，计算得 $C_{je} = 7.882pF$。

5. VA：正向 Early 电压

正向 Early 电压 V_A 与集电极电流 I_C 和输出导纳 h_{oe} 的关系式如下：

$$\frac{1}{h_{oe}} = \frac{V_A}{I_C} \tag{5.9}$$

$$V_A = \frac{I_C}{h_{oe}} \tag{5.10}$$

由图 5.3 得，当 $V_{ce} = 10V$，$I_C = 10mA$ 时，$h_{oe} = 70\mu\Omega$，则

$$V_A = \frac{I_C}{h_{oe}} = \frac{10m}{70\mu} = 142.9V \tag{5.11}$$

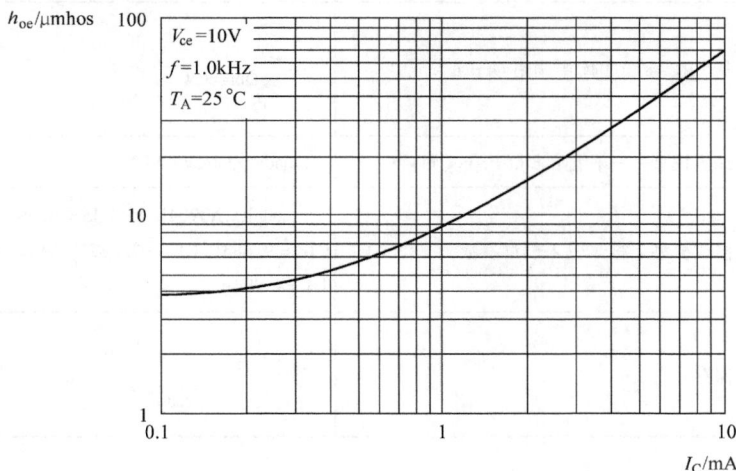

图 5.3　$I_C - h_{oe}$ 集电极电流－输出导纳波形

6. TF：理想正向传输时间

f_T	电流增益 – 带宽放大器	$I_C = 10\text{mA}$, $V_{ce} = 20\text{V}$, $f = 100\text{MHz}$	300MHz

当 $V_{ce} = 20\text{V}$，$I_C = 10\text{mA}$，转移频率 $f_{T(\min)} = 300\text{MHz}$ 时，转移周期为 $\tau_T = \dfrac{1}{2\pi f_T} = \dfrac{1}{2\pi \times 300\text{meg}} = 530.6\text{ps}$，此时 $V_{cb} \approx V_{ce} - V_{be} = 20 - 0.7 = 19.3\text{V}$。

$$C_\mu = \frac{C_{jc}}{(1 + V_{cb}/V_{jc})^{M_x}} = \frac{7.882p}{(1 + 19.3/0.75)^{0.333}} = 2.64\text{pF} \tag{5.12}$$

跨导 g_m 计算公式如下：

$$g_m = \frac{I_C}{V_T} = \frac{10\text{mA}}{25.8\text{mV}} = 388\text{mA/V} \tag{5.13}$$

转移周期 τ_T 与正向传输时间 τ_F 关系为

$$\tau_T = \tau_F + \frac{C_{je}}{g_m} + \frac{C_\mu}{g_m} \tag{5.14}$$

$$\text{TF} = \tau_F = \tau_T - \frac{C_{je}}{g_m} - \frac{C_\mu}{g_m} = 530.6p - \frac{9.483p}{388m} - \frac{2.64p}{388m} = 499.4\text{ps} \tag{5.15}$$

即 TF = 499.4ps。

7. TR：理想反向传输时间

通常情况下 TR = 10TF，所以 TR = 4.994ns。

所以晶体管 2N3904 模型参数为 IS = 1.791E − 14，BF = 173.2，CJE = 9.483P，CJC = 7.882P，VA = 142.9，TF = 499.4p，TR = 4.994n。

8. 利用 QbreakN 建立晶体管 2N3904 模型

第1步	从 BREAKOUT 库中调用 QbreakN 元件	Q1 QbreakN
第2步	编辑模型——右键：Edit PSpice Model	. model Qbreakn NPN
第3步	修改模型名称、输入模型参数	. modelQ2N3904b NPN IS = 1.791E − 14 BF = 173.2 CJE = 9.483P CJC = 7.882P VA = 142.9 TF = 499.4p TR = 4.994n
第4步	保存	Q1 Q2N3904b

9. 模型测试

图 5.4 所示为晶体管 Q2N3904b 输出特性仿真电路，R1 = R2 = R3 = 1Ω。图 5.5 和

图 5.6 所示为电路仿真设置。利用 PSpice 对晶体管 Q2N3904b 进行仿真，测试电流随电压变化的数据；当 I_B = 2μA、4μA、6μA 时，绘制 I_c 随 V_{ce} 变化的曲线。

. model Q2N3904b NPN IS = 1.791E − 14 BF = 173.2 CJE = 9.483P CJC = 7.882P VA = 142.9 TF = 499.4p TR = 4.994n

基极电流 I_B = 2μA 时，PSpice 部分仿真数据见表 5.3。

晶体管电路输出特性曲线如图 5.7 所示。

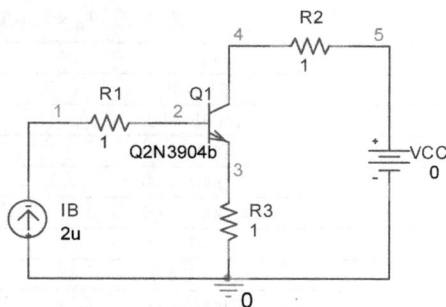

图 5.4　晶体管输出特性仿真电路

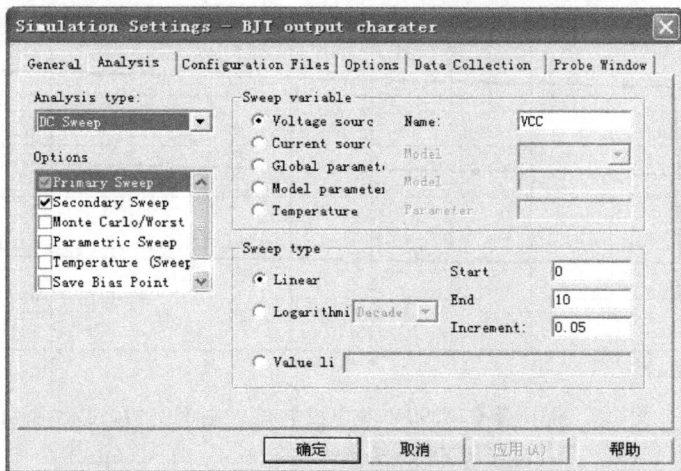

图 5.5　主扫描仿真设置

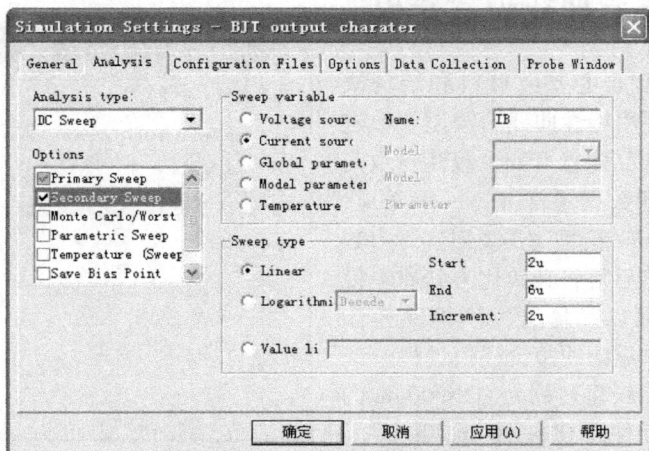

图 5.6　辅助扫描仿真设置

表 5.3 $I_B = 2\mu A$ 时晶体管 Q2N3904b 输出数据

V_{ce}/V	I_C/A
5E − 01	3.46E − 04
1.00E + 00	3.49E − 04
2.000E + 00	3.51E − 04
3.000E + 00	3.53E − 04
4.000E + 00	3.56E − 04
5.000E + 00	3.58E − 04
6.000E + 00	3.60E − 04
7.000E + 00	3.63E − 04
8.000E + 00	3.65E − 04
9.000E + 00	3.67E − 04
1.000E + 01	3.69E − 04

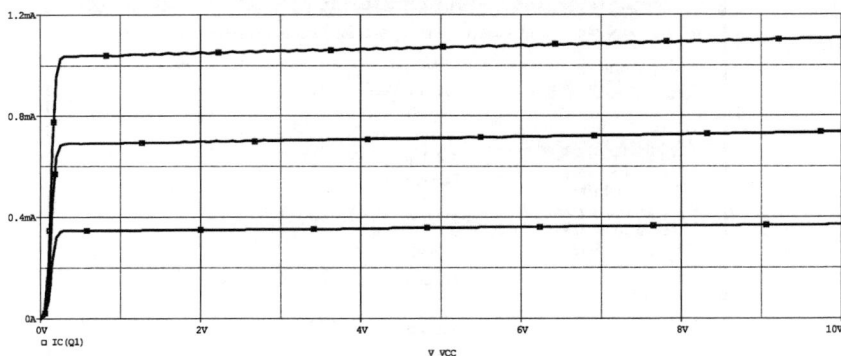

图 5.7 晶体管 Q2N3904b 集电极电流 I_C 随 V_{ce} 和 I_B 变化特性曲线

（波形从下到上分别为 $I_B = 2\mu A$、$4\mu A$、$6\mu A$）

5.4 晶体管曲线拟合建模

晶体管参数主要由材料和结构决定，PSpice 利用特性曲线对模型参数进行提取。由于晶体管 PSpice 模型参数与数据表中所列数据通常并不一一对应，因此创建 PSpice 模型时需要对实际参数进行提取，然后再将其转化为 PSpice 模型参数。下面以晶体管 Q2N3904 模型为例，具体介绍曲线拟合建模过程。

第一步：新建名称为 Q2N3904m 的 NPN 晶体管元件库 Q2N3904m. lib。

然后选择菜单 Model > New，如图 5.8

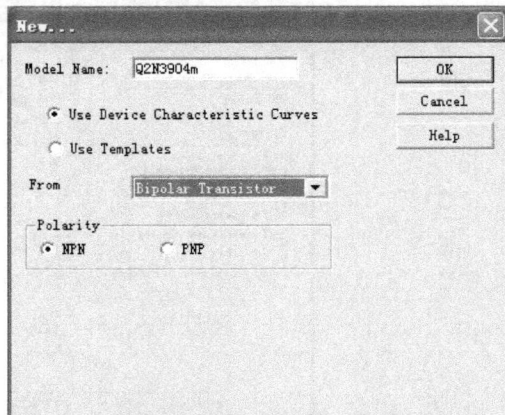

图 5.8 新建 NPN 晶体管模型

所示,建立晶体管模型。

第二步:在晶体管模型界面中输入数据。

图 5.9 所示为晶体管模型数据输入界面,主要包括 8 个界面,分别为 I_C – $V_{be(sat)}$、I_C – h_{oe}output admittance、I_C – forward DC beta、I_C – gain bandwidth、I_C – $V_{ce(sat)}$、I_C – storage time、V_{cb} – CB 电容、V_{eb} – EB 电容。

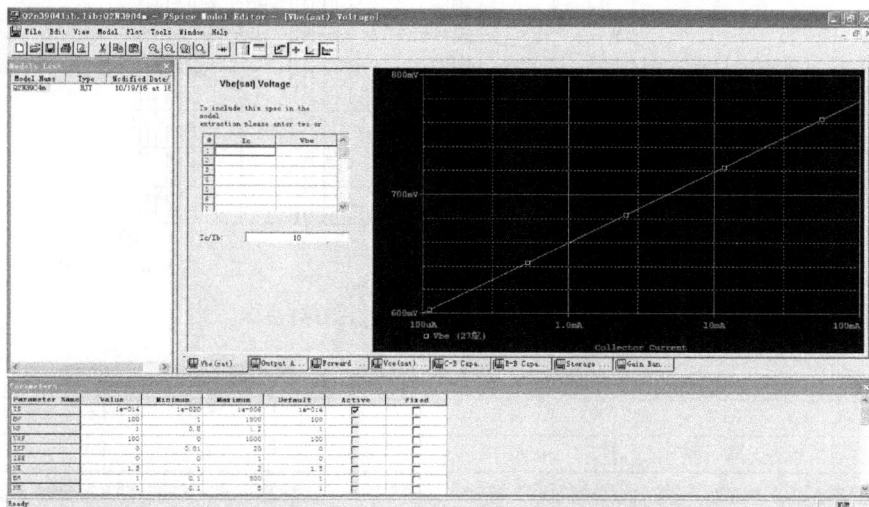

图 5.9　晶体管模型数据输入界面

根据数据手册中相应的特性曲线对数据分别进行输入,精度取决于所取数据点的准确度和数量。数据点越多精度越高,当数据值较小时更是如此。当数据输入完成后,选择菜单命令 Tools > Extract 对模型参数进行提取。通常情况选择温度为 25℃时对应的数据曲线。

1. I_C – $V_{be(sat)}$ 饱和电压数据输入

晶体管 I_C – $V_{be(sat)}$ 饱和特性曲线主要用于估算模型参数 IS、RB 和 NF,见表 5.4。IS 为半导体 pn 结参数,切忌与集电极饱和电流混淆。饱和状态时的 I_C/I_B 数值远小于正常时电流放大倍数 β。在数据输入窗口中输入饱和时的 I_C/I_B 数值,然后根据数据表中的 V_{be} – I_C 数据进行输入。

另外 I_C – $V_{be(sat)}$ 饱和特性曲线也用于估算 XTI 和 EG 模型参数值,但是对于硅晶体管通常将 XTI 和 EG 设定为默认值。

表 5.4　I_C – $V_{be(sat)}$ 饱和特性曲线设置条件及计算参数

数据曲线	设置条件	计算参数
I_C – $V_{be(sat)}$	I_C/I_B	IS、RB、NF、XTI、EG

图 5.10 所示为 I_C – $V_{be(sat)}$ 数据曲线;表 5.5 为 25℃时 I_C – $V_{be(sat)}$ 数据表;图 5.11 所示为 PSpice 模型编辑器中 I_C – $V_{be(sat)}$ 数据输入界面。首先根据晶体管数据手册中的 I_C –

$V_{be(sat)}$ 数据曲线得到 25℃时 $I_C - V_{be(sat)}$ 数据表，然后在 PSpice 模型编辑器的 $I_C - V_{be(sat)}$ 数据输入窗口进行数据输入。

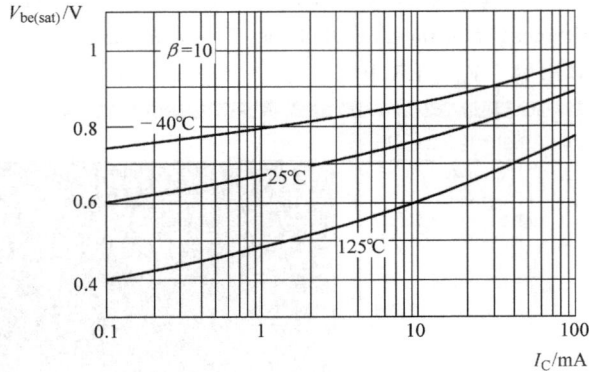

图 5.10 $I_C - V_{be(sat)}$ 数据曲线

表 5.5   25℃时 $I_C - V_{be(sat)}$ 数据表

I_C/mA	0.1	1	10	100
$V_{be(sat)}/\text{V}$	0.6	0.7	0.75	0.9

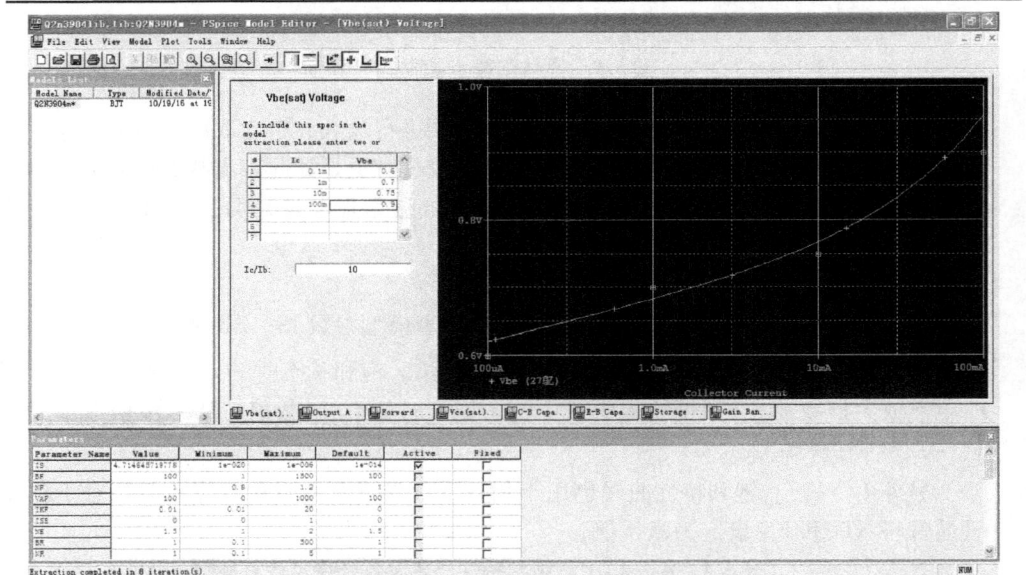

图 5.11 $I_C - V_{be(sat)}$ 数据输入界面

2. $I_C - h_{oe}$ 输出导纳数据输入

晶体管 $I_C - h_{oe}$ 输出导纳特性曲线主要用于估算模型参数 VAF，即 VA，此时晶体管工作于共射状态，见表 5.6。在数据输入窗口中输入 V_{ce} 电压值，然后根据数据表中 $I_C -$

h_{oe}数据进行输入。

表 5.6　晶体管 $I_C - h_{oe}$ 输出导纳特性曲线设置条件及计算参数

数据曲线	设置条件	计算参数
$I_C - h_{oe}$	V_{ce}	VA

图 5.12 所示为 $I_C - h_{oe}$ 输出导纳数据曲线；表 5.7 为 25℃时 $I_C - h_{oe}$ 数据表；图 5.13 所示为 PSpice 模型编辑器中 $I_C - h_{oe}$ 数据输入界面。首先根据晶体管数据手册中的 $I_C - h_{oe}$ 数据曲线得到 25℃时 $I_C - h_{oe}$ 数据表，然后在 PSpice 模型编辑器的 $I_C - h_{oe}$ 数据输入窗口进行数据输入。

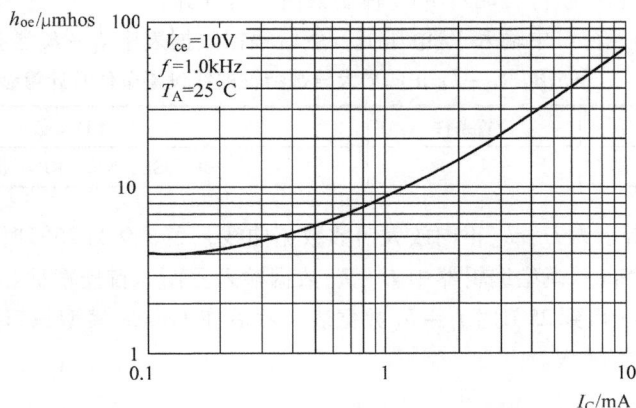

图 5.12　$I_C - h_{oe}$ 输出导纳数据曲线

表 5.7　25℃时 $I_C - h_{oe}$ 数据表

I_C/mA	0.1	1	3	10
h_{oe}/μmhos	3	8.5	20	60

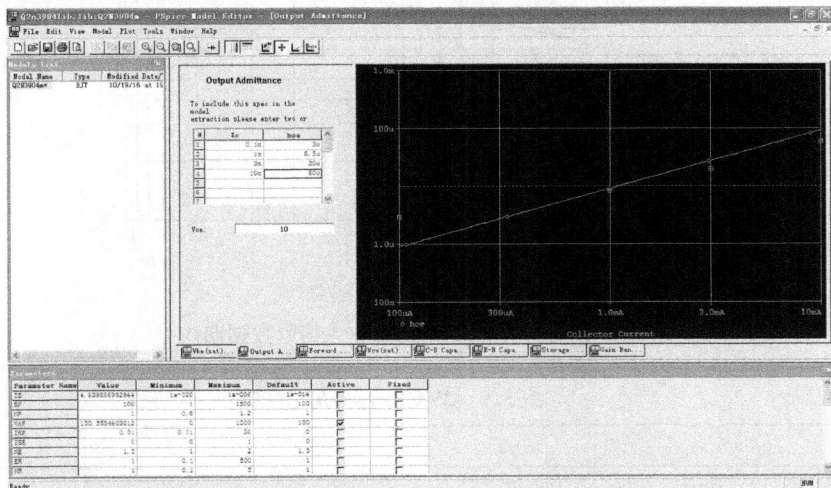

图 5.13　$I_C - h_{oe}$ 数据输入界面

3. $I_C - h_{fe}$ 正向放大倍数数据输入

晶体管正向直流放大倍数按照 Gummel – Poon 模型进行计算。为保证放大倍数的准确性，输入电流数值时尽量包括小电流值、中等电流值和大电流值；通常同一电流值对应最大和最小两个 h_{fe} 值，通常对两值进行平均后作为 h_{fe} 的最终值进行输入；V_{ce} 通过调整基线宽度改变放大倍数。

$I_C - h_{fe}$ 正向放大倍数曲线主要用于估算模型参数 BF、ISE、NE、IKF、NK、XTB，见表 5.8；其中 XTB 默认值为 0，也可以根据实际参数进行修改，例如输入多条温度特性数据曲线，然后软件自动对 XTB 模型数值进行计算。

在数据输入窗口中输入 V_{ce} 电压值，然后根据数据表中 $I_C - h_{fe}$ 数据进行输入。

表 5.8　$I_C - h_{fe}$ 正向放大倍数特性曲线设置条件及计算参数

数据曲线	设置条件	计算参数
$I_C - h_{fe}$	V_{ce}	BF、ISE、NE、IKF、NK、XTB

图 5.14 所示为 $I_C - h_{fe}$ 正向放大倍数数据曲线；表 5.9 为 25℃ 时 $I_C - h_{fe}$ 数据表；图 5.15 所示为 PSpice 模型编辑器中 $I_C - h_{fe}$ 数据输入界面。首先根据晶体管数据手册中的 $I_C - h_{fe}$ 数据曲线得到 25℃ 时 $I_C - h_{fe}$ 数据表，然后在 PSpice 模型编辑器的 $I_C - h_{fe}$ 数据输入窗口进行数据输入。

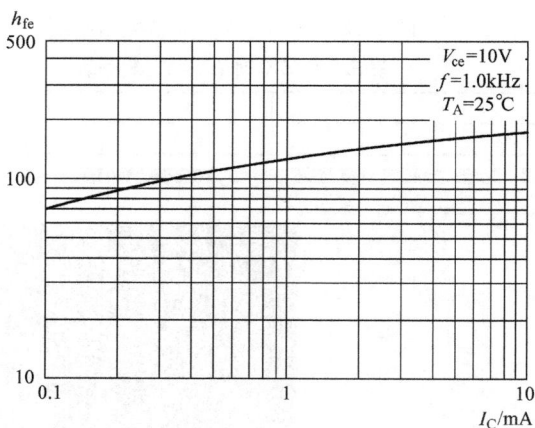

图 5.14　$I_C - h_{fe}$ 正向放大倍数数据曲线

表 5.9　25℃ 时 $I_C - h_{fe}$ 数据表

I_C / mA	0.1	1	3	10
h_{fe}	70	130	150	170

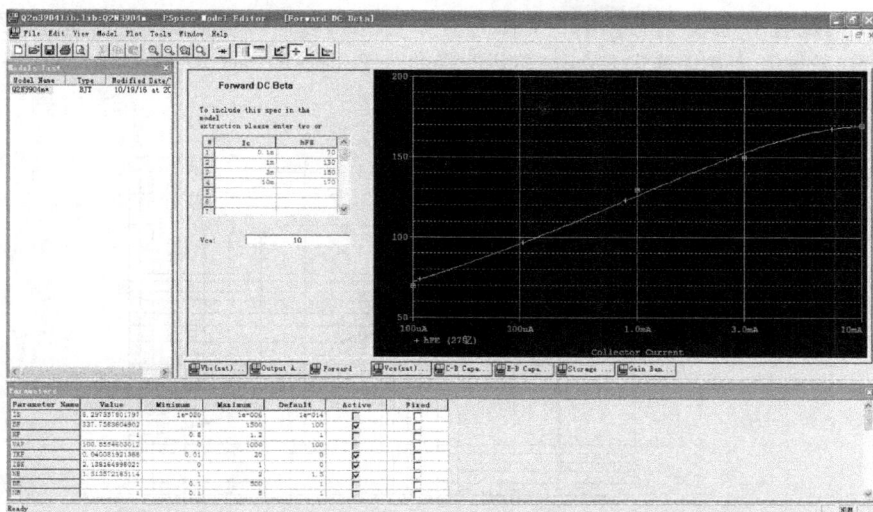

图 5.15 $I_C - h_{fe}$ 数据输入界面

4. I_C – gain bandwidth

晶体管增益带宽曲线主要用于计算模型参数 TF 和集电极 – 基极电容，TF 值同时控制晶体管的上升和下降时间，具体见表 5.10。对多个 V_{ce} 进行设置能够得到多条 I_C – gain bandwidth 曲线，从而得到更加准确的 TF 值。

表 5.10 I_C – f_T 特性曲线设置条件及计算参数

数据曲线	设置条件	计算参数
$I_C - f_T$	V_{ce}	TF、ITF、XTF、VTF

很多晶体管数据手册中没有如图 5.16 所示的 I_C – gain bandwidth 曲线，可以根据

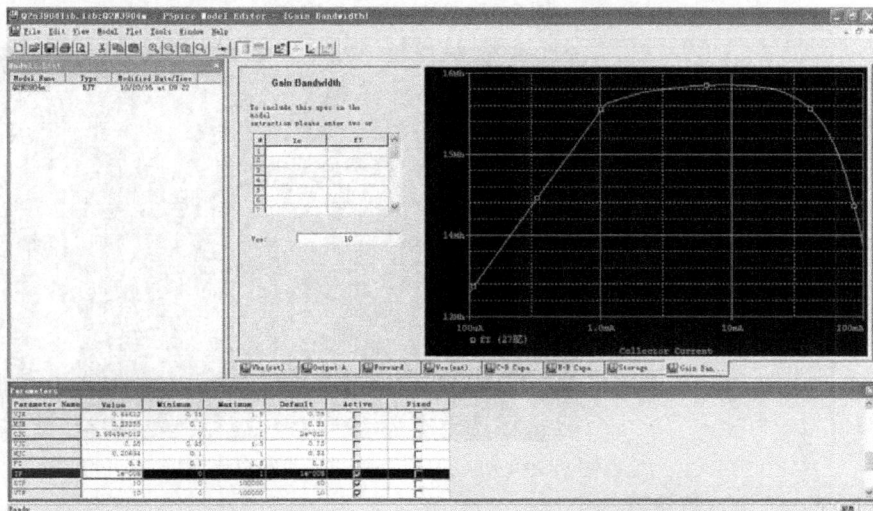

图 5.16 I_C – gain bandwidth 数据输入界面

$I_C - t_t$ 曲线对 TF 参数进行读取，如图 5.17 所示，当 $I_C = 10\text{mA}$ 时 TF $= 40\text{ns}$，在图 5.18 中进行参数输入，并且选定 Fixed。然后选择命令 Tools > Extract 对模型参数进行提取，如图 5.19 所示。

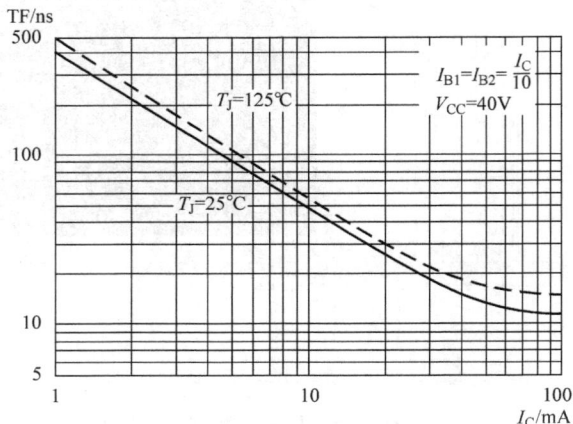

图 5.17 I_C – gain bandwidth：TF $= 40\text{ns}$，$I_C = 10\text{mA}$

Parameter Name	Value	Minimum	Maximum	Default	Active	Fixed
MJE	0.23255	0.1	1	0.33	☐	☐
CJC	3.6845e-012	0	1	2e-012	☐	☐
VJC	0.35	0.35	1.5	0.75	☐	☐
MJC	0.20634	0.1	1	0.33	☐	☐
FC	0.5	0.1	1.5	0.5	☐	☐
TF	40e-009	0	1	1e-008	☑	☑
XTF	10	0	100000	10	☑	☐
VTF	10	0	100000	10	☑	☐
ITF	1	0	100000	1	☑	☐

图 5.18 TF $= 40\text{ns}$ 参数输入

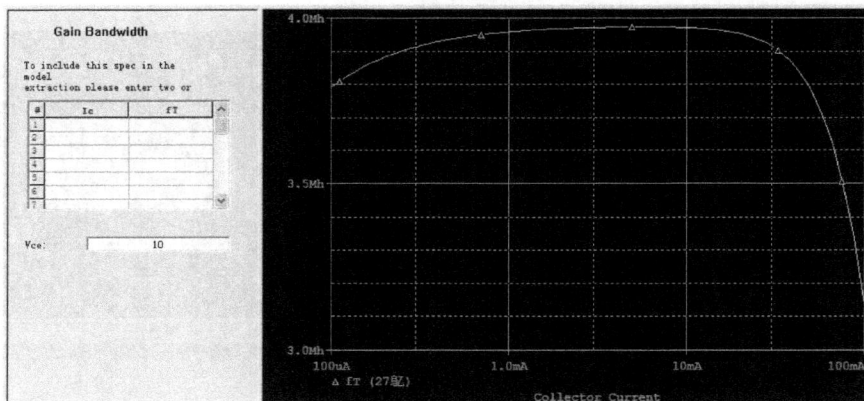

图 5.19 I_C – gain bandwidth 曲线界面

5. $I_C - V_{ce(sat)}$ 数据输入

晶体管 $I_C - V_{ce(sat)}$ 饱和电压模型按照 Gummel – Poon 模型进行计算，设置条件和计算参数见表 5.11。为保证模型计算参数准确，输入电流数值时尽量包括小电流值、中等电流值和大电流值。

表 5.11　$I_C - V_{ce(sat)}$ 特性曲线设置条件及计算参数

数据曲线	设置条件	计算参数
$I_C - V_{ce(sat)}$	I_c / I_b	BR、ISC、NC、IKR、RC

图 5.20 所示为 $I_C - V_{ce(sat)}$ 饱和电压特性数据曲线；表 5.12 为 25℃时 $I_C - V_{ce(sat)}$ 数据表；图 5.21 所示为 PSpice 模型编辑器中 $I_C - V_{ce(sat)}$ 数据输入界面。首先根据晶体管数据手册中的 $I_C - V_{ce(sat)}$ 数据曲线得到 25℃时 $I_C - V_{ce(sat)}$ 数据表，然后在 PSpice 模型编辑器的 $I_C - V_{ce(sat)}$ 数据输入窗口进行数据输入。

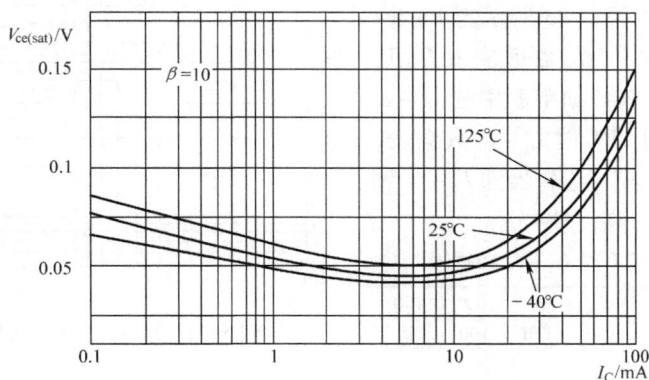

图 5.20　$I_C - V_{ce(sat)}$ 饱和电压特性数据曲线

表 5.12　25℃时 $I_C - V_{ce(sat)}$ 数据表

I_C/mA	0.1	1	3	10	100
$V_{ce(sat)}$/V	0.06	0.05	0.04	0.04	0.13

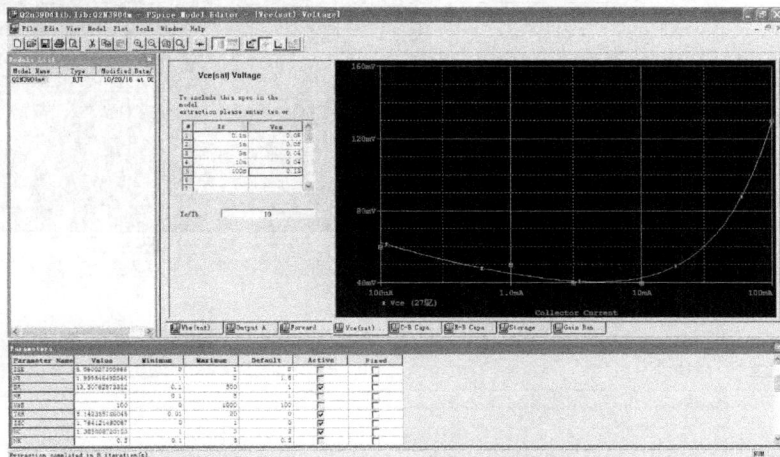

图 5.21　$I_C - V_{ce(sat)}$ 数据输入界面

6. $I_C - t_S$ 存储时间数据输入

晶体管存储时间用于计算理想反向传输时间 TR，主要用来设置晶体管关断至完全离开饱和区的时间延迟，由晶体管正向和反向工作特性决定。进行数据输入时一定要确定饱和状态时的放大倍数 I_C/I_B 值，表 5.13 为 $I_C - t_S$ 特性曲线设置条件及计算参数。

表 5.13　$I_C - t_S$ 特性曲线设置条件及计算参数

数据曲线	设置条件	计算参数
$I_C - t_S$	I_C/I_B	TR

图 5.22 所示为 $I_C - t_S$ 存储时间特性数据曲线；表 5.14 为 25℃时 $I_C - t_S$ 数据表；图 5.23 所示为 PSpice 模型编辑器中 $I_C - t_S$ 数据输入界面。首先根据晶体管数据手册中的 $I_C - t_S$ 数据曲线得到 25℃时 $I_C - t_S$ 数据表，然后在 PSpice 模型编辑器的 $I_C - t_S$ 数据输入窗口进行数据输入。

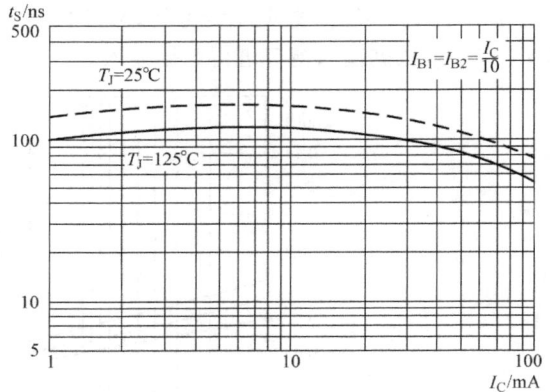

图 5.22　$I_C - t_S$ 存储时间数据曲线

表 5.14　25℃时 $I_C - t_S$ 数据表

I_C/mA	1	3	10	30	100
t_S/ns	100	110	110	100	55

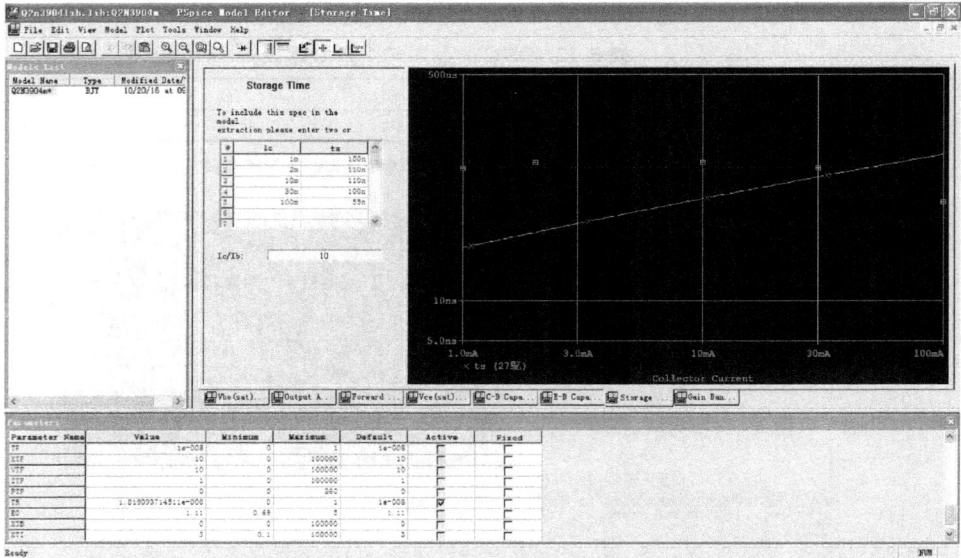

图 5.23　$I_C - t_S$ 存储时间数据输入界面

7. V_{cb}–CB 电容 C_{obo}、V_{eb}–EB 电容 C_{ibo} 数据输入

根据非零反向偏置 CB 电容曲线计算 CJC 和 MJC 模型参数值，见表 5.15。对于硅型晶体管，FC 相对并不重要，参数值设置为默认值即可。

表 5.15 CB 电容特性曲线及计算参数

数据曲线	计算参数
$V_{cb} - C_{obo}$	CJC、VJC、MJC、FC

根据非零反向偏置 EB 电容曲线计算 CJE 和 MJE 模型参数值，见表 5.16。由于正向电容由扩散电容决定，因此 FC 值同样不重要，通常采用默认值。

表 5.16 EB 电容特性曲线及计算参数

数据曲线	计算参数
$V_{eb} - C_{ibo}$	CJE、VJE、MJE

由于晶体管封装时增加了一些固定电容，而这些电容并不包含在模型中，所以应在 pn 结连接一个小电容来模拟这些杂散电容，使得模型更加准确。

图 5.24 所示为 V_{cb}–CB 电容 C_{obo} 特性曲线和 V_{eb}–EB 电容 C_{ibo} 特性曲线；表 5.17 为 V_{cb}–CB 电容 C_{obo} 数据表，表 5.18 为 V_{eb}–EB 电容 C_{ibo} 数据表；图 5.25 所示为 V_{cb}–CB 电容 C_{obo} 数据输入界面，图 5.26 所示为 V_{eb}–CB 电容 C_{ibo} 数据输入界面。首先根据晶体管数据手册中的 V_{cb}–CB 电容 C_{obo} 特性曲线和 V_{eb}–EB 电容 C_{ibo} 特性曲线得到 V_{cb}–CB 电容 C_{obo} 数据表和 V_{eb}–EB 电容 C_{ibo} 数据表，然后在 PSpice 模型编辑器的对应数据输入窗口进行数据输入。

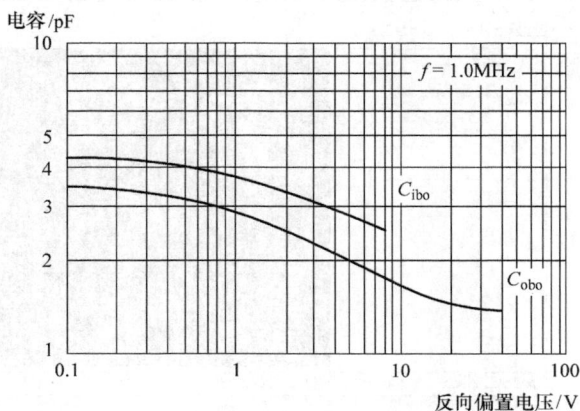

图 5.24 V_{cb}–CB 电容 C_{obo} 特性曲线和 V_{eb}–EB 电容 C_{ibo} 特性曲线

表 5.17 V_{cb}–CB 电容 C_{obo} 数据表

V_{cb}/V	0.1	1	3	10	30
C_{obo}/pF	3.5	2.8	2.3	1.8	1.5

表 5.18 V_{eb} – EB 电容 C_{ibo} 数据表

V_{eb}/V	0.1	1	3	10
C_{ibo}/pF	4.3	3.8	3	2.5

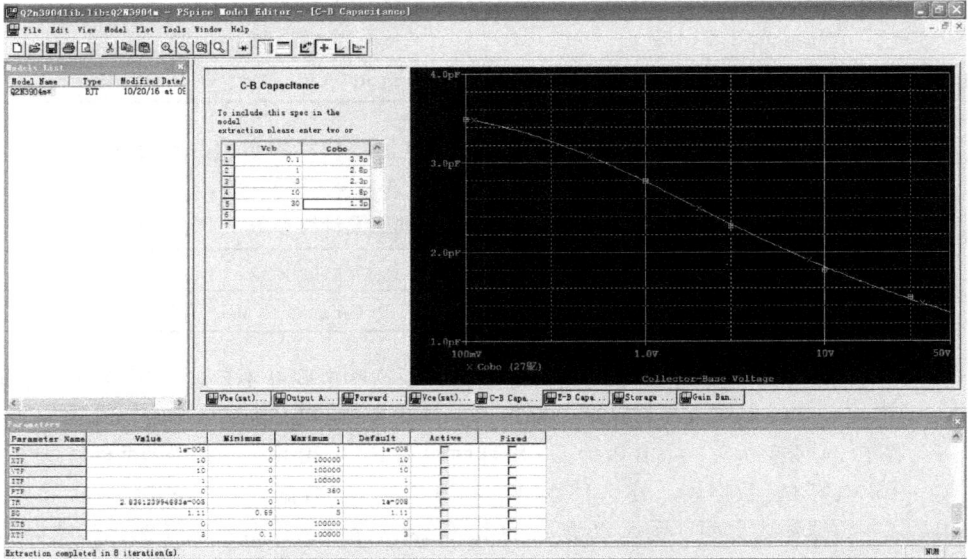

图 5.25 V_{cb} – CB 电容 C_{obo} 数据输入界面

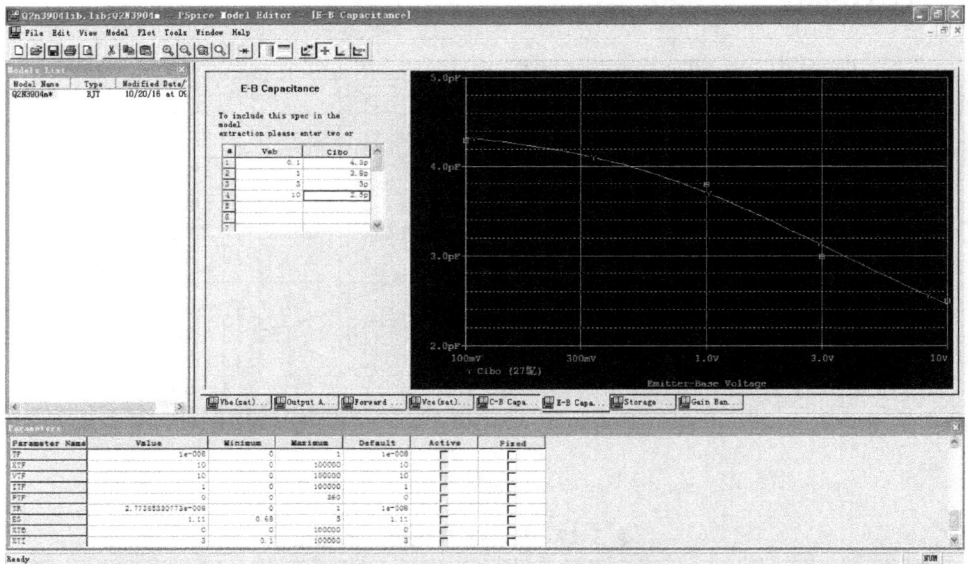

图 5.26 V_{eb} – CB 电容 C_{ibo} 数据输入界面

数据输入和设置完成之后选择菜单 Tools > Extract Parameters 进行参数拟合，然后更新、保存 lib 文件。

第三步：利用 lib 文件生成 olb 文件。

选择菜单 File > Export to Capture Part Library 生成 olb 文件，如图 5.27 所示。

图 5.28 所示为生成的 lib 和 olb 文件，利用晶体管放大电路对其性能进行测试。

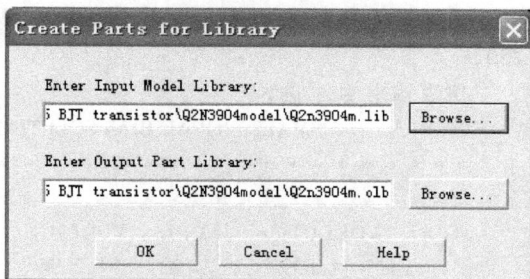

图 5.27 生成 olb 文件

图 5.28 生成 lib 和 olb 文件

5.5 晶体管典型电路仿真

5.5.1 晶体管共射放大电路

通过直流灵敏度分析对晶体管电路直流特性进行研究，PSpice 软件通过 .SENS 语句对输出变量进行灵敏度计算。下面通过实例对晶体管偏置电路静态工作点进行灵敏度研究。

图 5.29 所示为晶体管共射放大电路，对集电极电流进行灵敏度仿真分析，直流电压源 VM 幅值为零伏，用于提取晶体管集电极电流数据，图 5.30 所示为仿真设置。

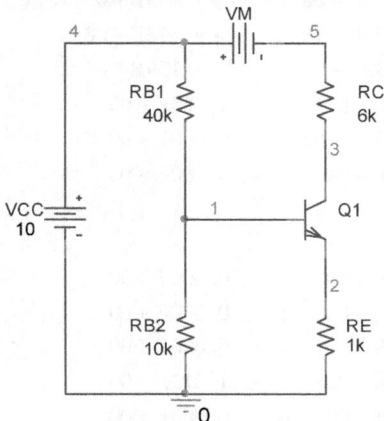

图 5.29 晶体管共射放大电路

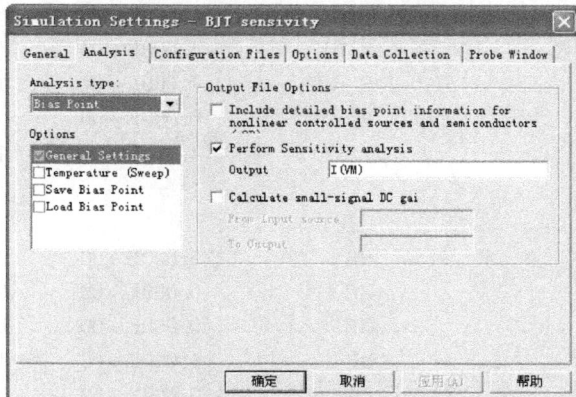

图 5.30 晶体管共射放大电路灵敏度分析仿真设置

Q1 模型为 Q2N2222，①仿真集电极电流灵敏度；②当晶体管 Q2N2222 的放大倍数 β_F 分别为 125 和 150 时，求集电极电流 I_C 的变化量。

晶体管 Q2N2222 模型为 . MODEL Q2N2222 NPN（BF = 100 IS = 3.295E – 14 VA = 200）

仿真输出文件如下：

* * * *　　　SMALL SIGNAL BIAS SOLUTION　　　TEMPERATURE = 　27.000 DEG C

* *

* *

NODE	VOLTAGE	NODE	VOLTAGE	NODE	VOLTAGE	NODE	VOLTAGE
(1)	1.8997	(2)	1.2696	(3)	2.4576	(4)	10.0000
(5)	10.0000						

　　VOLTAGE SOURCE CURRENTS

　　NAME　　　　　　CURRENT

　　V_VM　　　　　1.257E – 03

　　V_VCC　　　　 – 1.460E – 03

　　TOTAL POWER DISSIPATION　1.46E – 02　WATTS

* * * * 10/10/16 15:53:45 * * * * * * * PSpice 10.0.0（Jan 2003）* * * * * * * ID # 1111111111

* * Profile："BJT sensivity – BJT sensivity"　〔 D：\PSD＿DATA\BOOK\PSPICER\DEVICE MODEL\CHAPTER5 BJT TRANSISTOR\chapter5 BJT transistor – P

* * * *　　　DC SENSITIVITY ANALYSIS　　　TEMPERATURE = 　27.000 DEG C

* *

* *

DC SENSITIVITIES OF OUTPUT I(V_VM)

ELEMENT NAME	ELEMENT VALUE	ELEMENT SENSITIVITY (AMPS/UNIT)	NORMALIZED SENSITIVITY (AMPS/PERCENT)
R_RB1	4.000E + 04	– 3.632E – 08	– 1.453E – 05
R_RC	6.000E + 03	– 7.796E – 10	– 4.678E – 08
R_RE	1.000E + 03	– 1.139E – 06	– 1.139E – 05
R_RB2	1.000E + 04	1.363E – 07	1.363E – 05
V_VM	0.000E + 00	– 6.202E – 07	0.000E + 00
V_VCC	1.000E + 01	1.800E – 04	1.800E – 05
Q_Q1			
RB	0.000E + 00	0.000E + 00	0.000E + 00
RC	0.000E + 00	0.000E + 00	0.000E + 00
RE	0.000E + 00	0.000E + 00	0.000E + 00
BF	1.000E + 02	1.012E – 06	1.012E – 06
ISE	0.000E + 00	0.000E + 00	0.000E + 00
BR	1.000E + 00	– 2.692E – 13	– 2.692E – 15

ISC	0.000E + 00	0.000E + 00	0.000E + 00
IS	3.295E − 14	7.044E + 08	2.321E − 07
NE	1.500E + 00	0.000E + 00	0.000E + 00
NC	2.000E + 00	0.000E + 00	0.000E + 00
IKF	0.000E + 00	0.000E + 00	0.000E + 00
IKR	0.000E + 00	0.000E + 00	0.000E + 00
VAF	2.000E + 02	− 1.730E − 09	− 3.460E − 09
VAR	0.000E + 00	0.000E + 00	0.000E + 00

图 5.31 所示为 β_F 变化仿真设置，当 β_F 分别为 100、125 和 150 时，I_C 电流波形和实际数值分别如图 5.32 和表 5.19 所示，随着 β_F 增加，集电极电流近似线性增加。

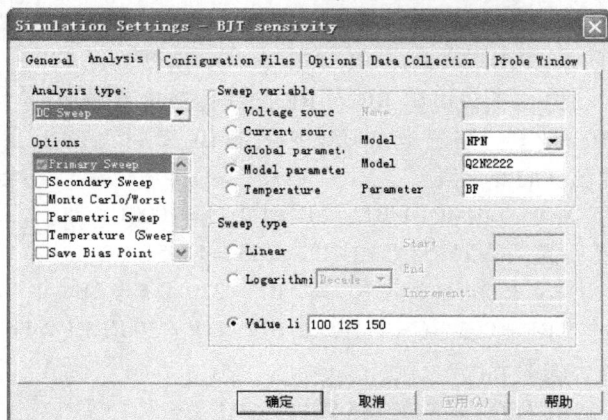

图 5.31　β_F 变化仿真设置

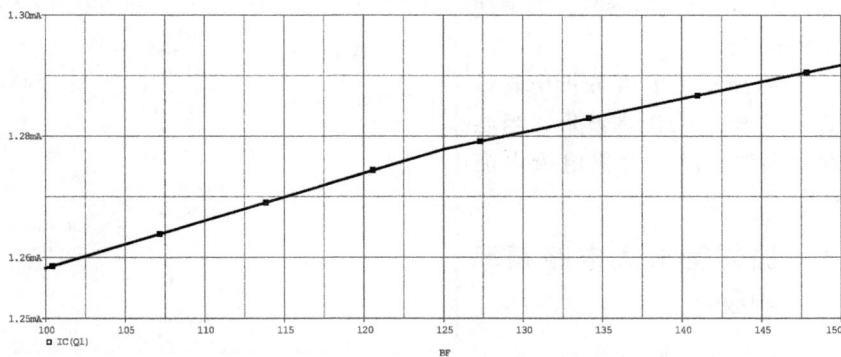

图 5.32　I_C 随 β_F 变化波形

表 5.19　电流 I_C 随 β_F 变化的特性数据

β_F	I_C
100	1.257mA
125	1.278mA
150	1.292mA

5.5.2 晶体管温度分析

温度变化将会引起晶体管如下两参数的变化：①基极 – 发射极电压（V_{be}）；②基极 – 集电极漏电流（I_{cbo}）。对于硅型晶体管，电压 V_{be} 与温度近似呈线性关系。

$$\Delta V_{be} \cong -2\ (T_2 - T_1)\ \text{mV} \tag{5.16}$$

式中，T_1 和 T_2 为温度值，单位为℃。

温度每升高 10℃，集电极 – 基极漏电流 I_{cbo} 大约增加一倍。另外，I_c 和 I_{cbo} 大小均依赖于 V_{be} 值，因此偏置电流大小依赖于温度。下面通过实例，对集电极电流进行温度仿真分析。

如图 5.33 所示，RB $= 40\text{k}\Omega$，RE $= 2\text{k}\Omega$，Q1 模型为 Q2N3904，VCC $= 10\text{V}$，假设电阻 RB 和 RE 的线性温度系数为 TC1 $= 1000\text{ppm}/℃$。当温度从 0℃ 变化至 100℃ 时，求发射极电流随温度的变化值。

电阻模型为 . MODEL RMOD1 RES（R = 1 TC1 = 1000U TC2 = 0）；Q1 模型为 . model Q2N3904NPN（IS = 1.05E –

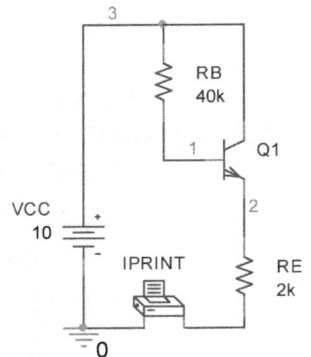
图 5.33　共集电路温度分析

15 ISE = 4.12N NE = 4 ISC = 4.12N NC = 4 BF = 220 IKF = 2E – 1 VAF = 80 CJC = 4.32P CJE = 5.27P RB = 5 RE = 0.5 RC = 1 TF = 0.617N TR = 200N KF = 1E – 15 AF = 1）

电阻值计算公式如下：

$$R[T_2] = R(T_1)\left[1 + \text{TC1}(T_2 - T_1) + \text{TC2}(T_2 - T_1)^2\right] \tag{5.17}$$

式中，$T_1 = 27℃$；T_2 为工作温度；TC1 和 TC2 为电阻模型参数，如上述电阻模型语句设置。

图 5.34 所示为温度分析仿真设置，图 5.35 所示为仿真波形，当温度线性升高时，晶体管集电极电流线性减小。

5.5.3 晶体管放大电路频率响应

晶体管放大电路通常用于电压放大、电流放大、阻抗匹配和信号隔离。由晶体管构成的放大电路通

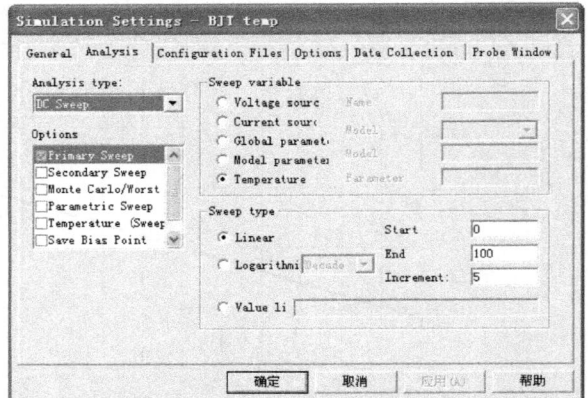
图 5.34　温度分析仿真设置

常以共射、共集或共基形式工作。共射放大电路通常具有比较高的电压增益；共集放大电路增益几乎为 1，但具有高输入阻抗、低输出阻抗特性。

图 5.36 所示为晶体管共射放大电路，该放大电路产生比较高的电流和电压增益，并且电路输入电阻中等，基本不受负载电阻 RL 影响。

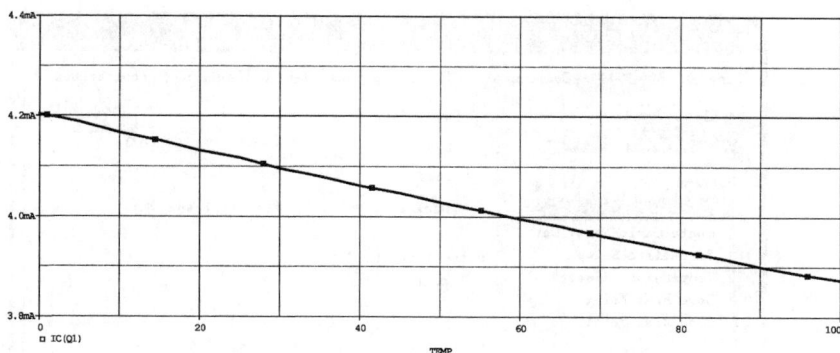

图 5.35　温度变化时晶体管集电极电流仿真波形

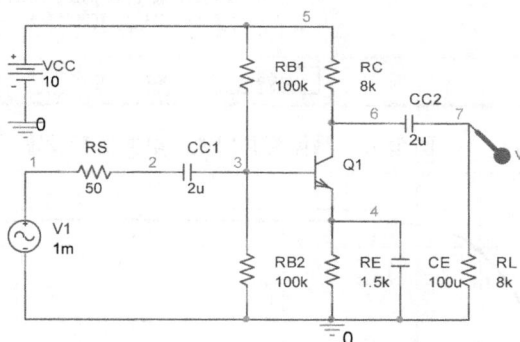

图 5.36　晶体管共射放大电路

耦合电容器 CC1 将输入信号 V1 耦合到偏置网络，耦合电容器 CC2 将集电极电阻 RC 与负载电阻 RL 相连接。在中频段，旁路电容 CE 对射极电阻 RE 进行短路，以提高中频增益。射极电阻 RE 实现偏置点稳定。附加电容 CC1、CC2 和 CE 影响共射放大电路的低频特性，而晶体管内部电容控制放大电路高频截止频率。

图 5.36 所示共射放大电路参数如下：CC1 = CC2 = 2μF，CE = 100μF，RB1 = 100kΩ，RB2 = 100kΩ，RS = 50Ω，RL = RC = 8kΩ，RE = 1.5kΩ，VCC = 10V，晶体管 Q1 为 Q2N5551。图 5.37 所示为交流仿真设置，图 5.38 所示为输出电压频率特性曲线。

5.5.4　晶体管电阻反馈型两级放大电路

图 5.39 所示为并联反馈型放大电路。RB1 = RB2 = 50 kΩ，RS = 100Ω，RC1 = 5kΩ，RE1 = 2.5kΩ，RC2 = 10kΩ，RE2 = 2kΩ，C1 = 20μF，CE2 = 100μF，VCC = 15V。假设 V_s = 1mV，当反馈电阻 RF 阻值从 1kΩ 变化到 8kΩ 过程中，求输出电压 V_0 值。并且绘制输出电压 V_0 随反馈电阻 RF 变化的特性曲线。晶体管 Q1 和 Q2 型号为 Q2N2222。输入正弦波交流电压源频率为 2kHz，幅值为 1mV。电路仿真设置和仿真波形分别如图 5.40 ~图 5.42 所示。

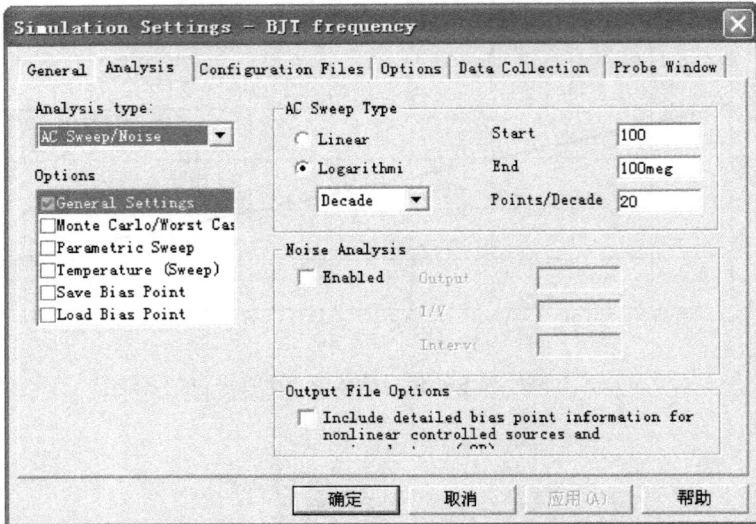

图 5.37　晶体管共射放大电路仿真设置

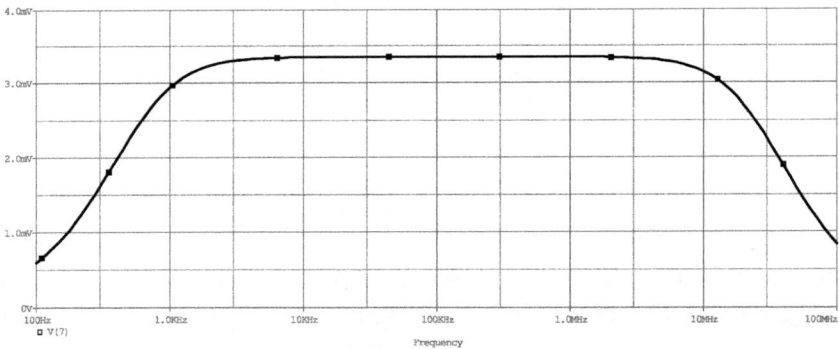

图 5.38　晶体管共射放大电路频率特性曲线

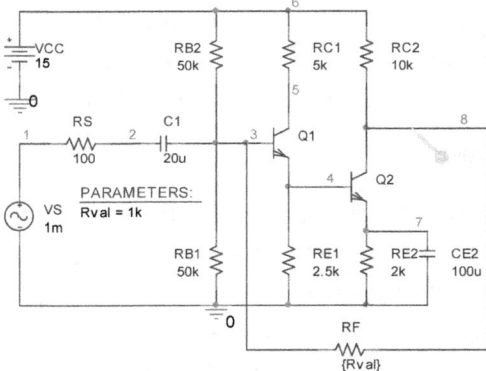

图 5.39　并联反馈型放大电路

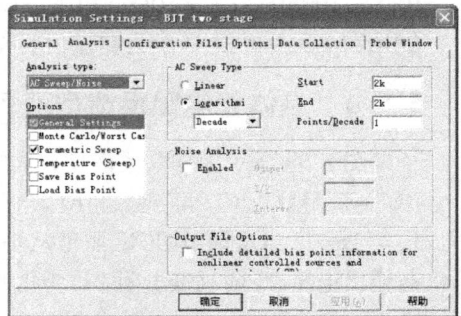

图 5.40　交流仿真分析设置

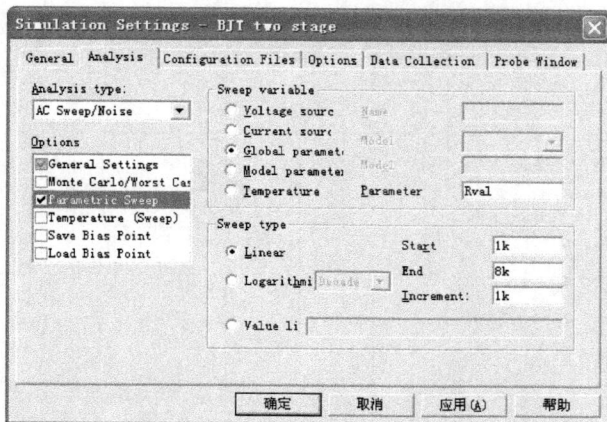

图 5.41 参数扫描设置

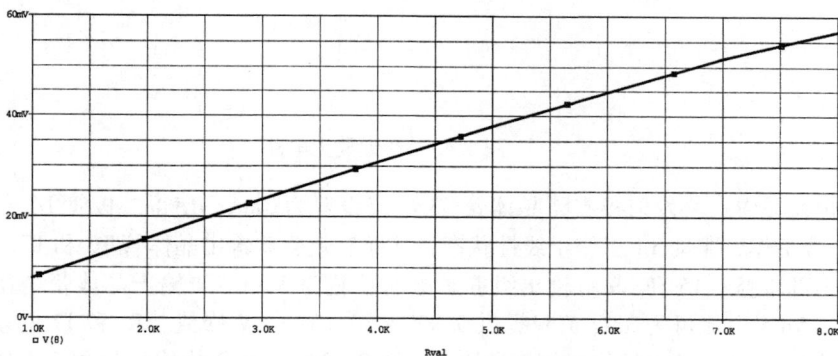

图 5.42 两级放大电路输出电压随反馈电阻变化特性曲线

5.6 晶体管音频放大电路仿真分析

图 5.43 所示为音频放大电路，由分立元件构成。电路中 P1 为输入音量控制，C1 为输入耦合电容；T1 和 T2 构成差分放大电路，T3 构成差分电路发射极恒流源。T1 和 T2 之间电位器 P2 用于对称设置，使得静态时输出电压为零。为了实现最佳音质，晶体管 T1、T2 应具有相同的集电极电流，通过测试图中 F 和 G 的电位来确定。R1 输入偏移由基极电流和 T1 引起，使得 A 点电位 V（A）略显负压。实际测试板测得的 T1 基极电流约为 3μA。使用电位器 P2 为偏移提供补偿，否则输出电压偏移将会超过 0.2V。

输出偏置电压 $V_0 = (1 + R6/R5) \times V(A) = (1 + 10/1.5) \times 0.028 = 0.215V$。

通过设置差分放大器的偏置电压使电路平衡，虽然该方法不如某些反馈平衡更加优良，但就音质而言，确实可使电路更加简单、实用。

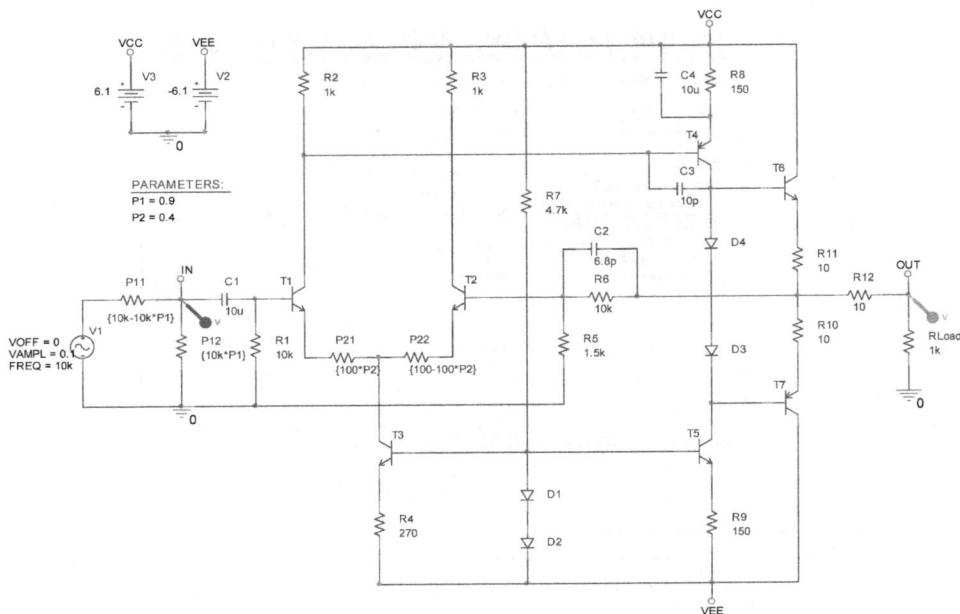

图 5.43　音频放大电路

恒流设置：将发射极支路晶体管 T3 电流设置为 3mA，使得二极管 D1、D2 和电阻 R4 正常工作，驱动 T4 工作于线性状态，从而有效驱动输出晶体管 T6 和 T7。C4 提供更大的内部增益；T5 和 R9 将输出级静态电流设置为 5mA。当输出晶体管增益（h_{fe}）为 50 时，5mA 电流可为 32Ω 负载提供 $0.005 \times 50 \times 32 = 8V$ 峰值。T5 和 T7 的基极和射极压降约为 1.5V，使得输出电压有所降低。R10、R11、R12 构成分压器，对输出电压也有影响。负载 RL 最大电压 $Vmax = RL / (RL + R11 + R12) \times (9 - 1.5) = 4.6V$，约为 3.25V 有效值，在 32Ω 负载上能够提供约 330mW 功率，这足以使得绝大多数流行和摇滚音乐迷兴奋不已。电阻 R12 用于输出级连接电容负载时限制输出电流，并保持电路稳定，例如长屏蔽电缆到耳机，可防止电路工作时输出晶体管过热而损坏。为使得输出效果最好，电阻 R10 和 R11 应保持对称。电容 C2 在反馈电路中，所以其带宽应高于音频带宽。为了获得合适的拐角频率，将 C1 容值设置为 4.7μF。

试验测试：通过将反馈回路阻抗 R6 提高到 10kΩ，从而提高输出功率，增大输出音量，此时 T1 和 T2 的基极电流互补。使用 E96 系列 11.5kΩ 和 76.8 kΩ 电阻分别代替 R5 和 R6，以得到更加优美的音质。

第一步：原始电路仿真分析。仿真电路和仿真波形如图 5.43 和图 5.44 所示，P2 调节输出电压平衡，P1 调节输出电压幅度，正常动作时先调节电路平衡。

当 V1 = 0 时对电路进行直流分析，仿真设置如图 5.45 所示，主要用于测试各点的静态电压值和电流值，使电路工作于正常偏置区。

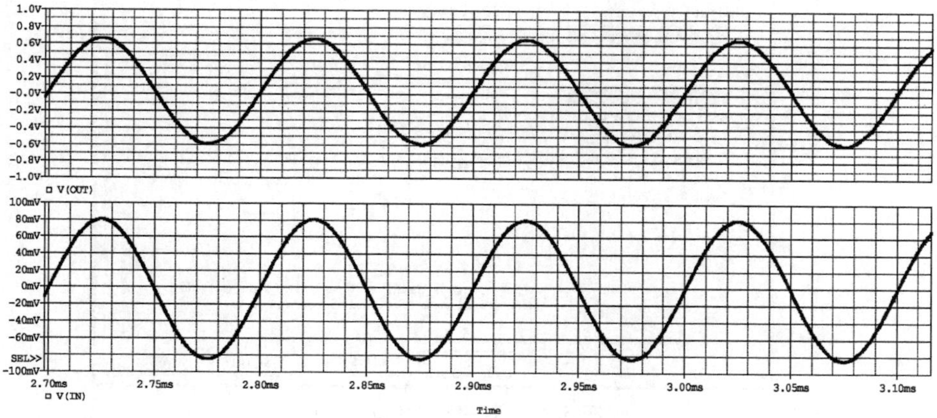

图 5.44　输入和输出电压波形：放大倍数约为 8 倍（R5 + R6）／ R5

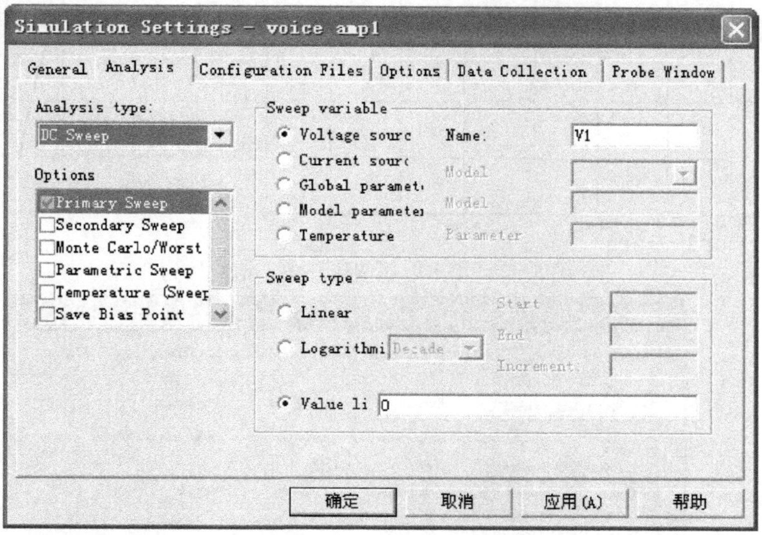

图 5.45　直流仿真分析设置

　　第二步：频率特性仿真分析。仿真设置和仿真波形如图 5.46 和图 5.47 所示，主要测试电路带宽和放大倍数。

　　第三步：满载测试。仿真设置和仿真波形如图 5.48 ~ 图 5.50 所示，主要测试满载时的输出电压和输出功率。

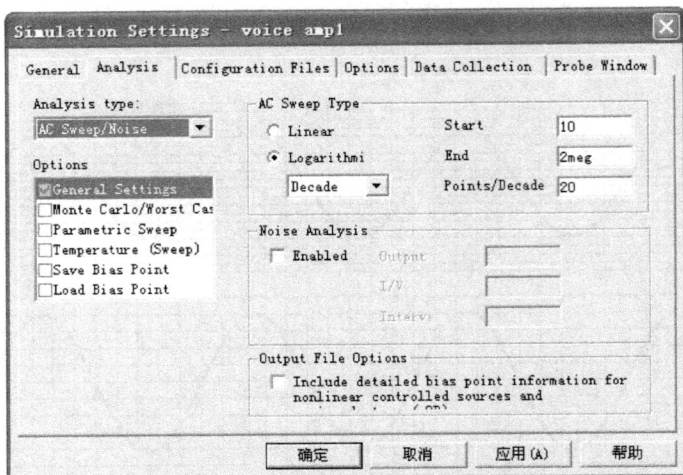

图 5.46　频率特性仿真分析设置

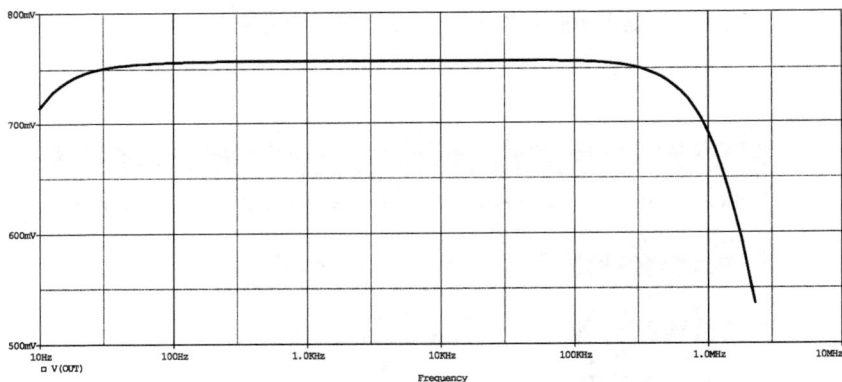

图 5.47　输出电压波形：放大倍数约为 7.6

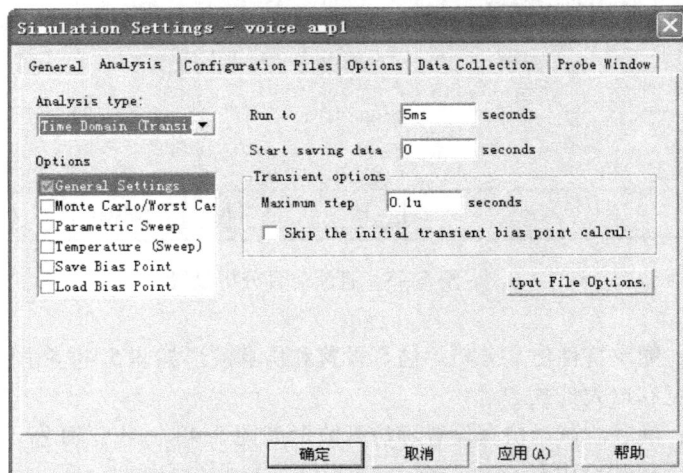

图 5.48　满载瞬态仿真分析设置：RLoad = 32Ω

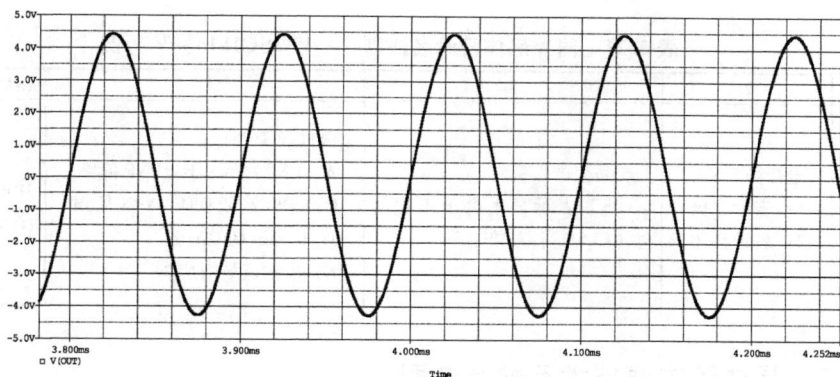

图 5.49　满载时的输出电压波形

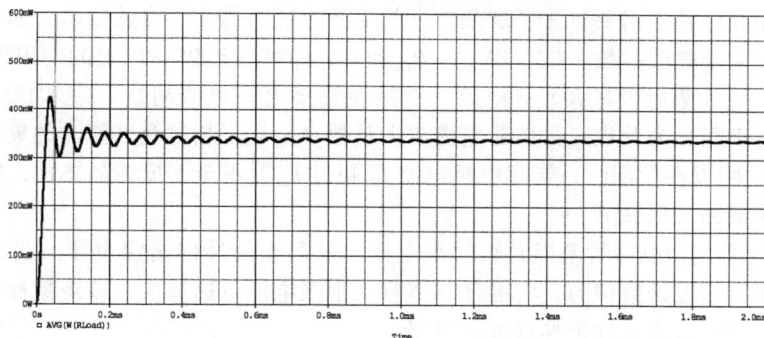

图 5.50　满载时的平均输出功率波形

5.7　晶体管命名与选型

选用晶体管时首先必须明确晶体管的类型及材料，常用晶体管类型有 NPN 与 PNP型。因为这两类晶体管工作时对电压极性要求不同，所以不能相互代换。

5.7.1　晶体管命名方法

国产晶体管命名法则见表 5.20；国外晶体管命名法则见表 5.21。

表 5.20　国产晶体管命名法则——以 3DG1815 – Y 为例

型号	3	D	G	1815	Y
含义	电极数目 2：表示二极管 3：表示晶体管	器件材料和极性 A：PNP 锗、B：NPN 锗 C：PNP 硅、D：NPN 硅 E：化合物材料	器件类型 G：高频小功率 D：低频大功率 A：高频大功率 K：开关管 X：低频小功率 大于等于 1W 为大功率管，小于 1W 为小功率管，功率不大、封装比较大为中功率管	具体型号	放大档次

表 5.21　国外晶体管命名法则——以 2SC1815 – Y 为例

型号	2	S	C	1815	Y
含义	电极数目： 1：表示二极管 2：表示晶体管	产品生产厂商： "S"表示日本电子工业协会（EIAJ）注册产品	极性及类型： A：PNP 高频；B：PNP 低频 C：NPN 高频；D：NPN 低频 J：P 沟道场效应管 K：N 沟道场效应管	登记序号	放大档次

5.7.2　晶体管主要技术参数及选型

选用晶体管前需要首先了解晶体管的主要参数。晶体管参数很多，通常主要确定晶体管如下 4 个极限参数：I_{cm}、BV_{ceo}、P_{cm} 和 f_T，即可满足 95% 以上的使用需求。

（1）I_{cm} 为集电极最大允许电流。当晶体管集电极电流超过一定数值时，电流放大系数 β 将下降，为此规定晶体管电流放大系数 β 变化不超过允许值时的集电极最大电流称为 I_{cm}。所以在使用时，当集电极电流 I_C 超过 I_{cm} 时不至于损坏晶体管，但会使 β 值减小，影响电路工作性能。

（2）BV_{ceo} 为晶体管基极开路时集电极 – 发射极的反向击穿电压。当集电极与发射极之间电压超过该数值时，将会使晶体管集电极电流迅速增大，该现象称为击穿。晶体管击穿后会造成永久性损坏或性能下降。

（3）P_{cm} 为集电极最大允许耗散功率。晶体管工作时，集电极电流在集电结上产生热量，从而使晶体管发热。若耗散功率过大则晶体管将烧坏。当晶体管长时间工作于功耗大于 P_{cm} 的状态时，将会损坏晶体管。使用时一定要注意：大功率晶体管数据手册标出的最大允许耗散功率都是在加有一定规格散热器情况下的参数。

（4）f_T 为特征频率。定义放大倍数 $\beta = 1$ 时的频率 f_T 为晶体管的特征频率。随着工作频率升高，晶体管放大能力将会下降。

小功率晶体管在电子电路中应用最为广泛，主要应用于小信号放大、控制或振荡电路。选用晶体管时首先需要确定电子电路的工作频率，如中波收音机振荡器的最高频率为 2MHz；调频收音机的最高振荡频率为 120MHz；电视机中 VHF 频段的最高振荡频率为 250MHz；UHF 频段的最高振荡频率接近 1000MHz。通常工程设计中选择晶体管的 f_T 大于 3 倍的实际工作频率。由于硅型高频晶体管的 f_T 一般不低于 50MHz，因此在音频电子电路中使用硅型晶体管时可不考虑 f_T 参数。

根据电路的供电电压选择小功率晶体管 BV_{ceo} 参数，通常情况下只需晶体管的 BV_{ceo} 大于电路中电源的最高电压即可。当晶体管负载为感性负载，如变压器、线圈等时，BV_{ceo} 数值的选择需要慎重，感性负载上的感应电压可能达到电源电压的 2～3 倍（如节能灯中的升压晶体管）。一般小功率晶体管的 BV_{ceo} 都不低于 15V，所以在无电感元件的低电压电路中也不用考虑 BV_{ceo} 参数。

小功率晶体管的 I_{cm} 在 $30 \sim 50mA$，该电流值满足一般小信号电路。当应用于继电器驱动及大功率音箱时，I_{cm} 需要严格认真计算。

根据晶体管工作电流（即集电极电流）和集电极 - 发射极电压，计算晶体管功耗 $P = U \times I$，从而确定晶体管集电极最大允许耗散功率 P_{cm}。

国产及进口小功率晶体管型号很多，有些参数相同，有些参数不同。根据以上使用条件，本着"大能代小"的原则（即 BV_{ceo} 高的晶体管可以代替 BV_{ceo} 低的晶体管；I_{cm} 大的晶体管可以代替 I_{cm} 小的晶体管等），正确选择晶体管参数。

对于大功率晶体管，只要不用于高频发射电路，通常不必考虑晶体管的特征频率 f_T。根据晶体管负载电流选择集电极最大允许电流 I_{cm}。晶体管的集电极最大允许耗散功率 P_{cm} 是大功率晶体管的重点考虑参数，所以大功率晶体管必须具有良好的散热器并正确安装。

第 6 章

场效应晶体管

本章首先介绍场效应晶体管（MOSFET）工作特性和模型参数；然后详细讲解模型建立及特性仿真测试，模型建立包括参数计算、曲线拟合和子电路建模 3 种方法；最后介绍场效应晶体管的选型。

6.1 MOSFET 工作特性

场效应晶体管包括两种类型，分别为增强型和耗尽型。通常金属氧化物半导体场效应晶体管（Metal – Qxide Semiconductor FET，MOSFET）的栅极与沟道之间具有绝缘氧化物，所以其栅极具有非常高的输入阻抗。对于增强型 MOSFET，需要通过栅极电压引导源极和漏极导通；对于耗尽型 MOSFET，源极和漏极之间本来就存在导通沟道，不需要栅源电压就能导通。由于增强型 MOSFET 被广泛使用，因此本节主要对增强型 MOSFET 进行详细讲解。

引导源极和漏极之间沟道导通的电压称为阈值电压 V_T。对于 n 沟道增强型 MOSFET，V_T 为正值；对于 p 沟道 MOSFET，V_T 为负值。MOSFET 工作区域分为截止区、放大区和饱和区，下面分别对 3 个区域工作特性进行简要描述。

6.1.1 截止区

对于 n 沟道 MOSFET，当栅极 – 源极电压 V_{gs} 满足如下条件：

$$V_{gs} < V_T \tag{6.1}$$

MOSFET 截止，对于任何漏极 – 源极正向电压，其漏极电流始终为零。

6.1.2 放大区

当 $V_{gs} > V_T$ 并且 V_{ds} 比较小时，MOSFET 工作于放大区（可变电阻区），表现为非线性压控电阻，即

$$V_{ds} < V_{gs} - V_T \tag{6.2}$$

其漏极电流 I_D 与漏源电压 V_{ds} 的关系为

$$I_D = k_n \left[2(V_{gs} - V_T) V_{ds} - V_{ds}^2 \right] (1 + \lambda V_{ds}) \tag{6.3}$$

式中

$$k_n = \frac{\mu_n \varepsilon \varepsilon_{ox}}{2 t_{ox}} \frac{W}{L} = \frac{\mu_n C_{ox}}{2} \frac{W}{L} \tag{6.4}$$

式中, μ_n——电子表面迁移率;

  ε——自由空间介电常数(8.85×10^{-12} F/cm);

  ε_{ox}——SiO$_2$介电常数;

  t_{ox}——氧化层厚度;

  L——通道长度;

  W——沟道宽度;

  λ——通道宽度调制系数。

6.1.3 饱和区

当 $V_{gs} > V_T$ 时,MOSFET 工作于饱和区,当满足式(6.5)时,其电流 - 电压特性符合式(6.6)。

$$V_{ds} > V_{gs} - V_T \tag{6.5}$$
$$I_D = k_n (V_{gs} - V_T)^2 (1 + \lambda V_{ds}) \tag{6.6}$$

跨导计算公式为

$$g_m = \frac{\Delta I_D}{\Delta V_{gs}} \tag{6.7}$$

漏极 - 源极动态增量阻抗 r_{ce} 为

$$r_{ce} = \frac{\Delta V_{ds}}{\Delta I_{ds}} \tag{6.8}$$

6.2 MOSFET 模型参数

n 沟道 MOSFET 的 PSpice 模型如图 6.1 所示,包括时域模型和直流模型。n 沟道和 p 沟道 MOSFET 模型语句如下:

 . MODEL MNAME NMOS (P1 = B1 P2 = B2 P3 = B3 … PN = BN)

 . MODEL MNAME PMOS (P1 = B1 P2 = B2 P3 = B3 … PN = BN)

其中,MNAME 为模型名,可以以任意字母开头,但其字节长度限制在 8 位以内;NMOS 和 PMOS 分别为 n 沟道和 p 沟道 MOSFET 类型符;P1、P2、…和 B1、B2、…分别为模型参数名称和参数值。

表 6.1 为 MOSFET 模型参数列表,其中 L 和 W 分别为沟道长度和宽度;L 减小两倍为 LD,即有效沟道长度;W 减小两倍为 WD,即有效沟道宽度;L 和 W 通过器件模型或 . OPTION 语句进行设置。

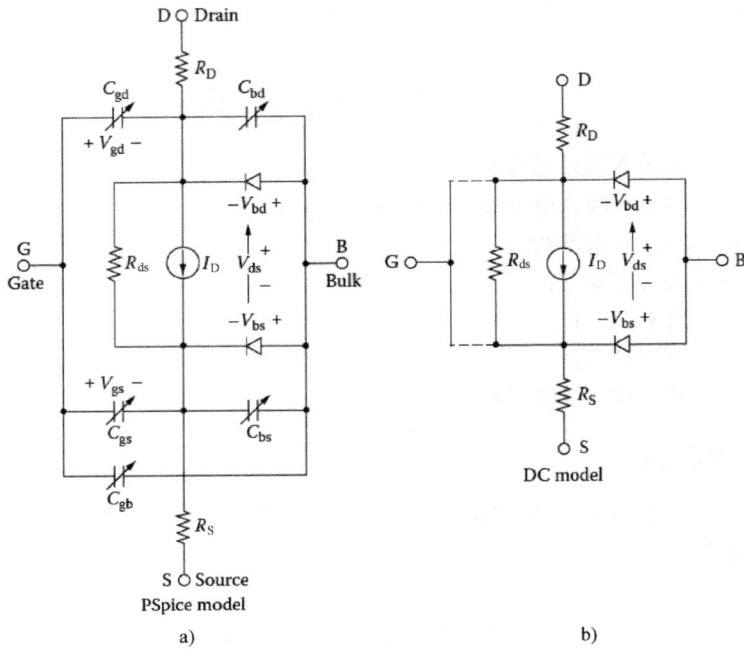

图 6.1 n 沟道 MOSFET 的 PSpice 模型

表 6.1 MOSFET 模型参数列表

名称	模型参数	单位	默认值	典型值
LEVEL	模型类型（1、2 或 3）		1	
L	沟道长度	m	DEFL	
W	沟道宽度	m	DEFW	
LD	扩散区长度	m	0	
WD	扩散区宽度	m	0	
VTO	零偏压门限电压	V	0	0.1
KP	跨导	A/V^2	2E − 5	2.5E − 5
GAMMA	基体门限参数	$V^{1/2}$	0	0.35
PHI	表面电动势	V	0.6	0.65
LAMBDA	沟道长度调制系数（LEVEL = 1 或 2）	V^{-1}	0	0.02
RD	漏极欧姆电阻	Ω	0	10
RS	源极欧姆电阻	Ω	0	10
RG	栅极欧姆电阻	Ω	0	1

（续）

名称	模型参数	单位	默认值	典型值
RB	衬底欧姆电阻	Ω	0	1
RDS	漏 – 源并联电阻	Ω	∞	
RSH	漏源扩散区薄层电阻	Ω/块		
IS	衬底 pn 结饱和电流	A	1E – 14	1E – 15
JS	衬底 pn 结饱和电流密度	A/m²	0	1E – 8
PB	衬底 pn 结电势	V	0.8	0.75
CBD	衬底 – 漏极零偏 pn 结电容	F	0	5pF
CBS	衬底 – 源极零偏 pn 结电容	F	0	2pF
CJ	衬底零偏压单位结面积衬底电容	F/m²	0	
CJSW	衬底 pn 结零偏压单位长度周边电容	F/m	0	
MJ	衬底 pn 结底面梯度系数		0.5	
MJSW	衬底 pn 结侧壁梯度系数		0.33	
FC	衬底 pn 结正偏压电容系数		0.5	
CGSO	栅 – 源单位沟道宽度覆盖电容	F/m	0	
CGDO	栅 – 漏单位沟道宽度覆盖电容	F/m	0	
CGBO	栅 – 衬底单位沟道长度覆盖电容	F/m	0	
NSUB	衬底掺杂密度	1/cm³	0	
NSS	表面状态密度	1/cm²	0	
NFS	表面快态密度	1/cm²	0	
TOX	氧化层厚度	m		
TPG	栅极材料类型： +1 = 与衬底相反； –1 = 与衬底相同； 0 = 铝材		+ 1	
XJ	金属结深度	m	0	
UO	表面迁移率	cm²/V≥s	600	
UCRIT	迁移率退化临界场（LEVEL = 2）	V/cm	1E4	
UEXP	迁移率退化指数（LEVEL = 2）		0	
UTRA	迁移率退化横向场系数（未用）			
VMAX	最大漂移速度	m/s	0	
NEFF	沟道电荷系数（LEVEL = 2）		1	
XQC	漏极沟道电荷分配系数		1	
DELTA	门限宽度效应		0	
THETA	迁移率调制系数（LEVEL = 3）	V⁻¹	0	
ETA	静态反馈系数（LEVEL = 3）		0	
KAPPA	饱和场因子（LEVEL = 3）		0.2	
KF	闪烁噪声系数		0	1E – 26
AF	闪烁噪声指数		1	1.2

　　AD 和 AS 分别为漏极和源极扩散区；PD 和 PS 分别为漏极和源极扩散周长；漏极和源极整体饱和电流由 JS 或 IS 确定；JS 为 AD 和 AS 的乘积。零偏置耗尽层电容由 CJ 和 CJSW 设定，CJ 为 AD 和 AS 的乘积，CJSW 为 PD 和 PS 的乘积。另外，电容参数通过 CBD 和 CBS 进行设置。

　　MOSFET 模型以漏极、源极、栅极和衬底串联欧姆电阻为基础，在漏极 – 源极沟道之间并联分流电阻（RDS），NRD、NRS、NRG 和 NRB 分别为漏极、源极、栅极和衬底区电阻率。寄生（欧姆）电阻由 RSH 确定，分别为 RSH 与 NRD、NRS、NRG 和 NRB 的乘积，或者直接由 RD、RS、RG 和 RB 参数值设定。

　　PD 和 PS 默认值为 0，NRD 和 NRS 默认值为 1，NRG 和 NRB 默认值为 0。L、W、AD 和 AS 默认值通过 . OPTIONS 语句进行设置。如果 AD 和 AS 默认值未设置，则默认值为 0。若 L 和 W 默认值未设置，则默认值为 100μm。

　　MOSFET 直流特性由参数 VTO、KP、LAMBDA、PHI 和 GAMMA 确定，通过模型语句进行设定。n 沟道增强型 MOSFET 和 p 沟道耗尽型 MOSFET 的 VTO 为正值；p 沟道增强型 MOSFET 和 n 沟道耗尽型 MOSFET 的 VTO 为负值。

　　PSpice 包含 3 种 MOSFET 模型，由 LEVEL 参数值进行设置。当 LEVEL = 1 时采用 Shichman – Hodges 模型；当 LEVEL = 2 时采用高级 Shichman – Hodges 模型，该模型包括两级扩展功能的几何分析模型；当 LEVEL = 3 时采用改进型 Shichman – Hodges 模型，为短沟道模型。

　　LEVEL – 1 模型参数较少，对于电路特性的快速粗略估计非常适用，通常情况下能够充分地分析电力电子电路工作特性。LEVEL – 2 模型考虑各种参数，并且耗费大量 CPU 计算时间，而且电路仿真有可能出现不收敛情况。LEVEL – 3 模型专用于短沟道 MOSFET。

　　对于电力电子电路，影响 MOSFET 开关特性的主要参数为 L、W、VTO、KP、CGSO 和 CGDO。

　　金属氧化层半导体场效应管 MOSFET 类型符为 M，名称必须以 M 开头，通用格式如下：

M　< name >　ND NG NS NB MNAME
+　[L = < value]　[W = < value >]
+　[AD = < value >]　[AS = < value >]
+　[PD = < value >]　[PS = < value >]
+　[NRD = < value >]　[NRS = < value >]
+　[NRG = < value >]　[NRB = < value >]

其中，ND、NG、NS 和 NB 分别为漏极、栅极、源极和衬底节点；MNAME 为模型名，可以以任意字符开头，其字节长限制在 8 个字符以内。对于 n 沟道 MOSFET，电流从漏极节点经过器件流入源极节点规定为正电流。

6.3　MOSFET 建模

6.3.1　MOSFET 参数计算建模

　　根据 MOSFET 数据手册进行主要模型参数计算建模。IRF150 为 n 型 MOSFET，其 lib 文件如下：

. model IRF150NMOS（Level = 3 Gamma = 0 Delta = 0 Eta = 0 Theta = 0 Kappa = 0. 2 Vmax = 0 Xj = 0

+ Tox = 100n Uo = 600 Phi = . 6 Rs = 1. 624m Kp = 20. 53u W = . 3 L = 2u Vto = 2. 831

+ Rd = 1. 031m Rds = 444. 4K Cbd = 3. 229n Pb = . 8 Mj = . 5 Fc = . 5 Cgso = 9. 027n

+ Cgdo = 1. 679n Rg = 13. 89 Is = 194E – 18 N = 1 Tt = 288n)

由数据表 6. 2 可得 $V_{gs} = 0V$ 时，$I_{dss} = 250\mu A$（Temp = 125℃）。

表 6. 2　I_{dss}数据手册参数

I_{dss}	零栅电压漏电流	—	25	μA	$V_{ds} = 80V,\ V_{gs} = 0V$
		—	250		$V_{ds} = 80V$ $V_{gs} = 0V,\ T_J = 125℃$

表 6. 3　V_{gs}数据手册参数

$V_{gs(th)}$	栅极阈值电压	2. 0	—	4. 0	V	$V_{ds} = V_{gs},\ I_D = 250\mu A$

由数据表 6. 3 可得 $V_{gs(th)} = V_{th} = 2 \sim 4V$，根据几何平均数计算 $V_{to} = V_{th} = \sqrt{2 \times 4} = 2.83V$，当 $V_{gs} = 0V$ 时，K_P 计算公式为

$$I_D = K_P (V_{gs} - V_{th})^2 \tag{6.9}$$

式中，$I_D = I_{dss} = 250\mu A$，$V_{th} = 2.83V$，由式（6.9）得 $K_P = 250\mu A/2.83^2 = 31.2\mu A/V^2$。

K_P 与沟道长度 L 和沟道宽度 W 计算公式为

$$K_P = \frac{\mu_a C_o}{2} \left(\frac{W}{L} \right) \tag{6.10}$$

式中，C_o 为单位面积氧化层电容量，n 沟道增强型 MOSFET 的 C_o 典型值在厚度为 0. 1μm 时为 $3.5 \times 10^{-8} F/cm^2$；$\mu_a$ 为电子表面迁移率，通常为 $600cm^2/(V \geqslant s)$。则 W/L 计算公式为

$$\frac{W}{L} = \frac{2K_P}{\mu_a C_o} = \frac{2 \times 31. 2 \times 10^{-6}}{600 \times 3. 5 \times 10^{-8}} = 3 \tag{6.11}$$

设 $L = 1\mu m$，$W = 3000\mu m = 3mm$，当 $V_{gs} = 0V$ 时，$C_{rss} = 350 \sim 500pF$，$V_{ds} = 25V$。当 $V_{ds} = 25V$ 时，由几何平均求得 $C_{rss} = C_{gd} = \sqrt{350 \times 500} = 418.3pF$。MOSFET 随着 V_{gs} 或 V_{ds} 改变 C_{gs} 和 C_{gd} 值，使其相对保持恒定，主要由绝缘层氧化物厚度和类型决定。虽然电容－漏源电压曲线有细微变化，但通常情况下假设电容恒定。因此 $C_{gdo} = 418.3pF$，$C_{iss} = 2000 \sim 3000pF$，由几何平均求得 $C_{iss} = \sqrt{2000 \times 3000} = 2450pF$，当 $V_{GS} = 0V$，$C_{gs} = C_{gso}$ 时，测量 $C_{iss} = C_{gso} + C_{gdo}$。

$C_{gso} = C_{iss} - C_{gdo} = 2450 - 418. 3 = 2.032nF$，所以 MOSFET IRF150 的 PSpice 模型语句如下：

. MODEL IRF150 NMOS（VTO = 2. 83 KP = 31. 2U L = 1U W = 30M CGDO = 0. 418N CGSO = 2. 032N）

实际计算 MOSFET 模型参数时首先计算最重要的参数，然后根据实际测试进行添加。

6.3.2 MOSFET 曲线拟合建模

MOSFET 场效应晶体管模型参数主要由材料和结构决定，利用特性曲线对 PSpice 模型参数提取进行建模。由于 MOSFET 的 PSpice 模型参数与数据表中列出的参数通常并不一一对应，因此创建 PSpice 模型时需要对实际参数进行提取，然后再将其转化为 PSpice 模型参数。下面以场效应晶体管 IRFP150N 模型为例，具体介绍曲线拟合建模过程。

第一步：新建名称为 IRFP150N 的 MOSFET 晶体管元件库 IRFP150N. lib。

然后选择菜单 Model > New，建立场效应晶体管模型，如图 6.2 所示。

第二步：在场效应晶体管模型界面中输入数据。

图 6.3 所示为 MOSFET 模型数据输入界面，主要包括 8 个界面，分别为跨导 $I_D - g_{fs}$、转移特性 $V_{gs} - I_D$、导通电阻 $I_D - R_{ds(on)}$、零偏置漏电流 $V_{ds} - I_{dss}$、导通电荷、输出电容 $V_{ds} - C_{oss}$、开关时间、反向漏极电流 $V_{sd} - I_{dr}$。

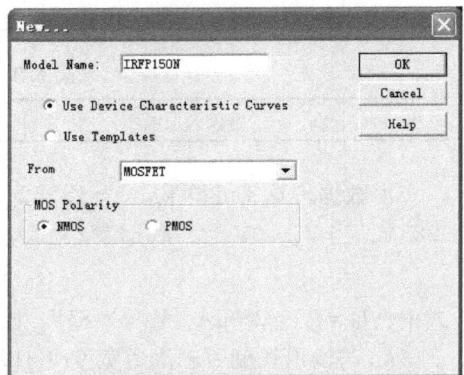

图 6.2 新建 MOSFET 模型

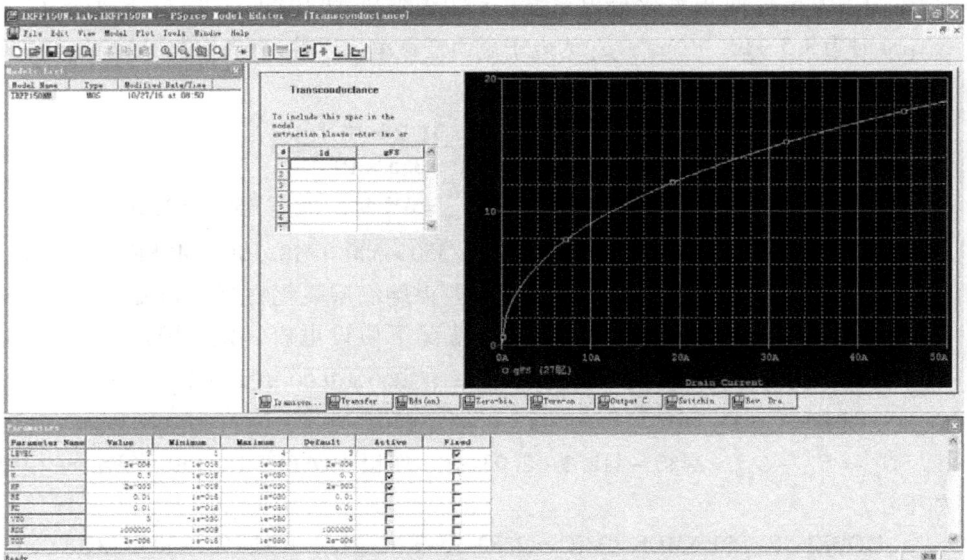

图 6.3 MOSFET 模型数据输入界面

根据数据手册中的相应特性曲线对数据分别进行输入，精度取决于所取数据点的准确度和数量。数据点越多精度越高，当数据值较小时更是如此。当数据输入完成后，选择菜单命令 Tools > Extract 对模型参数进行提取。通常情况选择温度 25℃ 对应的数据曲线。

1. 跨导 $I_D - g_{fs}$ 特性数据输入

功率 MOSFET 跨导模型对功率 MOSFET 基本几何尺寸、电导参数和串联电阻进行计算，主要用于估算模型参数 KP、W、L、RS，见表 6.4。PSpice 进行跨导计算时，假设跨导值与漏极电流二次方根成正比，但线性度受到源极电阻 RS 限制，RS 越大线性度越差。

表 6.4　$I_D - g_{fs}$ 特性曲线设置条件及计算参数

数据曲线	设置条件	计算参数
$I_D - g_{fs}$	V_{ds}、I_D	KP、W、L、RS

表 6.5 为 $I_D - g_{fs}$ 数据手册参数；表 6.6 为 $I_D - g_{fs}$ 数据估算表；图 6.4 所示为 PSpice 模型编辑器中 $I_D - g_{fs}$ 数据输入界面。首先根据 MOSFET 数据手册中的 $I_D - g_{fs}$ 数据得到 $I_D - g_{fs}$ 数据估算表，然后在 PSpice 模型编辑器的 $I_D - g_{fs}$ 数据输入窗口进行数据输入。

表 6.5　$I_D - g_{fs}$ 数据手册参数

g_{fs}	前馈跨导	14	—		S	$V_{ds} = 25\text{V}$, $I_D = 22\text{A}$

表 6.6　$I_D - g_{fs}$ 数据估算表

I_D / A	15	22	25	30	42
g_{fs} / S	10	14	20	25	30

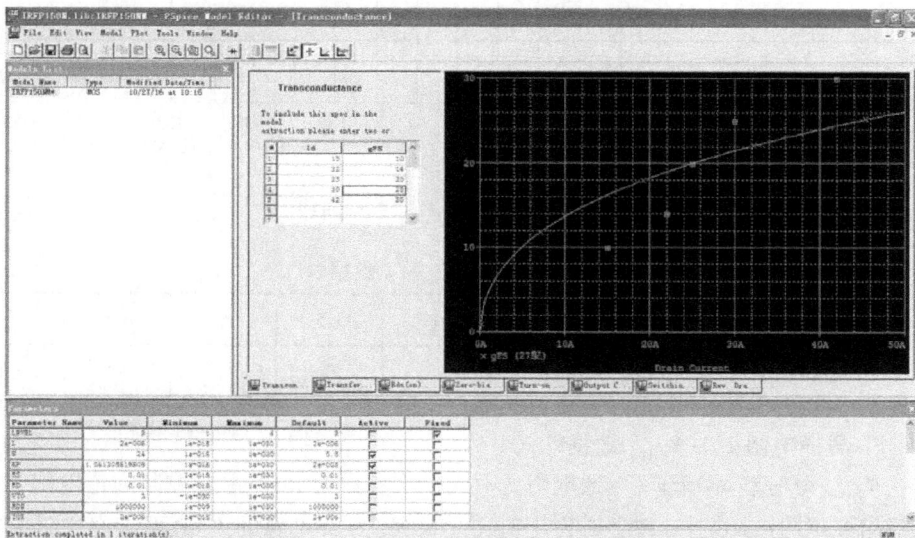

图 6.4　$I_D - g_{fs}$ 数据输入界面

2. 转移特性 $V_{gs} - I_D$ 数据输入

功率 MOSFET 转换特性曲线用于估计阈值电压 VTO，数据选择接近最大漏极电流值时的计算值更加准确，见表 6.7。

表 6.7　$V_{gs} - I_D$ 特性曲线设置条件及计算参数

数据曲线	设置条件	计算参数
$V_{gs} - I_D$	Temp	VTO

图 6.5 所示为 $V_{gs} - I_D$ 数据曲线；表 6.8 为 $V_{gs} - I_D$ 数据表；图 6.6 所示为 PSpice 模型编辑器中 $V_{gs} - I_D$ 数据输入界面。首先根据 MOSFET 数据手册中的 $V_{gs} - I_D$ 数据曲线得到 $V_{gs} - I_D$ 数据表，然后在 PSpice 模型编辑器的 $V_{gs} - I_D$ 数据输入窗口进行数据输入。

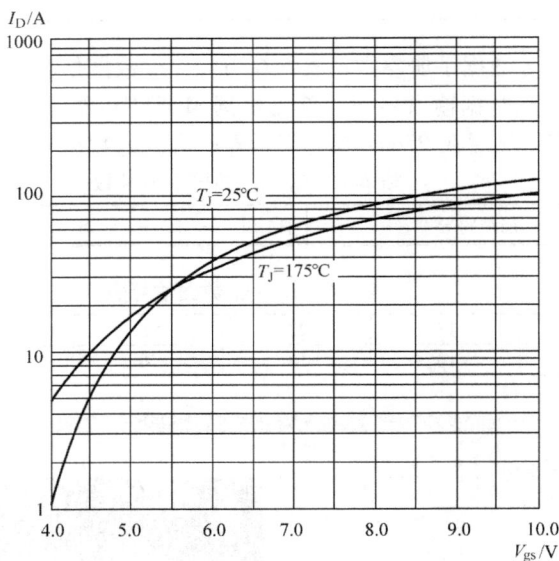

图 6.5　$V_{gs} - I_D$ 数据曲线

表 6.8　$V_{gs} - I_D$ 数据表

V_{gs}/V	4	4.5	5	5.5	6	6.5	7
I_D/A	1	4	15	25	40	50	60

3. 导通电阻 $I_D - R_{ds(on)}$ 数据输入

$R_{ds(on)}$ 为功率 MOSFET 导通电阻，对应模型参数为 Rd，主要控制沟道电阻、源极和漏极串联电阻。$R_{ds(on)}$ 参数必须为正值，并且 $R_{ds(on)}$ 所对应的 I_D 值不应超过最大额定连续电流值，具体见表 6.9。

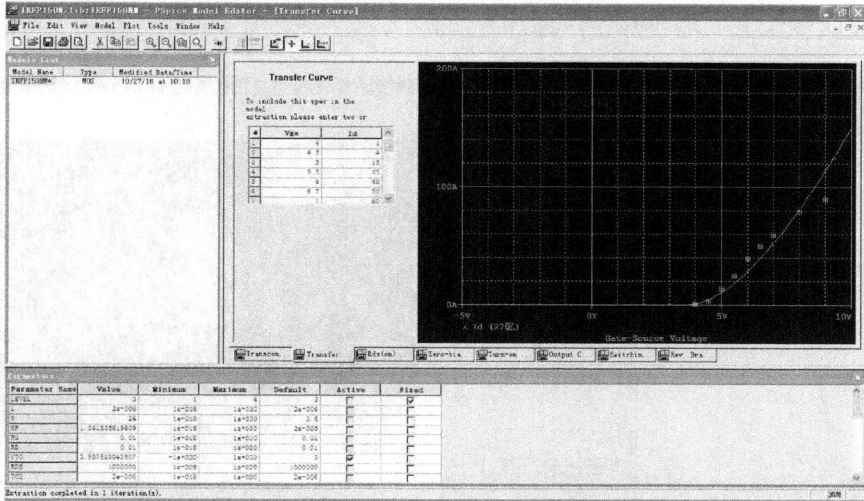

图 6.6　$V_{gs} - I_D$ 数据输入界面

表 6.9　$I_D - R_{ds(on)}$ 特性曲线设置条件及计算参数

数据曲线	设置条件	计算参数
$I_D - R_{ds(on)}$	I_D、V_{gs}	Rd
$I_D = 23\mathrm{A}$，$R_{ds(on)} = 36\mathrm{m\Omega}$，$V_{gs} = 10\mathrm{V}$		

图 6.7 所示为导通电阻 $I_D - R_{ds(on)}$ 标准化数据曲线，表 6.10 为 $R_{ds(on)}$ 数据手册中的参数值，实际 $R_{ds(on)}$ 阻值为 $R_{ds(on)}$ 与标准化数值的乘积。

图 6.7 所示为 $I_D - R_{ds(on)}$ 数据曲线；表 6.10 为 $I_D - R_{ds(on)}$ 数据手册参数；图 6.8 所示为 PSpice 模型编辑器中 $I_D - R_{ds(on)}$ 数据输入界面。首先根据 MOSFET 数据手册中的 $I_D - R_{ds}$ 数据曲线和参数得到 $I_D - R_{ds(on)}$ 数据值，然后在 PSpice 模型编辑器的 $I_D - R_{ds(on)}$ 数据输入窗口进行数据输入。

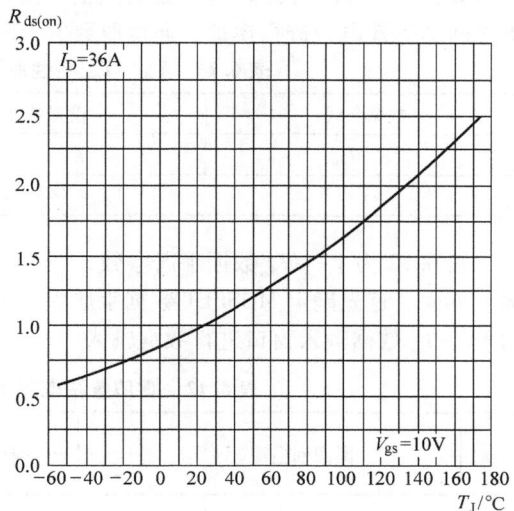

图 6.7　导通电阻 $I_D - R_{ds(on)}$ 标准化数据曲线

表 6.10 $I_D - R_{ds(on)}$ 数据手册参数

$R_{ds(on)}$	静态漏源导通电阻	—	—	0.036	W	$V_{gs} = 10V$, $I_D = 23A$

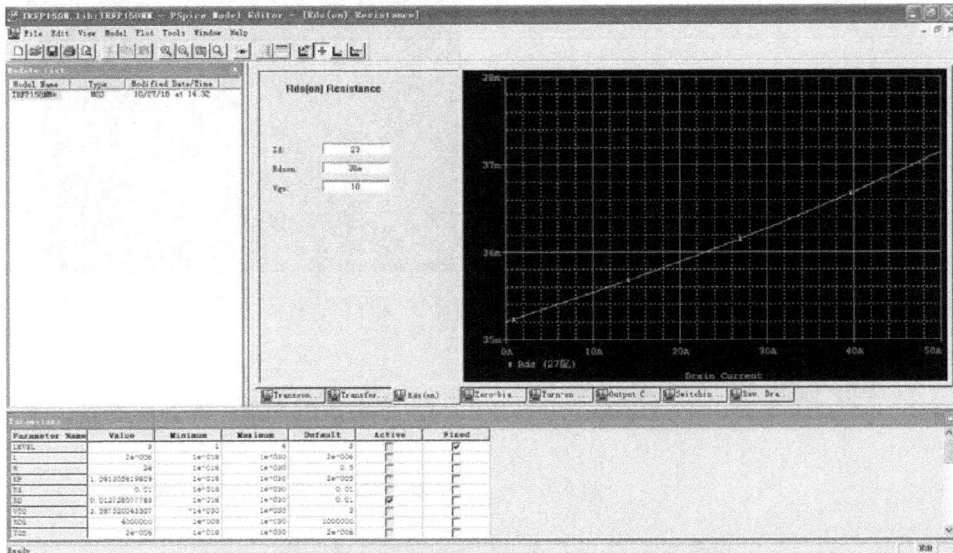

图 6.8 导通电阻 $I_D - R_{ds(on)}$ 数据输入界面

4. 零偏置漏电流 $V_{ds} - I_{dss}$ 数据输入

功率 MOSFET 零偏置漏电流数据曲线主要用于设置漏极和源极之间的漏电流，对应模型参数为 Rds，见表 6.11。漏电流主要由 pn 结表面效应引起，PSpice 模型通过漏源极之间的等效电阻进行模拟，通常取数值上限值。

表 6.11 $V_{ds} - I_{dss}$ 特性曲线设置条件及计算参数

数据曲线	设置条件	计算参数
$V_{ds} - I_{dss}$	V_{ds}、V_{gs}	Rds
$V_{ds} = 100V$, $I_{dss} = 25\mu A$		

表 6.12 为 $V_{ds} - I_{dss}$ 数据手册参数；图 6.9 所示为 PSpice 模型编辑器中 $V_{ds} - I_{dss}$ 数据输入界面。首先确定 MOSFET 数据手册中的 $V_{ds} - I_{dss}$ 参数值，然后在 PSpice 模型编辑器的 $V_{ds} - I_{dss}$ 数据输入窗口进行数据输入。

表 6.12 零偏置漏电流 $V_{ds} - I_{dss}$ 数据手册参数

I_{dss}	漏源漏电流	—	—	25	μA	$V_{ds} = 100V$, $V_{gs} = 0V$
		—	—	250		$V_{ds} = 80V$, $V_{gs} = 0V$, $T_J = 150℃$

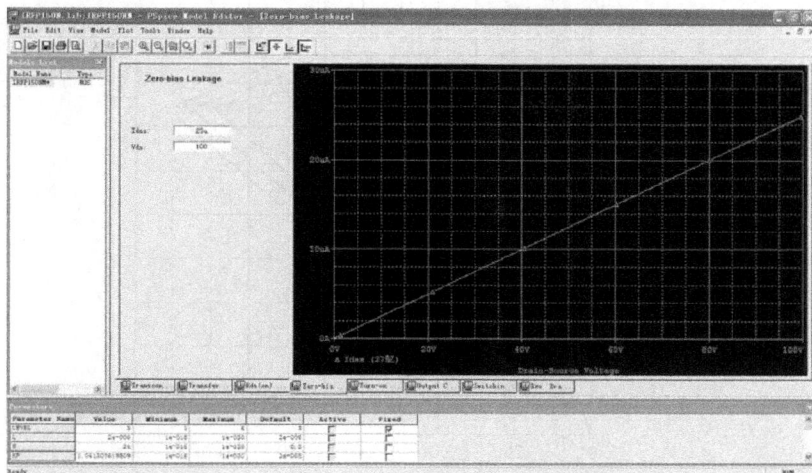

图 6.9　零偏置漏电流 $V_{ds} - I_{dss}$ 数据输入界面

5. 导通电荷数据输入

功率 MOSFET 导通电荷主要用于估算栅极杂散电容，该电容与沟道电容一起构成开关器件总电容，从而控制导通电荷量，见表 6.13。

表 6.13　导通电荷特性曲线设置条件及计算参数

数据	设置条件	计算参数
Q_{gd}、Q_{gs}、V_{ds}、I_d	V_{ds}、I_D	CGSO、CGDO
$Q_{gd} = 58\text{nC}$，$Q_{gs} = 15\text{nC}$，$V_{ds} = 80\text{V}$，$I_D = 22\text{A}$		

数据 Q_{gs} 为栅极 – 源极电压从零升高到支持负载电流所需的电荷量；Q_{gd} 为"密勒"电荷或栅极 – 漏极电荷。

表 6.14 为 Q_G 数据手册参数；图 6.10 所示为 $Q_G - V_g$ 数据曲线；图 6.11 所示为 PSpice 模型编辑器中导通电荷数据输入界面。首先确定 MOSFET 数据手册中的 Q_G 参数值，然后在 PSpice 模型编辑器的导通电荷数据输入窗口进行数据输入。

表 6.14　Q_G 数据手册参数

Q_G	总栅极电荷	—	—	110		$I_D = 22\text{A}$
Q_{gs}	栅极 – 源极电荷	—	—	15	nC	$V_{ds} = 80\text{V}$
Q_{gd}	栅极 – 漏极（"密勒"）电荷	—	—	58		$V_{gs} = 10\text{V}$，见 Fig. 6 和 13④⑤

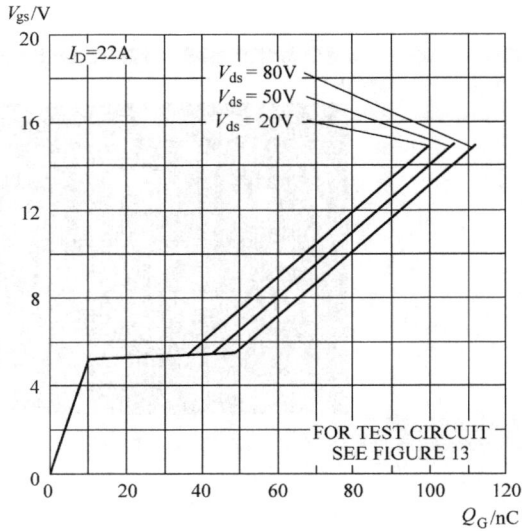

图 6.10 $Q_G - V_{gs}$ 数据曲线

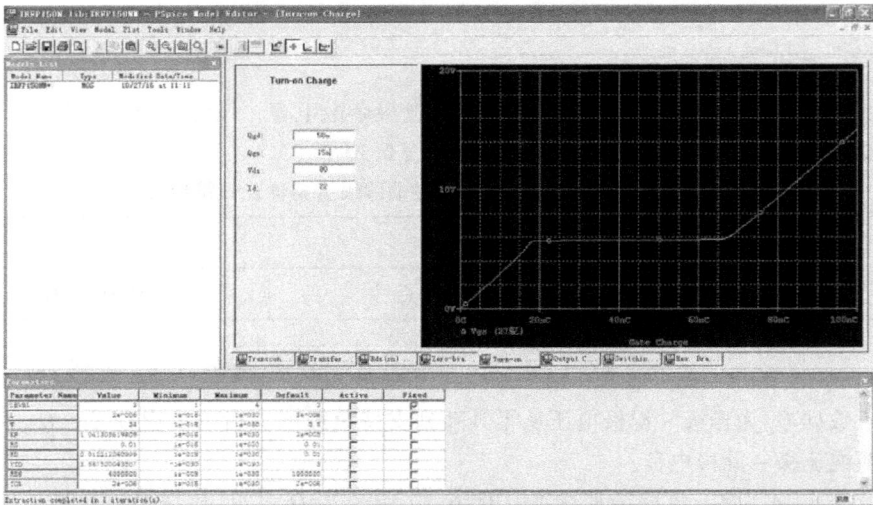

图 6.11 导通电荷数据输入界面

6. 输出电容 $V_{ds} - C_{oss}$ 数据输入

$V_{ds} - C_{oss}$ 数据曲线主要用于估算功率 MOSFET 输出电容，见表 6.15。通常情况下输出电容并不重要，只要其数值相对负载电流足够小就能够正常工作。

表 6.15 $V_{ds} - C_{oss}$ 特性曲线设置条件及计算参数

数据曲线	设置条件	计算参数
$V_{ds} - C_{oss}$	Temp	CBD、PB、MJ、FC

图 6.12 所示为 $V_{ds} - C_{oss}$ 数据曲线；表 6.16 为 $V_{ds} - C_{oss}$ 数据表；图 6.13 所示为 PSpice 模型编辑器中 $V_{ds} - C_{oss}$ 数据输入界面。首先根据 MOSFET 数据手册中的 $V_{ds} - C_{oss}$ 数据曲线得到 $V_{ds} - C_{oss}$ 数据表，然后在 PSpice 模型编辑器的 $V_{ds} - C_{oss}$ 数据输入窗口进行数据输入。

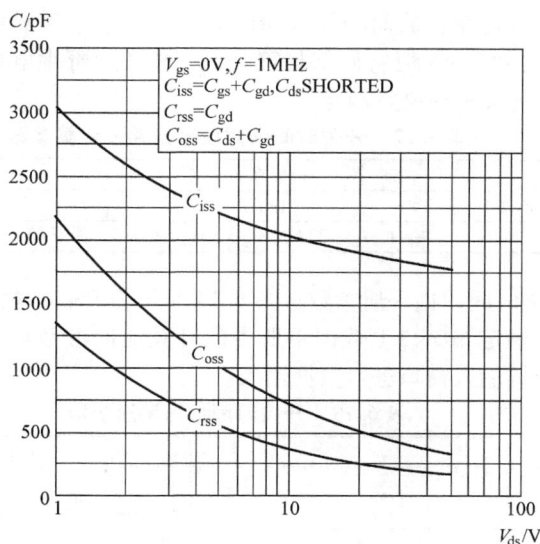

图 6.12　$V_{ds} - C_{oss}$ 数据曲线

表 6.16　$V_{ds} - C_{oss}$ 数据表

V_{ds}/V	1	2	5	10	20	30	40	50
C_{oss}/nF	2.25	1.6	1	0.75	0.5	0.45	0.4	0.35

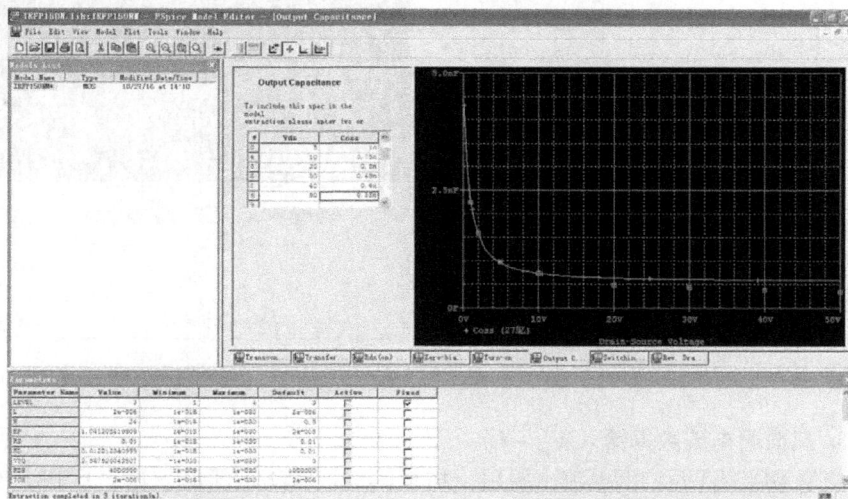

图 6.13　$V_{ds} - C_{oss}$ 数据输入界面

7. 开关时间数据输入

功率 MOSFET 开关时间（Switching Time）数据参数用于计算栅极串联电阻 RG，见表 6.17。

大多数功率 MOSFET 器件使用具有多晶硅栅极材料的自对准工艺。多晶硅阻碍栅极电流，降低栅极充电速率，从而增加导通时间。虽然数据手册中指定了很多开关时间（导通延迟、上升时间等），但它们都与寄生电容相关，寄生电容已由"栅极电荷"确定，串联电阻通过开关特性进行确定。

表 6.17　开关时间数据设置条件及计算参数

数据	设置条件	计算参数
t_f，I_D，V_{dd}，Z_o	Temp	RG
$t_f = 40\text{ns}$，$I_D = 22\text{A}$，$V_{dd} = 50\text{V}$，$Z_o = 5$（默认值）		

表 6.18 为开关时间数据手册参数；图 6.14 所示为 PSpice 模型编辑器中开关时间数据输入界面。首先确定 MOSFET 数据手册中的开关时间参数值，然后在 PSpice 模型编辑器的开关时间数据输入窗口进行数据输入。

表 6.18　开关时间数据手册参数

$t_{d(on)}$	导通延迟	—	11	—	$V_{dd} = 50\text{V}$
t_r	上升时间	—	56	—	$I_D = 22\text{A}$
$t_{d(off)}$	截止延迟	—	45	ns	$R_G = 3.5\text{W}$
t_f	下降时间	—	40	—	$R_D = 2.9\text{W}$，见 Fig. 10④⑤

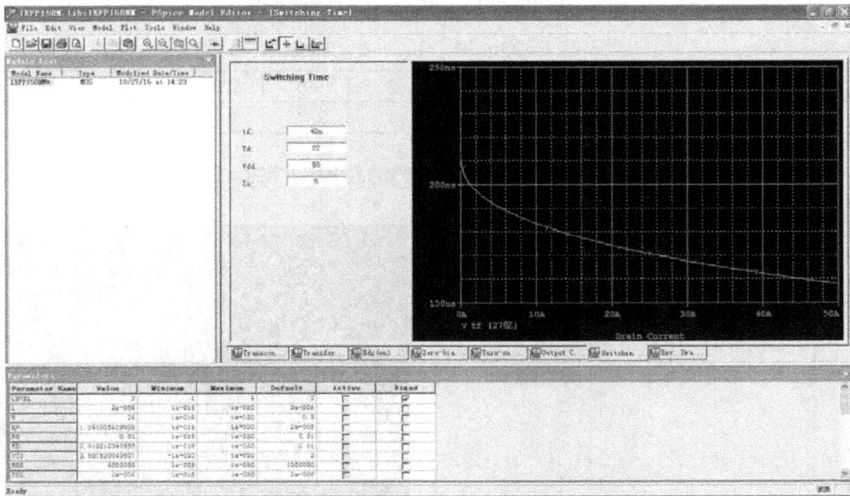

图 6.14　开关时间数据输入

8. 反向漏电流数据输入 $V_{sd} - I_{dr}$

功率 MOSFET 反向漏电流主要用于估算体二极管正向压降，见表 6.19。当 MOSFET 正常工作时，体二极管正向压降与电流对应关系比模型参数 IS 更加重要。

表 6.19　反向漏电流数据设置条件及计算参数

数据	设置条件	计算参数
V_{sd}、I_{dr}（I_{sd}）	$V_{gs}=0$	IS、N、RB

图 6.15 所示为 $V_{sd}-I_{dr}$ 数据曲线；表 6.20 为 $V_{sd}-I_{dr}$ 数据表；图 6.16 所示为 PSpice 模型编辑器中 $V_{sd}-I_{dr}$ 数据输入界面。首先根据 MOSFET 数据手册中的 $V_{sd}-I_{dr}$ 数据曲线得到 $V_{sd}-I_{dr}$ 数据表，然后在 PSpice 模型编辑器的 $V_{sd}-I_{dr}$ 数据输入窗口进行数据输入。

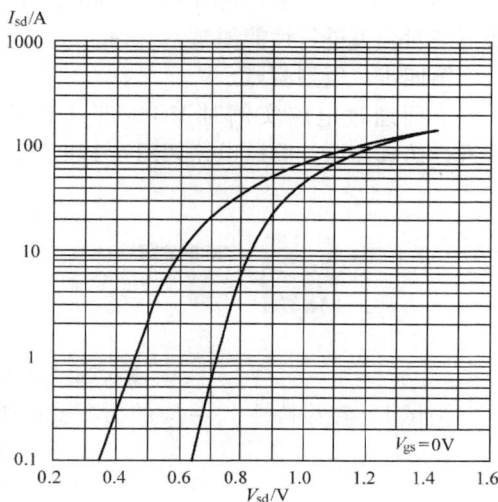

图 6.15　$V_{sd}-I_{dr}$ 数据曲线

表 6.20　$V_{sd}-I_{dr}$ 数据表

V_{sd}/V	0.65	0.7	0.8	0.9	1	1.1	1.2
I_{dr}/A	0.1	0.4	5	20	40	65	90

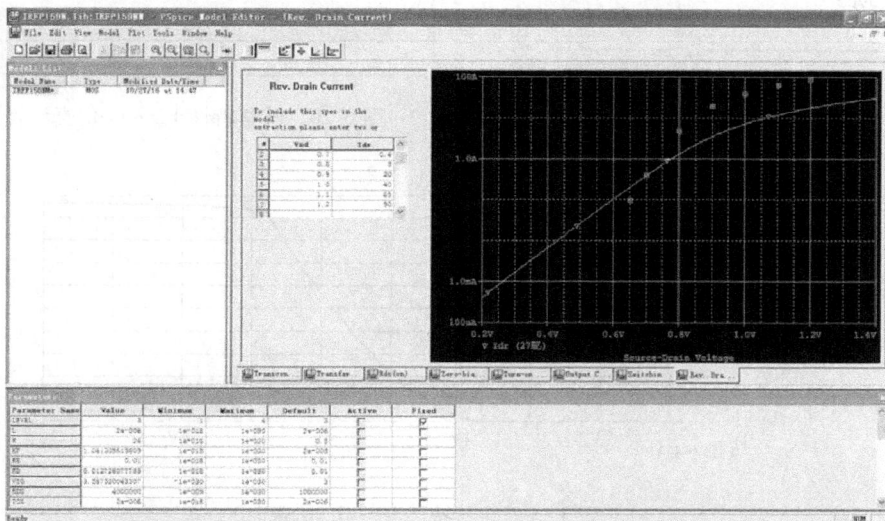

图 6.16　$V_{sd}-I_{dr}$ 数据输入界面

第三步：利用 lib 文件生成 olb 文件。

选择菜单 File > Export to Capture Part Library 生成 olb 文件，如图 6.17 所示。

图 6.18 所示为生成的 lib 和 olb 文件，接下来对模型进行性能测试。

第四步：模型测试。

下面通过电路实例对 MOSFET 工作特性进行仿真测试，测试电路如图 6.19 所示。

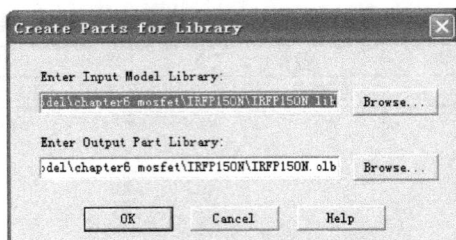

图 6.17 生成 olb 文件

图 6.18 生成 lib 和 olb 文件

测试 1：转移特性 $V_{gs} - I_D$ 的仿真设置和仿真波形分别如图 6.20 和图 6.21 所示。

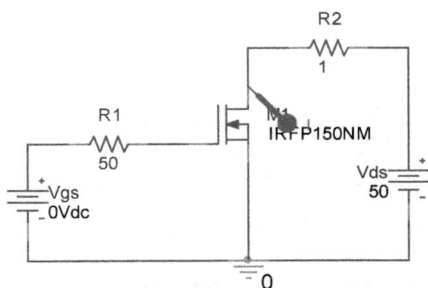

图 6.19 MOSFET 仿真测试电路

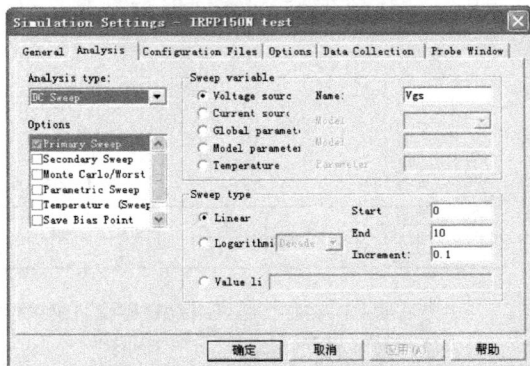

图 6.20 转移特性 $V_{gs} - I_D$ 仿真设置界面

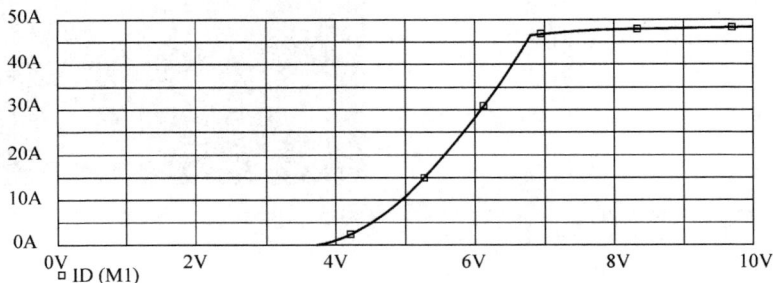

图 6.21 转移特性 $V_{gs} - I_D$ 仿真曲线

测试 2：反向漏电流的仿真电路、仿真设置和仿真波形分别如图 6.22 ~ 图 6.24 所示。

反向漏电流主要受反向二极管和 Rdson 影响，IRFP150N 模型的 Rdson = 36mΩ，当反向电压为 1.4V 时，反向漏电流约为 40A，与仿真值 30A 很接近。

测试 3：开关时间的仿真电路和仿真设置界面分别如图 6.25 和图 6.26 所示。

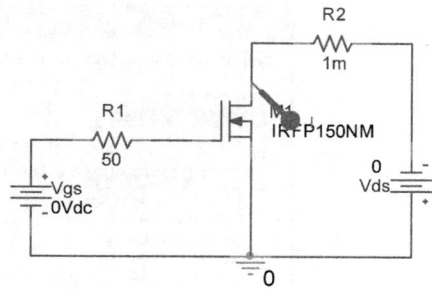

图 6.22　反向漏电流测试电路

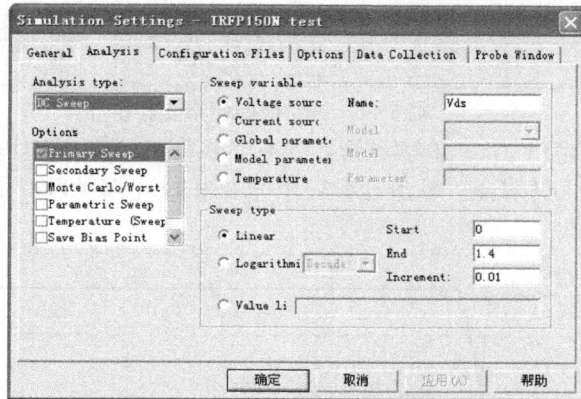

图 6.23　反向漏电流仿真设置界面

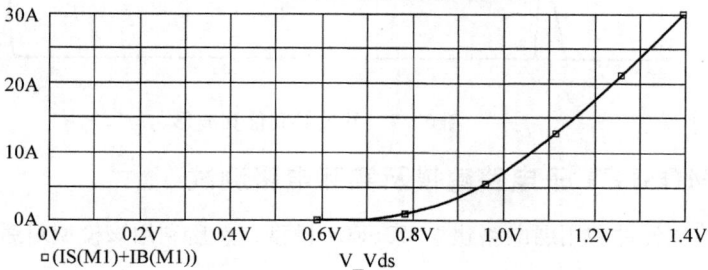

图 6.24　反向漏电流仿真曲线

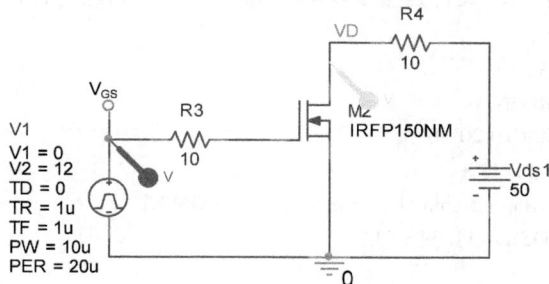

图 6.25　开关时间测试电路

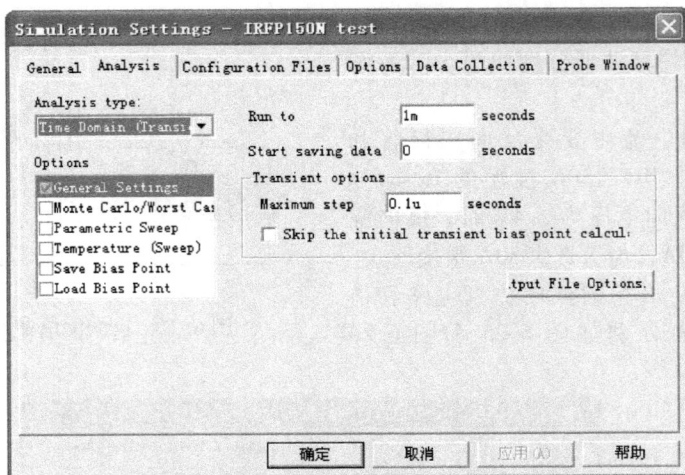

图 6.26 开关时间仿真设置界面

图 6.27 所示为 V_{gs} 和 V_{ds} 仿真波形，当 V_{gs} 为高时 V_{ds} 为低，MOSFET 导通；当 V_{gs} 为低时 V_{ds} 为高，MOSFET 截止。驱动电压 V_{gs} 上升沿为 $1\mu s$，MOSFET 在 $1\mu s$ 时间内能完全关断。

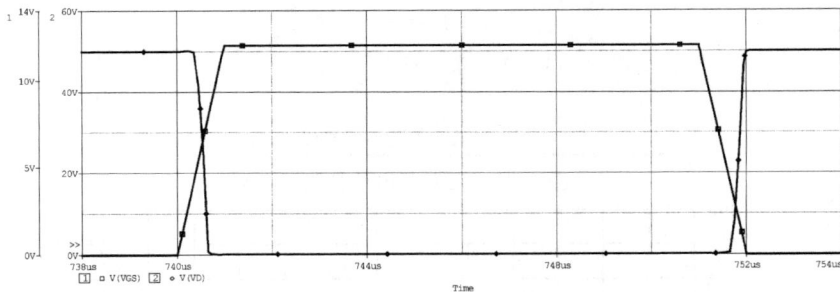

图 6.27 开关时间仿真波形

6.3.3 MOSFET 子电路建模及实际电路测试

使用分立元件利用层电路建立 MOSFET 模型，然后利用该模型对激光驱动电路进行仿真分析。

第一步：利用 .lib 文件建立 MOSFET 模型，并对其进行性能仿真测试。

.lib 文件如下：

DE150 201N09A

* SYM = POWMOSN

. SUBCKT 201N09 10 20 30

* TERMINALS：D G S

* 200 Volt 15 Amp . 2 ohm N – Channel Power MOSFET

M1 1 2 3 3 DMOS L = 1U W = 1U

RON 5 6 1.5

DON 6 2 D1

ROF 5 7 . 2

DOF 2 7 D1

D1CRS 2 8 D2

D2CRS 1 8 D2

CGS 2 3 . 6N

RD 4 1 . 2

DCOS 3 1 D3

RDS 1 3 5. 0MEG

LS 3 30 . 1N

LD 10 4 1N

LG 20 5 1N

. MODEL DMOS NMOS (LEVEL = 3 VTO = 3. 0 KP = 2. 7)

. MODEL D1 D (IS = . 5F CJO = 1P BV = 100 M = . 5 VJ = . 6 TT = 1N)

. MODEL D2 D (IS = . 5F CJO = 1100P BV = 200 M = . 5 VJ = . 6 TT = 1N RS = 10M)

. MODEL D3 D (IS = . 5F CJO = 300P BV = 200 M = . 3 VJ = . 4 TT = 400N RS = 10M)

. ENDS

测试 1：瞬态仿真测试。

　　图 6. 28 所示为 MOSFET 模型及仿真测试电路；图 6. 29 所示为 MOSFET 模型测试电路瞬态仿真设置；图 6. 30 所示为瞬态仿真波形，上面为驱动波形，下面为电流波形，通过仿真波形得出 MOSFET 开关速度非常快。

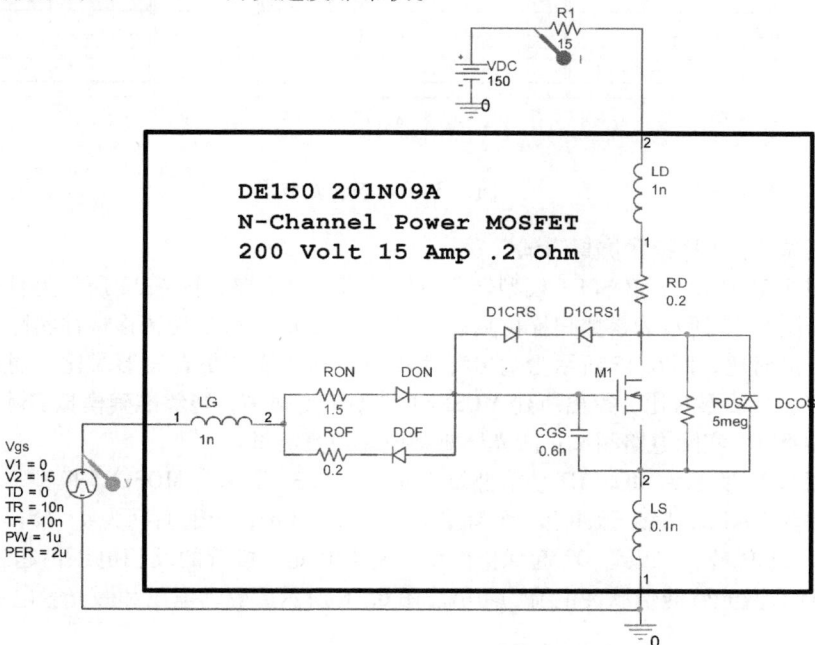

图 6. 28　MOSFET 模型及仿真测试电路

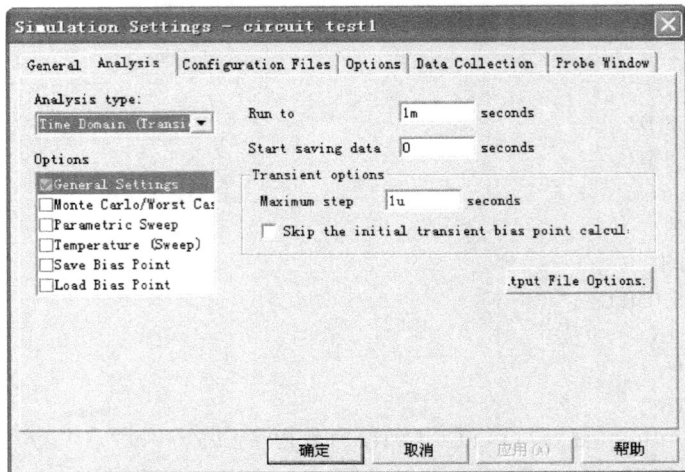

图 6.29　瞬态仿真设置

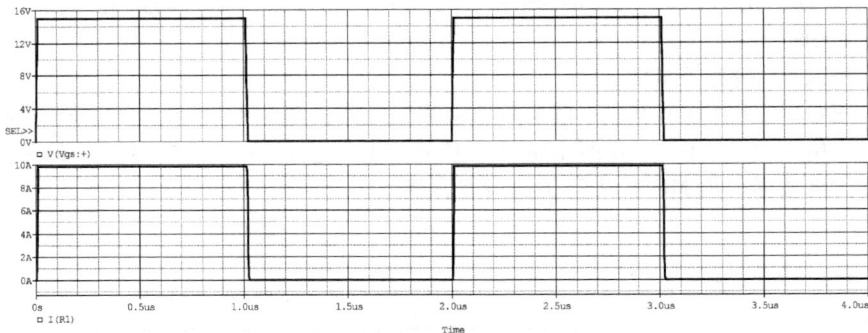

图 6.30　瞬态仿真波形

测试 2：转移特性仿真测试。

图 6.31 所示为 MOSFET 模型转移特性仿真测试电路；图 6.32 所示为直流仿真设置界面；图 6.33 所示为参数扫描仿真设置界面；图 6.34 所示为转移特性实际数据曲线与仿真波形对比；图 6.35 所示为输出特性实际数据曲线与仿真波形对比。通过实际数据曲线和仿真波形对比，得出所建 MOSFET 模型精度很高，能够准确模拟实际器件特性。

MOSFET 实际电路测试：激光器驱动电路仿真测试。

图 6.36 所示为 MOSFET 仿真测试电路；图 6.37 所示为 MOSFET 模型，驱动脉冲最高频率为 50kHz，输入脉冲上升下降沿时间为 5 ~ 10ns，导通时间为 4 ~ 65ns；激光管由二极管 D1 代替，二极管 D2 起保护作用，使得激光二极管的反相电压不超过 3V。VDD 为 200V，激光管峰值脉冲电流为 40A。图 6.38 所示为驱动电压和激光管电流波形。

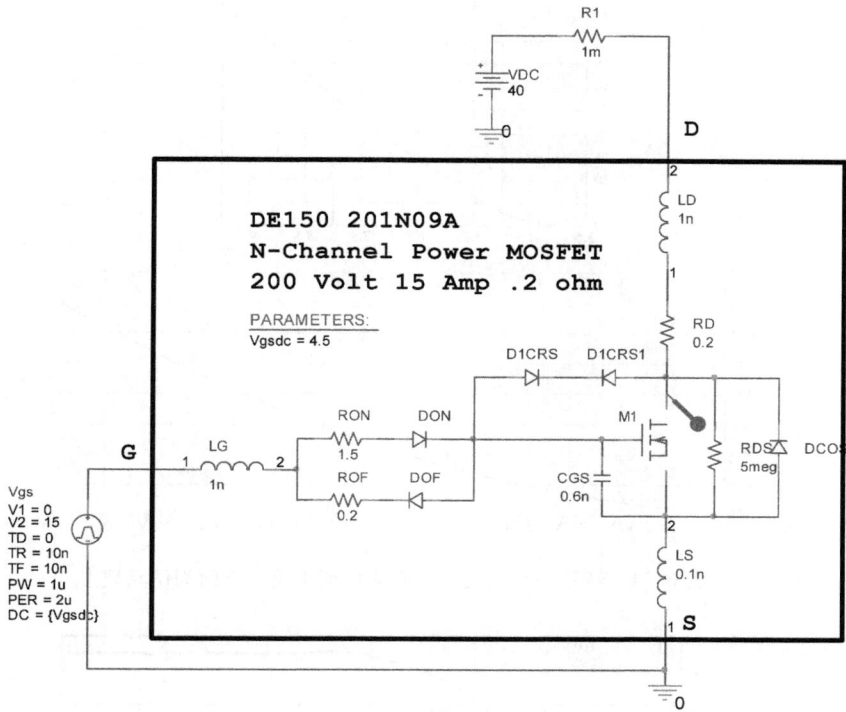

图 6.31　MOSFET 模型转移特性仿真测试电路

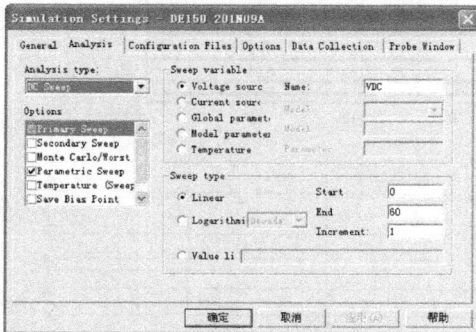

图 6.32　直流仿真设置界面

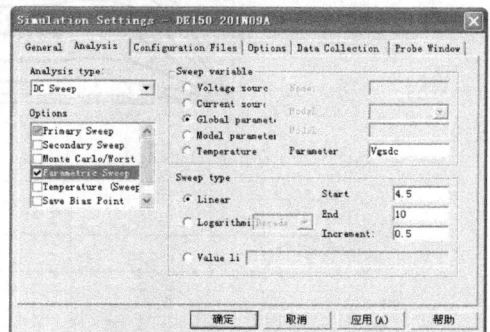

图 6.33　参数扫描仿真设置界面

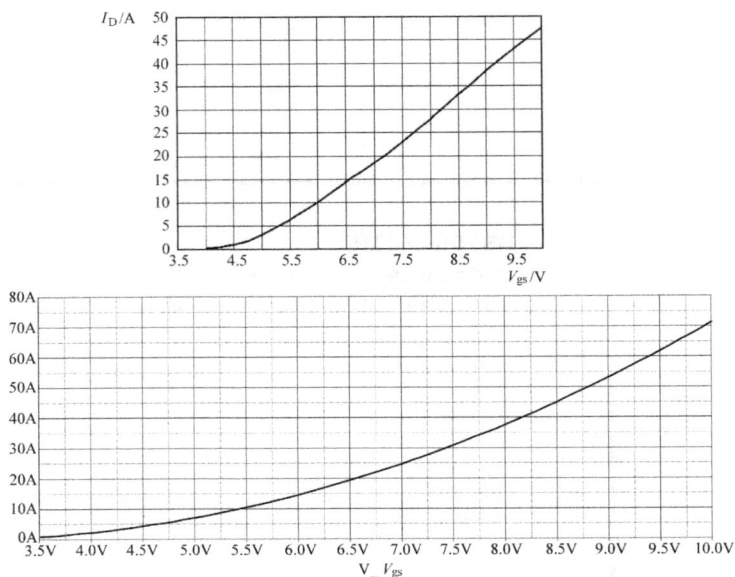

图 6.34　转移特性曲线：上面为数据手册，下面为仿真波形

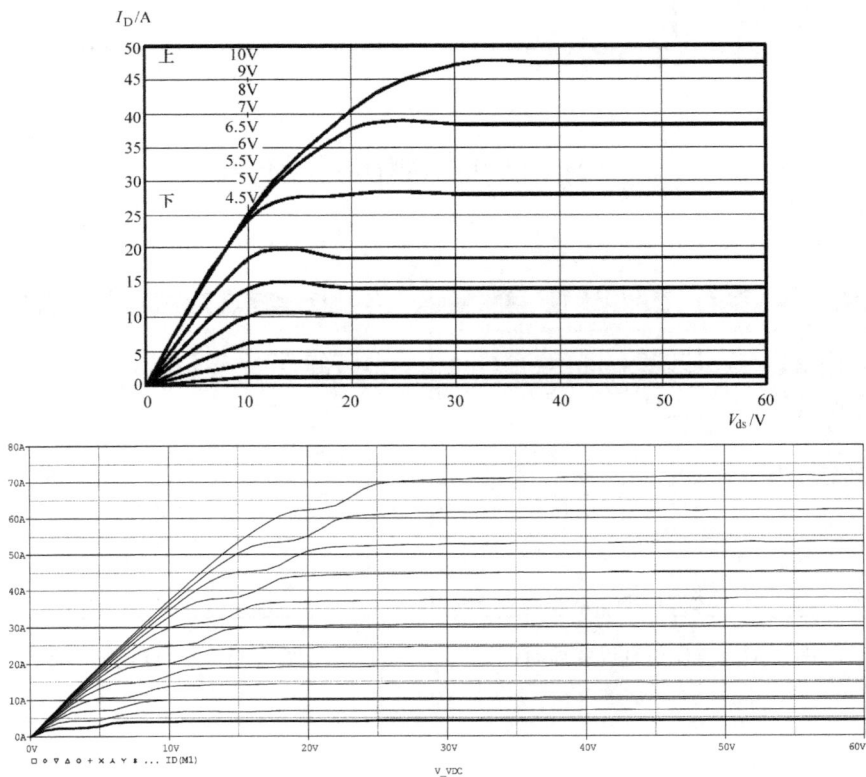

图 6.35　输出特性曲线：上面为数据手册，下面为仿真波形

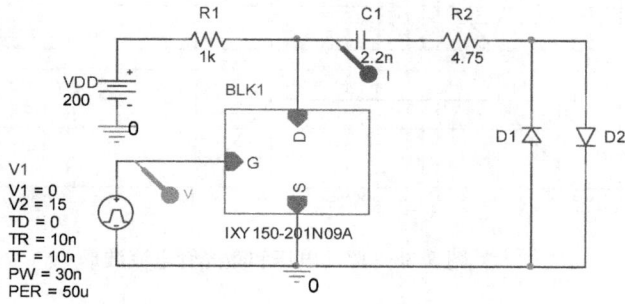

图 6.36 激光管仿真测试电路

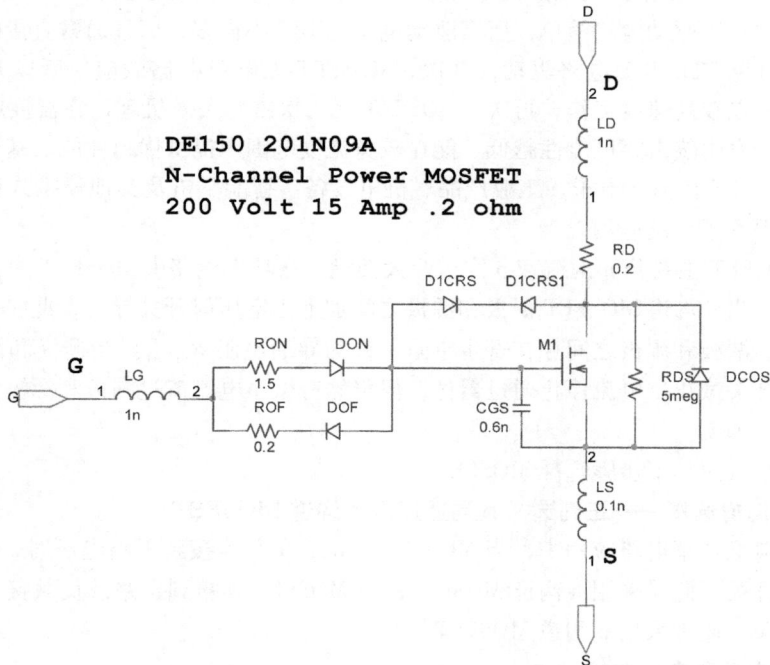

DE150 201N09A
N-Channel Power MOSFET
200 Volt 15 Amp .2 ohm

图 6.37 MOSFET IXY150 – 201N09A 层电路内部模型

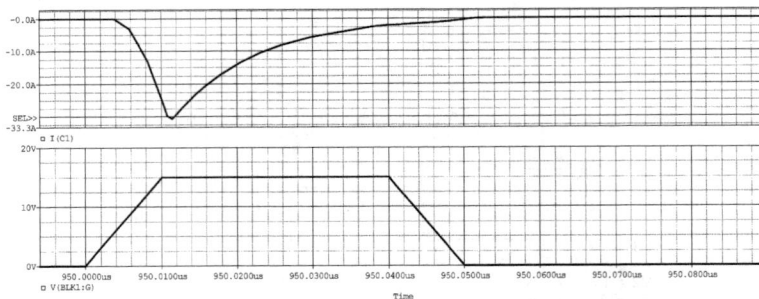

图 6.38　驱动电压和激光管电流波形

6.4　MOSFET 选型

MOSFET 广泛应用于模拟电路和数字电路中，与人们的生活密不可分。MOSFET 的优势首先在于驱动电路简单，所需驱动电流比 BJT 小得多，而且通常直接由 CMOS 或者集电极开路 TTL 驱动电路驱动；其次，MOSFET 无电荷存储效应，所以开关速度比较快，能够以较高速度工作；再次，MOSFET 无二次击穿失效机理，在温度越高时耐受能力越强，发生热击穿可能性越低，能在较宽温度范围内提供优越性能。基于以上诸多优点，MOSFET 在消费电子、工业产品、机电设备、智能手机及其他便携式数码电子产品中已经得到了广泛应用。

MOSFET 主要分 n 沟道和 p 沟道两大类型，在功率电路中 MOSFET 通常作为电气开关使用。当 n 沟道 MOSFET 栅极和源极之间加上正电压时开关导通，此时电流从漏极流向源极。漏极和源极之间存在寄生电阻，称为导通电阻 $R_{ds(on)}$。当栅极和源极之间电压为零时开关截止，电流停止通过器件，但仍然有微小电流流过漏极和源极，此电流称为漏电流，即 I_{dss}。

通常按照如下步骤选择 MOSFET：

1. 沟道选择——正确选择 n 沟道还是 p 沟道 MOSFET

在典型功率电路应用中，当 MOSFET 接地，负载连接到干路电压时，MOSFET 构成低压侧开关，此时采用 n 沟道 MOSFET；当 MOSFET 连接到主路及负载接地时，构成高压侧开关，通常采用 p 沟道 MOSFET。

2. 电压和电流选择

额定电压越大器件成本越高。根据实践经验，额定电压应当大于干路电压或主路电压两倍，以保证 MOSFET 安全工作。另外必须保证漏极 – 源极之间满足最高承受电压，即最大 V_{ds}。

最大电流指在连续导通模式或者脉冲状态下正常工作的电流极值，MOSFET 在该电流下能够正常工作，并且温度升高时也能够承受，通常选择为最大工作电流的 2～3 倍。

3. 导通损耗

MOSFET 器件导通耗损由 $I_{load}^2 \times R_{ds(on)}$ 计算，由于导通电阻随温度变化，因此导通损耗也随之按比例变化。

4. 开关损耗

开关损耗为导通瞬间电压与电流的乘积，该值通常比较大，在一定程度上决定了器件的开关性能。如果系统对开关性能要求比较高，则必须选择栅极电荷 Q_G 比较小的功率 MOSFET。

第 7 章
运算放大器

本章主要对运算放大器（简称运放）进行建模和仿真测试，首先建立运放的直流线性模型、交流线性模型、宏模型和实际半导体模型；然后利用 model editor 根据实际运放特性曲线建立 LTC1152 模型；接下来对模型 AD861 和 LM380 进行建模实例练习；最后介绍运算放大器参数的含义及选型。

7.1 运放的直流线性模型

7.1.1 运放直流线性模型建立

运算放大器的直流线性模型通常等效为电压控制电压源，如图 7.1 所示。Ri 为输入电阻，通常阻值非常大，为兆欧级；Ro 为输出电阻，通常阻值比较小，为几欧至几十欧；Gainv 为运算放大器放大倍数，即直流增益，通常为10^6数量级。运放直流线性模型未考虑实际运算放大器的频率特性、转换速率和饱和特性，并且设定电压增益为恒定值，所以该模型为运算放大器的理想模型，通常用于仿真理想直流和低频电路。运放直流线性模型建立过程见表 7.1，首先绘制子电路；然后由子电路生成.lib文件；最后通过.lib文件生成.olb文件。

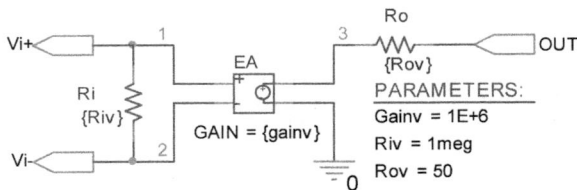

图 7.1   运放直流线性模型

表 7.1　运放直流线性模型建立过程

直流线性模型电路 Gainv：直流增益 Riv：输入电阻 Rov：输出电阻	Vi+ 1　EA　3　Ro {Rov} OUT Ri {Riv}　GAIN = {gainv} Vi- 2　0 PARAMETERS: Gainv = 1E+6 Riv = 1meg Rov = 50
lib 模型语句	. SUBCKT OPAMPDC OUT Vi + Vi − PARAMS：Gainv = 1E + 6 Rov = 50 Riv = 1meg EA　3 0 VI + VI −　{gainv} Ri　VI − VI +　{Riv} Ro 3 OUT　{Rov} . ENDS
olb 模型符号	U1 VI+　OUT VI- OPAMPDC GAINV = 1E+6 ROV = 50 RIV = 1MEG
模型特性	增益恒定、带宽无限、输出电压和功率无限

7.1.2　运放直流线性模型仿真测试

图 7.2 所示为运放直流线性模型仿真测试电路；图 7.3 和图 7.4 所示分别为瞬态仿真分析设置和仿真波形；图 7.5 和图 7.6 所示分别为直流仿真分析设置和仿真波形。通过仿真波形验证该模型能否实现线性放大功能。

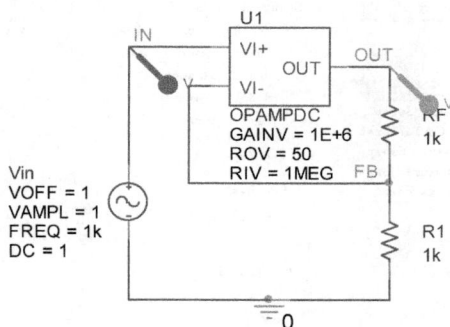

图 7.2　运放直流线性模型仿真测试电路

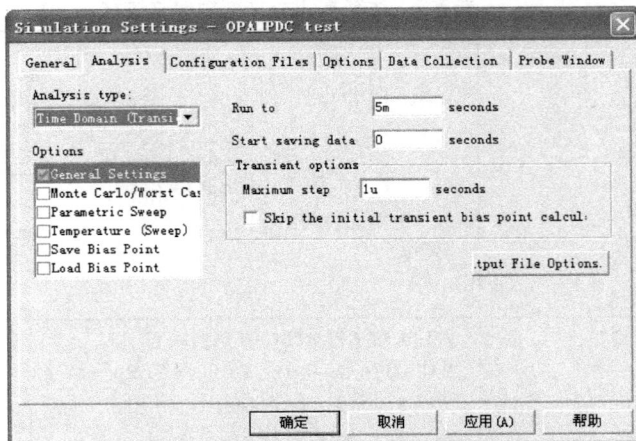

图 7.3　瞬态仿真分析设置

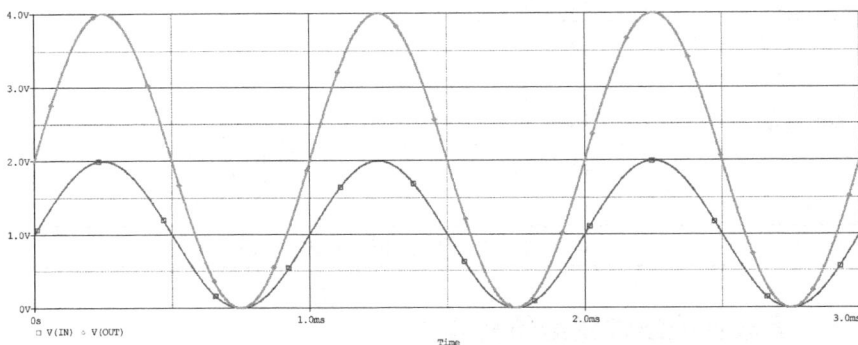

图 7.4　瞬态仿真分析输入、输出波形

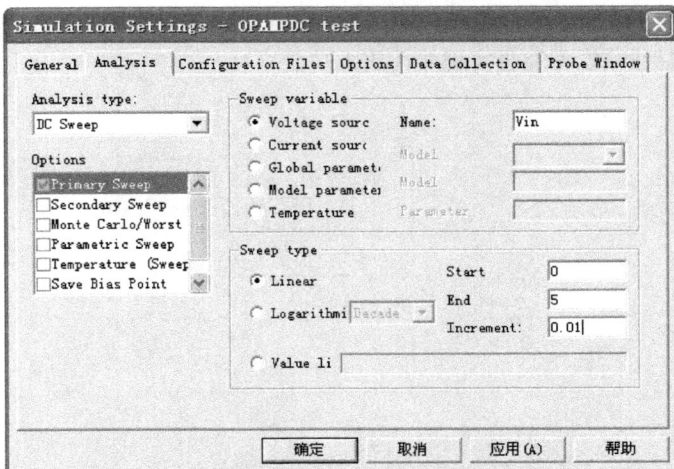

图 7.5　直流仿真分析设置

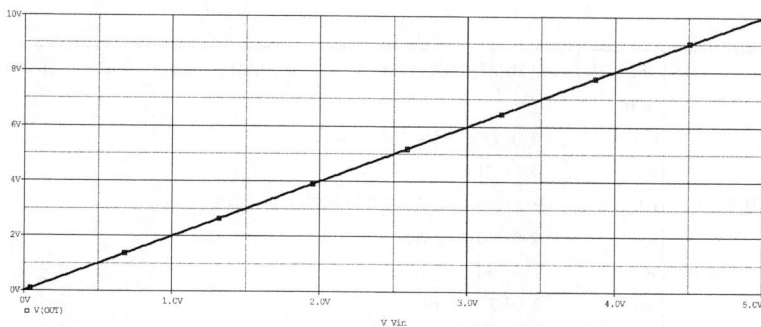

图 7.6　直流仿真分析输出波形

7.2　运放的交流线性模型

7.2.1　运放交流线性模型建立

运算放大器的交流线性模型通常等效为含有单一转折频率的一阶电路，如图 7.7 所示。当运算放大器含有多个转折频率时，使用一阶电路串联实现，每阶电路设置对应的转折频率。Ri 为输入电阻，通常阻值很高，为兆欧级；Ro 为输出电阻，通常阻值比较小，为几欧至几十欧；Gainv 为运算放大器放大倍数，即直流增益，通常为 10^6 数量级；fb 为直流增益带宽；GA、R1、C1 设置一阶转折频率。运放交流线性模型建立过程见表 7.2，首先绘制子电路；然后由子电路生成 .lib 文件；最后通过 .lib 文件生成 .olb 文件。

图 7.7　运放交流线性模型

表 7.2　运放交流线性模型建立过程

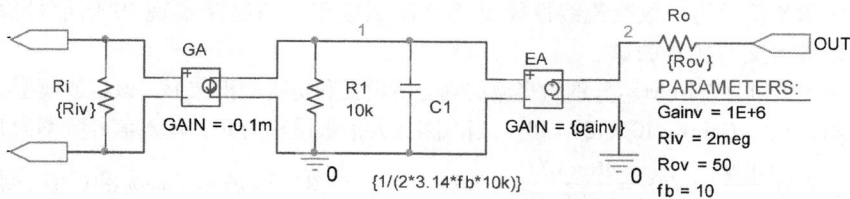

（续）

lib 模型语句	. SUBCKT OPAMPAC OUT Vi + Vi -　　PARAMS：Gainv = 1E + 6 Rov = 50 Riv = 1meg fb = 10 GA　　　　1 0 VI + VI -　- 0. 1m R1　　　　0 1　10k C1　　　　0 1　｛1/（2 * 3. 1515926 * fb * 10k）｝ EA　　　　2 0 1 0 ｛gainv｝ Ri　　　　VI - VI +　｛Riv｝ Ro　　　　2 OUT　｛Rov｝ . ENDS
olb 模型符号	U1 VI+ OUT VI- OPAMPAC FB = 10 GAINV = 1E+6 ROV = 50 RIV = 1MEG
模型特性	一阶频率特性、输出电压和功率无限

　　运放交流线性模型考虑实际运算放大器的频率特性、转换速率，所以该模型近似等效为实际运算放大器模型，通常用于仿真分析实际运放电路的交流频率特性。

7.2.2　运放交流线性模型仿真测试

　　图 7.8 所示为运放交流线性模型仿真测试电路，该电路实现 10 倍信号放大，下面对模型进行交流仿真测试。

　　图 7.9 和图 7.10 所示分别为交流仿真分析设置和仿真输出波形，该运放模型的增益带宽积 $GBW = FB \times Gainv = 10 \times 10^6 = 10^7$，当电路放大倍数设置为 10，输入信号频率为 1megHz 时，实际增益为 $\dfrac{GBW}{f} \times 0.707 = \dfrac{10 \times 10^6}{10^6} \times 0.707 = 7.07$，与图 7.11 所示 Cursor 测试值一致。

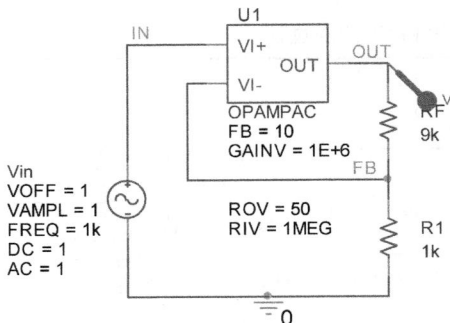

图 7.8　运放交流线性模型仿真测试电路

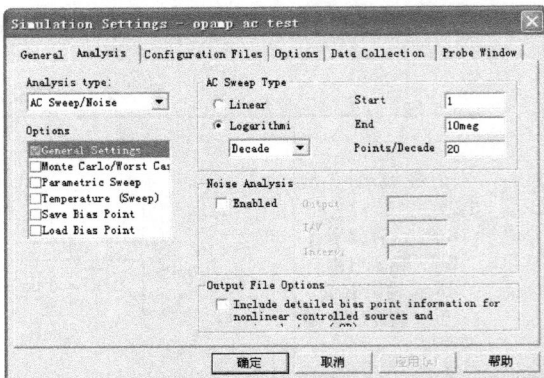

图 7.9　交流仿真分析设置

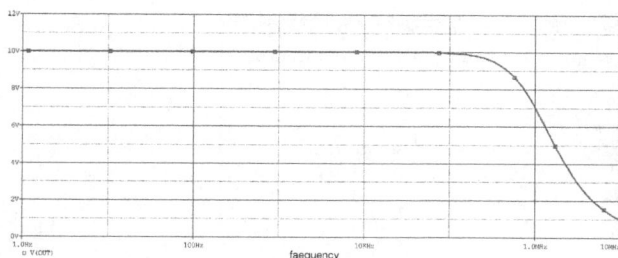

图 7.10 交流仿真分析输出波形

图 7.11 1megHz 时的放大
倍数为 7.0615

7.3 简化的运放非线性宏模型

简化的运放非线性宏模型由电阻、减法器 DIFF、增益 GAIN、传递函数 LAPLACE 和限幅器 LIMIT 构成。电阻 R1 和 R2 为等效输入阻抗，R3 为等效负载，GAIN 设置开环直流增益，LAPLACE 设置转折频率，LIMIT 设置输出电压范围。

图 7.12 所示为简化的运放非线性宏模型开环测试电路，对其进行频率特性测试，仿真设置如图 7.13 所示，图 7.14 所示为交流仿真分析输出电压频率特性曲线，模型及测试电路主要元器件见表 7.3。

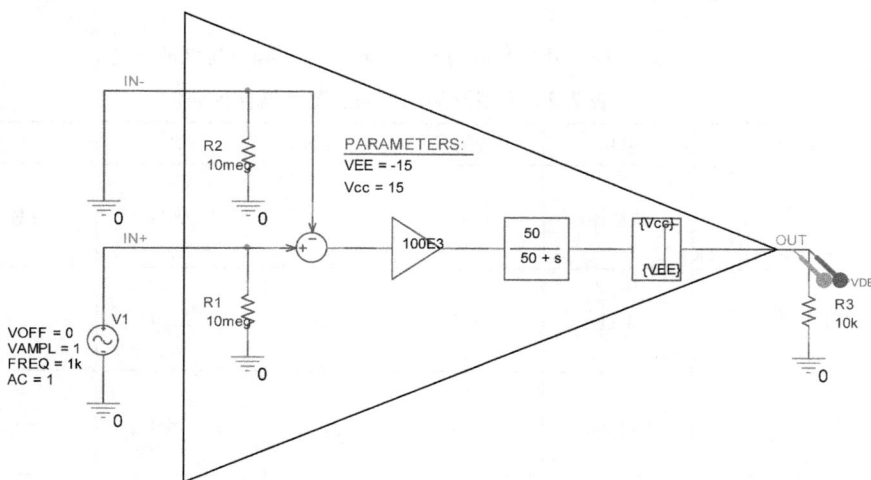

图 7.12 简化的运放非线性宏模型开环测试电路

图 7.15 所示为 10 倍放大闭环测试电路，对其进行频率特性测试，仿真设置如图 7.13 所示，图 7.16 所示为 10 倍放大交流仿真分析输出电压频率特性曲线。通过对比图 7.14 和图 7.16 验证运放的增益带宽积为常数，增益大时带宽窄，增益小时带宽宽。

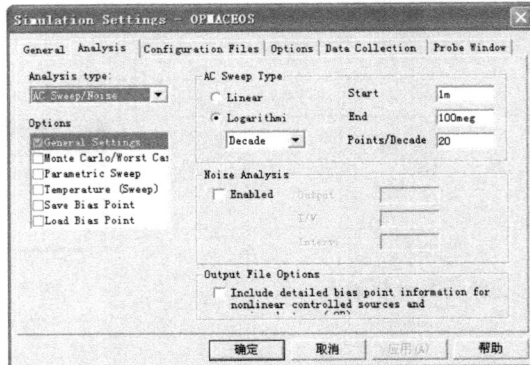

图 7.13　开环交流仿真分析设置

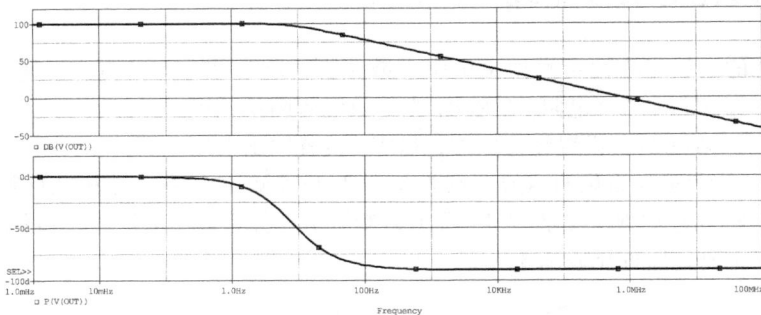

图 7.14　开环交流仿真分析输出电压频率特性曲线

表 7.3　模型及测试电路主要元器件列表

元件	名称	型号	参数	库	功能注释
	减法器	DIFF	–	ABM	两输入之差
	增益	GAIN	10^5	ABM	放大
	传递函数	LAPLACE	$\dfrac{50}{50+s}$	ABM	一阶函数
	限幅器	LIMIT	最大值 最小值	ABM	输出限幅
VOFF = 0 VAMPL = 1 FREQ = 1k AC = 1	信号源	VSIN	如图	SOURCE	激励源

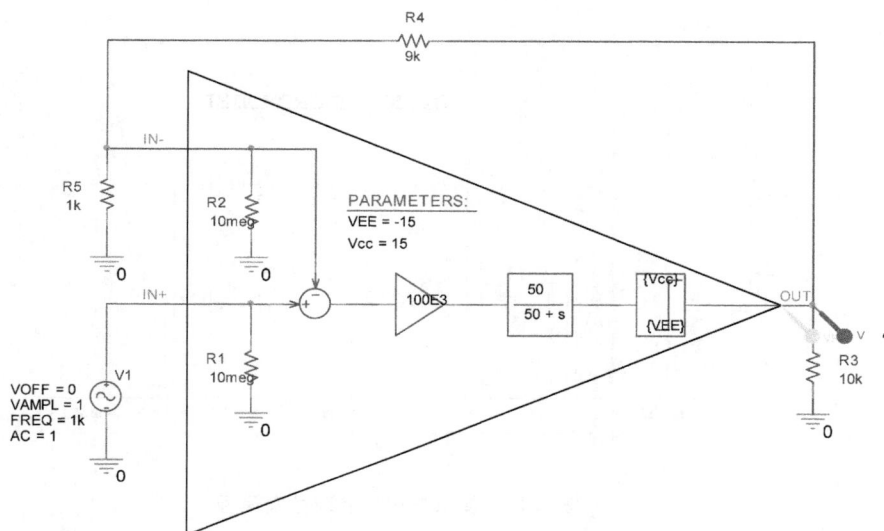

图 7.15　10 倍放大仿真电路

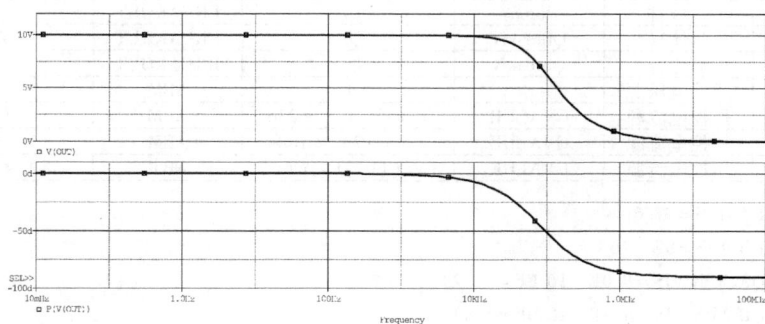

图 7.16　10 倍放大交流仿真分析输出电压频率特性曲线

7.4　复杂的运放非线性宏模型

7.4.1　复杂的运放非线性宏模型建立

图 7.17 所示为复杂的运算放大器非线性宏模型电路，表 7.4 为其主要元器件列表，利用该电路生成 . SUBCKT 子电路模型，保存为 . lib 文件，最后利用 . lib 文件生成 . olb 文件，使模型使用更加方便。

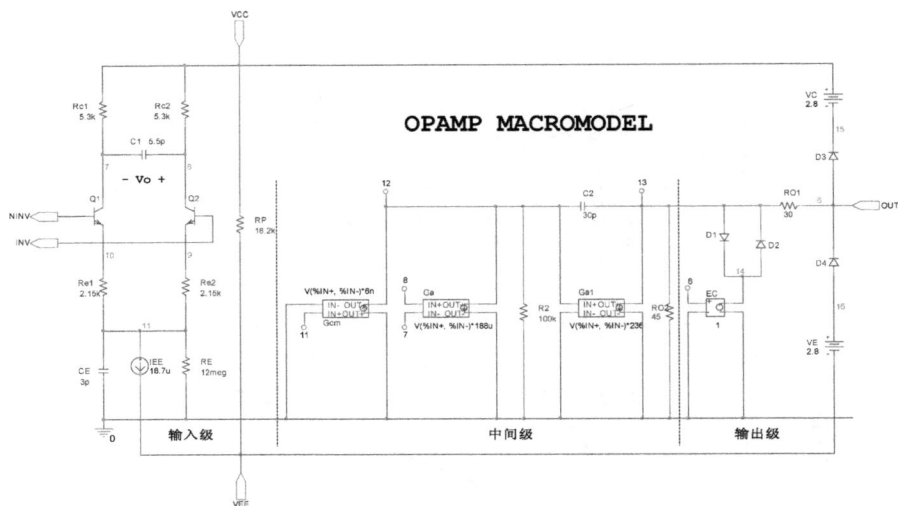

图 7.17　复杂的运放非线性宏模型

表 7.4　复杂的运放非线性宏模型主要元器件列表

编号	名称	型号	参数	库	功能注释
D1、D2	二极管	Dbreak	DA	BREAKOUT	电压偏置
D3、D4	二极管	Dbreak	DB	BREAKOUT	输出限幅
Q1	晶体管	QbreakN	QA	BREAKOUT	差分输入
Q2	晶体管	QbreakN	QB	BREAKOUT	差分输入
EC	压控电压源	E	1	ABM	电压跟随
Ga1	压控电流源	GVALUE	{V (12, 0) *236}	ABM	传递函数
Ga	压控电流源	GVALUE	{V (8, 7) *188u}	ABM	传递函数
Gcm	压控电流源	GVALUE	{V (11, 0) *6n}	ABM	传递函数

. model DA d IS =97. 6p

. model DB d IS =8E -16

. model QA NPN (IS =8. 0E -16 BF =91. 7)

. model QB NPN (IS =8. 3E -16 BF =118)

＊＊＊＊＊＊运放非线性宏模型 . lib 文件

. SUBCKT OPMACRO INV NINV OUT VCC VEE

D3	OUT 15 DB
EC	14 0 OUT 0 1
Q2	8 INV 9 QB
Gcm	0 12 VALUE {V (11, 0) *6n}
RO2	0 13　45
RO1	13 OUT　30
Q1	7 NINV 10 QA
Rc1	7 VCC　5. 3k
Rc2	8 VCC　5. 3k
R2	0 12　100k

Re1	11 10 2.15k
IEE	11 VEE DC 16.7u
Re2	11 9 2.15k
VC	VCC 15 2.8
RP	VEE VCC 18.2k
C2	12 13 30p
VE	16 VEE 2.8
RE	0 11 12meg
D4	16 OUT DB
Ga1	13 0 VALUE {V (12, 0) *236}
D2	14 13 DA
C1	8 7 5.5p
D1	13 14 DA
CE	0 11 3p
Ga	12 0 VALUE {V (8, 7) *188u}

. model DB d IS = 8E – 16
. model DA d IS = 97.6p
. model QB NPN IS = 8.3E – 16 BF = 118
. model QA NPN IS = 8.0E – 16 BF = 91.7
. ENDS

　　运放的非线性宏模型考虑实际运算放大器的频率特性、转换速率、输入输出电压限制、输入输出阻抗，所以该模型近似等效为实际运算放大器模型，通常用于仿真分析实际运放电路的工作特性。

7.4.2 复杂的运放非线性宏模型仿真测试

　　图 7.18 所示为运放非线性宏模型仿真测试电路，该电路实现 10 倍信号放大，图 7.19 ~ 图 7.24 所示分别为该模型的瞬态、直流和交流仿真测试。

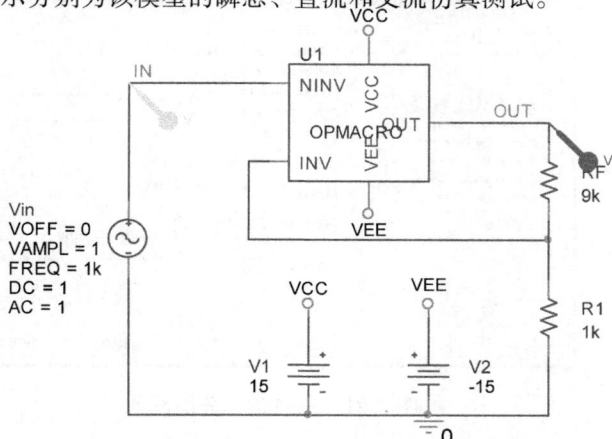

图 7.18　运放非线性宏模型仿真测试电路

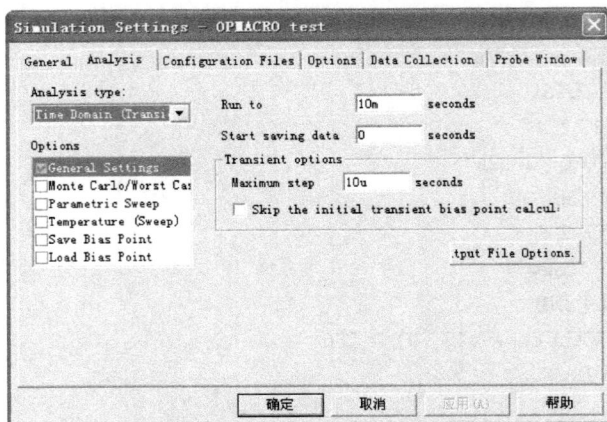

图 7.19　瞬态仿真分析设置

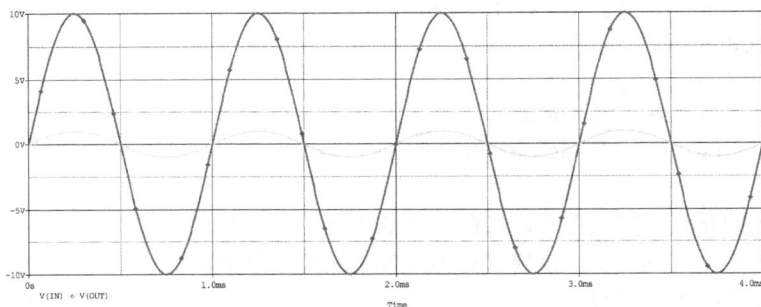

图 7.20　瞬态仿真分析输入、输出波形

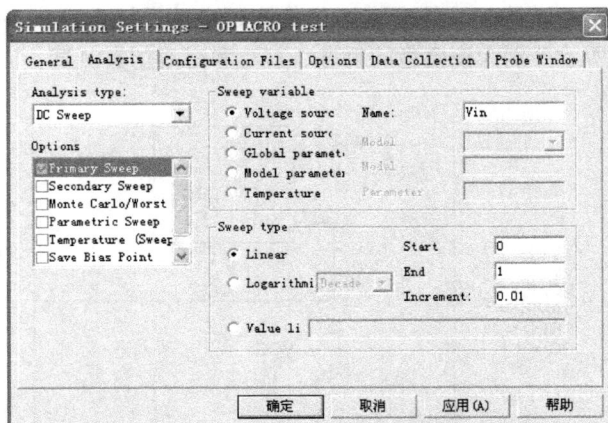

图 7.21　直流仿真分析设置

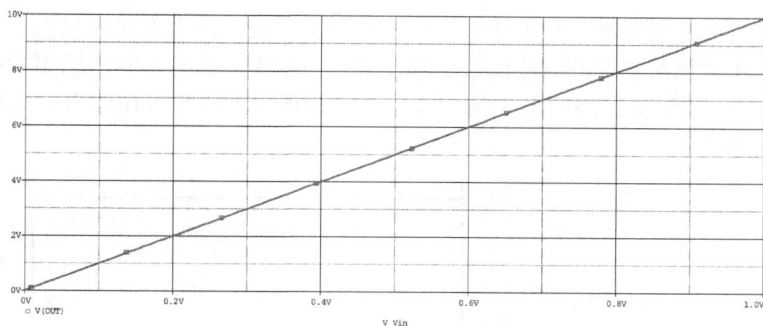

图 7.22　直流仿真分析输出波形

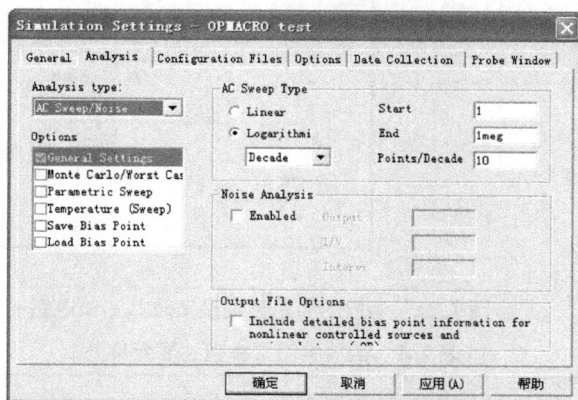

图 7.23　交流仿真分析设置

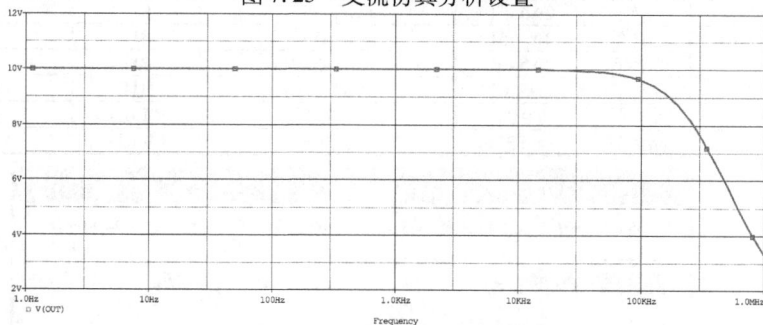

图 7.24　交流仿真分析输出波形

7.5　运放的物理模型

7.5.1　运放的简单物理模型

图 7.25 所示为运放的简单物理模型及其测试电路，表 7.5 为运放的简单模型主要元件列表。模型主要包括偏置级、输入级、增益级和输出级。偏置级为其余三级提供偏

置电流，使得电路能够正常工作；信号输入级采用差分输入方式，提高输入信号精度和灵敏度；增益级实现误差信号放大；输出级采用功率晶体管，实现输出功率放大。

图 7.26 和图 7.27 所示分别为直流仿真分析设置和输出电压波形，电路实现 2 倍放大，与设计值一致。

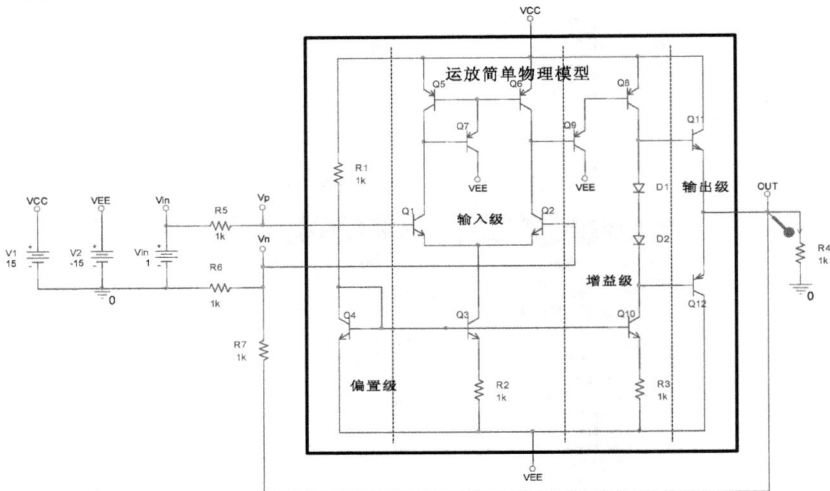

图 7.25　运放的简单物理模型及其测试电路

表 7.5　运放的简单模型主要元件列表

编号	名称	型号	参数	库	功能注释
D1、D2	二极管	D1N4148	Is = 1E − 14Bv = 200	DIODE	电压偏置
Q1、Q2	晶体管	2N5551	awb2n5551	BJT	差分输入
Q3、Q4 Q10	晶体管	2N5551	awb2n5551	BJT	电压偏置
Q5、Q6、Q7	晶体管	2N5401	awb2n5401	BJT	差分放大
Q8、Q9	晶体管	2N5401	awb2n5401	BJT	信号放大
Q11	晶体管	TIP31	见模型	PWBJT	功率放大
Q12	晶体管	TIP30	见模型	PWBJT	功率放大

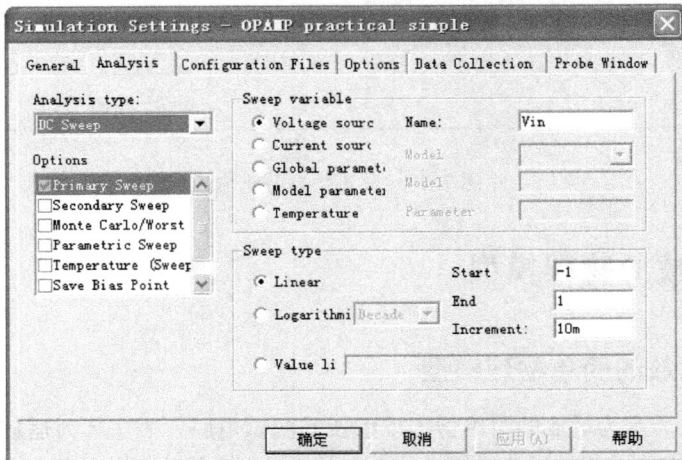

图 7.26　直流仿真分析设置

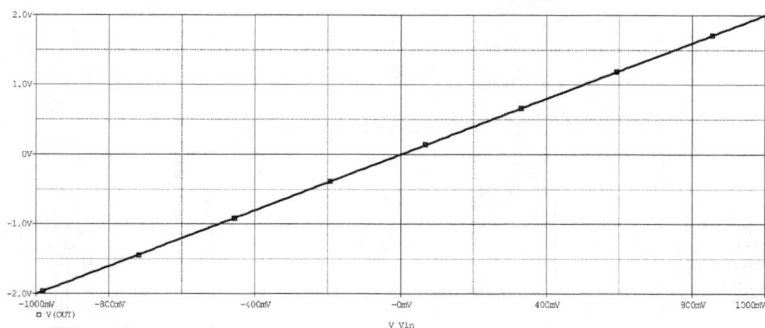

图 7.27　2 倍放大直流仿真分析输出电压波形

7.5.2　运放的复杂物理模型

图 7.28 和图 7.29 所示分别为运放的复杂物理模型及其测试电路，模型主要包括输入级、偏置级、增益级和输出级，与简单模型一致。偏置级通过晶体管电路为其余晶体提供偏置电流，使得电路能够正常工作；信号输入级采用差分输入方式，提高输入信号精度和灵敏度；增益级采用晶体管串联放大电路实现误差信号放大；输出级采用功率晶体管，实现输出功率放大，并且具有输出限流功能。

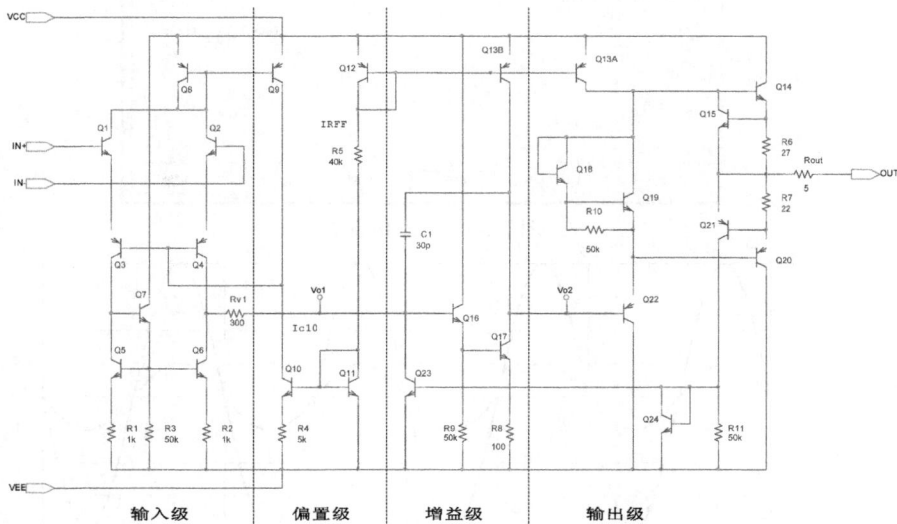

图 7.28　运放的复杂物理模型

图 7.30 和图 7.31 所示分别为瞬态仿真分析设置和输出电压波形，电路实现 4 倍放大，与设计值一致。

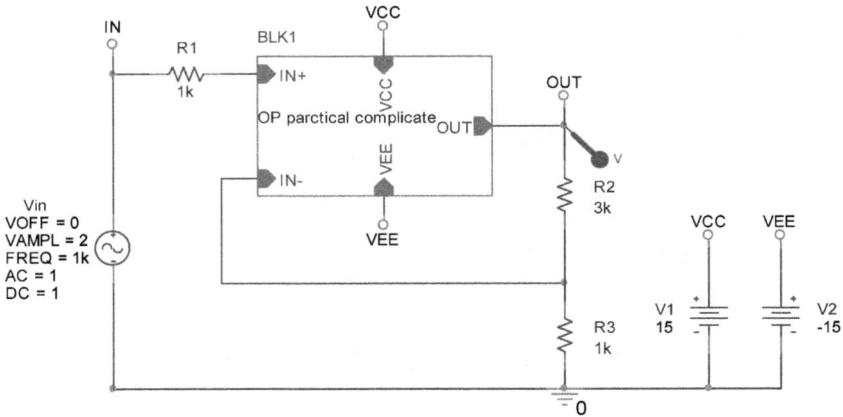

图 7.29　运放的复杂物理模型测试电路

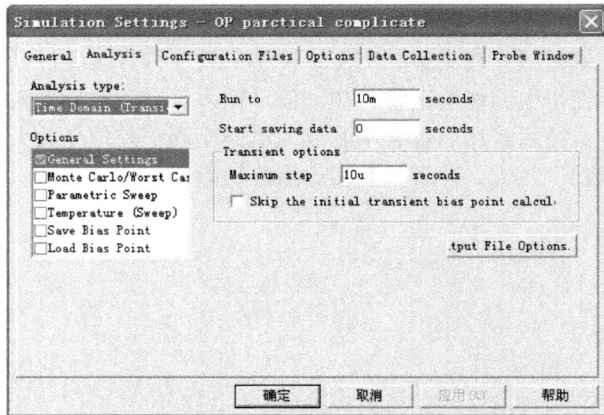

图 7.30　瞬态仿真设置

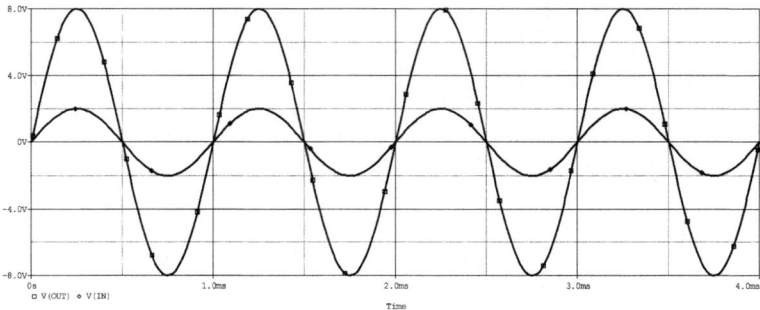

图 7.31　瞬态仿真输入、输出电压波形

　　图 7.32 和图 7.33 所示分别为交流仿真分析设置和输出电压波形，低频时电路实现 4 倍放大，随着频率增高电压增益降低，符合运放一阶低通特性。

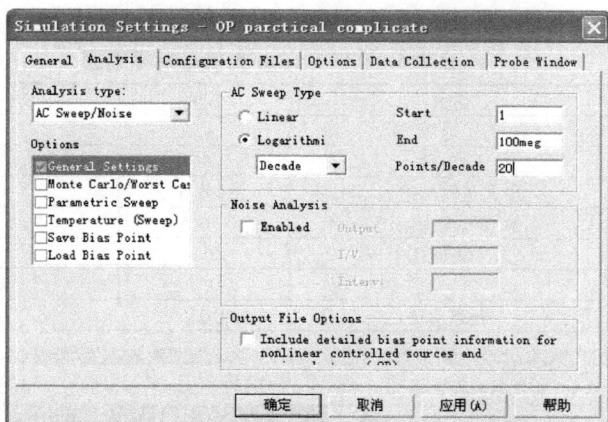

图 7.32　交流仿真设置

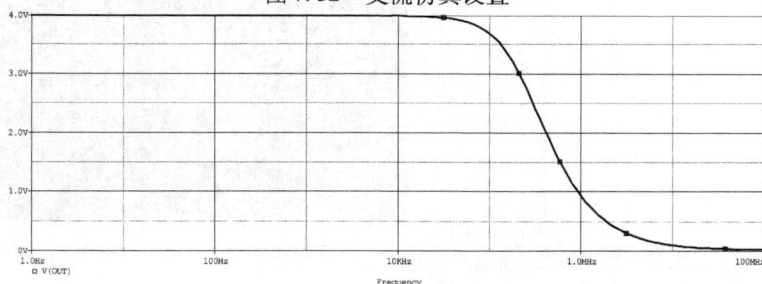

图 7.33　交流仿真输出电压频率特性

7.6　根据数据手册建立运放模型

根据数据手册建立运放 LTC1152 的 PSpice 模型，下面分步进行建模：

第一步：新建名称为 LTC1152m.lib 的库文件。

第二步：在库文件中新建运放模型 LTC1152m，如图 7.34 所示。

第三步：按照数据手册输入大信号摆幅数据。

运算放大器大信号摆幅参数用于设置运放输入、输出幅度限制值。表 7.6 为 LTC1152m 大信号摆幅数据，规定最大供电电压、最大输出电压、正向和负向最大摆率以及静态功耗。按照表 7.6 的数据在图 7.35 所示界

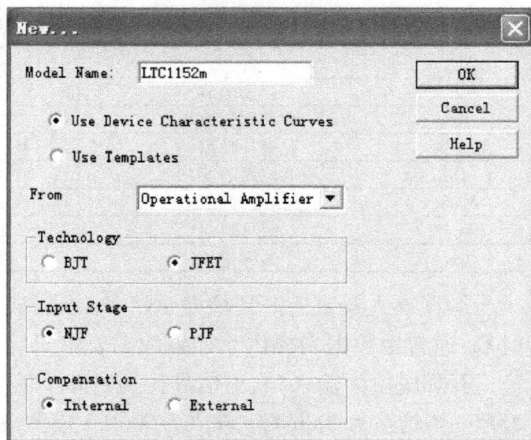

图 7.34　新建运放模型 LTC1152m

面中进行运放模型的数据输入。

表 7.6 LTC1152m 大信号摆幅数据

名称	含义	数值	单位
+ Vpwr	正电源	+7	V
− Vpwr	负电源	−7	V
+ Vout	最大正输出电压	+6.5	V
− Vout	最大负输出电压	−6.5	V
+ SR	最大正向摆率	0.5	V/μs
− SR	最大负向摆率	0.5	V/μs
Pd	静态功耗	0.035	W

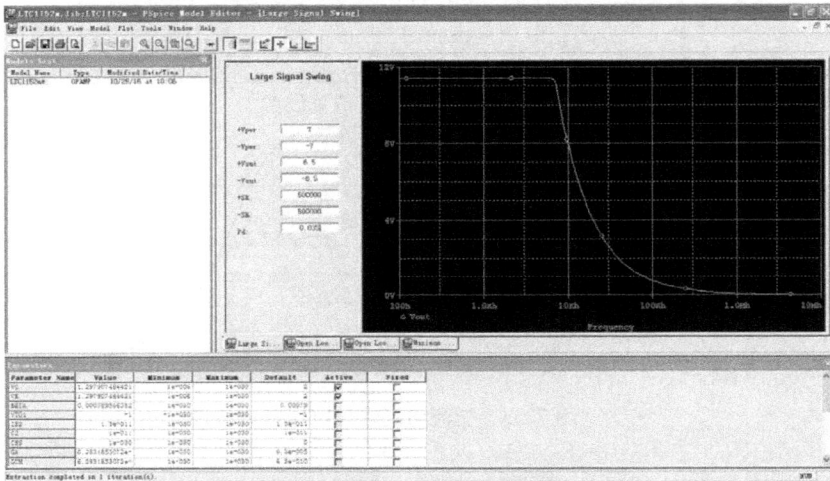

图 7.35 LTC1152m 大信号摆幅数据输入

第四步：按照数据手册输入开环增益数据（见表 7.7）。

表 7.7 LTC1152m 开环增益数据

名称	含义	数值	单位
Cc	补偿电容	50	pF
Ib	输入偏置电流	20	pA
Av − dc	直流开环增益	1000000	
f − 0db	单位增益频率	0.7meg	Hz
CMRR	共模抑制比	1000000	
Ibos	偏移电流	200	pA
Vos	偏移电压	10	μV

运算放大器直流开环增益 Av − dc 由运放内部电路特性决定。运算放大器补偿电容值 Cc 通常由数据表提供，如果数据表中未明确指出该值，则通常取 20 ~ 30pF。

开环增益为输入/输出信号比值，即小信号放大。当增益为 20V/mV 时，开环增益为 20000；当增益为 90db 时，输入为 90dB（模型编辑器将 db 自动转化为（10^（x/20）））。

f − 0db 为单位增益频率，运放开环时，增益为 0dB 时的频率值。

CMRR 为共模抑制比，用于设置运放共模抑制特性，该值与频率无关。

第五步：按照数据手册输入开环增益相位数据。

运算放大器开环相位数据用于设置开环单位增益相位，以模拟高频极点特性。图 7.36 所示为 LTC1152m 开环增益相位曲线，表 7.8 为 LTC1152m 开环增益相位数据，图 7.37 所示为 LTC1152m 开环增益相位数据输入。通常单位增益相位参数对于低频电路并不重要，建立运放模型时使用通用运算放大器默认值即可。

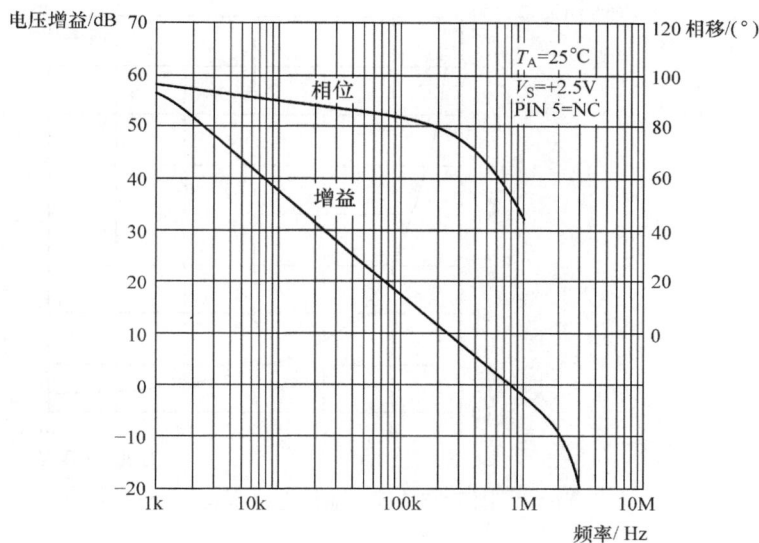

图 7.36　LTC1152m 开环增益相位曲线

表 7.8　LTC1152m 开环增益相位数据

名称	含义	数值	单位
Phi	单位增益相位裕度	60	°

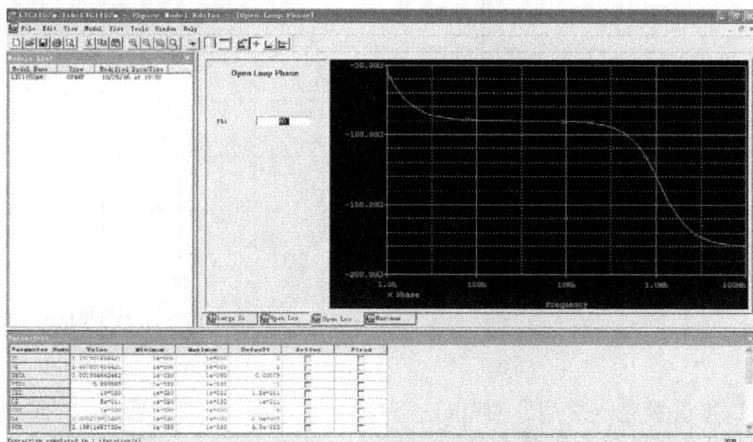

图 7.37　LTC1152m 开环增益相位数据输入

第六步：按照数据手册输入最大输出摆幅数据。

运算放大器最大输出摆幅规定其输出驱动能力。图 7.38 所示为开环输出阻抗曲线；图 7.39 所示为开环输出短路电流曲线。根据以上两曲线得到表 7.9 的 LTC1152m 最大输出摆幅数据，然后将数据按照图 7.40 进行输入。运放输出短路阻抗与电源电压相关，根据供电电压值确定短路阻抗值，在无特殊规定情况下，通常交流阻抗和直流阻抗参数值一致。

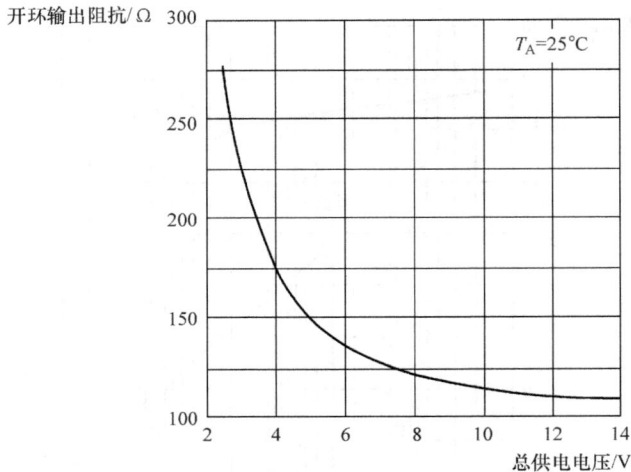

图 7.38 开环输出阻抗曲线

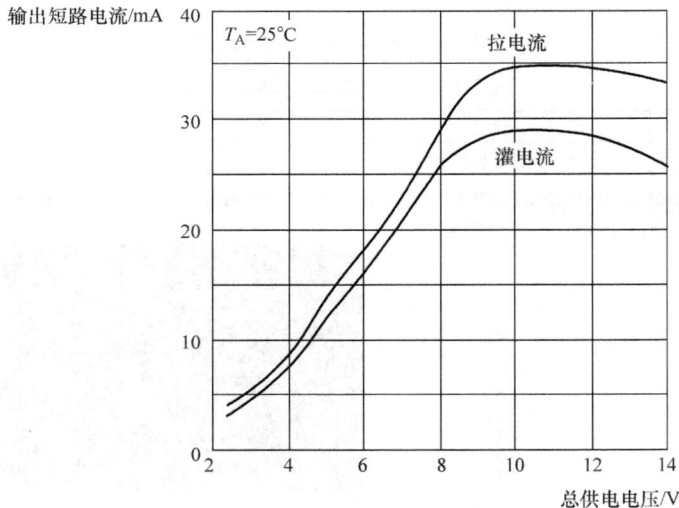

图 7.39 开环输出短路电流曲线

以上每步设置完成之后，对 lib 进行拟合（Extract）并且保存（Save）。

第七步：利用 lib 文件生成 olb 文件。

选择菜单 File > Export to Capture Part Library 生成 olb 文件，如图 7.41 所示。

表 7.9　LTC1152m 最大输出摆幅数据

名称	含义	数值	单位
Ro – dc	直流输出阻抗	100	Ω
Ro – ac	交流输出阻抗	100	Ω
Ios	短路输出最大电流	35	mA

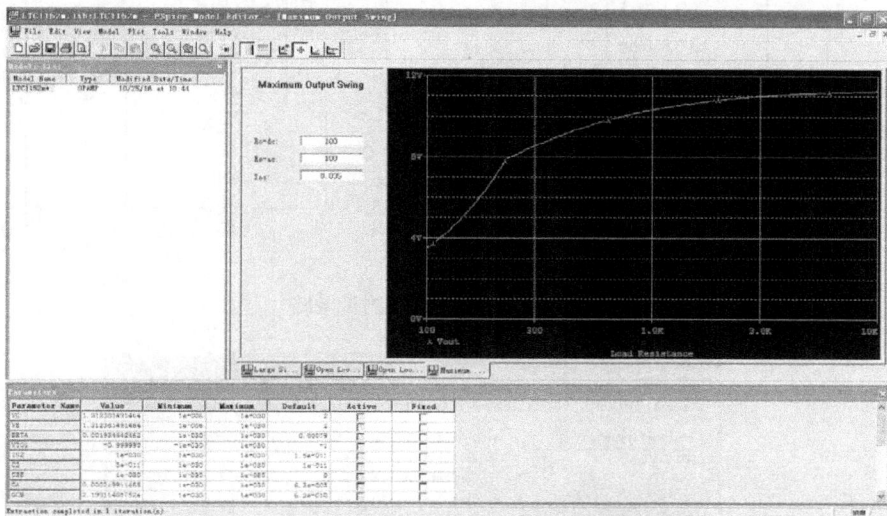

图 7.40　LTC1152m 最大输出摆幅数据输入

图 7.42 所示为生成的 lib 和 olb 文件，接下来对模型性能进行测试。

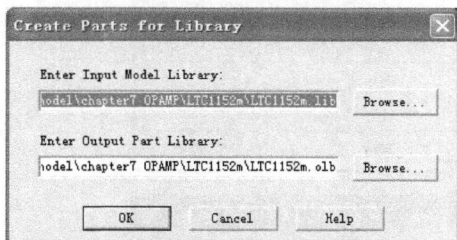

图 7.41　lib 文件生成 olb 文件

图 7.42　生成 lib 和 olb 文件

第八步：模型应用测试。

图 7.43 所示为电源电流测量电路，电阻 Rs 为电流采样电阻，Rload 为负载电阻；运放 U2、Rs、R3 和 R4 实现电流电压转化（100mA/1V）；U3、R5、R6、R7 和 R8 实现差分放大，并将输出电压转化为对地信号进行输出；仿真设置如图 7.44 和图 7.45 所示。

图 7.46 所示为负载电流－输出电压波形，转化率近似为 100mA/1V。当输出电流小于 20mA 时，输出电压非线性变化，主要是由于运放的供电和正输入端电压几乎一致，导致运放未工作于线性区；如果运放单独供电，则全电流范围内输出电压线性度将会一致。

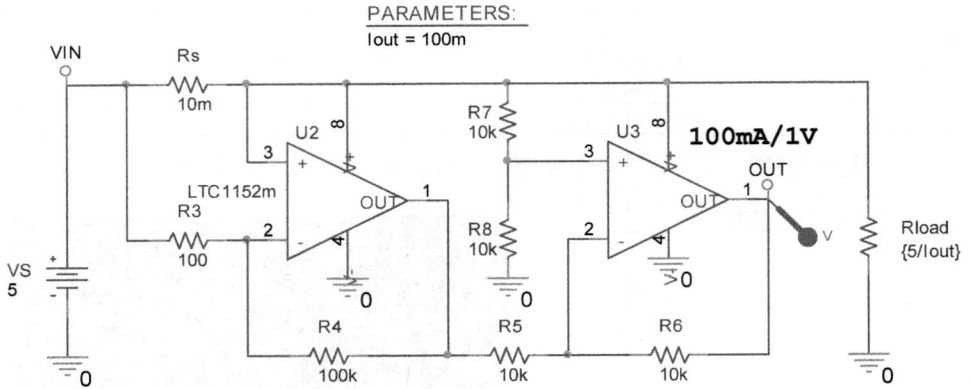

图 7.43　电流测量电路

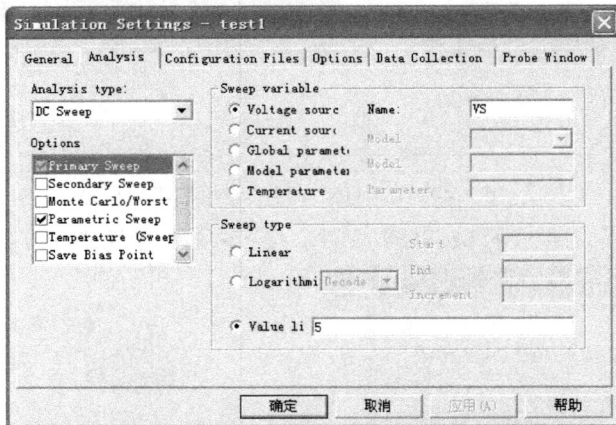

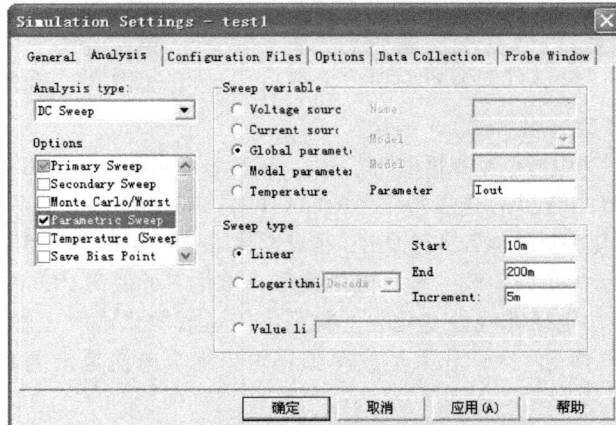

图 7.44　直流和参数扫描仿真设置

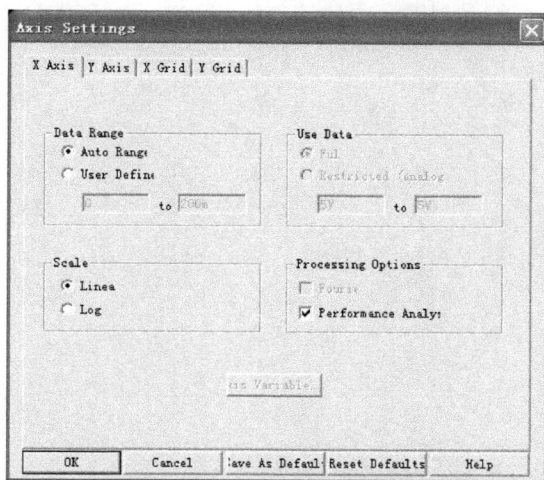

图 7.45 高性能仿真输出设置

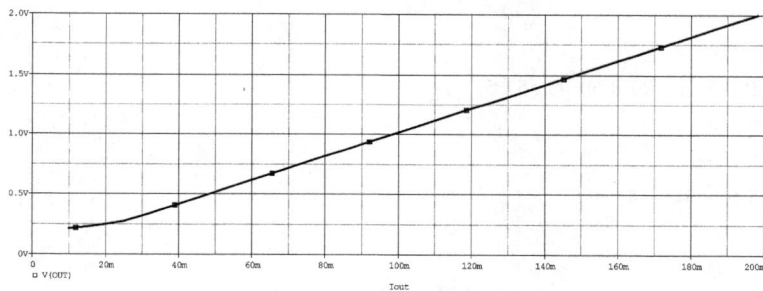

图 7.46 负载电流 – 输出电压波形

7.7 AD8061 运放模型建立及测试

7.7.1 根据官网 lib 模型建立 olb 文件

运放 AD8061 的 PSpice 模型如下，该模型主要包括如下参数：带宽、摆率、开环增益/相位、供电电流、输出电流限制、输出阻抗、输入/输出电压范围，未包括共模抑制比 CMRR 和失真特性。

AD8061 模型节点注释：

```
*           |同相输入端  1
*           ||反相输入端  2
*           ||  |供电电源正  99
*           ||  |  |供电电源负  50
*           ||  |  |  |输出端  45
*           ||  |  |  |  |
```

. SUBCKT AD8061 1 2 99 50 45

* 输入级 *

I1 4 50 1. 25E - 3

Q1 5 2 10 QPI

Q2 6 9 11 QPI

Vos 9 1 0

* IOS 2 1 . 3u

R1 1 3 6. 5e6

R2 3 2 6. 5e6

Cin 2 1 1p

R3 99 5 2. 5k

R4 99 6 2. 5k

R5 10 4 948

R6 11 4 948

* C 5 6 . 16p

* 极点为 17kHz *

Eref 98 0 POLY(2) 99 0 50 00 . 5 . 5

R7 12 98 6. 04e6

C2 12 98 1. 54pf

G1 98 12 5 6 6. 54e - 4

v1 99 14 - . 95

v2 16 50 - . 95

D1 12 14Dx

D2 16 12Dx

* 零点为 90MHz,极点为 500Hz *

Gzp 98 25 12 98 . 92

Rzp2 25 26 6. 5

Rzp1 26 98 1

Lzp 25 26 1. 72e - 9

* pole at 500MHz

G2 98 27 25 98 . 85

Rp3 98 27 1

Cp 98 27 318p

* Eout 32 98 25 98 1

* Rout 33 32 . 17

* 缓冲级 *

Gbuf 98 32 27 98 1e - 2

Rbug 32 98 100

* 共模增益 *

Ecm 20 98 POLY(2) 2 98 1 980 . 5 . 5

Gcm 98 21 20 98 . 4e − 6

L4 21 23 1e − 3

Rx 23 98 1k

输出级

R8 99 33 . 17

R9 33 50 . 17

G23 33 99 99 32 5. 88

G24 50 33 32 50 5. 88

G25 98 52 33 32 5. 88

D7 52 53 Dx

D8 54 52 Dx

V8 53 98 0

V9 98 54 0

V6 34 33 − . 849

V7 33 35 − . 849

D5 32 34Dx

D6 35 32Dx

Vcd 45 33 0

Fol 98 72 vcd 1

Vi1 72 70 0

Vi2 72 71 0

D11 70 98Dx

D12 98 71Dx

Erefq 96 0 45 0 1

Fq1 99 96 POLY(2) Vi2Vcd 0 1 − 1

Fq2 96 50 POLY(2) Vi1Vcd 0 1 − 1

静态工作电流

Ibias 99 50 − 5. 15m

. MODEL d1 D(IS = 10e − 15)

. MODELDy D(IS = 10e − 15)

. MODELDx D(IS = 10e − 15)

. MODELDz D(IS = 10e − 15)

. MODEL QPI NPN(IS = 100e − 18 NF = 1 BF = 178. 4)

. ENDS

利用 model editor，根据 lib 文件建立 olb，如图 7. 47 和图 7. 48 所示。

7.7.2 根据 AD8061 运放数据手册对模型进行测试

1. 放大功能测试

AD8061 放大电路和元器件表分别如图 7.49 和表 7.10 所示，电路实现 2 倍放大，3V 单电源供电，输入信号为正弦波，直流偏置为 0.75V，幅值为 0.25V，频率为 10kHz。

瞬态仿真分析设置如图 7.50 所示，运行时间为 1ms，最大步长为 1μs。因为输入正弦波频率为 10kHz，周期为 100μs，所以最大步长设置为周期的百分之一，既能满足仿真波形的准确度，又能提高仿真速度。

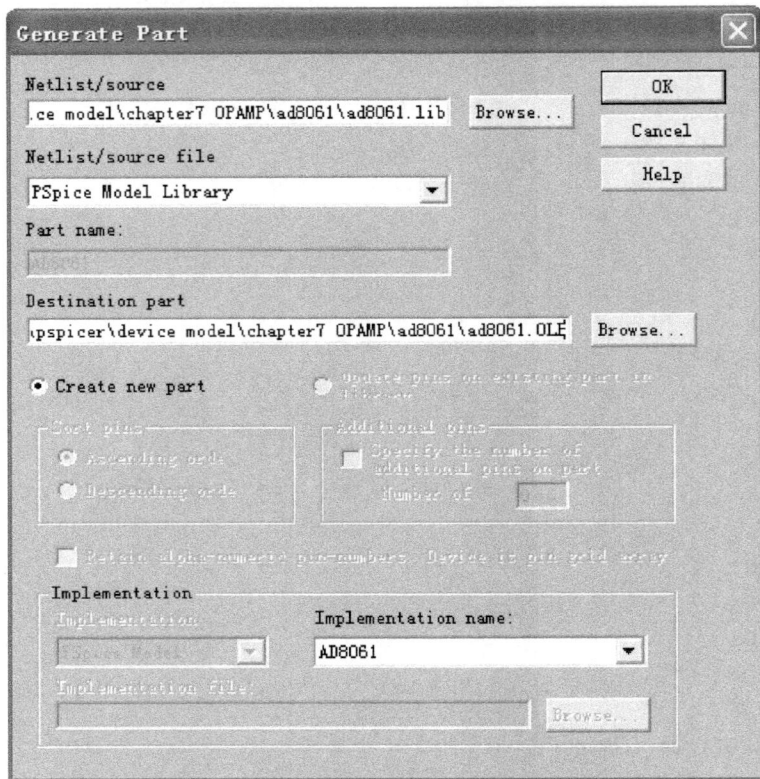

图 7.47　根据 lib 文件建立 olb

图 7.48　生成 lib 和 olb 文件

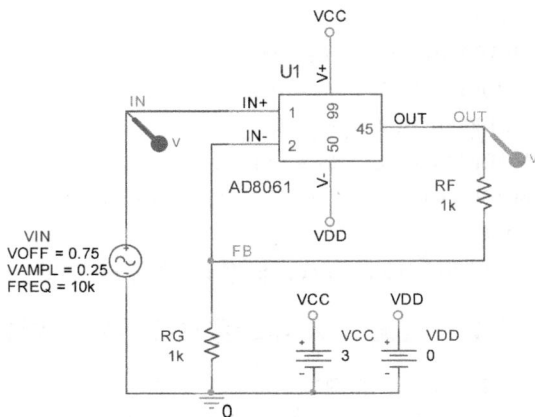

图 7.49　AD8061 放大电路

表 7.10 仿真电路元器件表

编号	名称	型号	参数	库	功能注释
RF	电阻	R	1k	ANALOG	反馈电阻
RG	电阻	R	1k	ANALOG	反馈电阻
U1	运放	AD8061	见 lib	AD8061	运放
VCC	电压源	VDC	3	SOURCE	运放供电
VDD	电压源	VDC	0	SOURCE	运放供电
VIN	电压源	VSIN	见图	SOURCE	输入信号

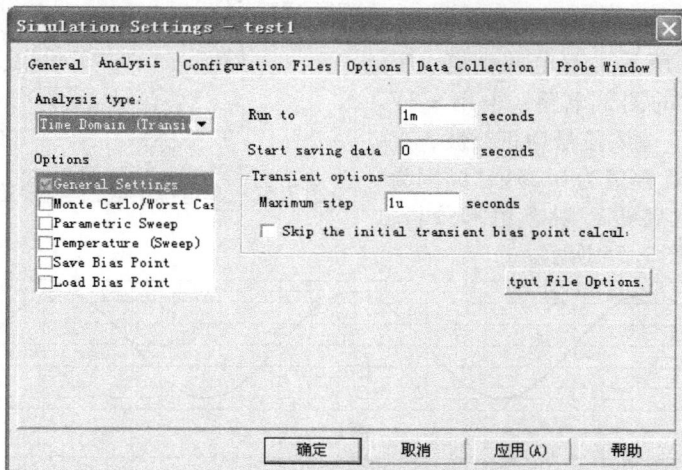

图 7.50 瞬态仿真分析设置

图 7.51 所示为瞬态仿真分析输入和输出电压波形，上面为输入电压波形，0.75V 直流偏置，0.25V 交流幅值；下面为输出电压波形，1.5V 直流偏置，0.5V 交流幅值，电路实现 2 倍放大功能。

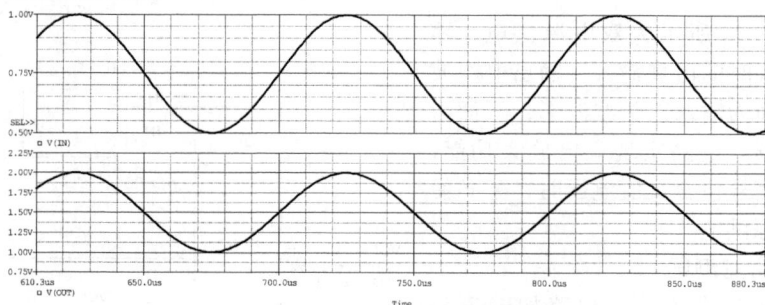

图 7.51 瞬态仿真分析输入和输出电压波形

2. 单电源供电，零输入偏置测试

图 7.52 所示为单电源供电、零输入偏置时的测试电路，采用 3V 单电源供电，输入信号为正弦波，直流偏置为零，幅值为 0.25V，频率为 10kHz。对电路进行瞬态仿真分析，输出波形如图 7.53 所示。

图 7.53 所示为单电源供电、零输入偏置时的仿真输入、输出电压波形，上面为输入正弦波波形，下面为输出波形。当输入电压大于零伏时，电压放大 2 倍；当输入电压小于零伏时，输出波形发生严重失真。

3. 双电源供电，零输入偏置测试

图 7.54 所示为双电源供电、零输入偏置时的测试电路：采用 ± 3V 双电源供电，输入信号为正弦波，直流偏置为零，幅值为 0.25V，频率为 10kHz。对电路进行瞬态仿真分析，输出波形如图 7.55 所示。

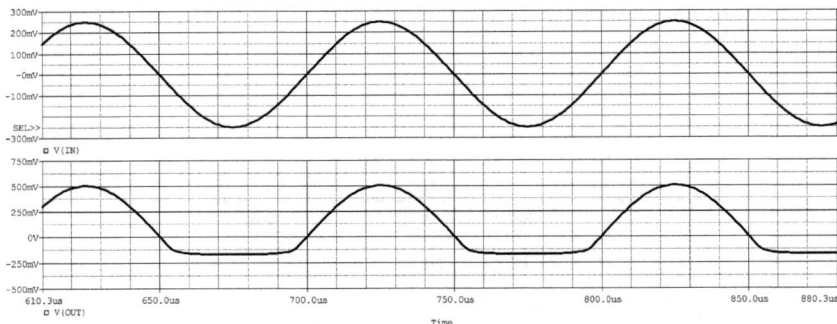

图 7.52   单电源供电、零输入偏置测试电路

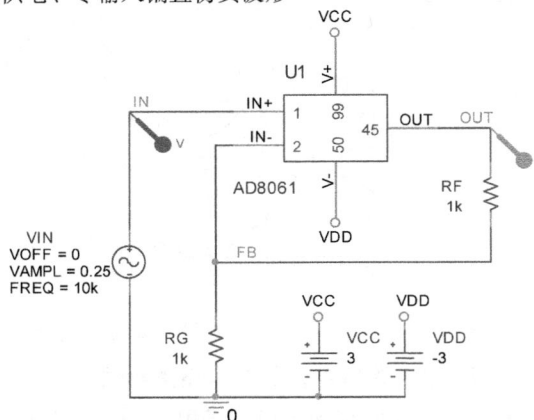

图 7.53   单电源供电、零输入偏置仿真波形

图 7.55 所示为双电源供电、零输入偏置时的仿真输入、输出电压波形，上面为输入正弦波波形，下面为输出波形。电路实现 2 倍放大功能，当输出信号包含负值电压时，务必使用双电源供电。

4. 带宽测试

AD8061 带宽测试电路如图 7.56 所示，因为输入信号、输出信号为交流，所以采用 ± 3V 双电源供电。输入交流信号为幅值 AC = 1V 正弦波，对电路进行交流仿真分析。

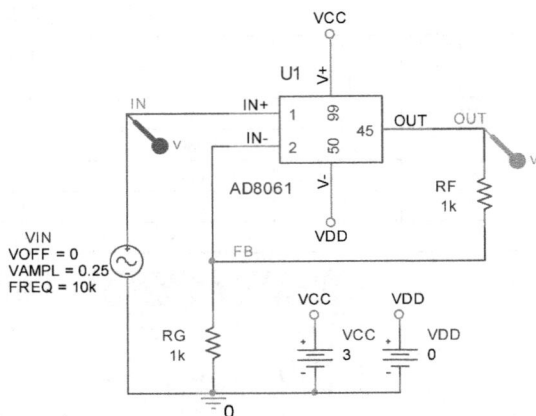

图 7.54   双电源供电、零输入偏置测试电路

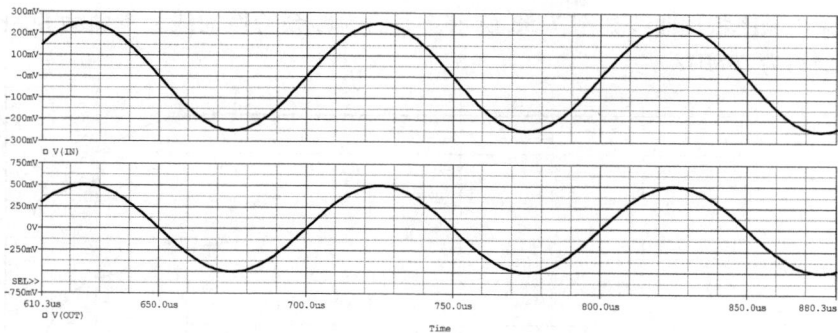

图 7.55　双电源供电、零输入偏置仿真波形

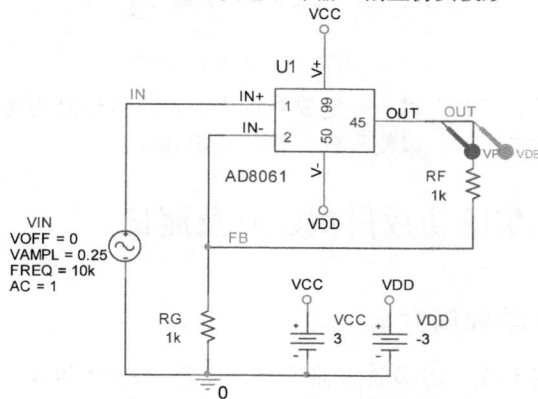

图 7.56　AD8061 带宽测试电路

交流仿真分析设置如图 7.57 所示，起始频率为 10Hz，结束频率为 500megHz，每 10 倍频 50 点。

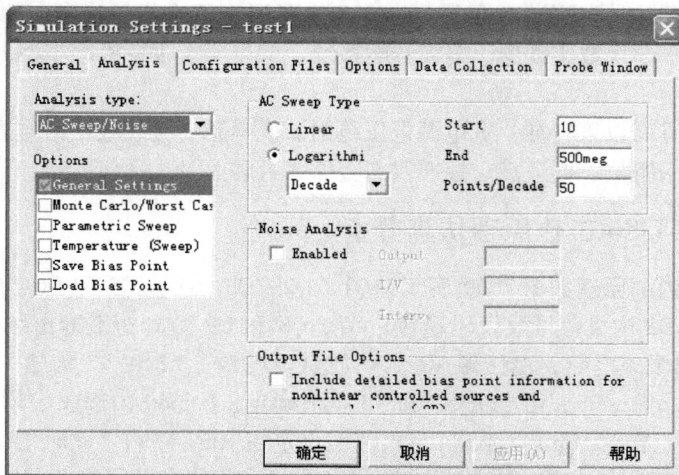

图 7.57　交流仿真分析设置

输出频率特性曲线如图 7.58 所示，上面为幅频特性曲线，下面为相频特性曲线；通频带约为 10MHz。

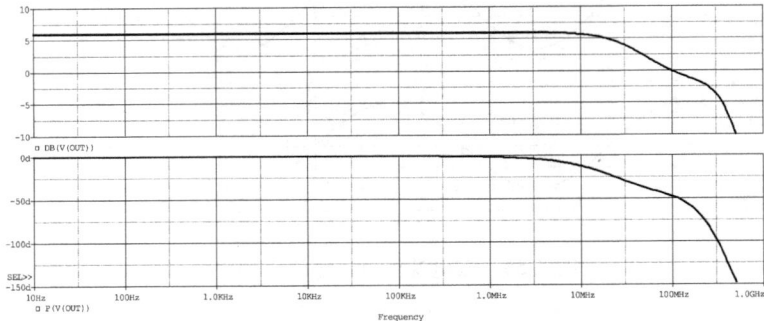

图 7.58 频率特性曲线

利用运放进行信号放大时，一定要对输入、输出幅值和电源供电进行严格计算，使得运放工作在正常工作区，以便得到正确的输出数据。

7.8 LM380 集成功放模型建立及测试

7.8.1 LM380 功能简介

LM380 主要用于音频功率放大器，内部固定增益为 34dB。由于独特的电路设计，当输入参考端与地直接连接时，输出端自动设置电源电压的一半为输出中心。芯片内部具有过热和短路保护电路，当芯片过热或者输出短路时，LM380 自动调整输出，以保护芯片不受损坏。LM380 为标准双列直插式封装，铜导线框架与两侧中心孔销构成散热器，使得该芯片易于安装和布局。LM380 主要用于留声机放大器、对讲机、线路驱动器、报警器、超声波驱动器、电视音响系统、AM－FM 收音机、小型伺服驱动器和电源转换器等。

LM380 具有以下特征：宽电源电压范围、低静态功耗、电压增益固定、高峰值电流能力、高输入阻抗、低失真、标准双列直插式封装。

7.8.2 LM380 工作原理仿真分析

LM380 内部原理如图 7.59 所示，Q1、Q2、Q3、Q4、Q5 和 Q6 构成输入级；Q11、Q12 和 D1、D2 构成信号放大驱动级；Q7、Q8 和 Q9 构成功率输出级；D1、D2 和 R6、R7 构成输出限流电路；电压源 V1 为功放供电电源；V2 和 V3 为输入信号。放大倍数 Vout/Vin = 2 * R2/R3，由电阻 R2 和 R3 阻值确定，LM380 内部固定增益为 34dB，约为 50 倍。正常工作时 IQ3 = IQ4，并且电流值设定在 10ma 左右，此时工作状态最佳。电路输出最大电流为 Q11 集电极电流与 Q7 放大倍之积。仿真元器件见表 7.11。

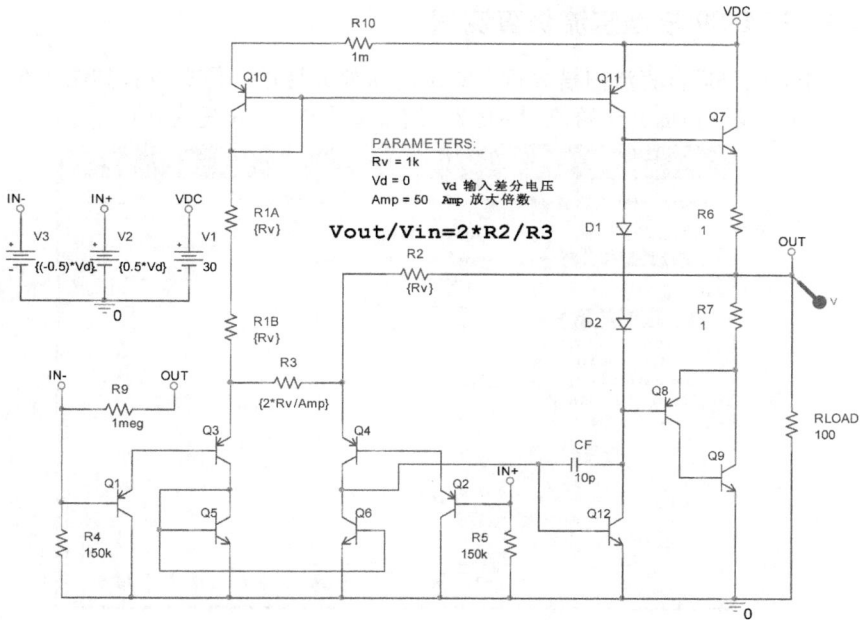

图 7.59　LM380 内部原理图

表 7.11　仿真元器件列表

编号	名称	型号	参数	库	功能注释
R1A	电阻	R	{RV}	ANALOG	直流偏置
R1B	电阻	R	{RV}	ANALOG	直流偏置
R2	电阻	R	{RV}	ANALOG	电压反馈
R3	电阻	R	{2 * Rv/Amp}	ANALOG	电压反馈
R4、R5	电阻	R	150k	ANALOG	防止悬空
R6、R7	电阻	R	1	ANALOG	过流保护
R9	电阻	R	1meg	ANALOG	防止悬空
R10	电阻	R	1m	ANALOG	等效导线
RLOAD	电阻	R	100	ANALOG	等效负载
CF	电容	C	10p	ANALOG	反馈
D1、D2	二极管	D1N4148		DIODE	偏置
Q1～Q4、Q10	晶体管	2N5401		BJN	信号输入
Q5、Q6	晶体管	2N5501		BJN	信号输入
Q8、Q11	晶体管	2N5401		BJN	电压放大
Q12	晶体管	2N5501		BJN	电压放大
Q7、Q9	晶体管	TIP50		BJN	功率放大
V1	电压源	VDC	30	SOURCE	供电电源
V2	电压源	VDC	{0.5 * Vd}	SOURCE	信号输入 +
V3	电压源	VDC	{（-0.5）* Vd}	SOURCE	信号输入 -
PARAM	参数设置	Param	Rv、Vd、Amp	SPECIAL	参数设置

7.8.3　LM380 模型直流仿真测试

　　首先对电路进行直流扫描分析，测试电路放大特性。仿真设置如图 7.60 所示，对 V2 进行直流线性扫描，起始值为 - 0.2，结束值为 0.2，步进为 0.02。

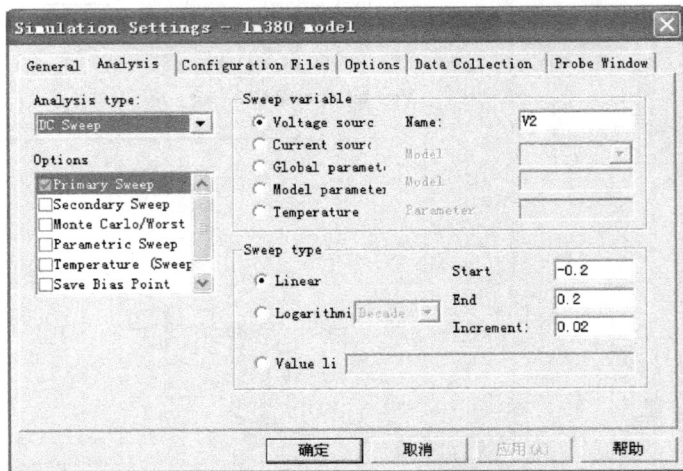

图 7.60　直流扫描仿真分析设置

　　直流仿真测试输出电压波形如图 7.61 所示，由于采用单电源供电，因此将输出直流偏置设置为 15V，为了输出显示与输入控制电压对称，输出电压波形为 V（OUT） - 15。当输入信号为 - 0.2V 时，输出电压为 - 10V；当输入信号为 0.2V 时，输出电压为 10V；放大倍数为 $(10 + 10)/(0.2 + 0.2) = 50$，与设置放大倍数一致。

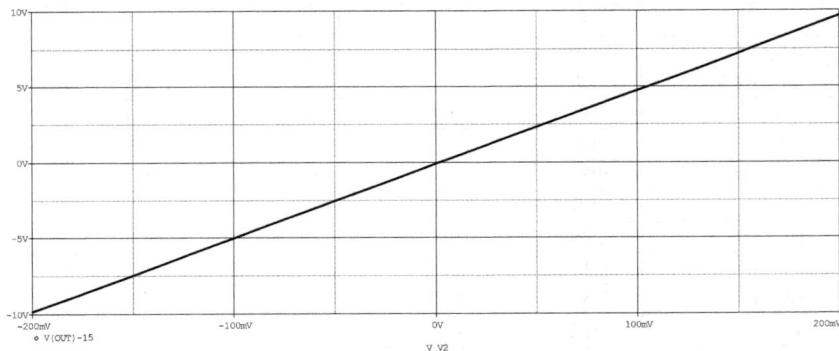

图 7.61　直流仿真测试输出电压波形

7.8.4　LM380 模型闭环测试

　　利用运放和 LM380 构建闭环功率放大电路，以便对输出电压进行更加准确的调节。闭环仿真电路和 LM380 层电路分别如图 7.62 和图 7.63 所示，通过参数 Vout 设置输出电压值。

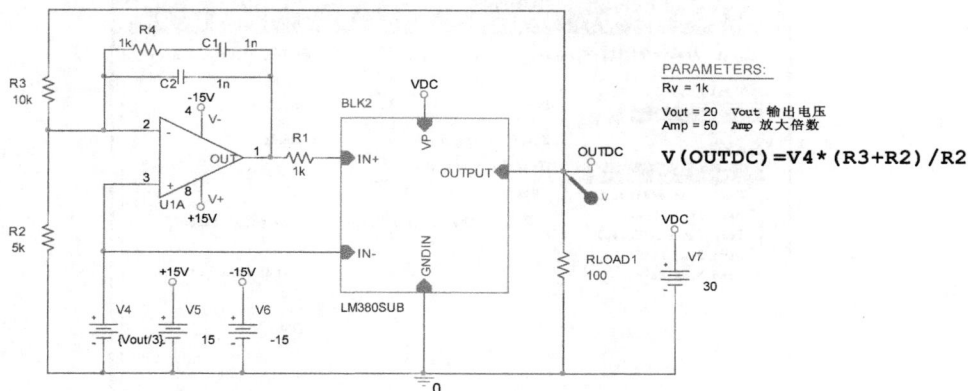

图 7.62　闭环仿真电路：Vout = 20V

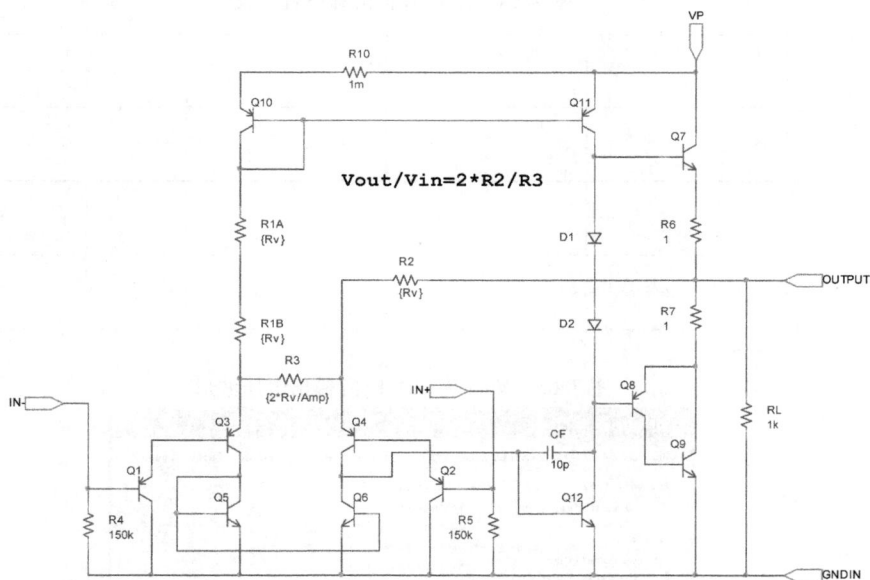

图 7.63　LM380 层电路模型

　　瞬态仿真设置界面如图 7.64 所示，运行时间为 3ms，最大步长为 1μs。因为开始工作时电路各节点初始状态未知，所以为保证仿真时电路收敛，选择跳过初始瞬态偏置点计算。

　　图 7.65 所示为输出电压波形，当参数设置 Vout 为 20V 时，仿真输出同为 20V，仿真与设置一致。

　　对输出电压 Vout 进行参数扫描分析，仿真设置界面如图 7.66 所示，观察当 Vout 分别设置为 5、10、15、20 和 25 时，仿真输出电压如何变化。

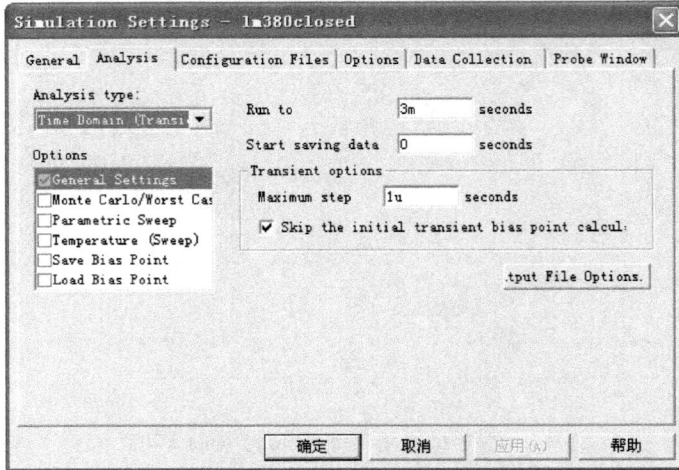

图 7.64　闭环瞬态仿真设置界面

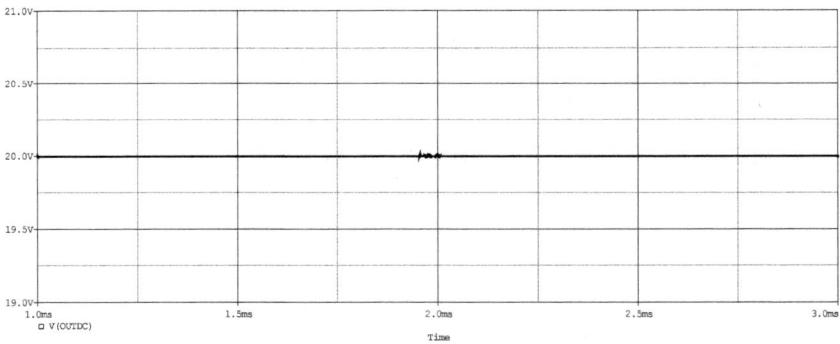

图 7.65　Vout 为 20V 时的输出电压波形

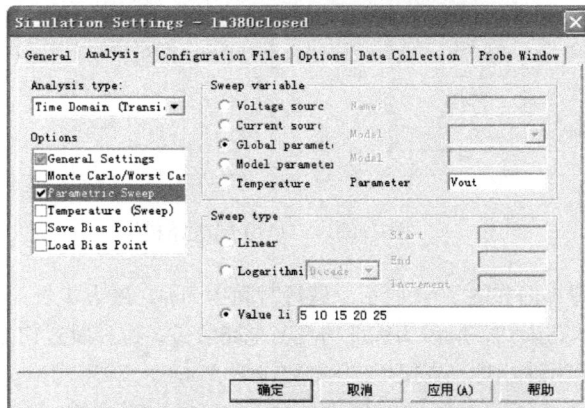

图 7.66　参数扫描仿真设置界面

图 7.67 所示为输出仿真电压波形，分别为 5、10、15、20 和 25，与仿真设置一致。

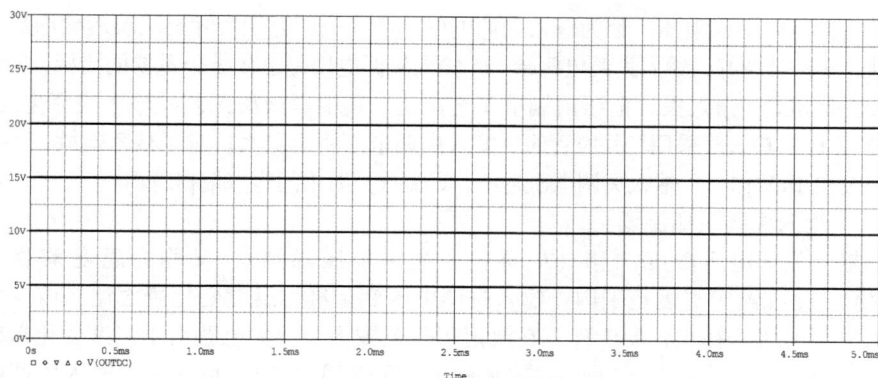

图 7.67 输出仿真电压波形

7.9 运放参数含义及选型指南

7.9.1 运放专业术语

英文名称	中文名称	含义
bandwidth	带宽	电压增益变成低频时 0.707 倍的频率值
common mode rejection ratio	共模抑制比	差分放大器对共模信号的抑制能力
harmonic distortion	谐波失真	谐波电压的均方根值之和/基波电压均方根值
input bias current	输入偏置电流	两输入端电流的平均值
input voltage range	输入电压范围	运放正常工作时输入端电压范围
input impendence	输入阻抗	输入电压与输入电流之比
input offset current	输入失调电流	运放输出 0V 时流入两输入端电流之差
input offset voltage	输入失调电压	输出为零，两等值电阻加到两输入端的电压值
input resistance	输入电阻	输入电压变化值/输入电流变化值
large – signal voltage gain	大信号电压增益	输出电压摆幅/输入电压
output impendence	输出阻抗	指定输出电压与输出电流之比
output resistance	输出电阻	输出电压为 0，从输出端看进去的小信号电阻
output voltage swing	输出电压摆幅	运放输出端正常输出的电压峰值
offset voltage temperature drift	失调电压温漂	输入失调电压与温度变化量之比
power supply rejection	电源抑制比	输入失调电流变化值/电源变化值
settling time	建立时间	从开始输入到输出达到稳定的时间
slew rate	摆率	输入为大幅值阶跃信号时输出端电压变化率
supply current	电源电流	运放正常工作时电源供电电流
transient response	瞬态响应	小信号阶跃响应
unity gain bandwidth	单位增益带宽	开环增益为 1 时的频率值
voltage gain	电压增益	输出电压/输入电压

7.9.2 运放重要参数具体含义

1. 输入失调电压

将运放两输入端接地，理想运放输出为零，但实际运放输出不为零。将输出电压除以增益得到等效输入电压，称为输入失调电压。输入失调电压实际上反映运放内部电路的对称性，对称性越好，输入失调电压越小。输入失调电压是运放十分重要的指标，对于精密运放，更是如此。输入失调电压由制造工艺决定，其中双极型工艺的输入失调电压在 ±1 ~ 10mV 之间；输入级采用场效应管时，输入失调电压将会更大；对于精密运放，输入失调电压一般在 1mV 以下。输入失调电压越小，直流放大时中间零点偏移越小。

2. 输入失调电压温漂

输入失调电压温度漂移（简称输入失调电压温漂），又称为温度系数，单位为 $\mu V/\text{℃}$。是在给定温度范围内，输入失调电压变化量与温度变化量之比。该参数实际是输入失调电压的补充，便于计算在给定工作范围内，放大电路由于温度变化造成的漂移大小。普通运放输入失调电压温漂在 $±10 ~ 20\mu V/\text{℃}$ 之间，精密运放输入失调电压温漂小于 $±1\mu V/\text{℃}$。

3. 输入偏置电流

输入偏置电流是运放两输入端流进或流出的直流电流平均值。双极型运放输入偏置电流离散性较大，但几乎不受温度影响；MOS 型运放输入偏置电流为栅极漏电流，通常值很小，但受温度影响较大。

输入偏置电流对高阻信号放大、积分电路等对输入阻抗要求很高的地方有较大影响。输入偏置电流与制造工艺有关，其中双极型工艺的输入偏置电流在 $±10nA ~ 1\mu A$ 之间；采用场效应管做输入级时，输入偏置电流通常低于 1nA。

4. 输入失调电流

输入失调电流是当运放输出直流电压为零时，其两输入端偏置电流的差值。输入失调电流反映运放内部电路的对称性，对称性越好，输入失调电流越小。输入失调电流是运放十分重要的指标。输入失调电流大约是输入偏置电流的百分之一到十分之一。输入失调电流对于小信号精密放大或直流放大有重要影响，当运放外部采用较大电阻时，输入失调电流对精度的影响可能超过输入失调电压对精度的影响。输入失调电流越小，直流放大时中间零点偏移越小。

5. 输入电阻

输入电阻是运放两输入端之间的差动输入电阻。该值由微小交流信号定义，实际影响很小，可忽略不计。

6. 电压增益 AV

电压增益定义为差模开环直流电压增益。当运放工作于线性区时，差模开环直流电压增益为运放输出电压与差模输入电压之比。由于差模开环直流电压增益很大，一般在数万倍或者更大，通常采用 dB 形式表示，范围在 80 ~ 120dB，实际运放的差模开环电压增益为频率的函数。

7. 最大输出电压

输出饱和之前的输出电压称为最大输出电压，理想运放可达到满幅度输出。

8. 共模输入电压范围

共模输入电压范围是运放两输入端与地之间能够施加的共模电压范围。

9. 共模信号抑制比 CMRR

共模抑制比是当运放工作于线性区时，运放差模增益与共模增益之比。运放两输入端与地之间输入相同信号时，输入、输出间的增益称为共模电压增益 AVC。

共模抑制比 CMRR = AV/AVC。

共模抑制比是运放极为重要的指标，体现运放抑制差模输入中共模干扰信号的能力。由于共模抑制比很大，大多数运放的共模抑制比在数万倍或更多，因此通常采用 dB 形式表示，通用运放的共模抑制比在 80～120dB。

10. 电源电压抑制比 SVRR

电源电压抑制比是当运放工作于线性区时，运放输入失调电压与电源电压变化之比，即 SVRR = $\Delta Vs/\Delta Vin$。

电源电压抑制比反映电源变化对运放输入的影响。目前电源电压抑制比只能做到 80dB 左右。当对直流信号或小信号放大时，运放电源需要做认真细致的处理。高共模抑制比运放通过补偿电容对电源电压进行抑制。

11. 消耗电流

消耗电流是运放电源端流过的电流，随外加电路及电源电压变化而变化。

12. 转换速率 SR

转换速率（压摆率）是运放闭环工作时，将大信号（含阶跃信号）输入到运放输入端，从运放输出端测得的运放输出电压的上升速率。由于在转换期间运放的输入级处于开关状态，因此运放反馈回路不起作用，即转换速率与闭环增益无关。转换速率对于大信号处理非常重要，通用运放转换速率 $SR \le 10V/\mu s$，高速运放转换速率 $SR > 10V/\mu s$，目前高速运放最高转换速率 SR 可以达到 $6000V/\mu s$。

13. 增益带宽积

增益带宽积为运放电压增益与频率的特性参数，单位为 MHz。

单位增益带宽是运放闭环增益为 1 的条件下，将正弦小信号输入到运放输入端，从运放输出端测得的闭环电压增益下降 3db（相当于运放输入信号的 0.707）时所对应的信号频率。

7.9.3 运放选型

由于运算放大器型号众多，因此初学者选型时通常不知所措。本节力求通过如下实际运放性能分析，明确运算放大器对信号放大的影响，然后进行运放选择。

1. 高阻运放 CA3140

CA3140 主要指标

参数名称	数值	单位
输入失调电压	5000	μV
输入失调电压温度漂移	8	μV/℃
输入失调电流	0.5	pA
输入失调电流温度漂移	0.005	pA/℃
25℃温度下失调误差造成影响		
输入失调电压造成误差	5000	μV

（续）

参数名称	数值	单位
25℃温度下失调误差造成影响		
输入失调电流造成误差	0.0045	μV
合计本项误差	5000	μV
输入信号 200mV 时相对误差	2.5	%
输入信号 100mV 时相对误差	5	%
输入信号 25mV 时相对误差	20	%
输入信号 10mV 时相对误差	50	%
输入信号 1mV 时相对误差	500	%
0～25℃温度漂移造成影响		
输入失调电压温漂造成误差	200	μV
输入失调电流温漂造成误差	0.001	μV
合计本项误差	200	μV
输入信号 200mV 时相对误差	0.1	%
输入信号 100mV 时相对误差	0.2	%
输入信号 25mV 时相对误差	0.8	%
输入信号 10mV 时相对误差	2	%
输入信号 1mV 时相对误差	20	%

初步结论：高阻运放输入失调电流很小，造成的误差远远不及输入失调电压造成的误差，可以忽略；输入失调电压造成的误差很大，但可以在工作中心温度处通过调零消除；高阻运放输入失调电流温漂很小，造成的误差远远不及输入失调电压温漂造成的误差，可以忽略；使用高阻运放时，由于失调电压温度系数较大，造成的影响较大，不适合放大 100mV 以下直流信号。

2. 高速运放 HA5159

HA5159 主要指标

参数名称	数值	单位
输入失调电压	10000	μV
输入失调电压温度漂移	20	μV/℃
输入失调电流	6	nA
输入失调电流温度漂移	60	pA/℃
25℃温度下失调误差造成影响		
输入失调电压造成误差	10000	μV
输入失调电流造成误差	54.5	μV
合计本项误差	10054	μV
输入信号 200mV 时相对误差	5	%
输入信号 100mV 时相对误差	10	%
输入信号 25mV 时相对误差	40	%
输入信号 10mV 时相对误差	100	%
输入信号 1mV 时相对误差	1005	%
0～25℃温度漂移造成影响		
输入失调电压温漂造成误差	500	μV
输入失调电流温漂造成误差	13.6	μV
合计本项误差	513.6	μV
输入信号 200mV 时相对误差	0.3	%
输入信号 100mV 时相对误差	0.51	%
输入信号 25mV 时相对误差	2.05	%
输入信号 10mV 时相对误差	5.14	%
输入信号 1mV 时相对误差	51.4	%

初步结论：输入失调电压和输入失调电流造成的误差较大，但可以在工作范围中心温度处通过调零消除。其中输入失调电压造成的误差远远超过输入失调电流造成的误差；在使用高速运放时，由于失调电压温度系数较大，造成的影响较大，不适合放大100mV 以下的直流信号。当高阻信号源或运放外围电阻值较大时，输入失调电流和输入失调电流温漂造成的误差会增加很多，甚至有可能超过输入失调电压和输入失调电压温漂造成的误差，所以必须考虑采用高阻运放或低失调运放。

3. 高精密运放 ICL7652

ICL7652 主要指标

参数名称	数值	单位
输入失调电压	0.7	μV
输入失调电压温度漂移	0.02	μV/℃
输入失调电流	0.02	nA
输入失调电流温度漂移	0.2	pA/℃
25℃温度下失调误差造成影响		
输入失调电压造成误差	0.7	μV
输入失调电流造成误差	0.2	μV
合计本项误差	0.9	μV
输入信号 200mV 时相对误差	0.0004	%
输入信号 100mV 时相对误差	0.0009	%
输入信号 25mV 时相对误差	0.0035	%
输入信号 10mV 时相对误差	0.0088	%
输入信号 1mV 时相对误差	0.088	%
0 ~ 25℃温度漂移造成影响		
输入失调电压温漂造成误差	0.5	μV
输入失调电流温漂造成误差	0.05	μV
合计本项误差	0.55	μV
输入信号 200mV 时相对误差	0.0003	%
输入信号 100mV 时相对误差	0.0005	%
输入信号 25mV 时相对误差	0.0022	%
输入信号 10mV 时相对误差	0.0055	%
输入信号 1mV 时相对误差	0.055	%
其他条件不变、外围电阻等比例增加一倍，25℃温度下失调误差造成影响		
输入失调电压造成误差	0.7	μV
输入失调电流造成误差	0.4	μV
合计本项误差	1.1	μV
其他条件不变、外围电阻等比例增加一倍，0 ~ 25℃温度漂移造成影响		
输入失调电压温漂造成误差	0.5	μV
输入失调电流温漂造成误差	0.09	μV
合计本项误差	0.59	μV

初步结论：高精密运放输入失调电压和输入失调电流造成的误差很小。输入失调电压造成的误差大于输入失调电流造成的误差；高精密运放失调电压温度系数很小，适合放大 1mV 以下的直流信号；当运放外围电阻等比例增加一倍时，运放输入失调电压和输入失调电压温漂造成的误差不变，而输入失调电流和输入失调电流温漂造成的误差增

加一倍；当使用高阻信号源或运放外围电阻值较高时，输入失调电流和输入失调电流温漂造成的误差将迅速增加，甚至超过输入失调电压和输入失调电压温漂造成的误差。

4. 通用运放 LM324

LM324 主要指标

参数名称	数值	单位
输入失调电压	9000	μV
输入失调电压温度漂移	7	μV/℃
输入失调电流	7	nA
输入失调电流温度漂移	10	pA/℃
25℃温度下失调误差造成影响		
输入失调电压造成误差	9000	μV
输入失调电流造成误差	63.3	μV
合计本项误差	9063.3	μV
输入信号 200mV 时相对误差	4.5	%
输入信号 100mV 时相对误差	9.1	%
输入信号 25mV 时相对误差	36.3	%
输入信号 10mV 时相对误差	90.6	%
输入信号 1mV 时相对误差	906	%
0～25℃温度漂移造成影响		
输入失调电压温漂造成误差	175	μV
输入失调电流温漂造成误差	2.3	μV
合计本项误差	177.3	μV
输入信号 200mV 时相对误差	0.09	%
输入信号 100mV 时相对误差	0.18	%
输入信号 25mV 时相对误差	0.71	%
输入信号 10mV 时相对误差	1.77	%
输入信号 1mV 时相对误差	17.7	%
其他条件不变、外围电阻等比例增加一倍，25℃温度下失调误差造成影响		
输入失调电压造成误差	9000	μV
输入失调电流造成误差	127.3	μV
合计本项误差	9127.3	μV
其他条件不变、外围电阻等比例增加一倍，0～25℃温度漂移造成影响		
输入失调电压温漂造成误差	175	μV
输入失调电流温漂造成误差	4.5	μV
合计本项误差	179.5	μV

初步结论：输入失调电压和输入失调电流造成的误差较大，但可以在工作范围中心温度处通过调零消除。其中输入失调电压造成的误差远远超过输入失调电流造成的误差；使用 LM324 时，由于输入失调电压的温度系数较大，造成的影响较大，不适合放大 100mV 以下的直流信号。运放外围电阻等比例增加一倍，运放输入失调电压和失调电压温漂造成的误差不变，而输入失调电流和输入失调电流温漂造成的误差随之增加一倍。当高阻信号源或运放外围电阻值较高时，输入失调电流和输入失调电流温漂造成的误差快速增加，甚至有可能超过输入失调电压和输入失调电压温漂所造成的误差，必须考虑采用高阻运放或低失调运放。

例 1 运放对直流小信号的放大影响

图 7.68 所示为标准差分放大电路，同相输入端输入电阻为 R1，同相输入端接地电阻为 R3；反相输入端输入电阻为 R2，反相输入端反馈电阻为 R4；运放采用双电源供电；R1 = R2 = 10k，R3 = R4 = 100k，电压增益 Av = 10。同样的电路采用不同型号的运放 LM324 和 ICL7652，测试运放直流小信号的放大特性。

直流小信号幅度通常低于 200mV，本例采用 100mV 直流源作为激励源，电路实现 10 倍放大，输出电压为 1V。

测试 1：瞬态仿真分析——输出电压精度。仿真设置如图 7.69 所示。

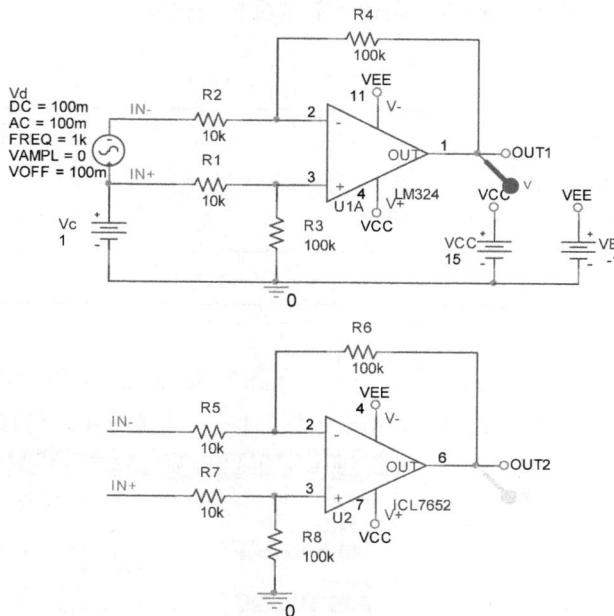

图 7.68　差分放大电路：Vd 为差模电压，Vc 为共模电压

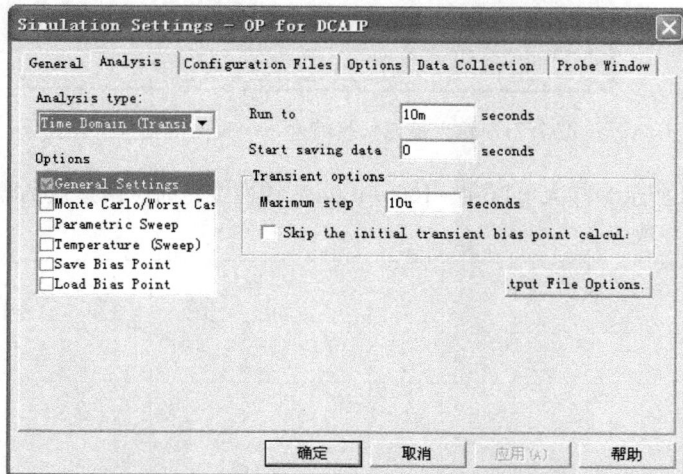

图 7.69　瞬态仿真设置

图 7.70 所示为瞬态仿真分析输出电压波形，上面为精密运放 ICL7652 输出电压波形，下面为通用运放 LM324 输出电压波形。精密运放输出电压为 1V，通用运放输出电

压约为 0.995V，精密运放精度要高很多。

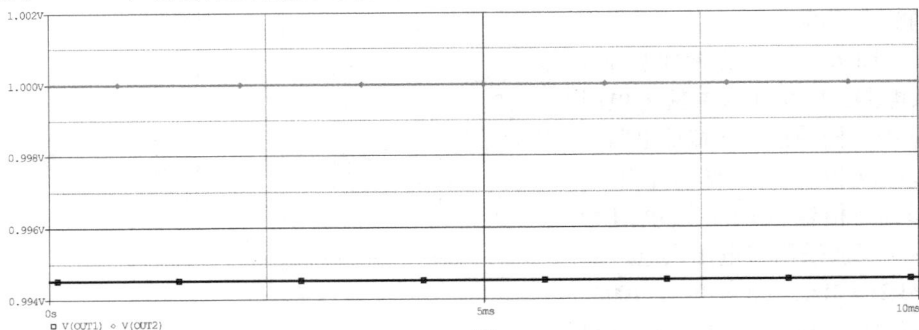

图 7.70　瞬态仿真输出电压波形

测试 2：输入输出线性特性——直流分析。仿真设置如图 7.71 所示。

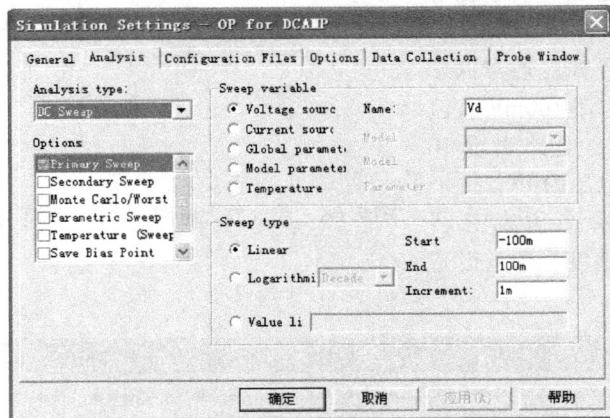

图 7.71　输入输出线性特性——直流仿真分析设置

图 7.72 所示为输入电压在 −100 ~ 100mV 线性变化时，两运放的输出电压波形，直流特性基本一致。

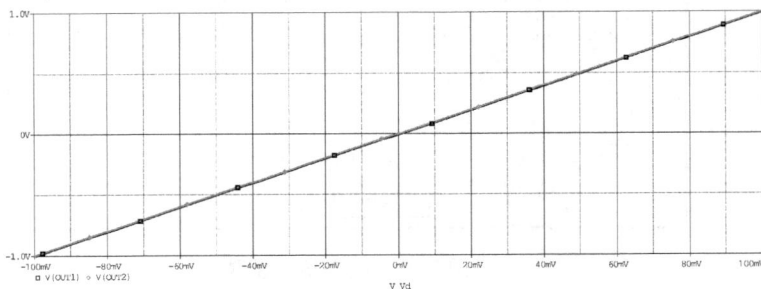

图 7.72　直流仿真分析输出波形

测试 3：交流仿真分析——频率特性。仿真设置如图 7.73 所示。

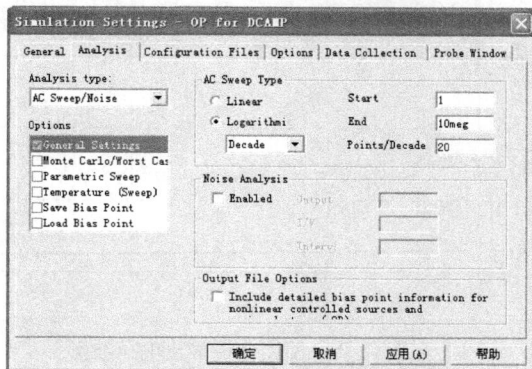

图 7.73　交流仿真分析设置

图 7.74 所示为交流仿真分析输出波形，ICL7652 比 LM324 具有更宽的频带。

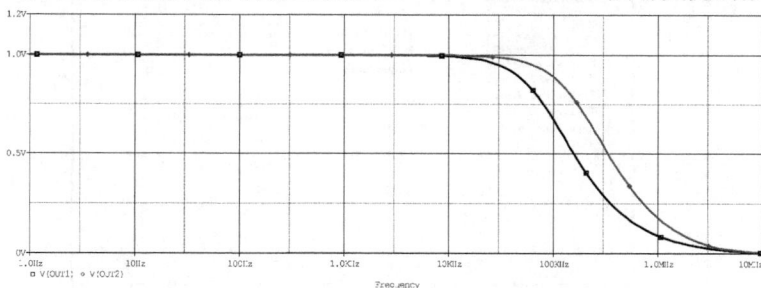

图 7.74　交流仿真分析输出电压波形

测试 4：温度仿真分析——输出温漂。仿真设置如图 7.75 所示。

当工作温度在 0～50℃ 线性变化时，两运放输出电压如图 7.76 所示，上面为 ICL7652 输出电压波形，下面为 LM324 输出电压波形，基本保持恒定；但精密运放 ICL7652 输出电压更加稳定，受温度影响更小。

例 2　运放外部电路对输出影响

测试 1：共模电压影响。仿真设置如图 7.77 所示。

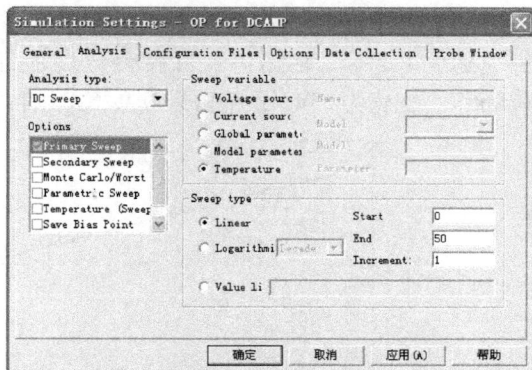

图 7.75　温度仿真分析设置

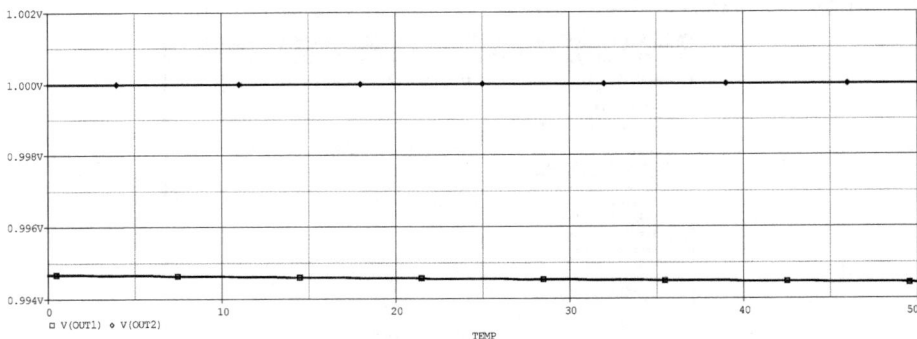

图 7.76　温度分析输出电压波形

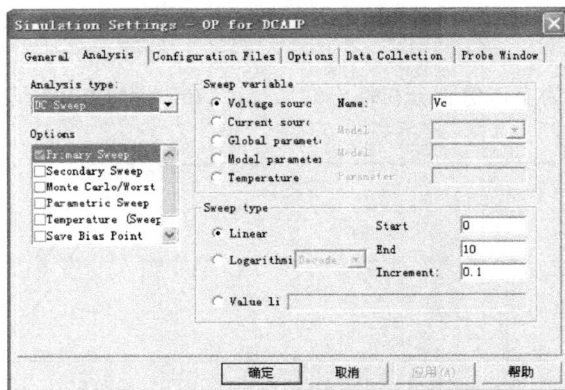

图 7.77　共模电压 Vc 直流扫描仿真分析设置

图 7.78 所示为共模测试输出电压波形，当共模电压从 0V 线性增加至 10V 时，精密运放 ICL7652 输出电压保持恒定；通用运放 LM324 输出电压从 0.998V 降低到 0.965V，变化为 33mV；精密运放共模抑制特性更好。

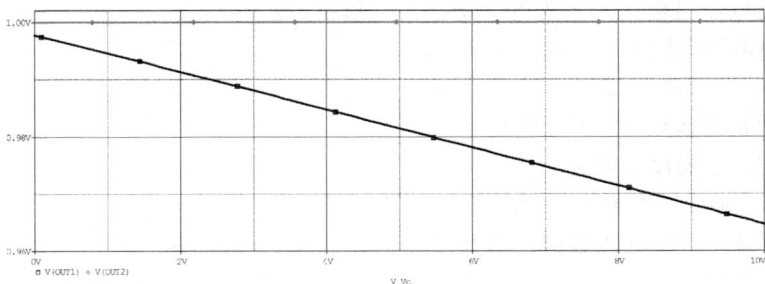

图 7.78　共模测试输出电压波形

测试 2：电源电压影响。仿真设置如图 7.79 所示。

图 7.80 所示为运放供电电源电压 Vcc 从 5V 线性变化至 15V 过程中的输出电压波

形，精密运放 ICL7652 输出电压保持恒定；通用运放 LM324 输出电压从 0.975V 升高到 0.994V，变化为 19mV；精密运放电源变化抑制能力更强。

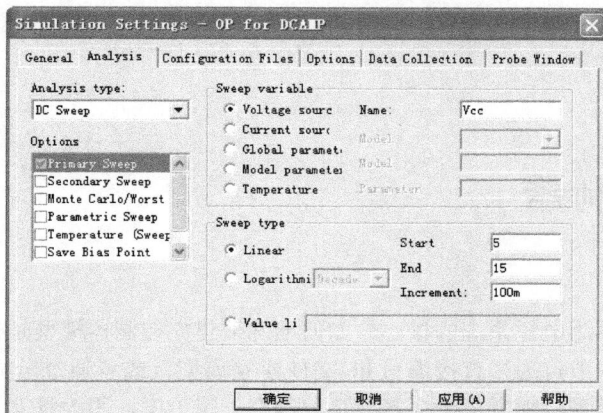

图 7.79 电源电压 Vcc 直流扫描设置

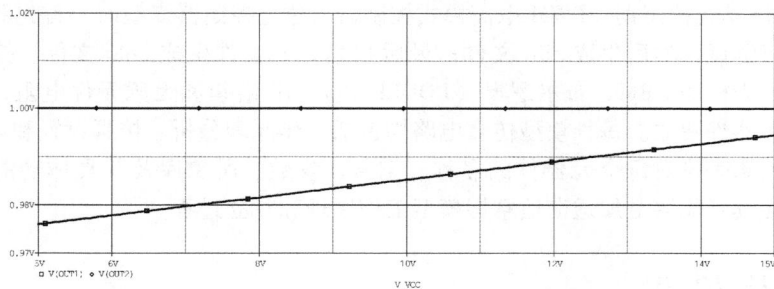

图 7.80 Vcc 直流扫描输出电压波形

本例总结

1）对直流小信号放大，如果精度要求不高，则通用运放、高阻运放、高速运放、低功耗运放性能接近，可以互换，但是从成本和采购角度建议选用通用运放；

2）对交流信号放大，必须选用高速运放，以保证高频特性；

3）如果运放工作环境温度变化很大，则宜选用低温漂运放；

4）当信号源内阻较大（大于 10kΩ）时，采用高阻运放能够减小运放输入失调造成的误差。若不作精度要求，则选用通用运放或高阻运放均可。

5）通用运放或高阻运放适合精密放大 100mV 以上直流信号，如果要求精密放大 100mV 以下信号，则需要选用精密运放甚至高精密运放。

第8章
电源控制器

　　电源控制器为电源系统的核心，如何准确地建立控制器模型是很多电源工程师亟待解决的问题。一般可通过直接编写 lib 文件建立模型，或者通过分立元器件搭建电路自动生成控制器模型；前者对于大多数工程师有一定难度，因为没有系统地学习过 PSpice 语言，后者相对比较容易掌握。本章主要通过分立元器件建立控制器模型，包括误差放大器、比较器、与门、非门、或门、或非门、与非门、反相器、RS 触发器、死区、PWM 电压模式控制器、PWM 电流模式控制器。建立控制器模型时，首先利用层电路对模型进行测试；然后生成 .lib 文件；最后利用 .lib 文件生成 .olb 文件。控制器模型主要利用行为模型 ABM、布尔逻辑（BOOLEAN）、IF 语句和无源元件电阻、电容、电感和半导体器件建立。每种模型仿真电路均包括工作原理分析、仿真设置和详细的元器件列表，利用表格对每个元器件的名称、型号、参数、所属库及其具体功能进行详细注释，以便读者能够更加透彻地掌握模型工作原理和建立过程。

8.1　IF 语句

　　PSpice 主要利用行为模型 ABM，结合布尔逻辑、判别式和 IF 语句建立控制器模型。布尔逻辑和判别式见表 8.1，布尔逻辑主要包括或、非、异或和与；判别式包含等于、

表 8.1　布尔逻辑和判别式

布尔逻辑——用于 IF 语句		
IF（t, x, y）	x: t 为真 y: t 为非	t 为逻辑判别式
~	NOT	非
ǀ	OR	或
^	XOR	异或
&	AND	与
判别式——用于 IF 语句		
= =		等于
! =		不等于
>		大于
> =		大于等于
<		小于
< =		小于等于

不等于、大于、大于等于、小于和小于等于。下面结合实例对逻辑和判别式进行仿真，输入语句和标点符号时一定要在英文输入法下输入，否则仿真会出现错误或者不能进行仿真。

（1）IF(V(3) > 1,I(V4),V(2))。如果节点 3 的电压 V(3) > 1，则输出通过电压源 V4 的电流 I（V4），否则输出节点 2 的电压 V(2)，仿真电路和元器件列表分别如图 8.1 和表 8.2 所示。

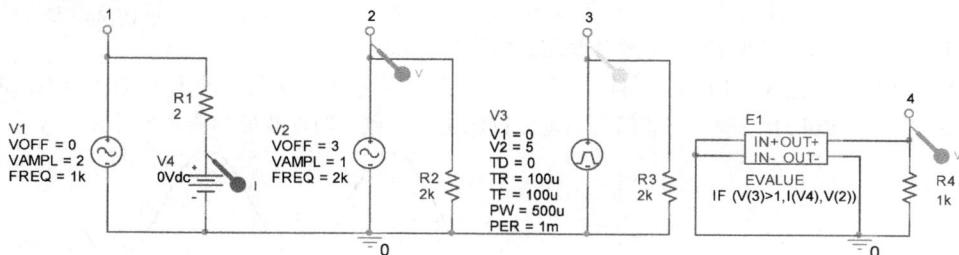

图 8.1　IF 语句仿真电路

表 8.2　IF 语句仿真电路元器件列表

编号	名称	型号	参数	库	功能注释
R1	电阻	R	2	ANALOG	负载
R2	电阻	R	2k	ANALOG	防止悬空
R3	电阻	R	2k	ANALOG	防止悬空
R4	电阻	R	1k	ANALOG	防止悬空
V1	正弦信号源	VSIN	见电路图	SOURCE	信号源
V2	正弦信号源	VSIN	见电路图	SOURCE	信号源
V3	脉冲信号源	VPULSE	见电路图	SOURCE	信号源
E1	行为模型	EVALUE	IF（V(3) > 1,I(V4),V(2)）	ABM	判断逻辑
0	接地	0		SOURCE	绝对零

图 8.2 所示为仿真波形，当 V(3) > 1 时，输出电压 V(4) 和电流 I(V4) 重合；否则输出电压 V(4) 和节点 V(2) 电压一致。

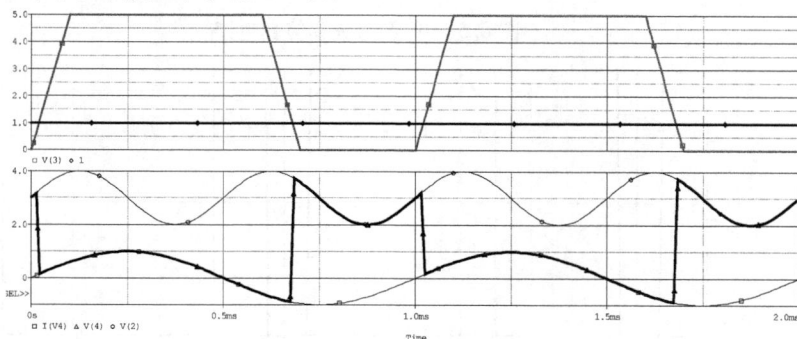

图 8.2　IF 语句仿真波形

（2）IF(Time < 1m,I(V4),V(2))。Time 表示仿真时间，当 Time < 1ms 时，输出通过电压源 V4 的电流 I(V4)，否则输出节点 2 的电压 V(2)，仿真电路如图 8.3 所示。在 IF 语句中

时间参数 Time 和温度参数 Temp 直接由 ABM 模型进行调用。

图 8.4 所示为仿真输出波形, 当 Time < 1ms 时, 输出电压 V（5）和电流 I（V4）重合; 当 Time > 1ms 时, 输出电压 V（5）和节点 V（2）电压一致。

（3）IF（V（1）>1.5, IF（V（2）>3, IF（V（3）> 4,0,5）,5）,5）。多重 IF 语句嵌套使用, 仿真电路如图 8.5 所示。当 V（1）>1, 且 V（2）>2, 并且 V（3）>4 时, 输出 V（6）=0, 否则 V（6）=5, 类似于三输入与非门, 只是比较电压不一致, 仿真波形如图 8.6 所示。

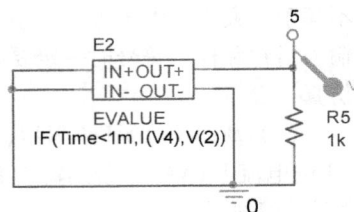

图 8.3 Time 仿真电路

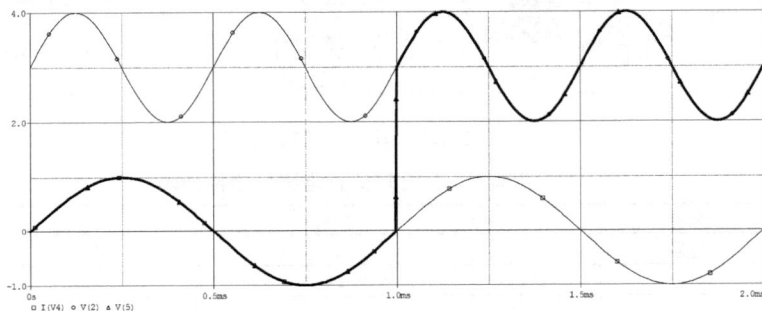

图 8.4 Time 仿真波形

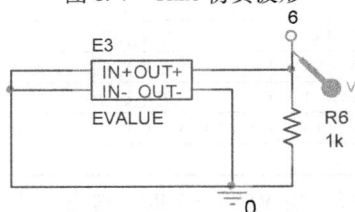

IF (V(1)>1.5,IF(V(2)>3,IF(V(3)>4,0,5),5),5)

图 8.5 IF 语句嵌套仿真电路

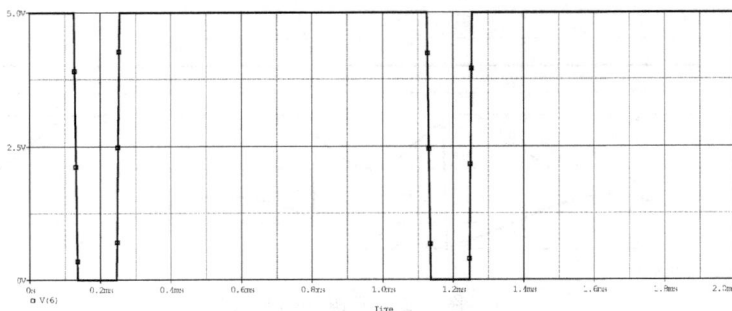

图 8.6 IF 语句嵌套仿真波形

（4）Time 时间变量和函数使用。表 8.3 为数学函数列表, 利用 Time 时间变量和数学函数建立仿真电路和元器件模型，使得仿真更加游刃有余。

表 8.3　数学函数列表

函数表达式	意义	备注
ABS（x）	$|x|$	输入信号绝对值
SQRT（x）	$\sqrt{x}$	输入信号正二次方根
EXP（x）	e^x	自然常数指数幂
LOG（x）	$\ln x$	自然对数
LOG10（x）	$\lg x$	以 10 为底的对数
PWR（x, y）	$|x|^y$	x 绝对值的 y 次方
PWRS（x, y）	$|x|^y\ (x>0)$ $-|x|^y\ (x<0)$	
SIN（x）	$\sin x$	正弦函数 x 单位为 rad
ASIN（x）	$\sin^{-1}x$	反正弦函数 所得数值单位为 rad
SINH（x）	$\sinh x$	双曲正弦函数
COS（x）	$\cos x$	余弦函数 x 单位为 rad
ACOS（x）	$\cos^{-1}x$	反余弦函数 所得数值单位为 rad
COSH（x）	$\cosh x$	双曲余弦函数
TAN（x）	$\tan x$	正切函数 x 单位为 rad
ATAN（x）	$\tan^{-1}x$	反正切函数 所得数值单位为 rad
ATAN2（y, x）	$\tan^{-1}(y/x)$	y 与 x 比值的反正切
TANH（x）	$\tanh x$	双曲正切函数
M（x）	x 的幅值	只用于 Laplace 表达式
P（x）	x 的相位角	只用于 Laplace 表达式
R（x）	x 的实部	只用于 Laplace 表达式
IMG（x）	x 的虚部	只用于 Laplace 表达式
DDT（x）	x 对时间的微分	仅用于瞬态仿真分析
SDT（x）	x 对时间的积分	仅用于瞬态仿真分析
TABLE（x1, y1, …, xn, yn）	y 为 x 的函数	y 为 x1, y1 至 xn, yn 所描述的经"分段线性"内差法求得函数值
MIN（x, y）	x 与 y 最小值	
MAX（x, y）	x 与 y 最大值	
LIMIT（x, min, max）	min：$x<\min$ max：$x>\max$ x：x 为其他值	限幅器
SGN（x）	1：$x>0$ 0：$x=0$ -1：$x<0$	符号判断
STP（x）	1：$x>0$ 0：x 为其他	

图 8.7 所示为函数仿真电路，利用 sin 函数和 Time 变量输出频率为 1kHz 正弦波；利用 SGN 符号判别函数对电流正负进行判断。函数仿真电路元器件列表见表 8.4。

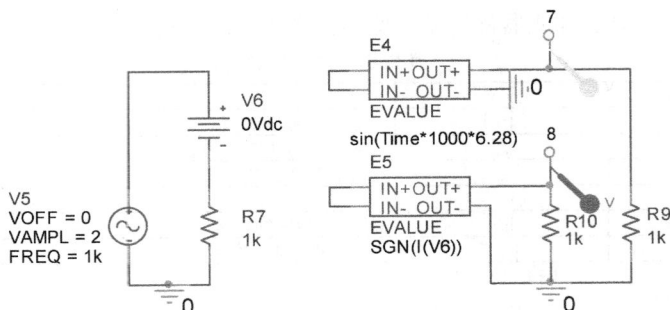

图 8.7　函数仿真电路

表 8.4　函数仿真电路元器件列表

编号	名称	型号	参数	库	功能注释
R7	电阻	R	1k	ANALOG	负载
R9	电阻	R	1k	ANALOG	防止悬空
R10	电阻	R	1k	ANALOG	防止悬空
V5	正弦信号源	VSIN	见电路图	SOURCE	信号源
V6	直流电压源	VDC	0	SOURCE	电流采样
E4	行为模型	EVALUE	sin（Time * 1000 * 6.28）	ABM	正弦函数
E5	行为模型	EVALUE	SGN（I（V6））	ABM	符号判断
0	接地	0		SOURCE	绝对零

　　函数电路仿真波形如图 8.8 所示，从上到下分别为节点 7 的电压波形 V（7）、通过电压源 V6 的电流波形 I（V6）和节点 8 的电压波形 V（8）。节点 7 输出频率为 1kHz、幅值为 1V 的正弦波；节点 8 输出方波，当 I（V6）>0 时，V（8）电压为 1V，当 I（V6）<0 时，V（8）电压为 −1V，当 I（V6）=0 时，V（8）电压为 0V。

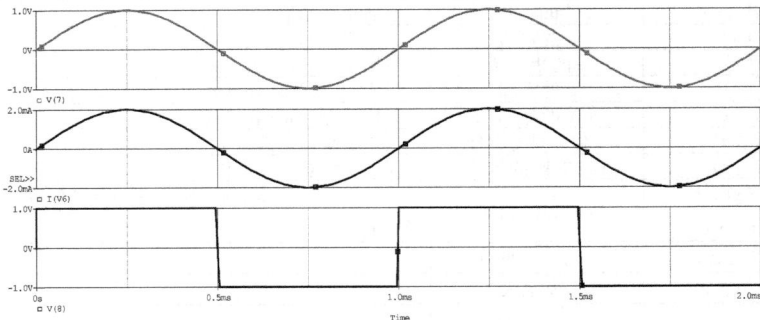

图 8.8　函数电路仿真波形

8.2　基本功能模块

8.2.1　误差放大器、比较器

1. 误差放大器建立过程

　　第一步：利用层电路建立测试电路，对模型功能进行测试，如图 8.9 所示。

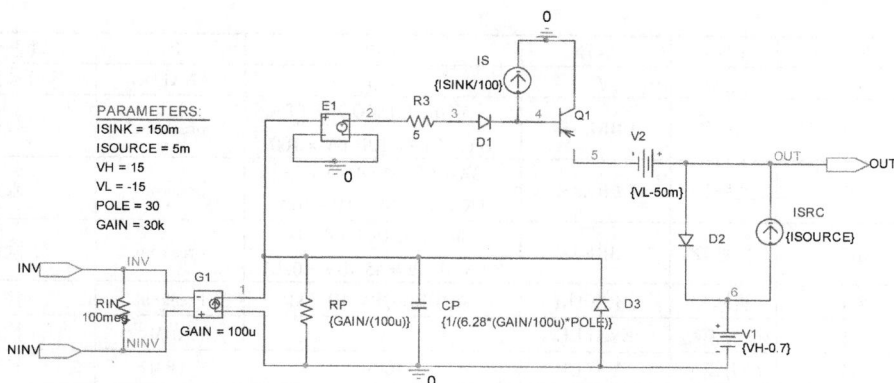

图 8.9　误差放大器层电路

图 8.9 所示为误差放大器层电路图，参数 VH 为最大输出电压、VL 为最小输出电压、ISINK 为最大输入电流，ISOURCE 为最大输出电流、POLE 为误差放大器极点、GAIN 为最大增益。

图 8.10 和图 8.11 所示分别为误差放大器测试电路和瞬态仿真设置，该电路为同相放大电路，放大倍数为 2；表 8.5 为误差放大器测试电路元器件列表。

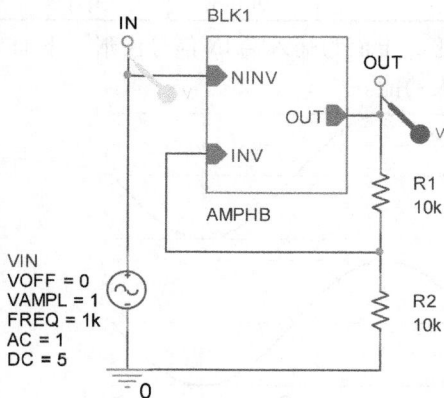

图 8.10　误差放大器测试电路

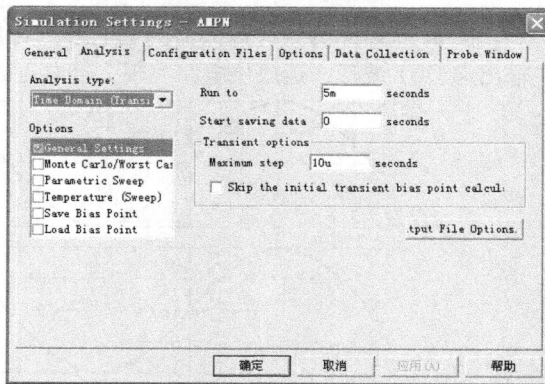

图 8.11　瞬态仿真设置

表 8.5　误差放大器测试电路元器件列表

编号	名称	型号	参数	库	功能注释
R1	电阻	R	10k	ANALOG	采样电阻
R2	电阻	R	10k	ANALOG	采样电阻
RIN	电阻	R	100meg	ANALOG	等效输入电阻
R3	电阻	R	5	ANALOG	等效串联电阻
RP	电阻	R	{GAIN/（100u）}	ANALOG	极点设置
CP	电容	C	{1/（6.28 *（GAIN/ 100u）* POLE）}	ANALOG	极点设置

（续）

编号	名称	型号	参数	库	功能注释
Co	电容	C	50p	ANALOG	等效输出电容
D1	二极管	DBREAK	. MODEL DMOD D TT = 1N CJO = 10P BV = 100	breakout	限压
D2	二极管	DBREAK	. MODEL DMOD D TT = 1N CJO = 10P BV = 100	breakout	限压
D3	二极管	DBREAK	. MODEL DCLAMP D RS = 10 BV = 45 IBV = 0. 01	breakout	限压
Q1	晶体管	QBREAKP	. MODEL QPMOD PNP	breakout	控制
E1	行为模型	EVALUE	1	ABM	控制
G1	行为模型	EVALUE	100u	ABM	控制
PARAMETERS	参数	PARAM	见电路图	SPECIAL	参数定义
VIN	电压源	VSIN	见电路图	SOURCE	信号源
V1	电压源	VDC	{VH − 0. 7}	SOURCE	最大电压
V2	电压源	VDC	{VL − 50m}	SOURCE	最小电压
IS	电流源	IDC	{ISINK/100}	SOURCE	吸入电流
ISRC	电流源	IDC	{ISOURCE}	SOURCE	输出电流
INV、NINV	层接口 PIN	PORTRIGHT − R		CAPSYM	信号输入
OUT	层接口 PIN	PORTRIGHT − L		CAPSYM	信号输出
0	直流电压源	0		SOURCE	绝对零

图 8.12 所示为误差放大器测试电路仿真波形，上面为输入端 IN 信号波形，下面为输出端 OUT 波形，运放层电路实现 2 倍电压放大功能。

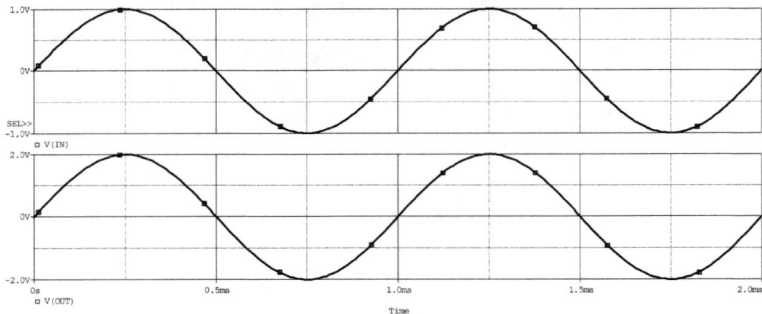

图 8.12　误差放大器测试电路仿真波形

图 8.13 和图 8.14 所示分别为直流仿真设置和仿真波形，运放层电路实现 2 倍直流电压放大功能。

图 8.15 和图 8.16 所示分别为交流仿真设置和仿真波形，运放层电路实现 2 倍交流电压放大功能。

第二步：利用 AMP 子电路生成 lib。

新建名称为 lib and olb. opj 仿真项目，然后建立名称为 AMPN 的 schematic，将 AMPN 层电路复制到此电路图中，并且修改端口符号 PIN 为 PORT，如图 8.17 所示。

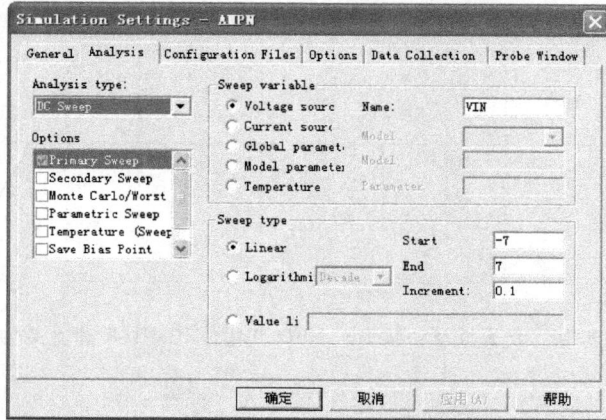

图 8.13　直流仿真设置

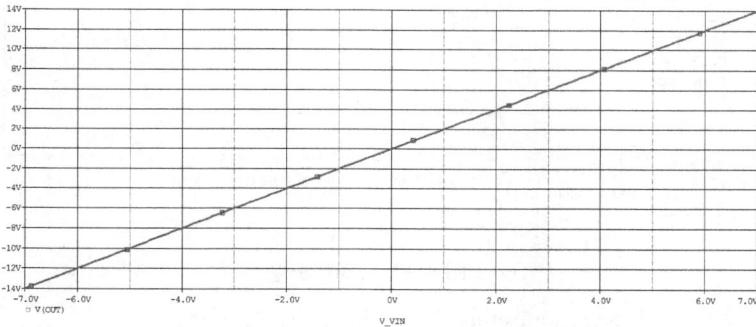

图 8.14　仿真波形：输入电压从 −7 ~ 7V 线性变化时，输出从 −14V 线性变化至 14V

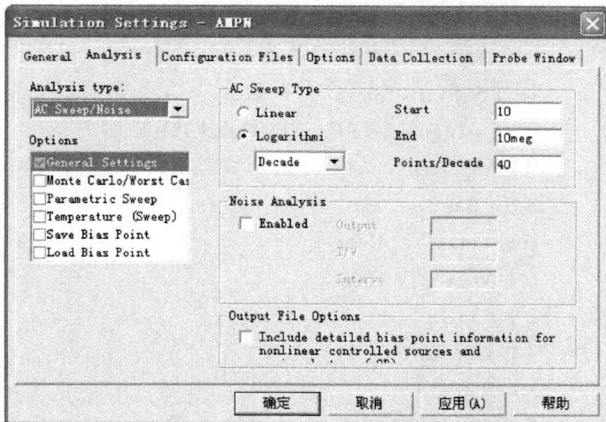

图 8.15　交流仿真设置

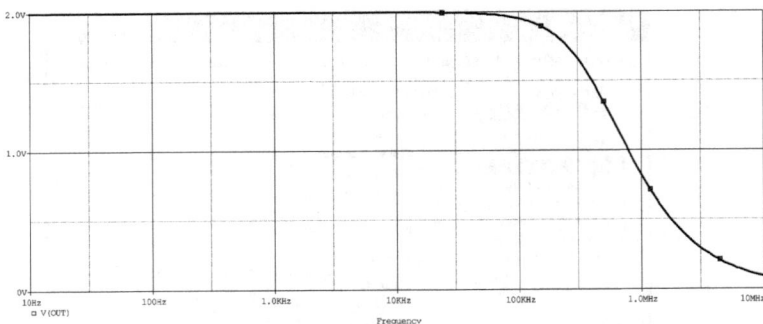

图 8.16　仿真波形：频率从 10Hz 变化至 10MHz 时带宽约为 100kHz

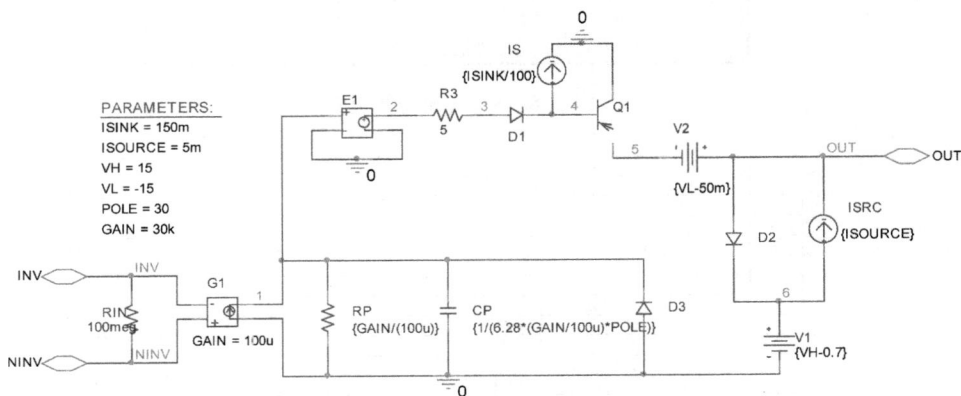

图 8.17　AMP 子电路图

选择菜单 Tools > Create Netlist 生成 . lib 文件，如下所示：

* lib and olb

. SUBCKT AMPN INV NINV OUT params：VH = 15 VL = − 15 POLE = 30 ISINK = 150m ISOURCE = 5m GAIN = 30k

*	− + OUT
V_V2	OUT 5 {VL − 50m}
C_CP	0 1 {1/(6. 28 * (GAIN/100u) * POLE)}
Q_Q1	0 4 5 QPMOD
E_E1	2 0 1 0 1
R_RP	0 1 {GAIN/(100u)}
G_G1	0 1 NINV INV 100u
R_R3	2 3 5
I_IS	4 0 {ISINK/100}
D_D1	3 4 DMOD
I_ISRC	6 OUT {ISOURCE}
D_D2	OUT 6 DMOD
D_D3	0 1 DCLAMP

```
V_V1              6 0 {VH - 0.6}
R_RIN             NINV INV   100meg
. MODEL QPMOD PNP
. MODEL DCLAMP D (RS = 10 BV = 35 IBV = 0.01)
. MODEL DMOD D (TT = 1N CJO = 10P)
. ENDS
```

. lib 文件生成之后继续选择菜单 Tools > Generate Part 生成 . olb 文件，如图 8.18 所示。

图 8.18　生成 AMP. lib 和 AMP. olb 文件

　　第三步：将 AMP. lib 和 AMP. olb 文件添加到仿真项目中，对 AMPN 层电路和 AMP. olb 进行仿真测试，如图 8.19 所示。

　　图 8.20 所示为层电路和 OLB 模型仿真波形，两波形完全重合，层电路和 OLB 模型功能完全一致，均能实现放大器功能。

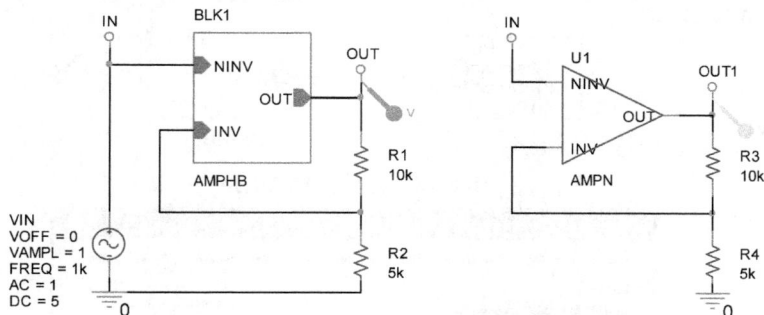

图 8.19　AMPN 层电路和 AMP. olb 测试电路

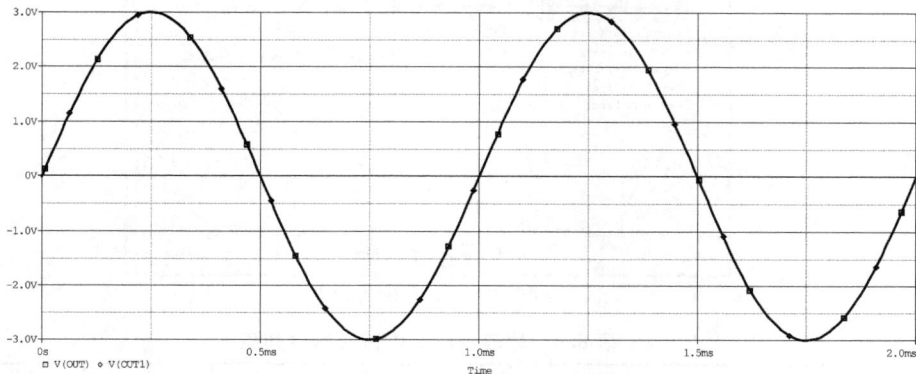

图 8.20　放大电路仿真波形

2. 比较器模型建立过程

第一步：利用层电路建立测试电路，对模型功能进行测试，图 8.21 所示为比较器层电路。

图 8.22 和图 8.23 所示分别为比较器测试电路和瞬态仿真设置；表 8.6 为测试电路元器件列表。

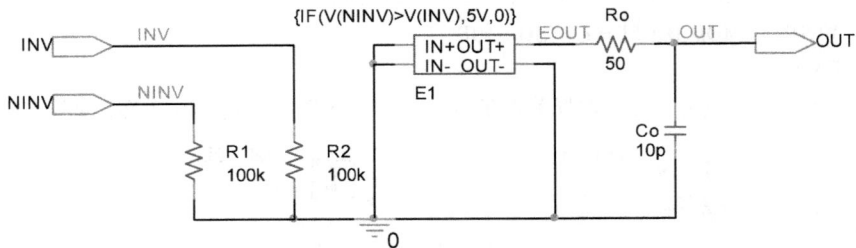

图 8.21　比较器层电路

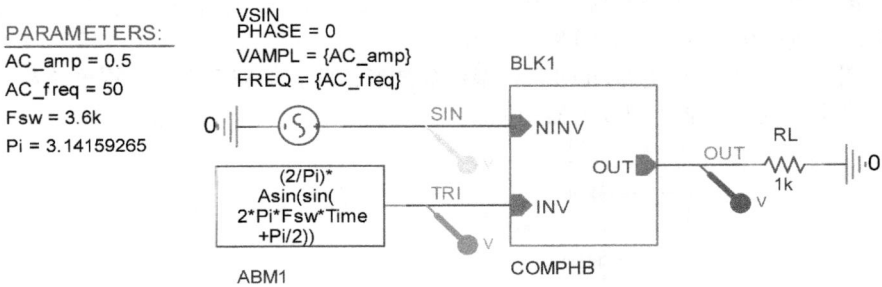

图 8.22　比较器测试电路

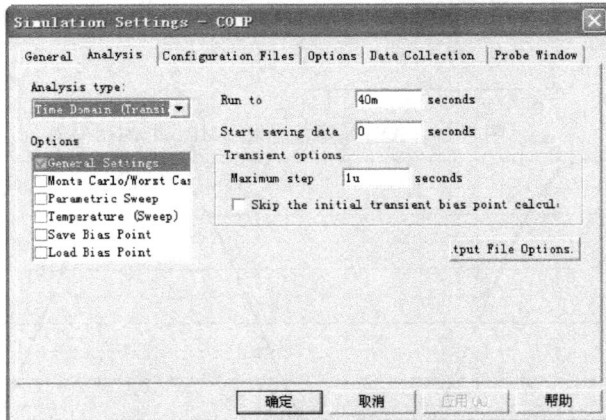

图 8.23　瞬态仿真设置

表 8.6　比较器测试电路元器件列表

编号	名称	型号	参数	库	功能注释
R1	电阻	R	100k	ANALOG	防止悬空
R2	电阻	R	100k	ANALOG	防止悬空
Ro	电阻	R	50	ANALOG	等效输出电阻

（续）

编号	名称	型号	参数	库	功能注释
RL	电阻	R	1k	ANALOG	等效负载
Co	电容	C	10p	ANALOG	等效输出电容
E1	行为模型	EVALUE	{IF（V（NINV） > V（INV），5V，0）}	ABM	比较逻辑
PARAMETERS	参数	PARAM	见电路图	SPECIAL	参数定义
VSIN	正弦信号源	VSIN	见电路图	SOURCE	输入信号源
ABM1	行为模型	ABM	(2/Pi) * Asin（sin（2 * Pi * Fsw * Time + Pi/2））	SOURCE	输入信号源
INV、NINV	层接口 PIN	PORTRIGHT – R		CAPSYM	信号输入
OUT	层接口 PIN	PORTRIGHT – L		CAPSYM	信号输出
0	直流电压源	0		SOURCE	绝对零

　　图 8.24 所示为单周期比较器仿真波形；图 8.25 所示为比较器放大波形，上面直线为正相输入端 NINV 信号波形，三角波为负相输入端 INV 信号波形；下面方波为输出端 OUT 波形。当正相电压高于负相电压时 OUT 输出为高，当负相端电压高于正相端电压时输出为低，实现比较器功能。

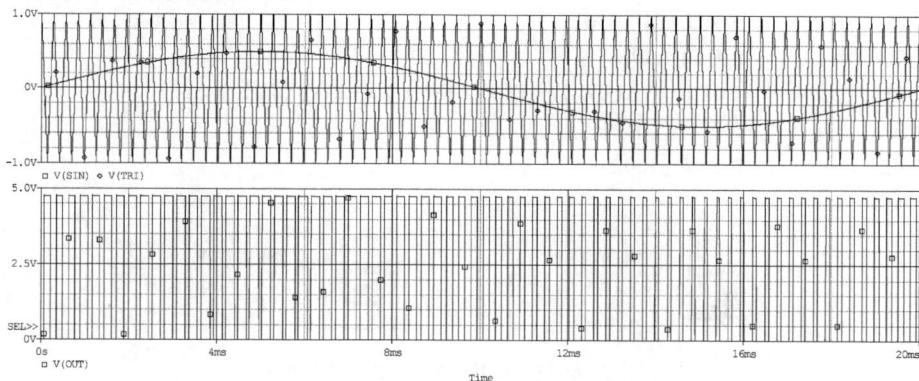

图 8.24　单周期比较器仿真波形

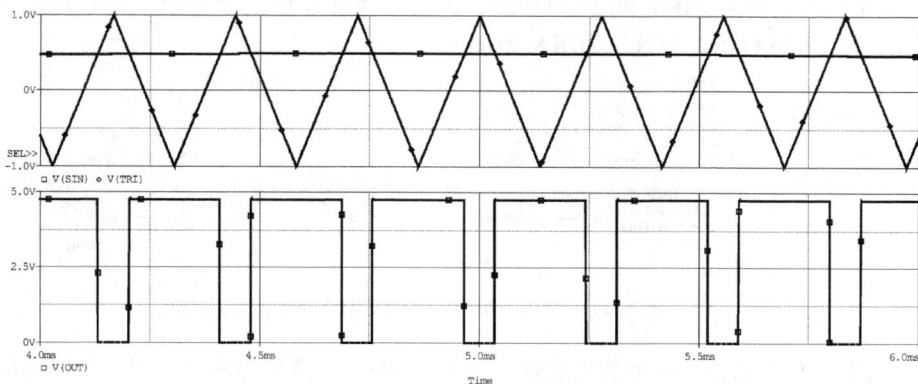

图 8.25　比较器放大波形

第二步：利用 CONPN 子电路生成 lib。

新建名称为 lib and olb. opj 仿真项目，然后建立名称为 COMPN 的 schematic，将 COMP 层电路复制到此电路图中，并且修改端口符号 PIN 为 PORT，如图 8.26 所示；生成文件如图 8.27 所示。

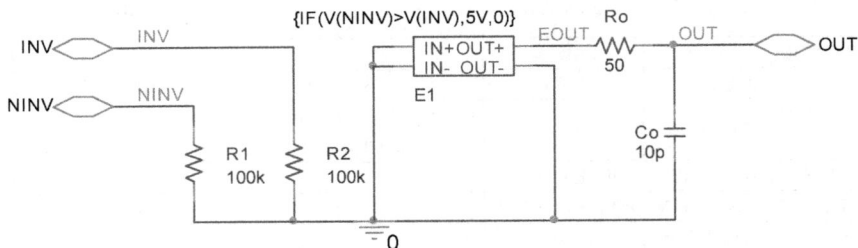

图 8.26　COMPN 子电路图

```
* lib and olb
. SUBCKT COMPN INV NINV OUT
*                   −     +     OUT
R_Ro          EOUT OUT   50
C_Co          0 OUT   10p
E_E1          EOUT 0 VALUE { {IF( V( NINV) > V( INV) ,5V,0)} }
R_R1          0 NINV   100k
R_R2          0 INV   100k
. ENDS
```

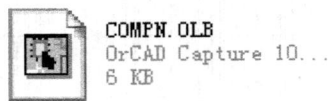

图 8.27　COMPN. lib 和 COMPN. olb

第三步：将 COMPN. lib 和 COMPN. olb 文件添加到仿真项目中，对 COMP 层电路和 COMPN. olb 进行仿真测试，如图 8.28 所示。

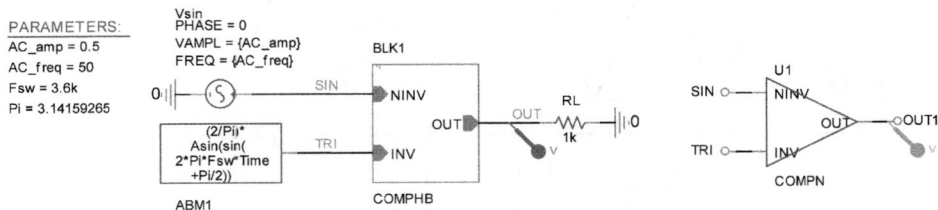

图 8.28　COMP 层电路和 COMPN. olb 测试电路

图 8.29 所示为比较器仿真波形，上面为 olb 子电路模型输出波形，下面为层电路输出波形，层电路和 OLB 模型功能完全一致，均能实现比较器功能。

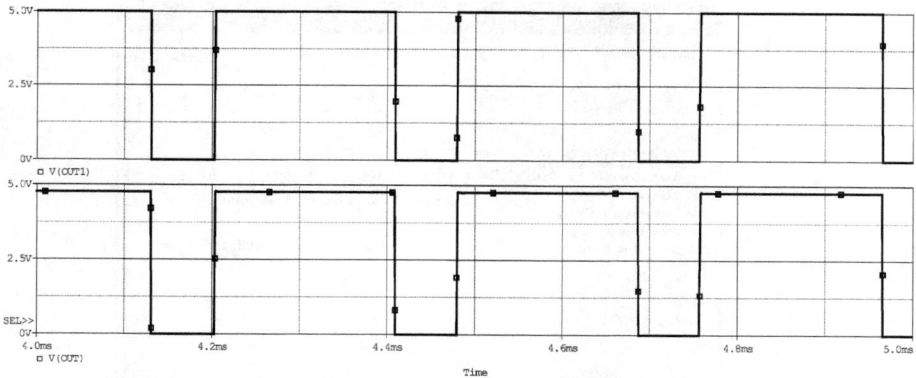

图 8.29　比较器仿真波形

3. 滞环比较器建立过程

第一步：利用层电路建立测试电路，对模型功能进行测试，如图 8.30 所示。

图 8.31 和图 8.32 所示分别为滞环比较器测试电路和瞬态仿真设置；表 8.7 为测试电路元器件列表。

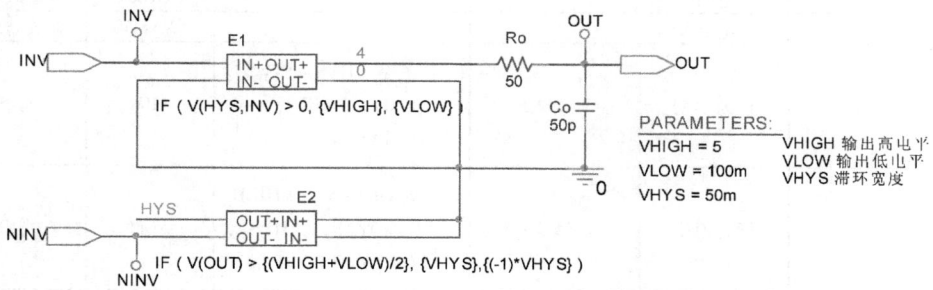

图 8.30　滞环比较器层电路

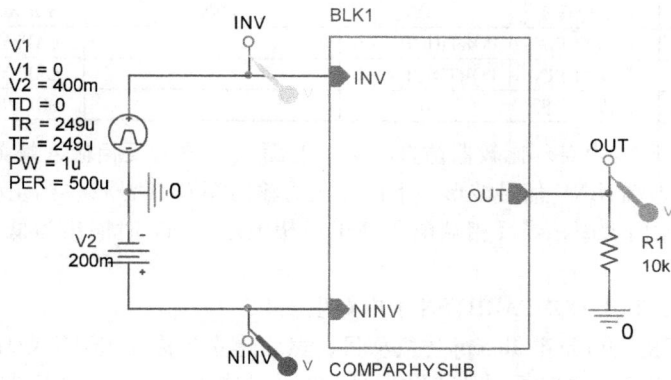

图 8.31　测试电路

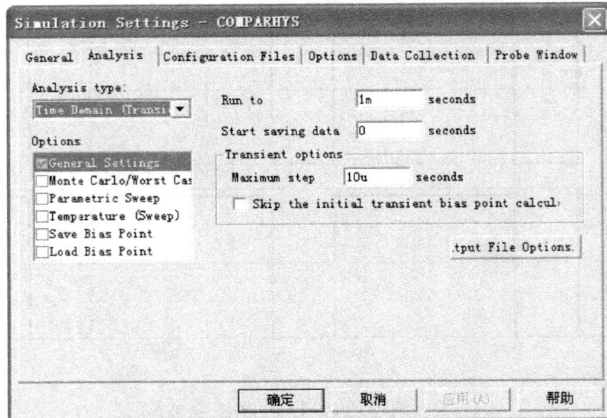

图 8.32　瞬态仿真设置

表 8.7　滞环比较器测试电路元器件列表

编号	名称	型号	参数	库	功能注释
Ro	电阻	R	50	ANALOG	等效输出电阻
R1	电阻	R	10k	ANALOG	负载电阻
Co	电容	C	50p	ANALOG	等效输出电容
E1	行为模型	EVALUE	IF（V（HYS, INV）> 0, {VHIGH}, {VLOW}）	ABM	逻辑
E2	行为模型	EVALUE	IF(V(OUT) > {（VHIGH + VLOW）/2}, {VHYS}, {（−1）* VHYS}）	ABM	逻辑
PARAMETERS	参数	PARAM	见电路图	SPECIAL	参数定义
V1	脉冲源	VPULSE	见电路图	SOURCE	信号源
V2	直流电压源	VDC	400m	SOURCE	信号源
INV、NINV	层接口 PIN	PORTRIGHT – R		CAPSYM	信号输入
OUT	层接口 PIN	PORTRIGHT – L		CAPSYM	信号输出
0	直流电压源	0		SOURCE	绝对零

图 8.33 所示为滞环比较器仿真波形，上面三角波为反相输入端 INV 信号波形，直线为正相输入端 NINV 信号波形，下面方波为输出端 OUT 波形。当正相电压高于反相电压 50mV 时输出为高，当反相端电压高于正相电压 50mV 时输出为低，实现 50mV 滞环比较器功能。

第二步：利用 COMPARHYSN 子电路生成 lib。

新建名称为 lib and olb. opj 仿真项目，然后建立名称为 COMPARHYSN 的 schematic，将 COMPARHYS 层电路复制到此电路图中，并且修改端口符号 PIN 为 PORT，如图 8.34 所示；生成文件如图 8.35 所示。

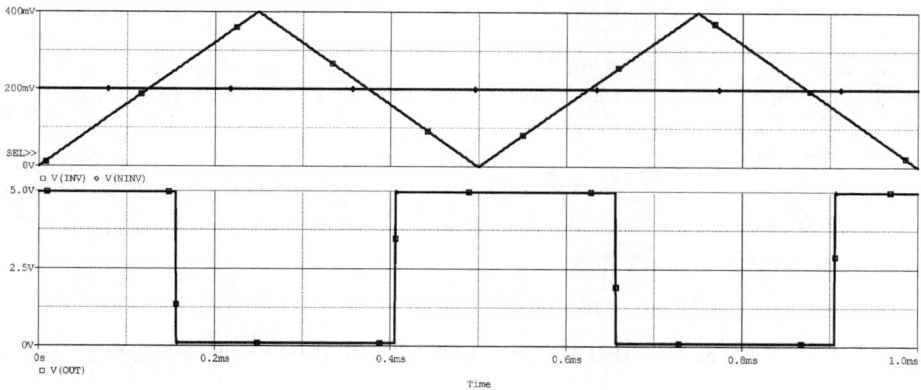

图 8.33　滞环比较器仿真波形

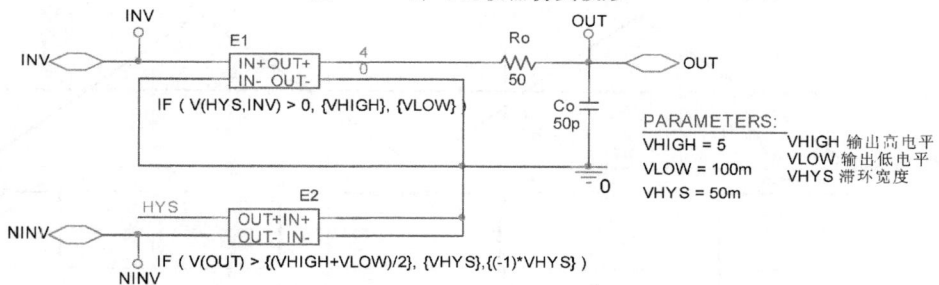

图 8.34　COMPARHYSN 子电路图

* lib and olb

. SUBCKT COMPARHYSN NINV INV OUT params：VHIGH = 5 VLOW = 100m VHYS = 50m

*　　　NIVN INV OUT

E2 HYS NINV Value = { IF (V(OUT) > {(VHIGH + VLOW)/2}, {VHYS},{(-1) * VHYS}) }

E1 4 0 Value = { IF (V(HYS,INV) > 0, {VHIGH}, {VLOW}) }

Ro 4 OUT 50

Co OUT 0 50P

. ENDS

COMPARHYSN.lib
Altium Library
1 KB

COMPARHYSN.OLB
OrCAD Capture 10...
6 KB

图 8.35　生成 COMPARHYSN. lib 和 COMPARHYSN. olb 文件

第三步：将 COMPARHYSN. lib 和 COMPARHYSN. olb 文件添加到仿真项目中，对 COM-PARHYS 层电路和 COMPARHYSN. olb 进行仿真测试，如图 8.36 所示。

图 8.37 为仿真波形，上面三角波为反相输入端 INV 信号波形，直线为正相输入端 NINV 信号波形，下面方波分别为输出信号 OUT 和 OUT1 波形。层电路和 OLB 模型功能

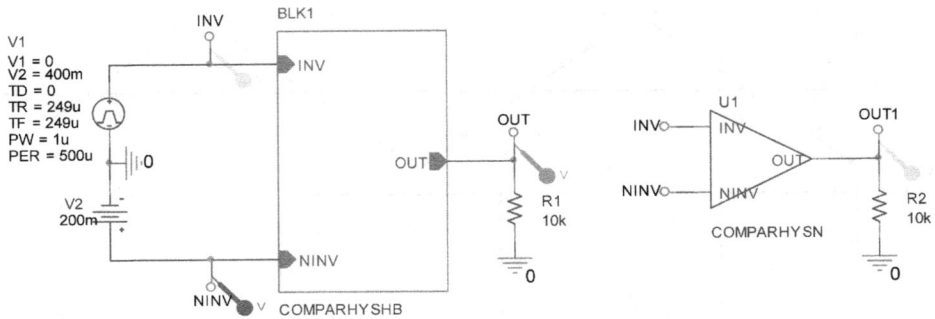

图 8.36 COMPARHYS 层电路和 COMPARHYSN. olb 测试电路

完全一致，均能实现滞环比较器功能。

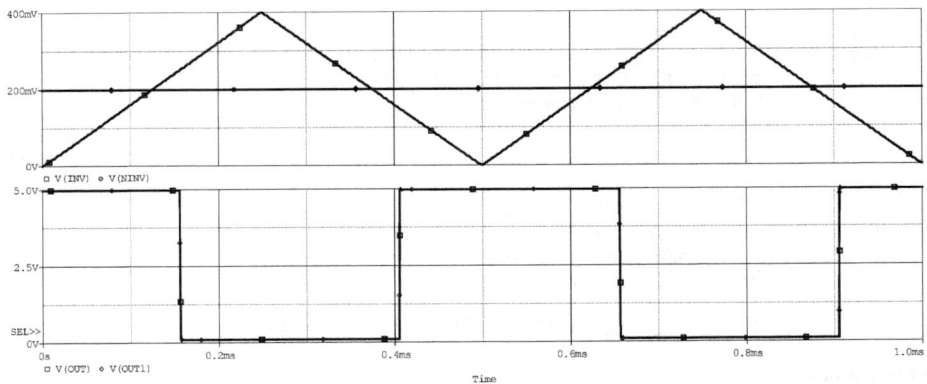

图 8.37 滞环比较器仿真波形

8.2.2 逻辑门：与门、与非门、或门、或非门、反相器、触发器、死区、采样

1. 两输入与门 AND2 建立过程

第一步：利用层电路建立测试电路，对模型功能进行测试，如图 8.38 所示；图 8.39 和图 8.40 所示分别为 AND2 测试电路和瞬态仿真设置；表 8.8 为 AND2 层电路元器件列表。

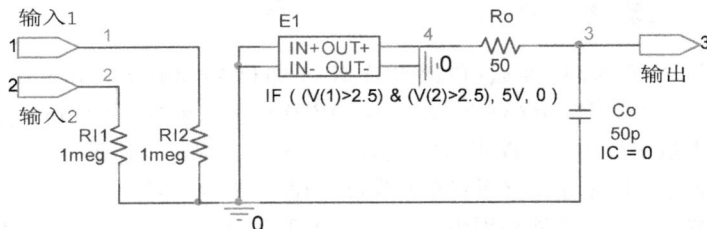

图 8.38 两输入与门 AND2 层电路

输入信号源

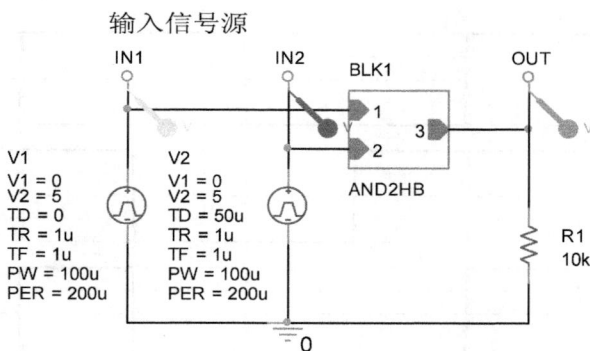

图 8.39　AND2 测试电路

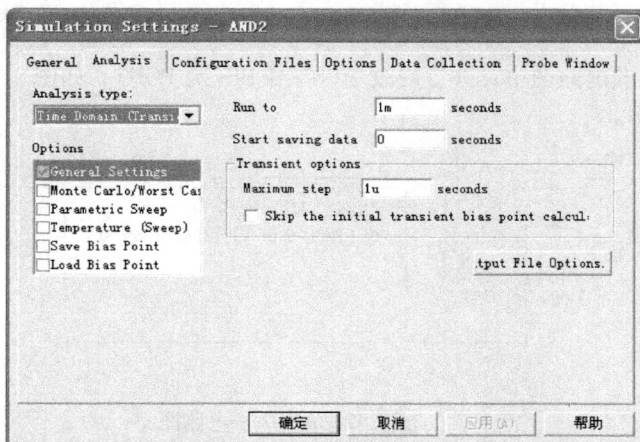

图 8.40　瞬态仿真设置

表 8.8　两输入与门 AND2 层电路元器件列表

编号	名称	型号	参数	库	功能注释
RI1	电阻	R	1meg	ANALOG	防止悬空
RI2	电阻	R	1meg	ANALOG	防止悬空
Ro	电阻	R	50	ANALOG	等效输出电阻
Co	电容	C	50p，IC = 0	ANALOG	等效输出电容
E1	行为模型	EVALUE	IF（（V（1）> 2.5）& （V（2）> 2.5），5V，0）	ABM	与门逻辑
1、2	层接口 PIN	PORTRIGHT – R		CAPSYM	信号输入
3	层接口 PIN	PORTRIGHT – L		CAPSYM	信号输出
0	直流电压源	0		SOURCE	绝对零

图 8.41 所示为两输入与门仿真波形，上面为输入信号 IN1 波形，中间为输入信号 IN2 波形，下面为输出信号 OUT 波形。输入信号同时为高时输出为高，否则输出信号为低，实现与门功能。

第二步：利用 AND2 子电路建立生成 lib。

新建名称为 lib and olb. opj 仿真项目，然后建立名称为 AND2 的 schematic，将 AND2

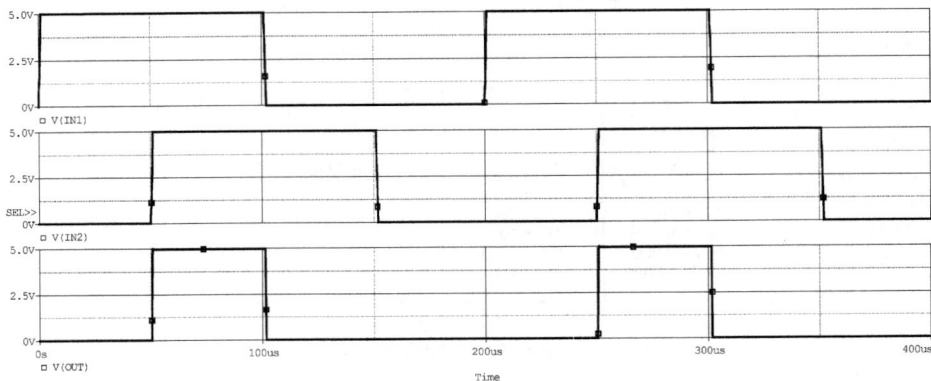

图 8.41 两输入与门仿真波形

层电路复制到此电路图中，并且修改端口符号 PIN 为 PORT，如图 8.42 所示；生成文件如图 8.43 所示。

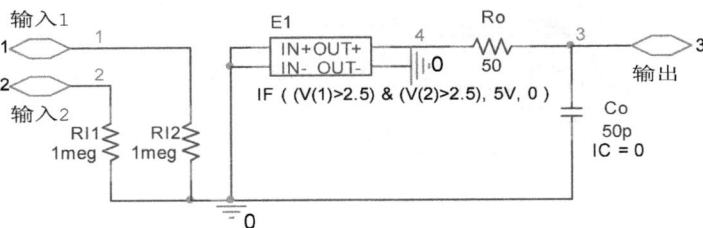

图 8.42 AND2 子电路图

```
Lib and olb
. SUBCKT AND2 1 2 3
  *两输入与门     IN1 IN2 OUT
  R_RI2           0 1   1meg
  E_E1            4 0 VALUE {IF( V(1) > 2.5)&(V(2) > 2.5),5V,0)}
  R_Ro            4 3   50
  C_Co            3 0   50p IC = 0
  R_RI1           0 2   1meg
. ENDS
```

第三步：将 AND2. lib 和 AND2. olb 文件添加到仿真项目中，对 AND2 层电路和 AND2. olb 进行仿真测试，图 8.44 所示为仿真测试电路。

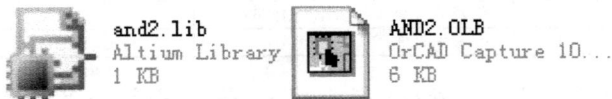

图 8.43 生成 AND2. lib 和 AND2. olb 文件

图 8.45 所示为两输入与门仿真波形，上面为输入信号 IN1 波形，中间为输入信号

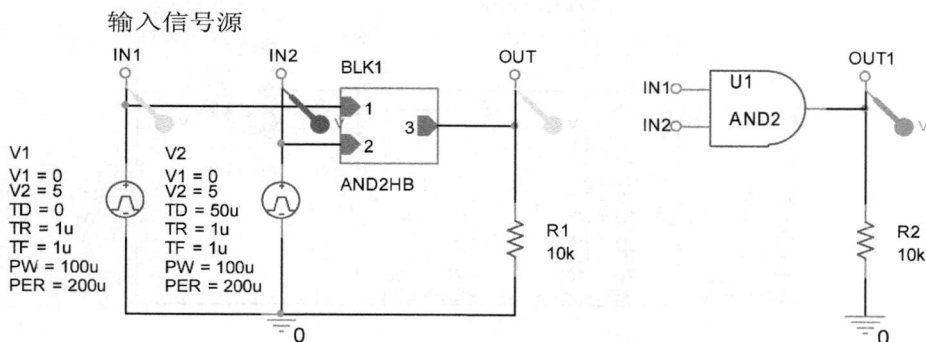

图 8.44　AND2 层电路和 AND2.olb 测试电路

IN2 波形，下面分别为输出信号 OUT 和 OUT1 波形。层电路和 OLB 模型功能完全一致，均能实现与门功能。

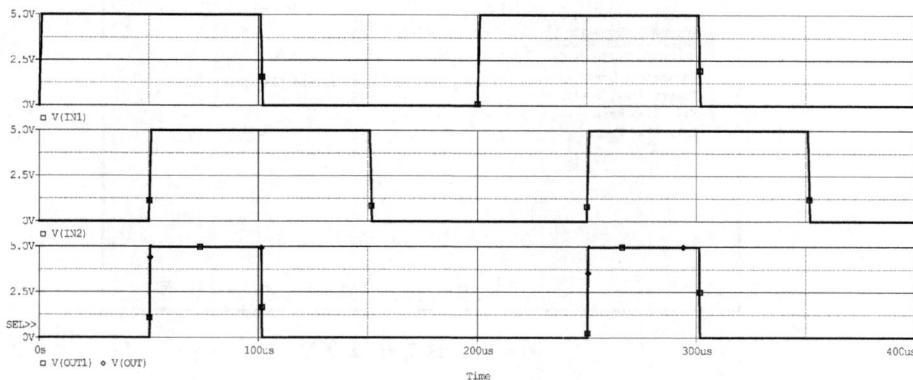

图 8.45　两输入与门仿真波形

2. 三输入与门 AND3 建立过程

第一步：利用层电路建立测试电路，对模型功能进行测试，如图 8.46 所示；图 8.47 和图 8.48 所示分别为 AND3 测试电路和瞬态仿真设置；表 8.9 为 AND3 层电路元器件列表。

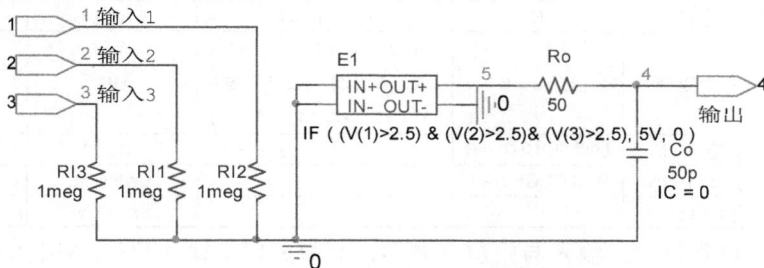

图 8.46　三输入与门 AND3 层电路

输入信号源

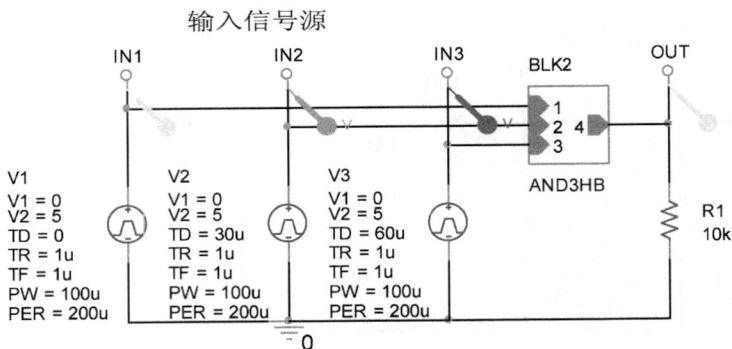

图 8.47　AND3 测试电路

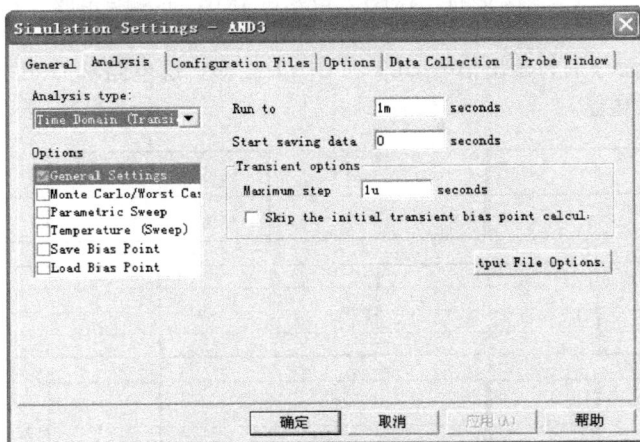

图 8.48　瞬态仿真设置

表 8.9　三输入与门 AND3 层电路元器件列表

编号	名称	型号	参数	库	功能注释
RI1	电阻	R	1meg	ANALOG	防止悬空
RI2	电阻	R	1meg	ANALOG	防止悬空
RI3	电阻	R	1meg	ANALOG	防止悬空
Ro	电阻	R	50	ANALOG	等效输出电阻
Co	电容	C	50p，IC = 0	ANALOG	等效输出电容
E1	行为模型	EVALUE	IF（（V（1）>2.5）& （V（2）>2.5）& （V（3）>2.5），5V，0）	ABM	与门逻辑
1、2、3	层接口 PIN	PORTRIGHT – R		CAPSYM	信号输入
4	层接口 PIN	PORTRIGHT – L		CAPSYM	信号输出
0	直流电压源	0		SOURCE	绝对零

图 8.49 所示为三输入与门仿真波形，上面分别为输入信号 IN1、IN2、IN3 波形，下面为输出信号 OUT 波形。输入信号同时为高时输出信号为高，否则输出信号为低，

实现三输入与门功能。

第二步：利用 AND3 子电路生成 lib。

新建名称为 lib and olb. opj 仿真项目，然后建立名称为 AND3 的 schematic，将 AND3 层电路复制到此电路图中，并且修改端口符号 PIN 为 PORT，如图 8.50 所示；生成文件如图 8.51 所示。

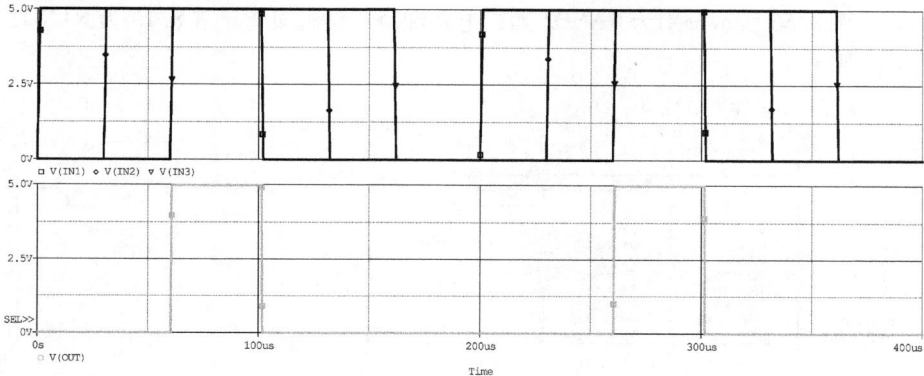

图 8.49　三输入与门仿真波形

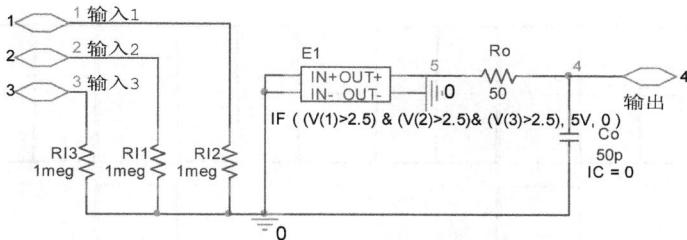

图 8.50　AND3 子电路图

```
. SUBCKT AND3 1 2 3 4
 *三输入与门      IN1 IN2 IN3 OUT
 R_RI1           0 2   1meg
 R_RI2           0 1   1meg
 R_RI3           0 3   1meg
 E_E1            5 0 VALUE {  IF ( ( V(1) >2.5) & (V(2) >2.5) & (V(3) >2.5), 5V,
                 0 ) }
 R_Ro            5 4   50
 C_Co            4 0   50p IC = 0
. ENDS
```

第三步：将 AND3. lib 和 AND3. olb 文件添加到仿真项目中，对 AND3 层电路和 AND3. olb 进行仿真测试，如图 8.52 所示。

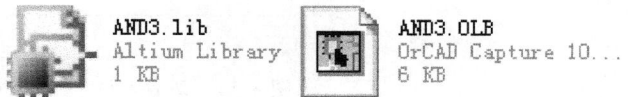

图 8.51　生成 AND3. lib 和 AND3. olb 文件

图 8.53 所示为三输入与门仿真波形，上面分别为输入信号 IN1 波形、输入信号 IN2 波形和输入信号 IN3 波形；下面分别为输出信号 OUT 和 OUT1 波形。层电路和 OLB 模型功能完全一致，均能实现三输入与门功能。

3. 两输入与非门 NAND2 建立过程

第一步：利用层电路建立测试电路，对模型功能进行测试，如图 8.54 所示；图 8.55 和图 8.56 所示分别为 NAND2 测试电路和瞬态仿真设置；表 8.10 为 NAND2 层电路元器件列表。

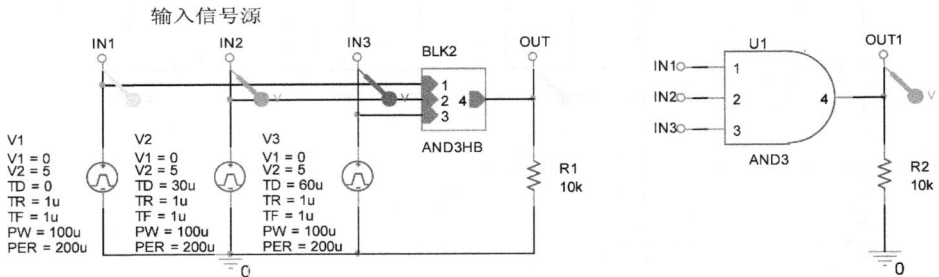

图 8.52　AND3 层电路和 AND3.olb 测试电路

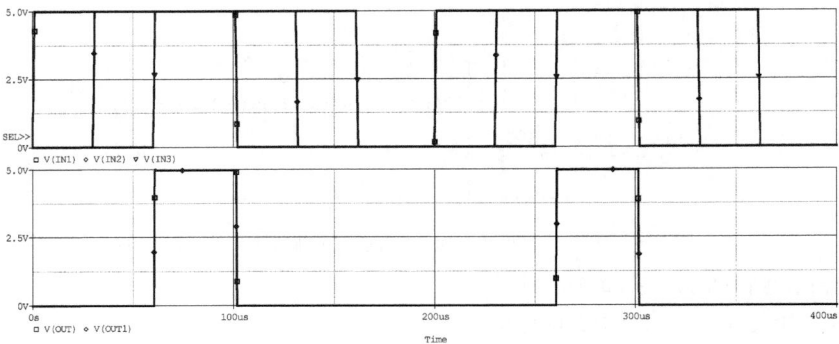

图 8.53　三输入与门仿真波形

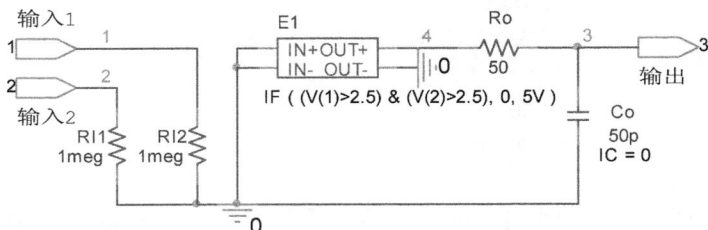

图 8.54　两输入与非门 NAND2 层电路

输入信号源

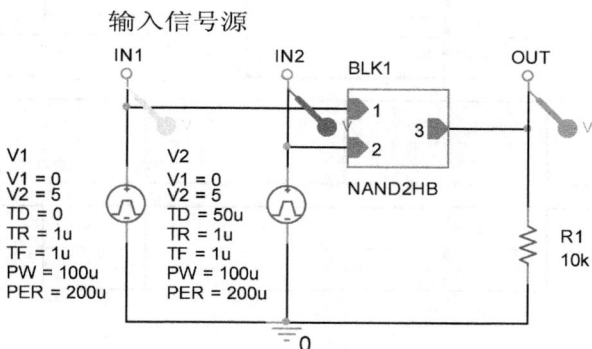

图 8.55　NAND2 测试电路

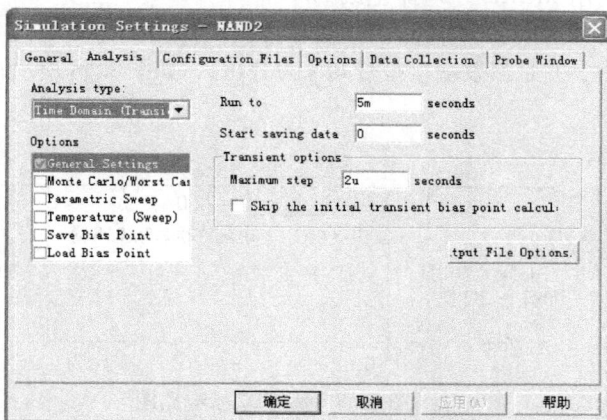

图 8.56　瞬态仿真设置

表 8.10　两输入与非门 NAND2 层电路元器件列表

编号	名称	型号	参数	库	功能注释
RI1	电阻	R	1meg	ANALOG	防止悬空
RI2	电阻	R	1meg	ANALOG	防止悬空
Ro	电阻	R	50	ANALOG	等效输出电阻
Co	电容	C	50p，IC = 0	ANALOG	等效输出电容
E1	行为模型	EVALUE	IF（（V（1）>2.5）& （V（2）>2.5），0，5V）	ABM	与非门逻辑
1、2	层接口 PIN	PORTRIGHT – R		CAPSYM	信号输入
3	层接口 PIN	PORTRIGHT – L		CAPSYM	信号输出
0	直流电压源	0		SOURCE	绝对零

图 8.57 所示为两输入与非门仿真波形，上面为输入信号 IN1 波形，中间为输入信号 IN2 波形，下面为输出信号 OUT 波形。输入信号同时为高时输出信号为低，否则输出信号为高，实现与非门功能。

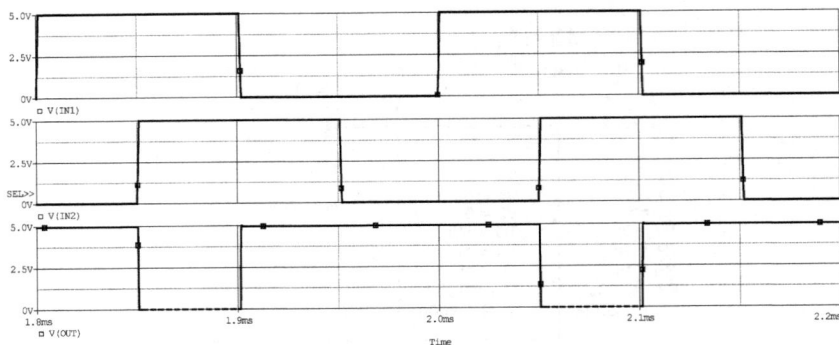

图 8.57　两输入与非门仿真波形

第二步：利用 NAND2 子电路生成 lib。

在仿真项目 lib and olb. opj 中建立名称为 NAND2 的 schematic，将 NAND2 层电路复制到此电路图中，并且修改端口符号 PIN 为 PORT，如图 8.58 所示；生成文件如图 8.59 所示。

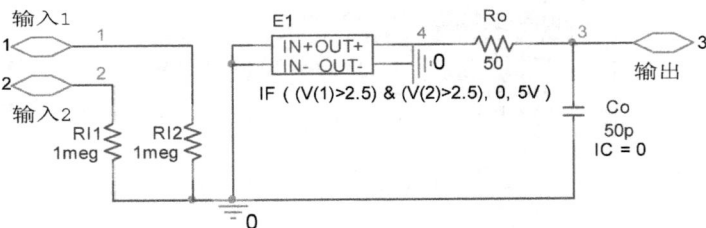

图 8.58　NAND2 子电路图

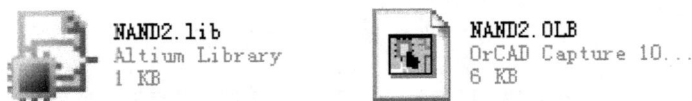

图 8.59　生成 NAND2. lib 和 NAND2. olb 文件

```
. SUBCKT NAND2 1 2 3
* 两输入与非门 输入 1 输入 2 输出
E_E1        4 0 VALUE {  IF ( ( V(1) > 2.5) & ( V(2) > 2.5), 0, 5V ) }
R_Ro        4 3  50
C_Co        3 0  50p IC = 0
R_RI1       0 2  1meg
R_RI2       0 1  1meg
. ENDS
```

第三步：将 NAND2. lib 和 NAND2. olb 文件添加到仿真项目中，然后对 NAND2 层电路和 NAND2. olb 进行仿真测试，如图 8.60 所示。

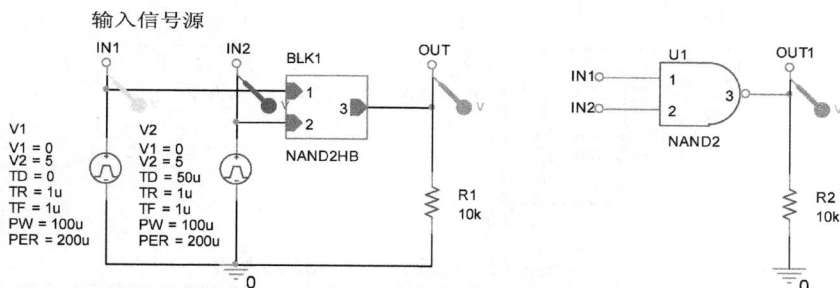

图 8.60 NAND2 层电路和 NAND2.olb 测试电路

图 8.61 所示为两输入与非门仿真波形，上面为输入信号 IN1 波形，中间为输入信号 IN2 波形，下面分别为输出信号 OUT 和 OUT1 波形。层电路和 OLB 模型功能完全一致，均能实现与非门功能。

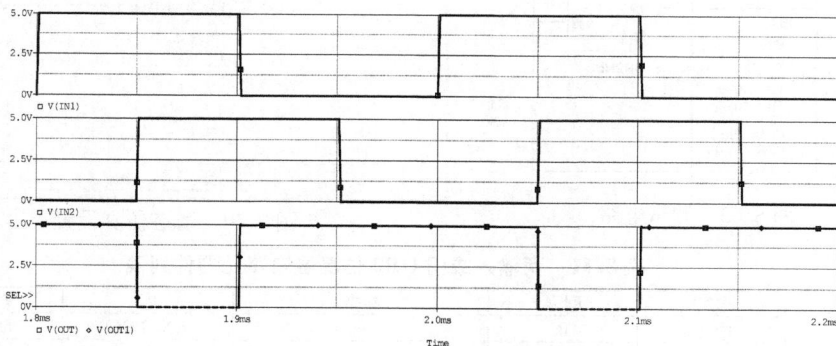

图 8.61 两输入与非门仿真波形

下面为三输入与非门语句，感兴趣的读者可以根据语句独立建立层电路并进行仿真测试，然后生成.lib 和.olb 文件。

```
.SUBCKT NAND3 1 2 3 4
E1 5 0 VALUE = { IF ( ( V ( 1 ) > 800M ) & ( V ( 2 ) > 800M ) & ( V ( 3 ) > 800M ) , 0V , 5V ) }
R1 5 4 400
C1 4 0 20P IC = 0
.ENDS NAND3
```

4. 两输入或门 OR2 建立过程

第一步：利用层电路建立测试电路，对模型功能进行测试，如图 8.62 所示；图 8.63 和图 8.64 所示分别为 OR2 测试电路和瞬态仿真设置；表 8.11 为两输入或门 OR2 层电路元器件列表。

图 8.65 所示为两输入或门仿真波形，上面为输入信号 IN1 波形，中间为输入信号 IN2 波形，下面为输出信号 OUT 波形。只要一个输入信号为高输出信号即为高，实现或门功能。

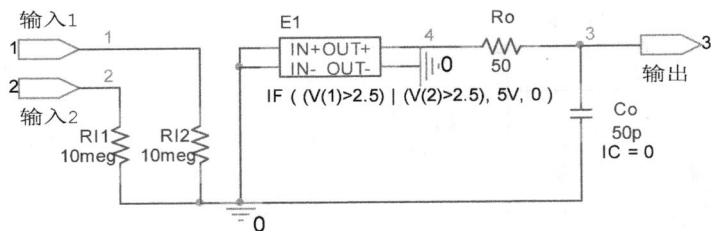

图 8.62 两输入或门 OR2 层电路

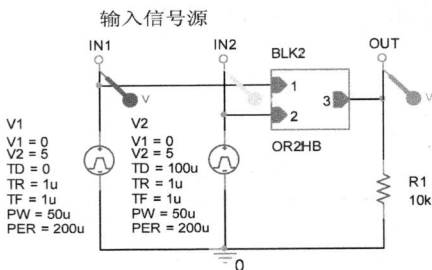

图 8.63 测试电路

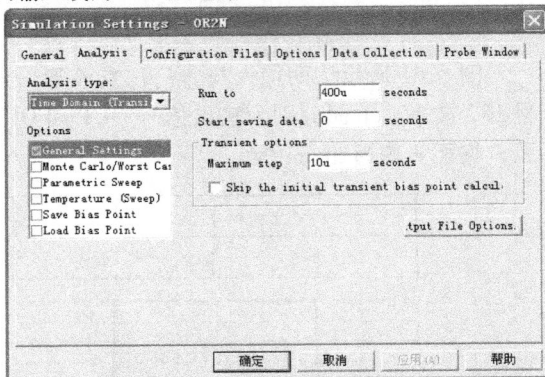

图 8.64 瞬态仿真设置

表 8.11 两输入或门 OR2 仿真层电路元器件列表

编号	名称	型号	参数	库	功能注释
RI1	电阻	R	10meg	ANALOG	防止悬空
RI2	电阻	R	10meg	ANALOG	防止悬空
Ro	电阻	R	50	ANALOG	等效输出电阻
Co	电容	C	50p, IC = 0	ANALOG	等效输出电容
E1	行为模型	EVALUE	IF ((V (1) >2.5) | (V (2) >2.5), 5V, 0)	ABM	或门逻辑
1、2	层接口 PIN	PORTRIGHT – R		CAPSYM	信号输入
3	层接口 PIN	PORTRIGHT – L		CAPSYM	信号输出
0	直流电压源	0		SOURCE	绝对零

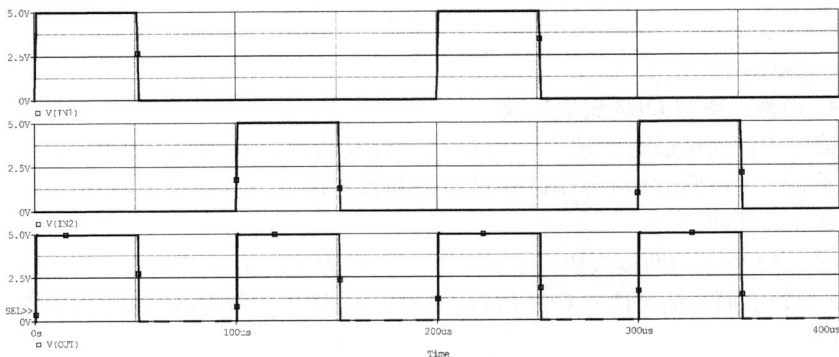

图 8.65 两输入或门仿真波形

第二步：利用 OR2 子电路生成 lib。

新建名称为 lib and olb. opj 仿真项目，然后建立名称为 OR2 的 schematic，将 OR2 层电路复制到此电路图中，并且修改端口符号 PIN 为 PORT，如图 8.66 所示；生成文件如图 8.67 所示。

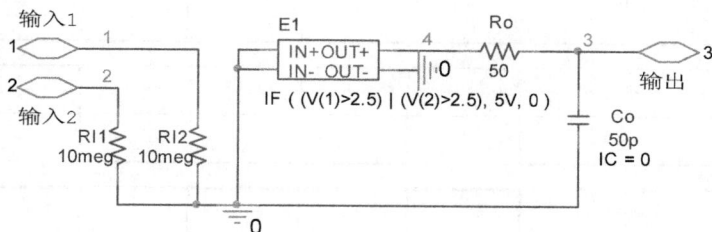

图 8.66　OR2 子电路图

```
. SUBCKT OR2 1 2 3
* 两输入或门 IN1 IN2 OUT
C_Co          3 0   50p IC = 0
R_RI1         0 2   10meg
R_RI2         0 1   10meg
E_E1          4 0 VALUE {   IF ( ( V(1) > 2.5 ) | ( V(2) > 2.5 ), 5V, 0 ) }
R_Ro          4 3   50
. ENDS
```

图 8.67　生成 OR2N. lib 和 OR2N. olb 文件

第三步：将 OR2N. lib 和 OR2N. olb 文件添加到仿真项目中，然后对 OR2 层电路和 OR2N. olb 进行仿真测试，如图 8.68 所示。

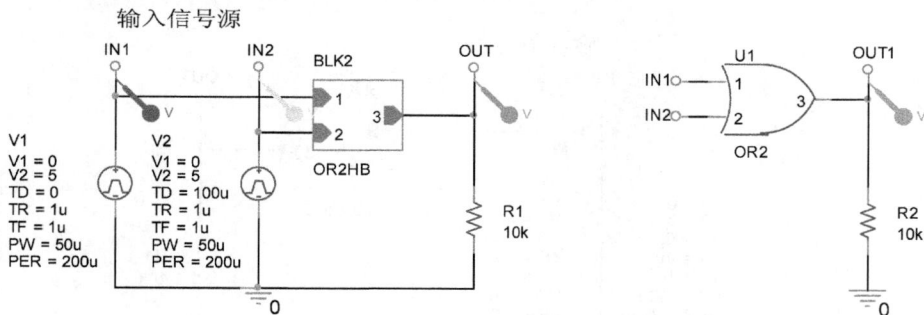

图 8.68　OR2 层电路和 OR2N. olb 测试电路

图 8.69 所示为两输入或门仿真波形，上面为输入信号 IN1 波形，中间为输入信号

IN2 波形，下面分别为输出信号 OUT 和 OUT1 波形。层电路和 OLB 模型功能完全一致，均能实现或门功能。

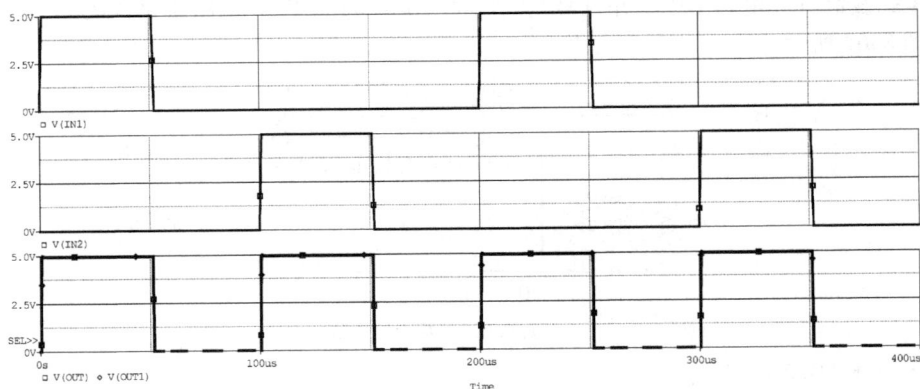

图 8.69　两输入或门仿真波形

5. 两输入或非门 NOR2 建立过程

第一步：利用层电路建立测试电路，对模型功能进行测试，如图 8.70 所示；图 8.71 和图 8.72 分别为 NOR2 测试电路和瞬态仿真设置；表 8.12 为两输入或非门 NOR2 测试电路元器件列表。

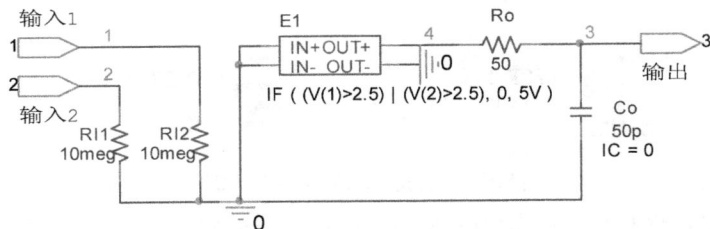

图 8.70　两输入或非门 NOR2 层电路

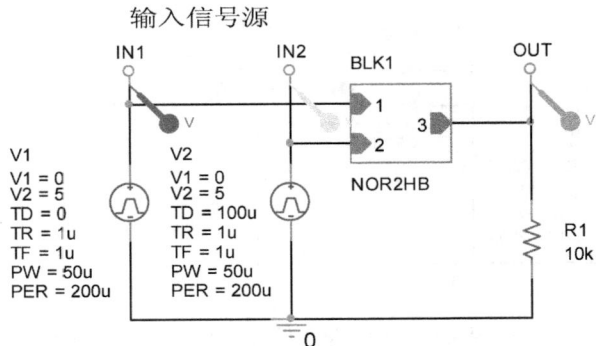

图 8.71　NOR2 测试电路

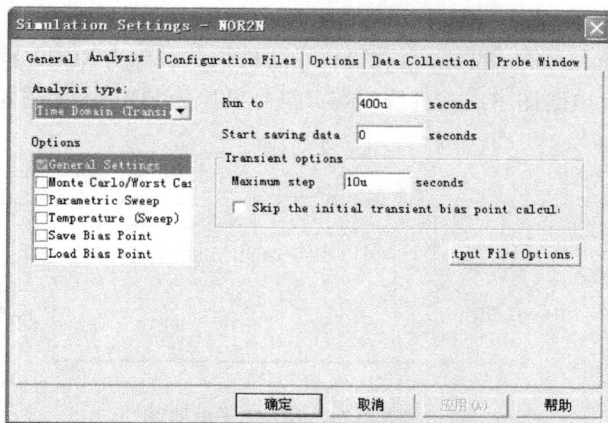

图 8.72　瞬态仿真设置

表 8.12　两输入或非门 NOR2 测试电路元器件列表

编号	名称	型号	参数	库	功能注释
RI1	电阻	R	10meg	ANALOG	防止悬空
RI2	电阻	R	10meg	ANALOG	防止悬空
R1	电阻	R	10k	ANALOG	负载电阻
Ro	电阻	R	50	ANALOG	等效输出电阻
Co	电容	C	50p, IC = 0	ANALOG	等效输出电容
E1	行为模型	EVALUE	IF ((V (1) > 2.5) | (V (2) > 2.5), 0, 5V)	ABM	或非门逻辑
1、2	层接口 PIN	PORTRIGHT – R		CAPSYM	信号输入
3	层接口 PIN	PORTRIGHT – L		CAPSYM	信号输出
0	直流电压源	0		SOURCE	绝对零
V1	脉冲电压源	VPULSE	见电路图	SOURCE	输入信号源
V2	脉冲电压源	VPULSE	见电路图	SOURCE	输入信号源

　　图 8.73 所示为两输入或非门仿真波形，上面为输入信号 IN1 波形，中间为输入信号 IN2 波形，下面为输出信号 OUT 波形。只要一个输入信号为高输出信号即为低，实现或非门功能。

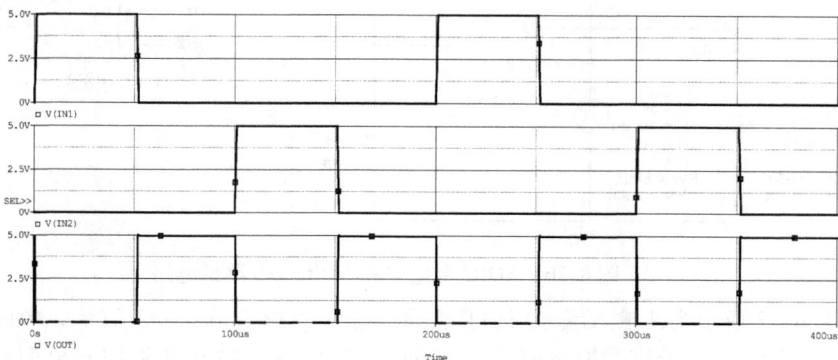

图 8.73　两输入或非门仿真波形

第二步：利用 NOR2 子电路生成 lib。

新建名称为 lib and olb. opj 仿真项目，然后建立名称为 NOR2 的 schematic，将 NOR2 层电路复制到此电路图中，并且修改端口符号 PIN 为 PORT，如图 8.74 所示；生成文件如图 8.75 所示。

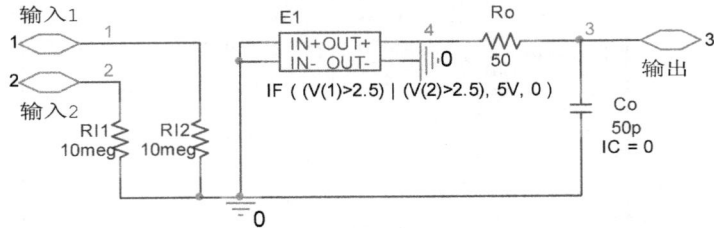

图 8.74　NOR2 子电路图

. SUBCKT NOR2 1 2 3

∗ 两输入或非门 IN1 IN2 OUT

E_E1　　　　4 0 VALUE｛　IF（（V（1）> 2.5）｜（V（2）> 2.5），0，5V）｝

R_Ro　　　　4 3　50

C_Co　　　　3 0　50p IC = 0

R_RI1　　　　0 2　10meg

R_RI2　　　　0 1　10meg

. ENDS

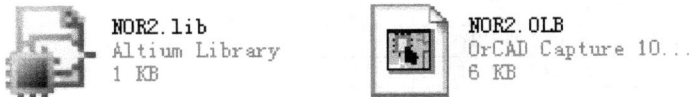

图 8.75　生成 NOR2. lib 和 NOR2. olb 文件

第三步：将 NOR2. lib 和 NOR2. olb 文件添加到仿真项目中，然后对 NOR2 层电路和 NOR2. olb 进行仿真测试，如图 8.76 所示。

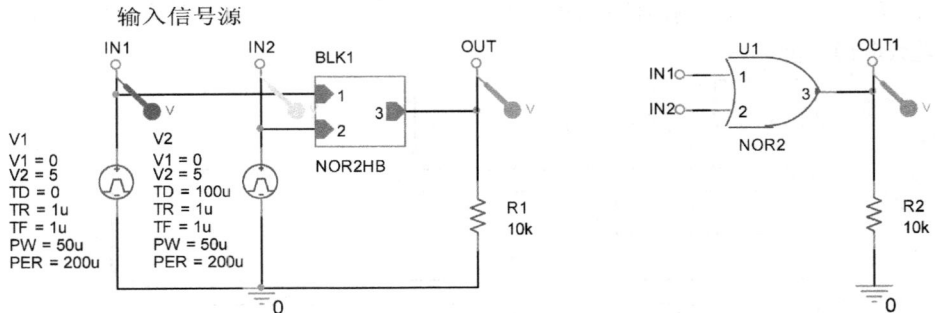

图 8.76　NOR2 层电路和 NOR2. olb 测试电路

图 8.77 所示为两输入或非门仿真波形，上面为输入信号 IN1 波形，中间为输入信号 IN2 波形，下面分别为输出信号 OUT 和 OUT1 波形。层电路和 OLB 模型功能完全一

致，均能实现或非门功能。

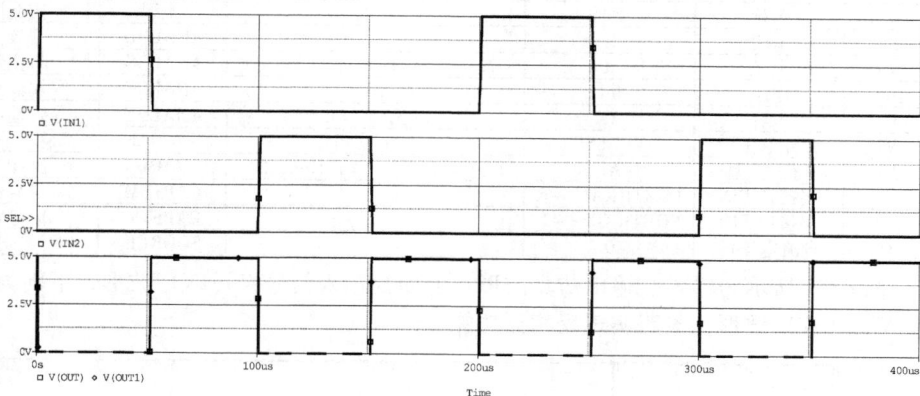

图 8.77　两输入或非门仿真波形

6. 反相器 INVN 建立过程

第一步：利用层电路建立测试电路，对模型功能进行测试，如图 8.78 所示，图 8.79 和图 8.80 分别为 INVN 测试电路和瞬态仿真设置；表 8.13 为反相器 INVN 测试电路元器件列表。

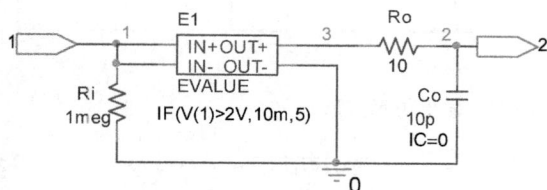

图 8.78　反相器 INVN 层电路

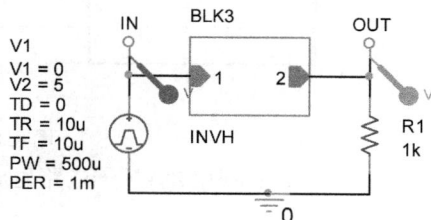

图 8.79　反相器 INVN 测试电路

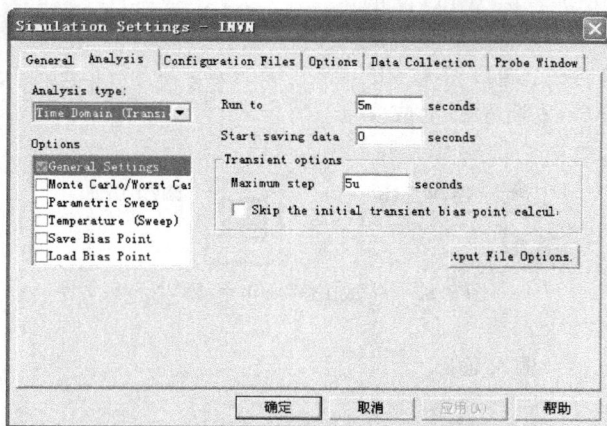

图 8.80　瞬态仿真设置

表 8.13 反相器 INVN 测试电路元器件列表

编号	名称	型号	参数	库	功能注释
R1	电阻	R	1k	ANALOG	等效负载
Ri	电阻	R	1meg	ANALOG	防止悬空
Ro	电阻	R	10	ANALOG	等效输出电阻
Co	电容	C	10p, IC = 0	ANALOG	等效输出电容
V1	脉冲电压源	VPULSE	见电路图	SOURCE	输入信号源
E1	行为模型	EVALUE	IF（V（1）>2V, 10m, 5)	ABM	反相逻辑
1	层接口 PIN	PORTRIGHT – R		CAPSYM	信号输入
2	层接口 PIN	PORTRIGHT – L		CAPSYM	信号输出
0	直流电压源	0		SOURCE	绝对零

图 8.81 所示为输入、输出仿真波形，上面为输入信号 V（IN）波形，下面为输出信号 V（OUT）波形，电路实现反相器功能。

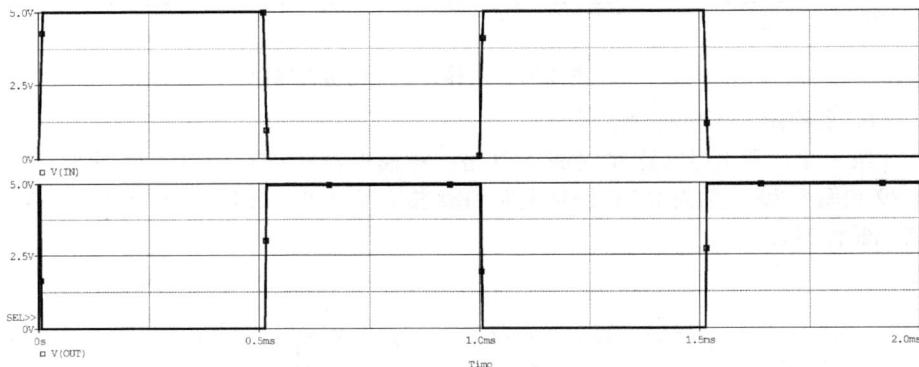

图 8.81 输入、输出仿真波形

第二步：利用 INVN 子电路生成 lib。

新建名称为 lib and olb. opj 的仿真项目，然后建立名称为 INVN 的 schematic，将 INVN 层电路复制到此电路图中，并且修改端口符号 PIN 为 PORT，如图 8.82 所示；生成文件如图 8.83 所示。

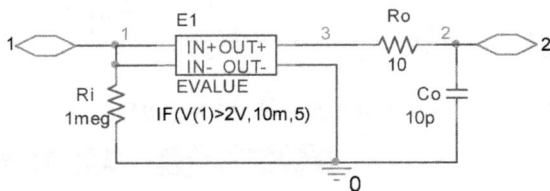

图 8.82 反相器 INVN 子电路图

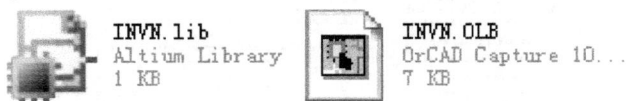

图 8.83 生成 INVN. lib 和 INVN. olb 文件

```
. SUBCKT INVN 1 2
*反相器        输入 输出
R _ Ri        0 1   1meg
E _ E1        3 0 VALUE {IF( V(1) >2V,10m,5)}
R _ Ro        3 2   10
```

C _ Co　　　　　0 2　10p

. ENDS

第三步：将 INVN. lib 和 INVN. olb 文件添加到仿真项目中，然后对 INVN 层电路和 INVN. olb 进行仿真测试，如图 8.84 所示。

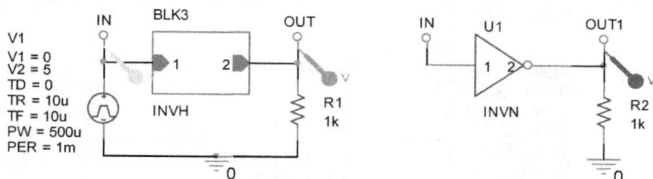

图 8.84　INVN 层电路和 INVN. olb 测试电路

图 8.85 所示为反相器测试电路仿真波形，上面为输入信号 V（IN）波形，中间为输出 V（OUT1）波形，下面为输出 V（OUT）波形。层电路和 OLB 模型功能完全一致，均能实现反相器功能。

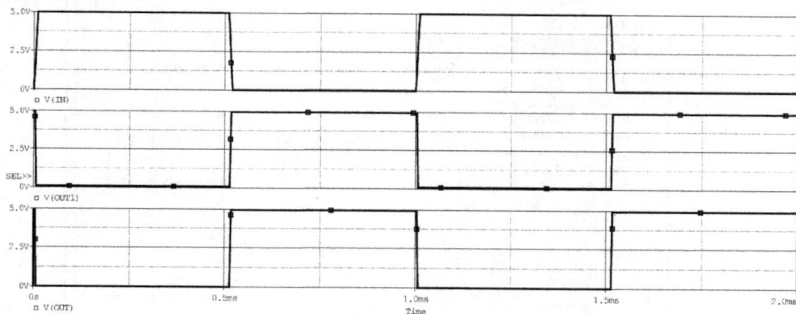

图 8.85　反相器测试电路仿真波形

7. RS 触发器模型 RSFLOP 建立过程

第一步：利用层电路建立测试电路，对模型功能进行测试，如图 8.86 所示，图 8.87 和图 8.88 所示分别为 RSFLOP 测试电路和瞬态仿真设置；表 8.14 为触发器测试电路元器件列表。

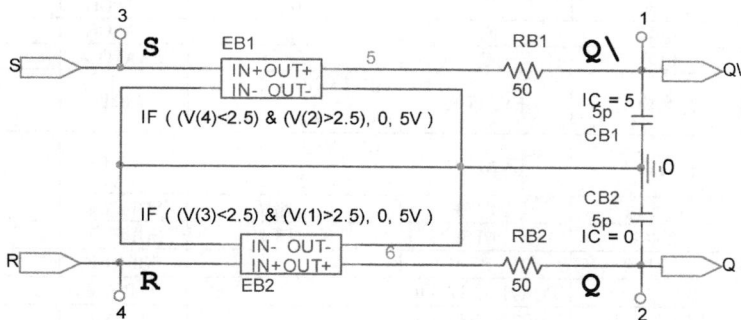

图 8.86　RS 触发器层电路

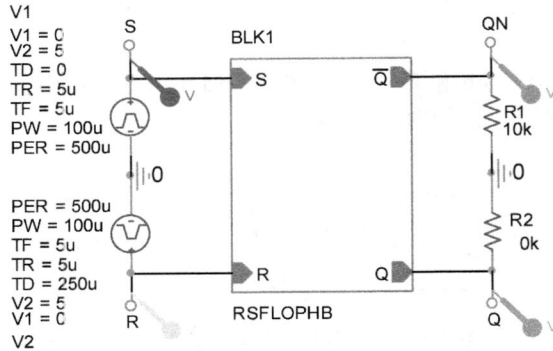

图 8.87　RS 触发器测试电路

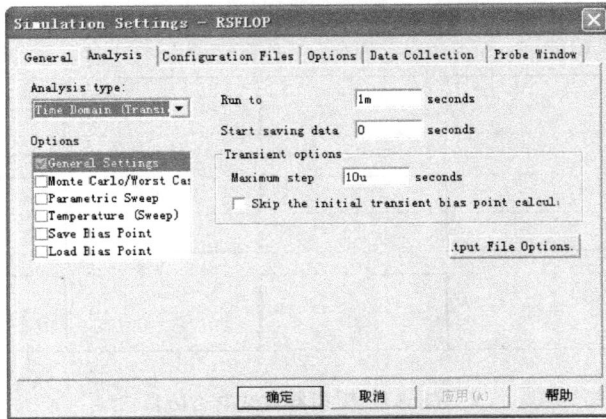

图 8.88　瞬态仿真设置

表 8.14　RS 触发器测试电路元器件列表

编号	名称	型号	参数	库	功能注释
RB1	电阻	R	50	ANALOG	滤波
RB2	电阻	R	50	ANALOG	滤波
R1	电阻	R	10k	ANALOG	负载电阻
R2	电阻	R	10k	ANALOG	负载电阻
CB1	电容	C	5p	ANALOG	滤波
CB2	电容	C	5p	ANALOG	滤波
EB1	行为模型	EVALUE	IF((V(4)<2.5)&(V(2)>2.5),0,5V)	ABM	逻辑功能
EB2	行为模型	EVALUE	IF((V(3)<2.5)&(V(1)>2.5),0,5V)	ABM	逻辑功能
V1	脉冲源	VPULSE	见电路图	SOURCE	置位
V2	脉冲源	VPULSE	见电路图	SOURCE	复位
0	绝对地	0		SOURCE	绝对地
S	层接口 PIN	PORTRIGHT－R		CAPSYM	信号输入
R	层接口 PIN	PORTRIGHT－R		CAPSYM	信号输入
Q	层接口 PIN	PORTRIGHT－L		CAPSYM	信号输出
Q \	层接口 PIN	PORTRIGHT－L		CAPSYM	信号输出

图 8.89 所示为 RS 触发器电路仿真波形，上面为输入置位信号 S 波形和输入复位信号 R 波形；中间为正相输出端 Q 波形，下面为反相输出端 Q \ 波形。S 为高 R 为低时，Q 为高、Q \ 为低；S 为低 R 为高时，Q 为低、Q \ 为高；S 和 R 同时为低时，Q 和 Q \ 保持原态不变；该电路实现 RS 触发器功能。

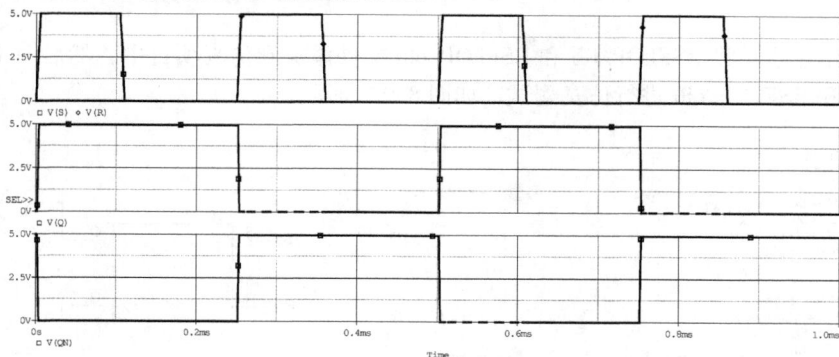

图 8.89　RS 触发器电路仿真波形

第二步：利用 RSFLOP 子电路生成 lib。

新建名称为 lib and olb. opj 仿真项目，然后建立名称为 RSFLOP 的 schematic，将 RS-FLOP 层电路复制到此电路图中，并且修改端口符号 PIN 为 PORT，如图 8.90 所示；生成文件如图 8.91 所示。

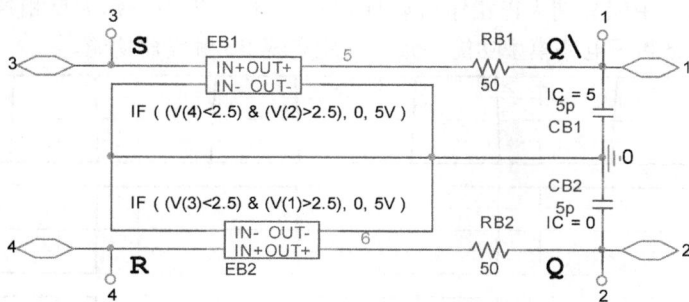

图 8.90　RSFLOP 子电路图

```
. SUBCKT RSFLOP 1 2 3 4
*                    Q\ Q S R
R _ RB1              5 1   50
E _ EB1              5 0 VALUE { IF( ( V(4) <2.5)&( V(2) >2.5),0,5V )}
R _ RB2              62   50
E _ EB2              60 VALUE {  IF( ( V(3) <2.5)&( V(1) >2.5),0,5V )}
C _ CB1              10   5p IC =5
C _ CB2              20   5p IC =0
. ENDS
```

图 8.91 生成 RSFLOP. lib 和 RSFLOP. olb 文件

第三步：将 RSFLOP. lib 和 RSFLOP. olb 文件添加到仿真项目中，然后对 RSFLOP 层电路和 RSFLOP. olb 进行仿真测试，如图 8.92 所示。

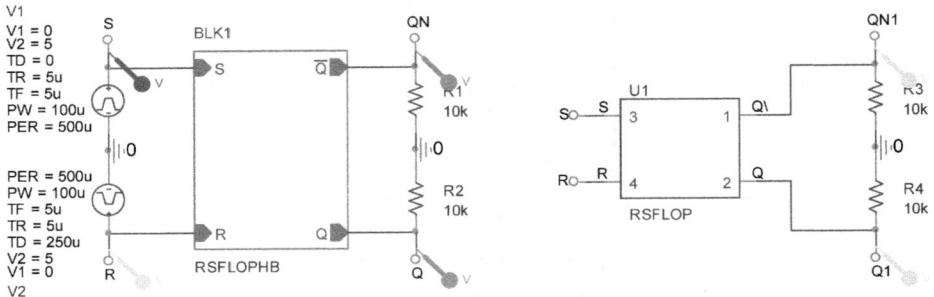

图 8.92 RSFLOP 层电路和 RSFLOP. olb 测试电路

图 8.93 所示为 RS 触发器仿真波形图，上面分别为输入置位信号 S 波形和输入复位信号 R 波形；中间分别为正相输出端 Q 和 Q1 波形；下面分别为反相端输出 QN 和 QN1 波形。层电路和子电路模型功能一致，均能实现 RS 触发器功能。

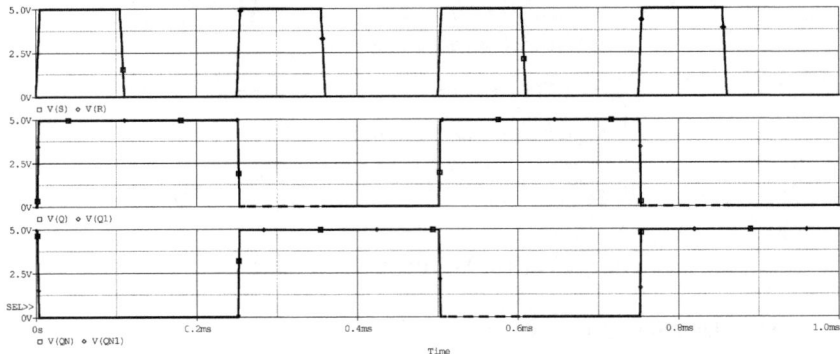

图 8.93 RS 触发器仿真波形

8. DTD 死区模型建立过程

第一步：利用层电路建立测试电路，对模型功能进行测试，如图 8.94 所示；图 8.95 和图 8.96 所示分别为 DTD 测试电路和瞬态仿真设置；表 8.15 为 DTD 测试电路元器件列表。

图 8.97 所示为 DTD 仿真波形，上面为输入信号 IN 波形，下面分别为输出信号 OUTP

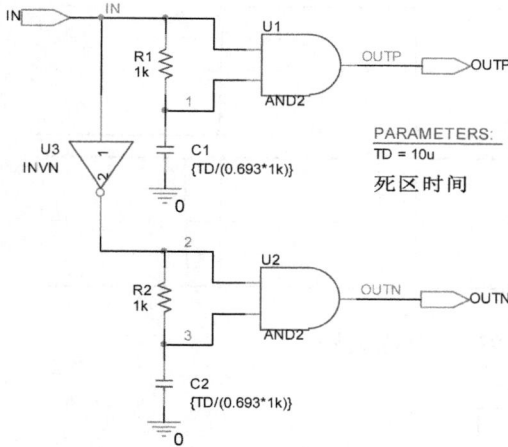

图 8.94 DTD 层电路

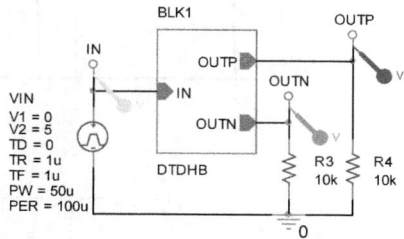

图 8.95 DTD 测试电路

和 OUTN 波形。OUTP 为同相输出信号，OUTN 为反相输出信号，死区时间由参数 TD 设置，模型 DTD 实现死区功能。

第二步：利用 DTD 子电路生成 lib。

新建名称为 lib and olb. opj 仿真项目，然后建立名称为 DTD 的 schematic，将 DTD 层电路复制到此电路图中，并且修改端口符号 PIN 为 PORT，如图 8.98 所示；生成文件如图 8.99 所示。

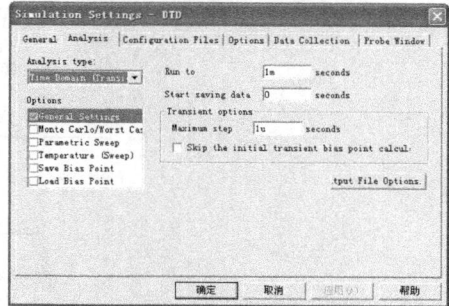

图 8.96 瞬态仿真设置

表 8.15 DTD 测试电路元器件列表

编号	名称	型号	参数	库	功能注释
R1	电阻	R	1k	ANALOG	延时
R2	电阻	R	1k	ANALOG	延时
R3	电阻	R	10k	ANALOG	等效负载
R4	电阻	R	10k	ANALOG	等效负载
C1	电容	C	$\{TD/(0.693*1k)\}$	ANALOG	延时
C2	电容	C	$\{TD/(0.693*1k)\}$	ANALOG	延时
U1	两输入与门	AND2		AND2	与门逻辑
U2	两输入与门	AND2		AND2	与门逻辑
U3	反相器	INVN		INVN	反相
V1	脉冲电压源	VPULSE	见电路图	SOURCE	输入信号
PARAMETERS	参数	PARAM	TD = 10u	SPECIAL	延时时间
IN	层接口 PIN	PORTRIGHT – R		CAPSYM	信号输入
OUTP、OUTN	层接口 PIN	PORTRIGHT – L		CAPSYM	信号输出
0	直流电压源	0		SOURCE	绝对零

图 8.97　DTD 仿真波形

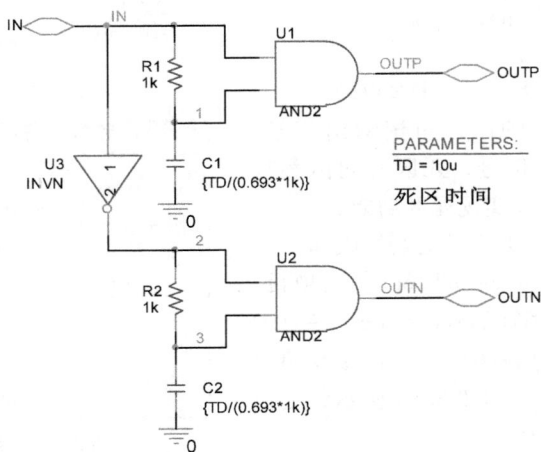

图 8.98　DTD 子电路图

```
*  source LIB AND OLB
. SUBCKT DTD IN OUTN OUTP params：TD = 10u
*              输入 输出正 输出负      死区时间
C _ C1        0 1   {TD/(0.693 * 1k)} IC = 0
X _ U3        IN 2 INVN
X _ U2        2 3 OUTN AND2
R _ R2        3 2  1k
C _ C2        0 3   {TD/(0.693 * 1k)} IC = 0
X _ U1        IN 1 OUTP AND2
R _ R1        1 IN  1k
. ENDS
```

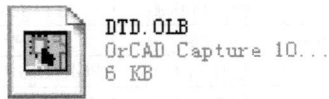

图 8.99　生成 DTD. lib 和 DTD. olb 文件

第三步：将 DTD.lib 和 DTD.olb 文件添加到仿真项目中，然后对 DTD 层电路和 DTD.olb 进行仿真测试，如图 8.100 所示。

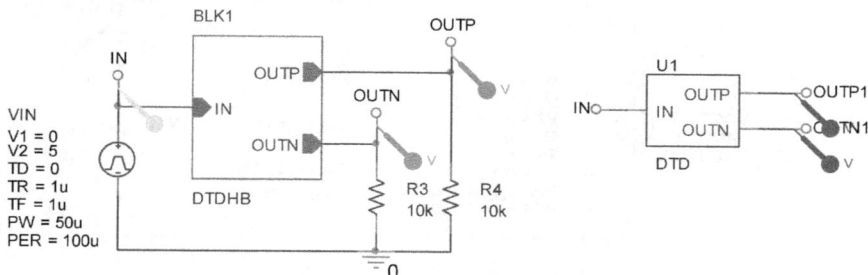

图 8.100　DTD 层电路和 DTD.olb 测试电路

图 8.101 所示为 DTD 仿真波形，上面为输入信号 IN 波形，下面分别为输出信号 OUTP、OUTN 和 OUTP1、OUTN1 波形。层电路和 OLB 模型功能完全一致，均能实现死区功能。

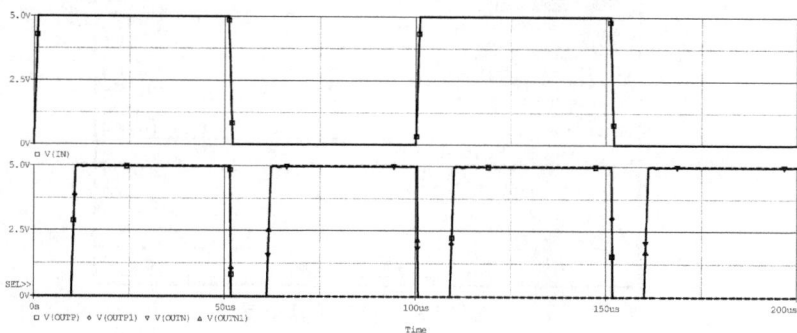

图 8.101　DTD 仿真波形

9. SAMPLE 采样模型建立过程

第一步：利用层电路建立测试电路，对模型功能进行测试，如图 8.102 所示；图 8.103 和图 8.104 所示分别为 SAMPLE 测试电路和瞬态仿真设置；表 8.16 为 SAMPLE 测试电路元器件列表。

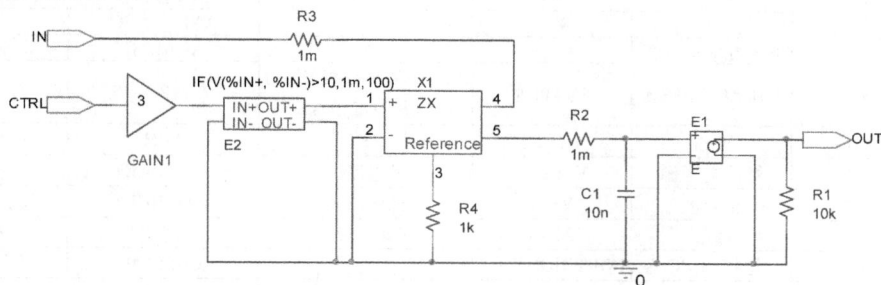

图 8.102　SAMPLE 层电路

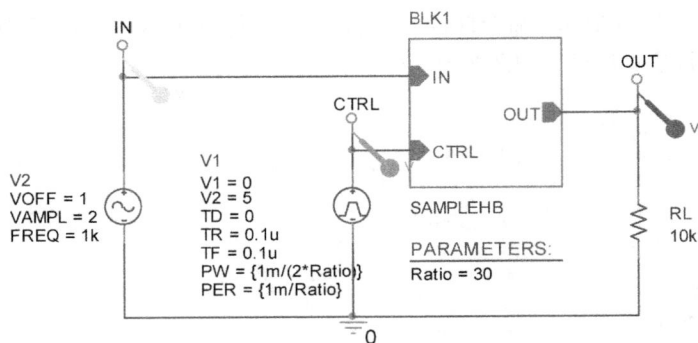

图 8.103   SAMPLE 测试电路

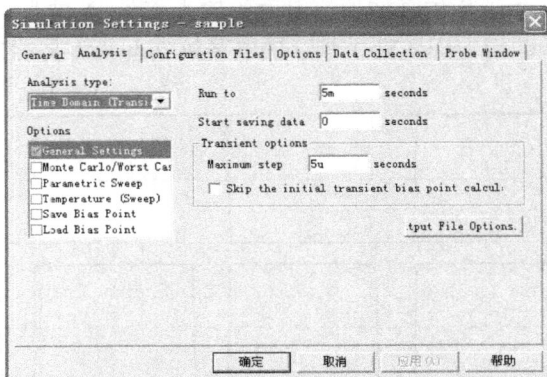

图 8.104   瞬态仿真设置

表 8.16   SAMPLE 测试电路元器件列表

编号	名称	型号	参数	库	功能注释
R1	电阻	R	10k	ANALOG	防止悬空
R2	电阻	R	1m	ANALOG	限流
R3	电阻	R	1m	ANALOG	限流
R4	电阻	R	1k	ANALOG	基准电阻
RL	电阻	R	10k	ANALOG	等效负载
C1	电容	C	10n	ANALOG	采样保持
X1	可变阻抗	ZX		ANL_MISC	开关
E1	电压控制电压源	E	1	ANALOG	隔离
E2	电压控制电压源	EVALUE	$IF(V(\%IN+,\%IN-) > 10, 1m, 100)$	ABM	逻辑控制
Gain1	增益	Gain	3	ABM	增益
V1	脉冲电压源	VPULSE	见电路图	SOURCE	采样信号
V2	正弦波	VSIN	见电路图	SOURCE	输入信号
PARAMETERS	参数	PARAM	Ratio = 30	SPECIAL	采样速率
IN	层接口 PIN	PORTRIGHT – R		CAPSYM	信号输入
CTRL	层接口 PIN	PORTRIGHT – R		CAPSYM	控制输入
OUT	层接口 PIN	PORTRIGHT – L		CAPSYM	信号输出
0	直流电压源	0		SOURCE	绝对零

图 8.105 所示为 SAMPLE 测试电路仿真波形，上面为采样信号；下面分别为输入信号 IN 波形和输出信号 OUT 波形；采样速率由参数 Ratio 设置，模型 SAMPLE 实现采样保持功能。

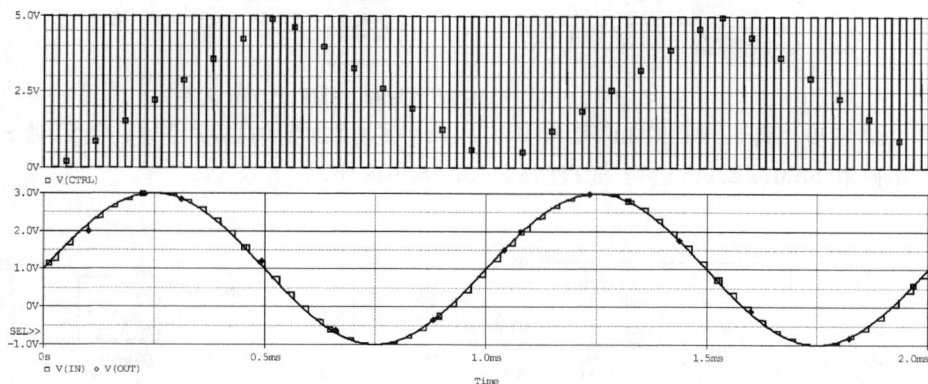

图 8.105　SAMPLE 测试电路仿真波形

第二步：利用 SAMPLE 子电路生成 lib。

新建名称为 lib and olb. opj 仿真项目，然后建立名称为 SAMPLE 的 schematic，将 SAMPLE 层电路复制到此电路图中，并且修改端口符号 PIN 为 PORT，如图 8.106 所示；生成文件如图 8.107 所示。

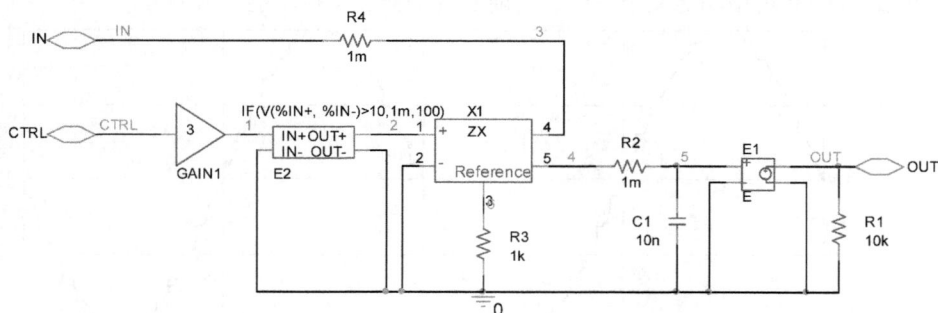

图 8.106　SAMPLE 子电路图

```
. SUBCKT SAMPLE CTRL IN OUT
* SAMPLE           控制　输入 输出
E _ GAIN1          1 0 VALUE {3 * V(CTRL)}
R _ R4             IN 3　1m
R _ R1             0 OUT　10k
X _ X1             2 0 6 3 4 ZX
R _ R2             4 5　1m
C _ C1             0 5　10n
E _ E1             OUT 0 5 0 1
R _ R3             0 6　1k
```

E _ E2 　　　　2 0 VALUE { IF(V (1 ,0) > 10,1m,100) }

. ENDS

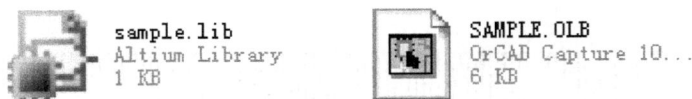

图 8. 107　生成 SAMPLE. lib 和 SAMPLE. olb 文件

第三步：将 SAMPLE. lib 和 SAMPLE. olb 文件添加到仿真项目中，然后对 SAMPLE 层电路和 SAMPLE. olb 进行仿真测试，如图 8. 108 所示。

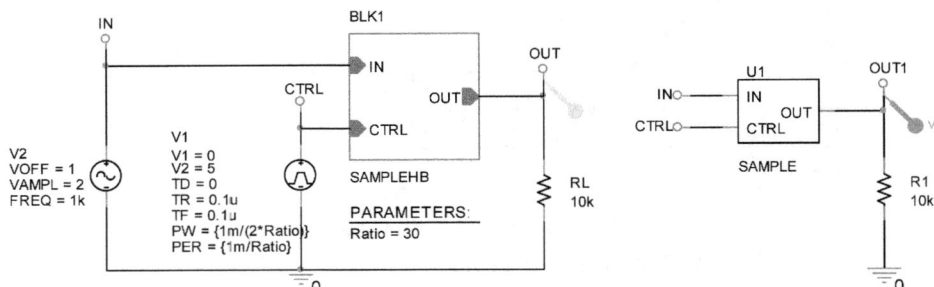

图 8. 108　SAMPLE 层电路和 SAMPLE. olb 测试电路

图 8. 109 所示为 SAMPLE 测试电路仿真波形，分别为输出信号 OUT、OUT1 波形，层电路和 OLB 模型功能完全一致，均能实现采样和保持功能。

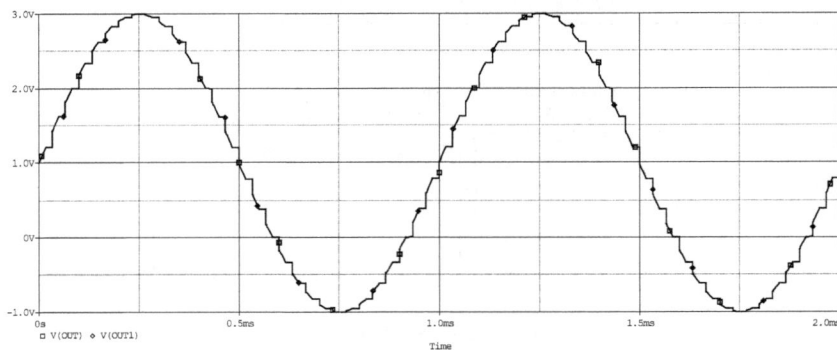

图 8. 109　SAMPLE 测试电路仿真波形

8.3　电压模式 PWMVM 控制器建立与实际电路仿真

图 8. 110 所示为 12V 转 5V BUCKVM 电路，最大输出电流为 1A，采用电压控制模式。

图 8. 111 所示为 PWMVM 电压控制器层电路模型，由电压控制环路、PWM 产生电路、RS 触发器电路和输出驱动电路 4 级构成。电压控制环路实现输出电压闭环反馈，使得输出电压与设置电压一致；PWM 产生电路实现驱动信号脉冲宽度设置，并且具有最大和最小占空比设置及最大电流限制功能；RS 触发器电路实现驱动逻辑变换和开关

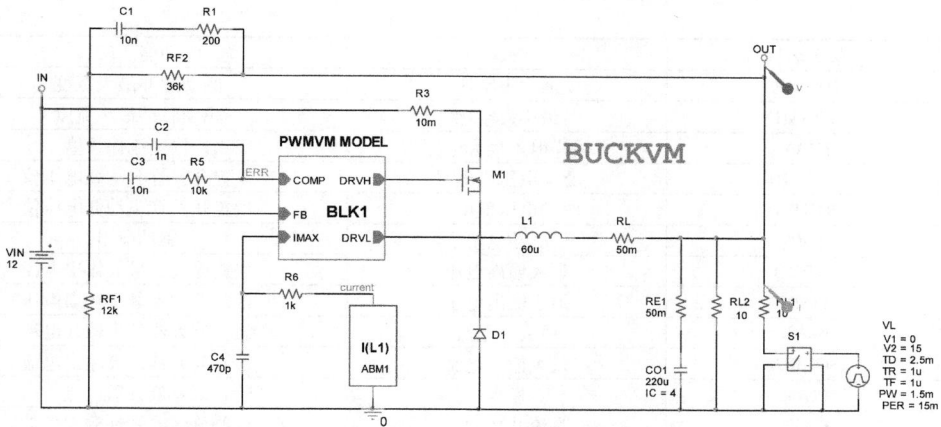

图 8.110　12V 转 5V BUCKVM 仿真电路图

频率设置；输出驱动电路实现驱动电压幅值变换和驱动电阻设置，使得驱动信号能够保证开关器件正常工作。表 8.17 为 PARAMETERS 参数注释，表 8.18 为 PWMVM 仿真电路元器件列表，图 8.112 所示为瞬态仿真设置。

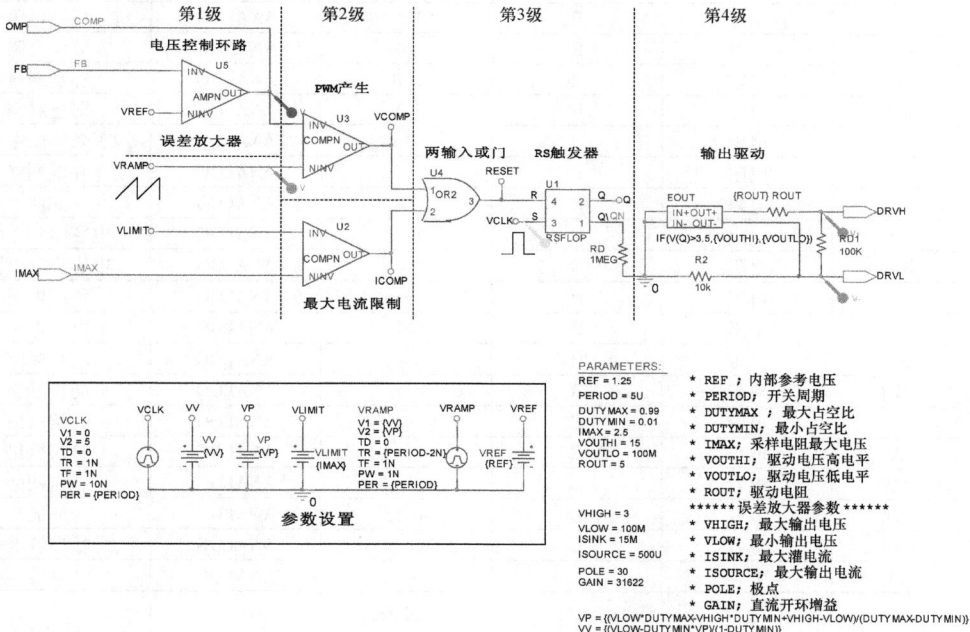

图 8.111　PWMVM 电压控制器层电路模型

表 8.17　PARAMETERS 参数注释

参数名称	含义	功能注释
REF	内部参考电压	设置反馈基准电压
PERIOD	开关周期	设置开关频率

（续）

参数名称	含义	功能注释
DUTYMAX	最大占空比	驱动脉冲最大宽度
DUTYMIN	最小占空比	驱动脉冲最小宽度
IMAX	采样电阻最大电压	设置过流保护值
VOUTHI	驱动电压高电平	设置开关管驱动高电压值
VOUTLO	驱动电压低电平	设置开关管驱动低电压值
ROUT	驱动电阻	驱动电阻
VHIGH	最大输出电压	误差放大器最大输出电压
VLOW	最小输出电压	误差放大器最小输出电压
ISINK	最大灌电流	误差放大器最大输入电流
ISOURCE	最大输出电流	误差放大器最大输出电流
POLE	极点	误差放大器极点
GAIN	直流开环增益	误差放大器开环放大倍数
VP	锯齿波波峰值	通过占空比和误差放大器电压计算
VV	锯齿波波谷值	通过占空比和误差放大器电压计算

表 8.18　PWMVM 仿真电路元器件列表

编号	名称	型号	参数	库	功能注释
RF1	电阻	R	12k	ANALOG	反馈电阻
RF2	电阻	R	36k	ANALOG	反馈电阻
R1	电阻	R	200	ANALOG	补偿网络
R2	电阻	R	10k	ANALOG	防止悬空
R3	电阻	R	10m	ANALOG	等效串联电阻
R5	电阻	R	20k	ANALOG	补偿网络
R6	电阻	R	1k	ANALOG	滤波
RL	电阻	R	50m	ANALOG	电感串联电阻
RE1	电阻	R	50m	ANALOG	电容串联电阻
RL1	电阻	R	10m	ANALOG	负载电阻
RL2	电阻	R	10	ANALOG	负载电阻
RD	电阻	R	1meg	ANALOG	防止悬空
RD1	电阻	R	100k	ANALOG	防止悬空
C1	电容	C	8n	ANALOG	补偿网络
C2	电容	C	1n	ANALOG	补偿网络
C3	电容	C	8n	ANALOG	补偿网络
C4	电容	C	470p	ANALOG	滤波
CO1	电容	C	220u IC = 0	ANALOG	输出滤波
L1	电感	L	60u	ANALOG	储能
S1	压控开关	SBREAK	. model Sbrk1 VSWITCH Roff = 100k Ron = 100m Voff = 1.0 Von = 3.0	BREAKOUT	负载调节
ABM1	行为模型	ABM	I（L1）	ABM	电流采样
D1	二极管	mbrs340		BREAKOUT	续流

（续）

编号	名称	型号	参数	库	功能注释
E1	电压控制电压源	E	1	ANALOG	隔离
EOUT	电压控制电压源	EVALUE	IF(V(14) > 3.5,{VOUTHI}, {VOUTLO})	ABM	输出驱动
VL	脉冲电压源	VPULSE	见电路图	SOURCE	负载控制
VIN	直流电压源	VDC	12	SOURCE	供电电源
V1	直流电压源	VDC	{VP}	SOURCE	波峰值
V2	直流电压源	VDC	{VV}	SOURCE	波谷值
VLIMIT	直流电压源	VDC	{IMAX}	SOURCE	最大电流
VREF	直流电压源	VDC	{REF}	SOURCE	基准电压
VCLK	脉冲电压源	VPULSE	见电路图	SOURCE	时钟信号
VRAMP	脉冲电压源	VPULSE	见电路图	SOURCE	参考波形
U2、U3	比较器	COMPN		COMPN	逻辑比较
U5	误差放大器	AMPN		AMP	闭环控制
U4	2 输入或门	OR2		OR2	逻辑
U1	RS 触发器	RSFLOP		RSFLOP	逻辑
PARAMETERS	参数	PARAM	见电路图	SPECIAL	参数设置
COMP、FB、IMAX	层接口 PIN	PORTRIGHT – R		CAPSYM	信号输入
DRVH、DRVL	层接口 PIN	PORTRIGHT – L		CAPSYM	驱动输出
0	直流电压源	0		SOURCE	绝对零

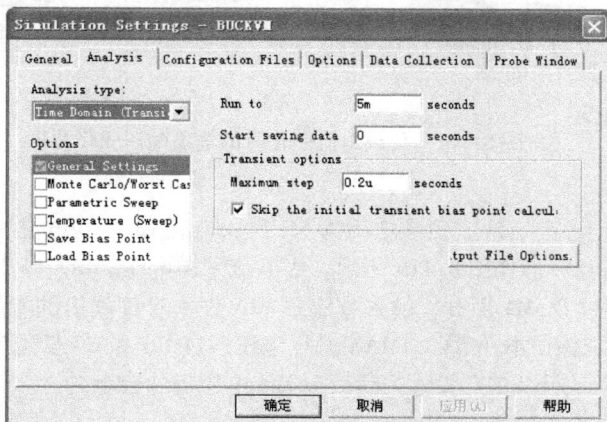

图 8.112　瞬态仿真分析设置

图 8.113 所示为控制信号仿真波形，时钟信号 VCLK 为高时，驱动脉冲为高；锯齿波 VRAMP 电压高于误差放大器输出电压 COMP 时，驱动脉冲为低。

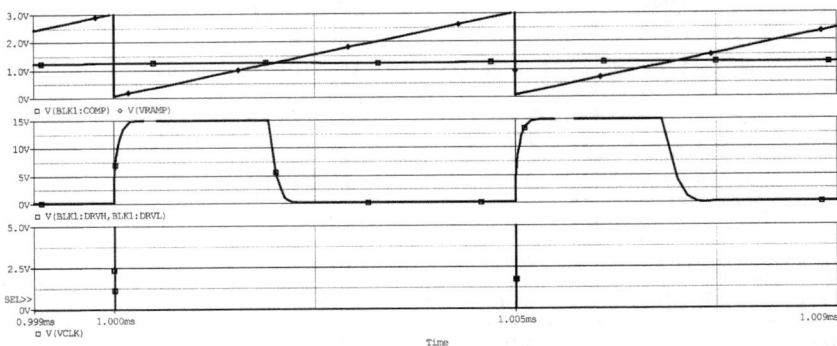

图 8.113　控制信号波形

图 8.114 所示为负载电流变化时的输出电压变化波形。在 2.5ms 时负载电流增加 100%，输出电压 V（OUT）下降约 50mV，200μs 恢复正常；在 4ms 时负载电流减小 50%，输出电压 V（OUT）上升约 50mV，200μs 恢复正常。

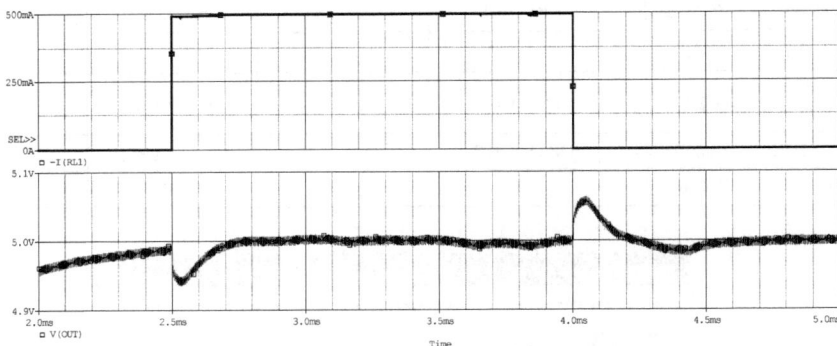

图 8.114　负载电流变化时的输出电压变化波形

当输出电压设定为 5V，负载电阻为 5Ω 时，电感 L1 平均电流为 1A；设置最大电流 IMAX = 0.7，仿真波形如图 8.115 所示。当电流采样电压 IMAX 高于 VLIMT 电压时，驱动脉冲变低，开关管 M1 断开，输入直流源 VIN 停止对负载提供能量，所以输出电压 V（OUT）低于设定输出电压 5V。IMAX 采样电压通过 R6 和 C4 低通滤波器进行滤波，将会出现延迟效应，所以在开关管关断后 IAMX 电压仍然会上升。

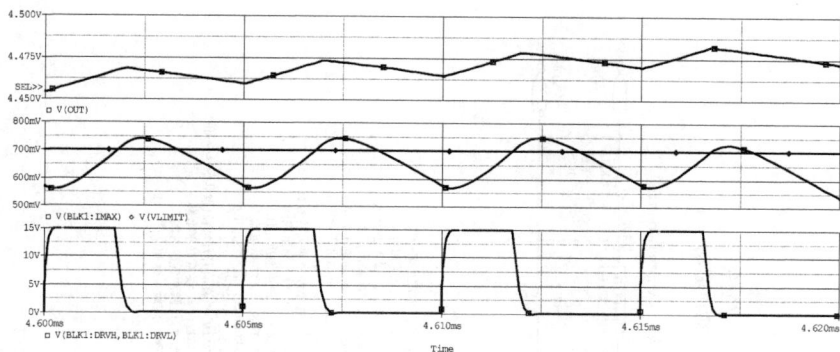

图 8.115 IMAX = 0.7 时仿真波形

8.4 电流模式 PWMCM 控制器建立与实际电路仿真

图 8.116 所示为 12V 转 5V BUCKCM 电路，输出最大电流为 5A，采用电流控制模式。

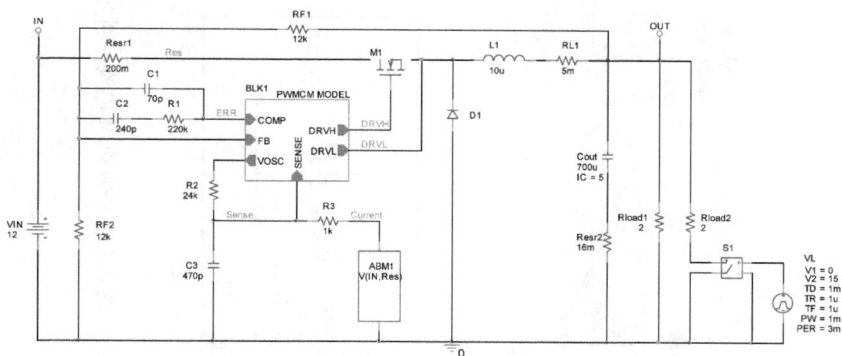

图 8.116 12V 转 5V BUCKCM 仿真电路图

图 8.117 所示为 PWMCM 电流控制器层电路模型，由电压控制环路、电流控制环路、PWM 逻辑控制电路和输出驱动电路 4 级构成。电压控制环路和电流控制环路实现输出电压闭环反馈，使得输出电压与设置电压一致；PWM 逻辑控制电路实现驱动信号脉冲宽度设置，并且具有最大和最小占空比设置及最大电流限制功能；输出驱动电路实现驱动电压幅值变换和驱动电阻设置，使得驱动信号能够保证开关器件正常工作。表 8.19 为 PARAMETERS 参数注释，表 8.20 为 PWMCM 仿真电路元器件列表，图 8.118 所示为瞬态仿真设置。

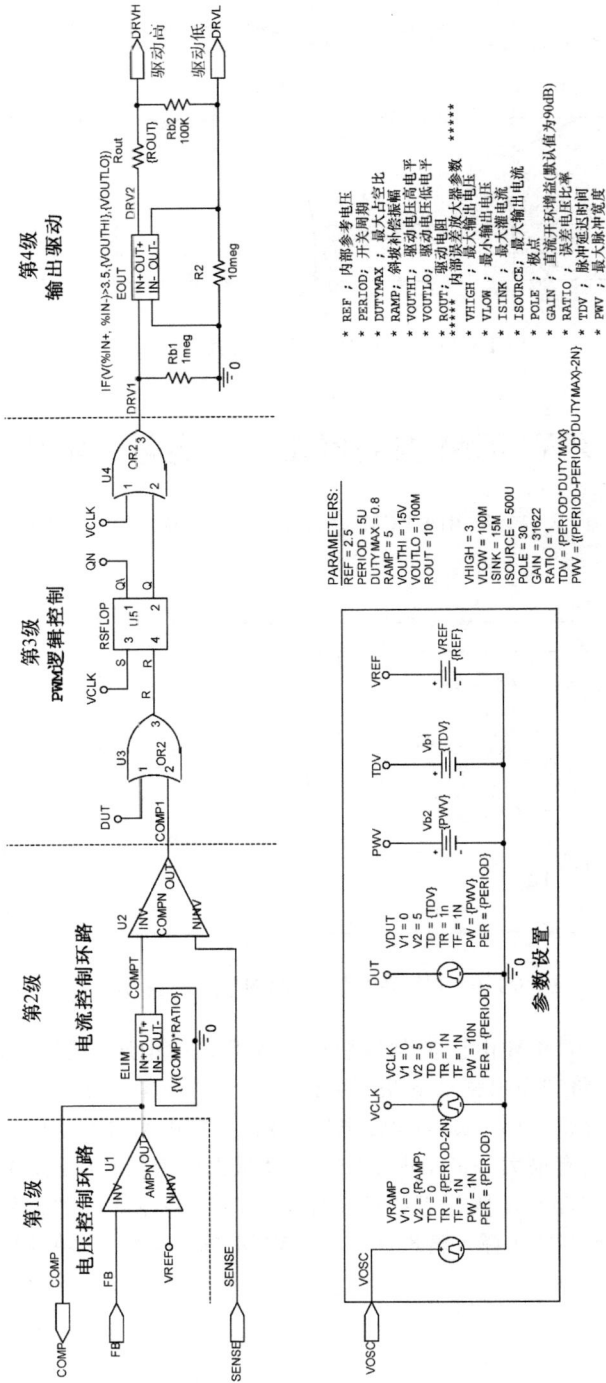

图 8.117 PWMCM 电流控制器层电路模型

表 8.19 PARAMETERS 参数注释

参数名称	含义	功能注释
REF	内部参考电压	设置反馈基准电压
PERIOD	开关周期	设置开关频率
DUTYMAX	最大占空比	驱动脉冲最大宽度
DUTYMIN	最小占空比	驱动脉冲最小宽度
RAMP	斜坡补偿振幅	斜坡补偿
VOUTHI	驱动电压高电平	设置开关管驱动高电压值
VOUTLO	驱动电压低电平	设置开关管驱动低电压值
ROUT	驱动电阻	驱动电阻
VHIGH	最大输出电压	误差放大器最大输出电压
VLOW	最小输出电压	误差放大器最小输出电压
ISINK	最大灌电流	误差放大器最大输入电流
ISOURCE	最大输出电流	误差放大器最大输出电流
POLE	极点	误差放大器极点
GAIN	直流开环增益	误差放大器开环放大倍数
RATIO	误差电压比率	误差电压放大倍数
TDV	脉冲延迟时间	设置保护延迟
PWV	最大脉冲宽度	设置最大脉冲宽度

表 8.20 PWMCM 仿真电路元器件列表

编号	名称	型号	参数	库	功能注释
RF1	电阻	R	12k	ANALOG	反馈电阻
RF2	电阻	R	12k	ANALOG	反馈电阻
RL1	电阻	R	5m	ANALOG	电感等效串联电阻
Resr1	电阻	R	200m	ANALOG	等效输入电阻
Resr2	电阻	R	16m	ANALOG	滤波电容等效串联电阻
Rload1	电阻	R	2	ANALOG	负载电阻
Rload2	电阻	R	2	ANALOG	负载电阻
Rb1	电阻	R	1meg	ANALOG	防止悬空
Rb2	电阻	R	100k	ANALOG	防止悬空
C1	电容	C	70p	ANALOG	补偿网络
C2	电容	C	240p	ANALOG	补偿网络
C3	电容	C	470p	ANALOG	电流采样滤波
Cout	电容	C	700u IC = 5	ANALOG	输出滤波
L1	电感	L	10u	ANALOG	储能
M1	MOSFET	IRFP250		PWRMOS	开关
S1	压控开关	SBREAK	. model Sbrk1 VSWITCH Roff = 100k Ron = 100m Voff = 1. 0 Von = 3. 0	BREAKOUT	负载调节
ABM1	行为模型	ABM	V (IN, Res)	ABM	电流采样
D1	二极管	mbrs340		BREAKOUT	续流
ELIM	电压控制电压源	E	{V (COMP) * RATIO}	ANALOG	比率放大

（续）

编号	名称	型号	参数	库	功能注释
EOUT	电压控制电压源	EVALUE	IF(V(%IN+,%IN−)>3.5,{VOUTHI},{VOUTLO})	ABM	输出驱动
VL	脉冲电压源	VPULSE	见电路图	SOURCE	负载控制
VIN	直流电压源	VDC	12	SOURCE	供电电源
VRAMP	脉冲电压源	VPULSE	见电路图	SOURCE	参考波形
VCLK	脉冲电压源	VPULSE	见电路图	SOURCE	时钟信号
VDUT	直流电压源	VPULSE	见电路图	SOURCE	最大脉宽设置
Vb1	直流电压源	VDC	{TDV}	SOURCE	脉冲延迟时间设置
Vb2	直流电压源	VDC	{PWV}	SOURCE	最大脉宽设置
VREF	直流电压源	VDC	{REF}	SOURCE	基准电压
U1	误差放大器	AMPN		AMP	闭环控制
U2	比较器	COMPN		COMPN	逻辑比较
U3、U4	2输入或门	OR2		OR2	逻辑
U5	RS触发器	RSFLOP		RSFLOP	逻辑
PARAMETERS	参数	PARAM	见电路图	SPECIAL	参数设置
FB、SENSE	层接口PIN	PORTRIGHT−L		CAPSYM	信号输入
COMP、VOSC	层接口PIN	PORTRIGHT−R		CAPSYM	信号输出
DRVH、DRVL	层接口PIN	PORTRIGHT−R		CAPSYM	驱动输出
0	直流电压源	0		SOURCE	绝对零

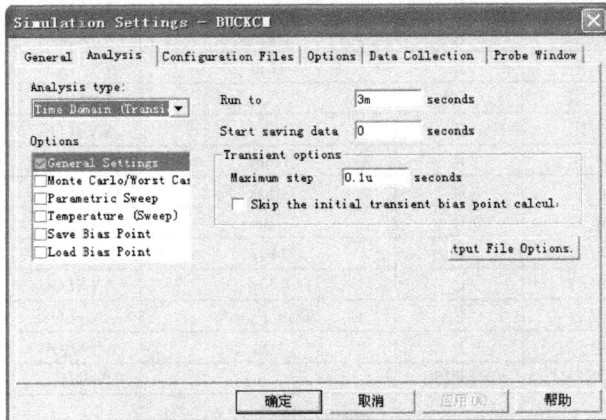

图 8.118　瞬态仿真分析设置

　　图 8.119 所示为控制信号仿真波形，时钟信号 VCLK 为高时，驱动脉冲为高；电流采样信号 SENSE 电压高于误差电压 COMPT 时，驱动脉冲为低。

　　图 8.120 所示为负载电流变化时的输出电压变化特性曲线。在 1ms 时负载电流增加 100%，输出电压 V（OUT）下降约 50mV，100μs 恢复正常；在 2ms 时负载电流减小 50%，输出电压 V（OUT）上升约 50mV，100μs 恢复正常。

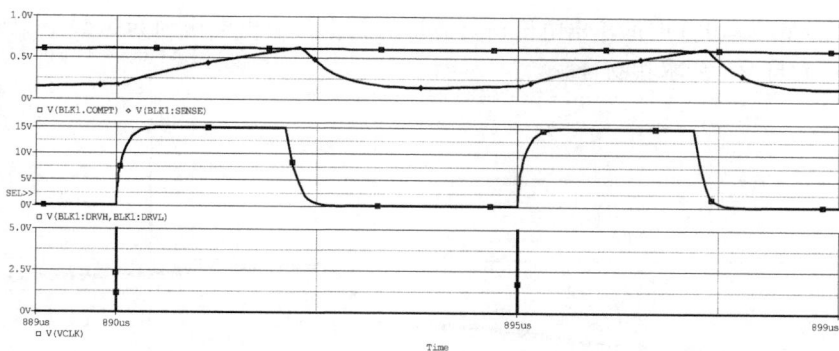

图 8.119　控制信号波形

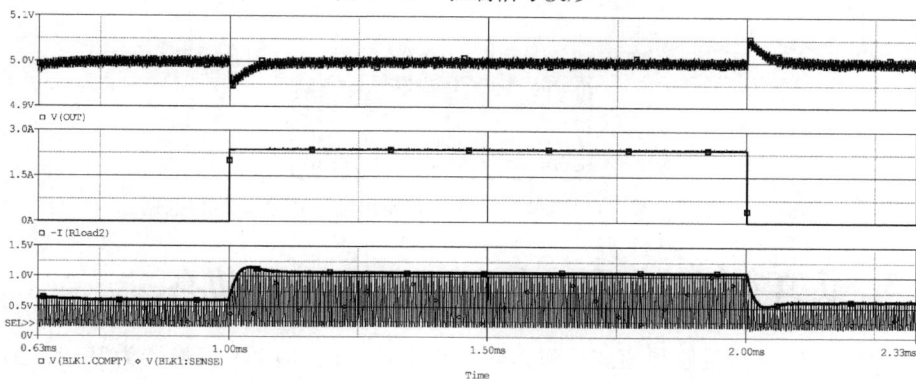

图 8.120　输出电压、负载电阻 Rload2 电流和控制信号波形

当最大占空比 DUTYMAX = 0.3 时，输出最大电压 V（OUT）= DUTYMAX * V（IN）= 3.6V。图 8.121 所示为设置输出电压 5V，最大占空比为 0.3 时的驱动脉冲波形，开关周期为 5μs，最大驱动脉冲为 5μs * 0.3 = 1.5μs，与仿真值一致；图 8.122 所示

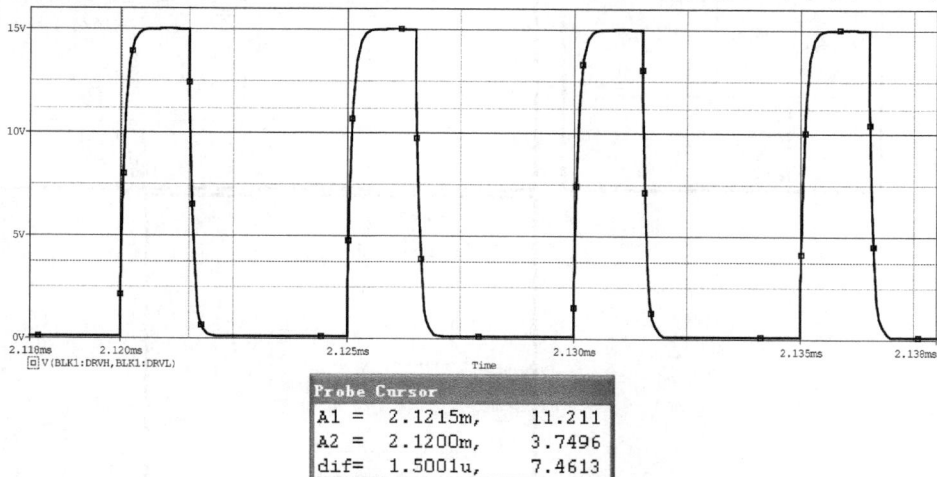

Probe Cursor		
A1 =	2.1215m,	11.211
A2 =	2.1200m,	3.7496
dif=	1.5001u,	7.4613

图 8.121　驱动脉冲波形和数据

为 DUTYMAX = 0.3 时的输出电压仿真波形和数据,输出电压约为 3.5V,与计算一致,模型功能与设计要求相吻合。

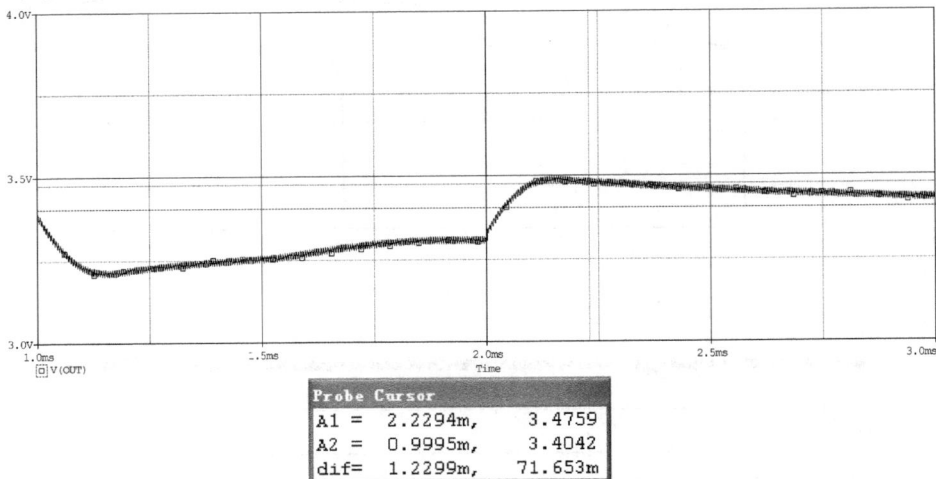

图 8.122 DUTYMAX = 0.3 时输出电压仿真波形和数据

8.5 仿真实例:临界模式 Boost PFC 电路仿真

图 8.123 所示为临界模式功率因数校正电路,以 BOOST 变换器为基础,工作于连续与断续的交界处,通过过零检测对电感电流是否接近零值进行判断,工作于该模式时,MOSFET 和二极管损耗大大降低。表 8.21 为 Boost PFC 仿真电路元器件列表。

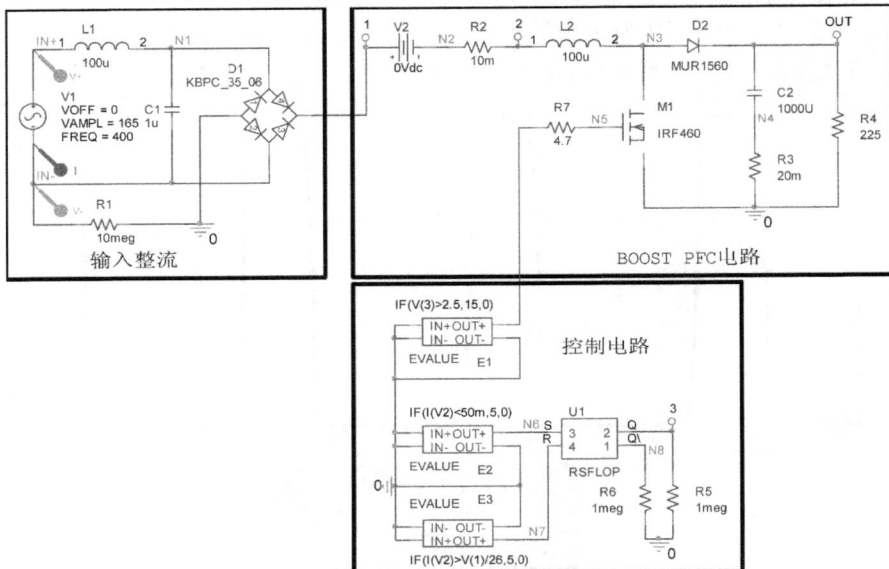

图 8.123 临界模式功率因数校正电路

表 8.21　Boost PFC 仿真电路元器件列表

编号	名称	型号	参数	库	功能注释
R1	电阻	R	10meg	ANALOG	防止悬空
R2	电阻	R	10m	ANALOG	电感等效串联电阻
R3	电阻	R	20m	ANALOG	电容等效串联电阻
R4	电阻	R	225	ANALOG	等效负载
R5	电阻	R	1meg	ANALOG	防止悬空
R6	电阻	R	1meg	ANALOG	防止悬空
R7	电阻	R	4.7	ANALOG	驱动限流
C1	电容	C	1u	ANALOG	交流滤波
C2	电容	C	1000u	ANALOG	直流滤波
L1	电感	L	100u	ANALOG	能量转换
L2	电感	L	100u	ANALOG	能量转换
D1	整流桥	KBPC _ 35 _ 06	600V/35A	DIF	整流
D2	二极管	MUR1560	600V/15A	DIODE	能量转换、隔离
M1	场效应管	IRF460	500V/21A	PWRMOS	能量转换
E1	行为模型	EVALUE	IF(V(3)>2.5, 15,0)	ABM	逻辑
E2	行为模型	EVALUE	IF(I(V2)<50m, 5,0)	ABM	逻辑
E3	行为模型	EVALUE	IF(I(V2)>V(1) /26,5,0)	ABM	逻辑
U1	RS 触发器	RSFLOP		RSFLOP	逻辑
V1	交流电压源	VSIN	165V/400Hz	SOURCE	输入正弦波
V2	直流电压源	VDC	0V	SOURCE	电流采样

```
. model IRF460NMOS( Level = 3 Gamma = 0 Delta = 0 Eta = 0 Theta = 0 Kappa = 0. 2 Vmax = 0 Xj = 0
+       Tox = 100n Uo = 600 Phi = .6 Rs = 2. 341m Kp = 20. 84u W = 2 L = 2u Vto = 3. 402
+       Rd = . 12303 Rds = 2. 222MEG Cbd = 1. 169n Pb = .8 Mj = .5 Fc = .5 Cgso = 0. 805n
+       Cgdo = 29. 1p Rg = 1. 695 Is = 99. 92p N = 1 Tt = 180n)
*       Int1 Rectifierpid = IRFC460case = TO3
```

```
. model MUR1560    D( Is = 95. 51p Rs = 46. 69m Ikf = 8. 883m N = 1 Xti = 6 Eg = 1. 11 Cjo = 525. 4p
+       M = . 414 Vj = . 75 Fc = . 5 Isr = 251. 2n Nr = 2 Tt = 148n)
*       Motorolapid = MUR1550case = TO220AC
```

图 8.124 所示为电感 L2 电流与 V（1）/26 波形，当电感 L2 电流小于 50mA 时，RS 触发器置位，MOSFET 导通，电感电流增加；当电感 L2 电流大于 V（1）/26 即为输入电压的 1/26 时，RS 触发器复位，MOSFET 关断，电感电流降低。V（1）电压波形近似为正弦波的绝对值，所以电感 L2 电流包络与之相似，使得交流源 V1 电流同样为正弦波。

图 8.125 所示为工作于临界模式时输入交流电源电压和电流波形，电流和电压同相并且近似于正弦波。

如图 8.126 所示进行输出文件设置，得到输入交流电源电流的傅里叶级数，具体数据如下：

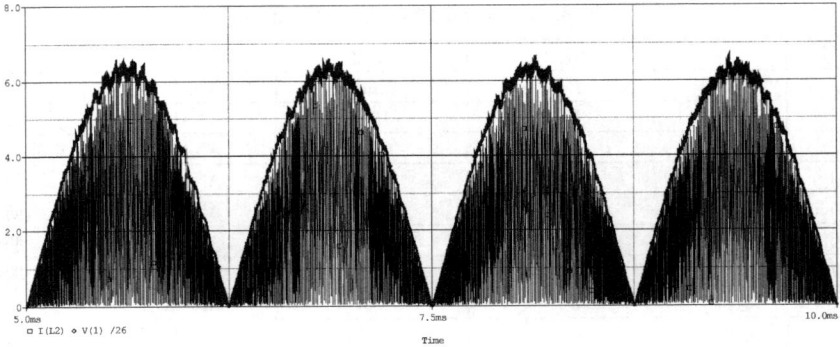

图 8.124　电感 L2 电流与 V（1）/26 波形

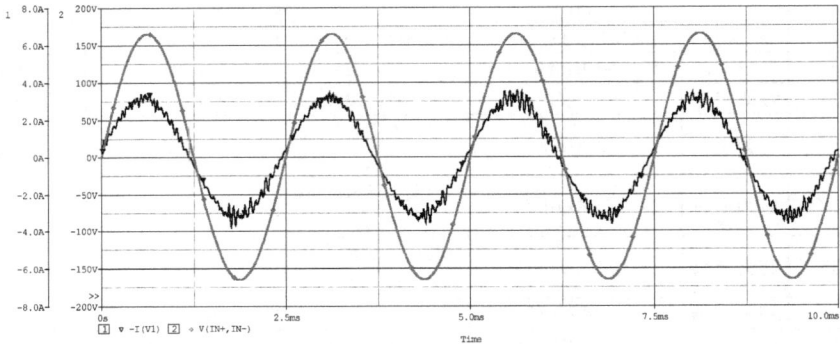

图 8.125　输入交流电源电压和电流波形

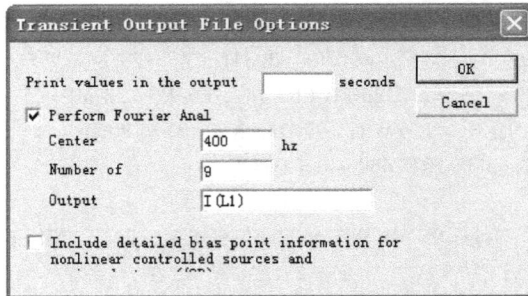

图 8.126　输出文件设置

DC COMPONENT　=　－1.376355E－02

HARMONIC NO	FREQUENCY (HZ)	FOURIER COMPONENT	NORMALIZED COMPONENT	PHASE (DEG)	NORMALIZED PHASE(DEG)
1	4.000E+02	3.127E+00	1.000E+00	7.458E+00	0.000E+00
2	8.000E+02	2.686E－02	8.589E－03	9.619E+01	8.127E+01
3	1.200E+03	5.264E－02	1.683E－02	1.782E+02	1.558E+02

4	1.600E+03	8.922E−03	2.853E−03	−1.107E+02	−1.405E+02
5	2.000E+03	8.561E−03	2.737E−03	1.399E+02	1.026E+02
6	2.400E+03	5.452E−03	1.743E−03	4.092E+01	−3.826E+00
7	2.800E+03	2.050E−02	6.554E−03	−6.261E+01	−1.148E+02
8	3.200E+03	6.651E−03	2.127E−03	−1.481E+02	−2.078E+02
9	3.600E+03	5.559E−03	1.777E−03	1.649E+02	9.777E+01

TOTAL HARMONIC DISTORTION = 2.064887E+00 PERCENT

由傅里叶级数得：直流分量 = −0.01，近似为零；电流相移角 $\varphi = 7.46°$，总谐波失真 THD = 0.02，功率因数为

$$PF = \frac{1}{\sqrt{1+THD^2}} \times \cos(\varphi) = \frac{1}{1.0004} \times \cos(7.46) = 0.991 （超前）$$

工作于临界模式的功率因数校正电路功率因数达到 0.991，该功率因数比半桥和全桥整流电路功率因数高很多，能够满足许多电源电路的需求。

附　　录

附表1　PSpice 元器件库列表

序号	库文件	库说明
1	1 _ SHOT. OLB	54、74、CD4000 数字电路模型库
2	74AC. OLB	74AC 数字电路模型库
3	74ACT. OLB	74ACT 数字电路模型库
4	74ALS. OLB	74ALS 数字电路模型库
5	74AS. OLB	74AS 数字电路模型库
6	74F. OLB	74F 数字电路模型库
7	74H. OLB	74H 数字电路模型库
8	74HC. OLB	74HC 数字电路模型库
9	74HCT. OLB	74HCT 数字电路模型库
10	74L. OLB	74L 数字电路模型库
11	74LS. OLB	74LS 数字电路模型库
12	74S. OLB	74S 数字电路模型库
13	7400. OLB	7400 数字电路模型库
14	ANALOG. OLB	常用模型库：电阻、可变电阻、电容、可变电容、电感、延迟线
15	ANALOG _ P. OLB	常用模型库：电阻、可变电阻、电容、可变电容、电感
16	ABM. OLB	行为模型库：ABM、ABS、ARCTAN、ATAN、BANDPASS、BANDREJ、CONST、COS、DIFF、DIFFER、EFREQ、ELAPLACE、EMULT、ESUM、ETABLE、EVALUE、EXP、FTABLE、GAIN、GFREQ、GLAPLACE、GLIMIT、GMULT、GSUM、GTABLE、GVALUE、HILO、HIPASS、INTEG、LAPLACE、LIMIT、LOG、LOG10、LOPASS、MULT、PWR、PWRS、SIN、SOFTLIM、SQRT、SUM、TABLE、TAN
17	ADV _ LIN. OLB	运放模型库
18	ANA _ SWIT. OLB	模拟开关模型：54HC4016J、54HC4066J、CD4016、DG3 ＊、HCF4016B、IH50 ＊、SD5000、TLC40 ＊
19	ANL _ MISC. OLB	常用模型库：三角形变压器、星形变压器、电磁继电器、定时开、定时关、互感器

（续）

序号	库文件	库说明
20	ANLG _ DEV. OLB	运放、稳压器、可调稳压器、数字电路、稳压二极管、三端稳压器、定压多输出稳压器、AD＊、AD1580/AD、ADG4＊、ADG5＊、AMP－0＊/AD、BUF04/AD、MAT－0./AD、MLT04./AD、OP－＊/AD、OP＊、REF
21	APEX. OLB. OLB	PA0./AM、PB5./AM、WA01/AM、WB05/AM
22	AA _ IGBT. OLB	IGBT 模型库
23	AA _ MISC. OLB	杂项、DIODE、MOSFET
24	APEX _ PWM. OLB	APEX 公司 PWM 控制器
25	ASW. OLB	DG 系列模拟开关
26	BIPOLAR. OLB	晶体管模型库：DH3、MM、MPS、MPSA、MPSH、MPSL、MPSW、MRF501、MRF502、MRH、NS、PE4010、PE5025、PN、Q2N、ST、TIS、TN
27	BREAKOUT. OLB	Jbreak、Kbreak、Lbreak、Mbreak、POT、QbreakN、QbreakP、RAM8Kx1break、RAM8Kx8break、Rbreak、ROM32Kx8break、Sbreak、Wbreak、XFRM _ NONLIN/CT－＊、ZbreakN、XFRM _ NONLINEAR
28	BURR _ BRN. OLB	特殊模型库：ACF2101M/BB、BUF6＊、INA1＊、ISO1＊、IVC102M/BB、MPC10＊、OPA.＊、OPT＊、PGA20＊、UAF42＊、VCA610M/BB
29	BUF & BUFF _ BRN	BUFFERS
30	CD4000. OLB	CD4000 系列模型库
31	CEL. OLB	NPN 型晶体管、FET 场效应管、NE＊、CEL、UPA80＊/CEL
32	COMLINR. OLB	CLC 系列 BUFF、OPA
33	CONTROLLER. OLB	电源控制器
34	CORES. OLB	磁心
35	DARLNGTN. OLB	BCV＊、BDW＊、BDX＊、BUT＊、MJ1＊、MJD＊、MJF＊、MJH＊、MPSA＊、QA2N6＊、TIP1＊
36	DATACONV. OLB	AD＊、ADCMIC＊、ADCmicro _ CONSTRNT、ADCPAR＊、ADCpar _ CONSTRNT、ADCSER＊、admtce、ADS801＊、AND2、BUF、BUFTL、D1N4150、DAC＊、DACCUR、DACcurLIM、DACPAR＊、DACpar _ CONSTRNT、DACSER＊、E、F、G、H、ACser _ CONSTRNT、DC _ ＊、DELAY、DFFRS、DigClock、GMULT、GTABLE、INV、INVTH、ISRC、MAX170、MULT、NAN、NOR、OR、C、R、SlewRate、TEMPOBJ _ 0、VSRC
37	DIG _ ECL. OLB	D 触发器、ECL _ 100K _ LOAD _ 50、ECL _ 10K _ LOAD _ 50
38	DIG _ GAL. OLB	通用门阵列 GAL
39	DI. OLB	二极管
40	DIF. OLB	二极管整流桥
41	DIG _ MISC. OLB	数字器件：CONSTRAINT、DELAY、DIGCAP、HOLD＊、MAXFREQ、MINFREQ、PULLDOWN＊、PULLUP＊、RELEASE＊、SETUP＊、WIDTH _ HI＊、WIDTH _ LO
42	DIG _ PAL. OLB	可编程门阵列 PAL＊
43	DIG _ PRIM. OLB	门电路和触发器模型库：ADD＊、AND＊、BUF＊、DFF＊、DLAT＊、INV＊、JKFF＊、NAN＊、NOR＊、OR＊、PHYNODE/PL、RSFF、TFF＊、XOR
44	DIH. OLB	二极管模型库

（续）

序号	库文件	库说明
45	DIODE. OLB	二极管模型库：普通二极管、稳压二极管、二极管排、肖特基二极管、120NQ045、180NQ045、1N＊（1N 系列普通二极管、稳压关、整流管、例如 1N4148、1N5401、D1N4148、D1N5401 等）、BY249 - 300、BYT＊、BYV2＊、BYW29 - ＊、BZX84C3V0L、CR＊、CRR＊、D1N＊、DLA3622 - 99/＊、FJT1148/＊、HFA＊、J5＊、JR＊、MBD＊、MBR＊、MBRL0＊、MC510223/＊、MLL＊、MPN3＊、MR＊、MT5100、MUR＊、MV＊、QPND - 4153/＊、QSCH - 5545/＊、R71. XPT、SD＊、SPD1511 - 1 - 11、TD3070/＊、UES302L/＊、UT＊
46	DIV. OLB	二极管模型库
47	DIZ. OLB	稳压管模型库
48	DRI. OLB	开关及驱动模型库
49	Design Cache. OLB	仿真临时模型库
50	EBIPLOAR. OLB	晶体管模型库：BC＊、BCW＊、BCX＊、BCY＊、BFT＊、BFX34、BFY5＊、BSV17＊、BSW6＊、BSX＊、SMBTA＊
51	EDIODE. OLB	二极管模型库：1N4＊、BA＊、BAL＊、BAQ＊、BAR＊、BAS＊、BAT＊、BAV＊、BAW＊、BAX＊、BAY＊、BGX50A、BYV＊、BYW96E、D1N4＊、LL4＊、SMB914
52	ELANTEC. OLB	ELANTEC 半导体公司器件模型库：运放、门电路、缓冲晶体管、集成电路、EL＊、EL、ELH＊、EN2016/EL、EP2015/EL
53	EPWRBJT. OLB	BJT 晶体管模型库：BDX＊、BSS＊、BU＊、BUY＊、BUX＊、S518T、SMBT＊
54	EPCOS. OLB	EPCOS 公司器件模型库：磁珠、压敏电阻、NTC
55	FWBELL. OLB	电源变换器集成电路模型库：BH＊、FWB＊、BHA＊、BHT＊、FH＊、GH600＊
56	FAIRCHILD. OLB	仙童公司半导体器件模型库
57	FILTSUB. OLB	mixed
58	HARRIS. OLB	HARRIS 公司器件模型库：RK＊、HA、FRL＊、FSF＊、FSS234、HC - 5509B/HA、HFA - 0000. /HA、HFA1100/HA、HFA3046/HA、HFA3096/HA、HFA3127/HA、HFA3128/HA、HGTG ＊ N120CN/HA、HIP2500/HA、IRF130/HA、IRFU9＊、IRFU9220、MOSFET、MCTA75P60E1/HA、MCTV75P60E1/HA、RF1＊、RFA100N05E/HA、RFD＊、RFF＊、RFG＊、RFH75N05E/HA、RFM15N06/HA、RFP＊、RLD03N06CLE/HA、RLP＊、LE/HA
59	IGBT. OLB	IGBT 模型库：APT＊、BSM＊、BUK＊、CM、CPU165MF、CPV36. MF、GT＊、HGTD＊、HGTG＊、HGTH12N. 0C1、HGTP＊、IRGPC＊、IXGH＊、IXGK50N60A、IXGM＊、MG＊
60	INFINEON. OLB	英飞凌公司器件模型库
61	IXYS. OLB	IXYS 公司功率管模型库
62	JBIPOLAR. OLB	晶体管模型库：Q2SA＊、Q2SB＊、Q2SC＊、Q2SD＊
63	JDIODE. OLB	二极管、稳压管、半桥、整流桥、肖特基和变容二极管模型库：BZ＊、D0＊、D05＊、D10D、D1B＊、D1D＊、D1G＊、D1J＊、D1S＊、D1SS＊、D1SV＊、DC＊、DFB20T、DFC15T、DFD＊T、DSH＊T、DL＊、DPA05、DS＊、DW＊、GM＊、HZ＊、LFB01L、MA＊、MC＊、MD＊、MI＊、MV201、MZ＊、OA9＊、OR8GU41、RD＊、SB＊、SVC＊

（续）

序号	库文件	库说明
64	JFET. OLB	结型 FET 模型库：BC264、BF2 *、DN55 *、FN4 *、J1 *、J2 *、J2N *、J3 *、J4 *、MPF *、NDF *、NF5 *、NPD *、P108、PF5 *、PN *、TIS *
65	JJFET. OLB	日本结型 FET 模型库：J2SJ *、J2SK *
66	JOPAMP. OLB	日本运放模型库：AN4558、AN655、HA17 *、IR3741、M52 *、MB *、NJM741、TA7 *、uPC *
67	JPWRBJT. OLB	日本大功率晶体管模型库：2SA *、2SC *、2SD *、Q2SA *、Q2SB *、Q2SC *、Q2SD *
68	JPWRMOS. OLB	日本大功率 MOS 模型库：M2SJ *、M2SK *
69	JFN. OLB	日本 NFET 模型库
70	JFP. OLB	日本 PFET 模型库
71	LIN _ TECH. OLB	LINEAR 公司产品运放、参考源模型库：LF *、LT、LH2108 */LT、LM *、LT1 *、LT318A/LT、LTC1 *、LTC7652/LT、OP - 0、OP - 2 *、OP - 3 *、OP - 97/LT
72	LINEDRIV. OLB	LINEAR 公司门电路模型库：75C189、ADM485、DS14C8 *、LTC485 *、MC1 *、SN551 *、SN75 *
73	MAGNETIC. OLB	MAGNETIC 公司磁心模型库：E1、EC、EFD、EP、ER、ETD、IKRM、PQ、PT、RM、T10、TC、TL、TN、TX
74	MAXIM. OLB	MAXIM 公司运放模型库：MAX *、MXM
75	MIX _ MISC. OLB	BLDCMTR、BOUNCE、CD4046、NO _ BOUNCE、Relay _ DPDT _ B、Relay _ DPDT _ nb、Relay _ SPDT _ b、Relay _ SPDT _ nb
76	MOTOR _ RF. OLB	飞思卡尔射频晶体管模型库：2N5194、BFS17/MC、MMBR *、MC、MRF *
77	MOTORAMP. OLB	运放模型库：LF4 */MC、LM *、MC、MC3 *、TL06
78	MOTORMOS. OLB	p 和 n 沟道 MOS 管、MTD *、MC、MTH *、MTP *
79	MOTORSEN. OLB	飞思卡尔压力传感器模型库：MPX、MC
80	MFN. OLB	Fairchild、IR 公司 n 型功率 MOS 模型库
81	MFP. OLB	Fairchild、IR 公司 p 型功率 MOS 模型库
82	NAT _ SEMI. LOB	NS 美国国家半导体公司产品模型库：LF、NS、CM、CN、LM、LM111J - 8、LMC、LPC66 */NS、LPC662IM、LPC662IN
83	NEC _ MOS. LOB	日本电气股份公司元器件模型库
84	OPAMP. OLB	三端稳压器及运放模型库：AD648 *、AD741、CA *、F78M12、HA - 2600、HA - 5154、L161、LAS1 *、LF411、LF412、LM *、LM7805C、LM7812C、LM7815C、LM7905C、LM7912C、LM7915C、LT1084C、MAX40 *、MC1 *、MC33076、MC7805C、MC7812C、MC7815C、MC7905C、MC7912C、MC7915C、MPR155、OP - *、OPA358 *、PM - 741、RC723、REF - 02、SG *、SG7805 *、SG7812 *、SG7815C、SG7905C、SG7912C、SG7915、SMX10114、TL082、TL084、TL780 - 05C、TL780 - 12C、TL780 - 15C、TL783C、uA741、uA7 *、uA7805、uA7812C、uA7815C、UA78M05、UA78M12/27C、UA78M15、uA7905C、uA7912C、uA7915C、UA798、UA79M05、UA79M15、UC7805C、UC7812C、UC7815C、UC7905C、UC7912C、UC7915C、UPC7805、UPC7812
85	OPTO. OLB	光电耦合器模型库：A4N *、BPW32、bulb、CNY17 - *、H11A *、IL300、MCT2 *、MLED *、MOC100 *、MRD5 *、PS *、SLD1121VS

（续）

序号	库文件	库说明
86	OPT. OLB	光耦模型库
87	PHIL _ BJT. OLB	晶体管模型库：2PA1576 ＊/PLP、2PC4081 ＊/PLP、BC ＊、BCX ＊、BD、BF、BFS、BFV、BSP、BSR1、BSV52/PLP、PMBT2 ＊、PMST2 ＊、PUMT1/PLP、PUMX1/PLP、PUMZ1/PLP、PZTM1101/PLP、ZTM1102/PLP
88	PHIL _ FET. OLB	J 型和 MOS 型 FET 模型库：2N ＊、BC264 ＊、BF ＊、BF9 ＊、BFR3 ＊、BFT46/PLP、BFU3 ＊、BFW1 ＊、BSN ＊、BSP、BSR5 ＊、BSS ＊、BST1 ＊、BSV ＊、J1 ＊、J3 ＊、PHN ＊、PHP ＊、PMBF ＊、PMBFJ ＊、PN4 ＊、PZFJ1 ＊
89	PHIL _ RF. OLB	射频晶体管模型库：BF547 ＊、BFC5 ＊、BFE5 ＊、BFG ＊、BFP9 ＊、BFQ ＊、BFR ＊、BFS ＊、BFT ＊、BFW16A
90	POLYFET. OLB	p 沟道 MOSFET 模型库：F1 ＊、F2 ＊、L208 ＊、P123
91	PWRBJT. OLB	大功率晶体管模型库：2N ＊、2SA496、2SA505、40 ＊、41500、41504、BD ＊、BUV20/TO、BUV21/TO、BUW ＊、BUX ＊、BUY69 ＊、D4 ＊、MJ1 ＊、MJD ＊、MJE1 ＊、MJE2 ＊、MJE2 ＊、MJE3 ＊、MJE4 ＊、MJE5 ＊、MJF ＊、MJH16 ＊、MRH ＊、Q2N ＊、Q2SA496、Q2SA505、Q40 ＊、Q41500、Q41504、RCA ＊、RCP ＊、RJH ＊、TIP ＊
92	PWRFET. OLB	大功率 MOSFET 模型库：2N6 ＊、2N7000、BSS ＊、FR _ 230H3、FRL130、IRF ＊、IRFAC ＊、IRFAE ＊、IRFAF ＊、IRFAG ＊、IRFBC ＊、IRF. D、IRFF ＊、IRFG ＊、IRFH ＊、IRFJ ＊、IRFM ＊、IRFP ＊、IRFPC4 ＊、IRFPE ＊、IRFPF ＊、IRFPG ＊、IRFR ＊、IRFS ＊、IRFU ＊、IRFZ ＊、IRH ＊、M2N ＊、VN ＊、VP1310
93	SOURCE. OLB	信号源库：电压源和电流源
94	SOURCSTM. OLB	数字信号源库：电压源和电流源
95	SPECTAL. OLB	特殊模型库
96	SIEMENS. OLB	西门子公司器件模型库：B ＊、K ＊、SIE、LS ＊、PD80K1100/SIE、SR、B824 ＊、BA ＊、BAR ＊、BAS ＊、BAT ＊、BAV ＊、BAW ＊、SMBD ＊、BB ＊、BBY ＊、BC ＊、BCP ＊、BCR ＊、BCV ＊、BCW ＊、BCX ＊、BDP ＊、BF ＊、BFG ＊、BFN ＊、BFP ＊、BFQ ＊、BFR ＊、BFS ＊、BFT ＊、BSS ＊、MPSA ＊、PZT ＊、SMBT ＊、SMBTA ＊、SXT ＊、SXTA ＊、BS170/SIE、BSP ＊、BSS ＊、BUZ ＊
97	SWIT _ RAV. OLB	AD 公司开关模型库：CMLSCCM、CMSSCCM、QRLSZCS、VMCCMDCM、VMLSCCM、VMLSDCM、VMSSCCM
98	SWIT _ REG. OLB	SG 公司开关模型库：SG15 ＊、SG18 ＊
99	TEX _ INST. OLB	TI 公司运放模型库：LP ＊、TL0、TLC、TLE、TLV
100	THYRISTR. OLB	可控硅模型库：2N ＊、C2 ＊、GA201A、MCR ＊、S2800 ＊、W ＊、2N2647、2N4851 － 4871、2N5431、MU ＊、2N5444 － 5446、2N5567 － 5572、2N6145 － 6165、2N6342 － 6349A
101	TLINE. OLB	延迟线模型库：COAX、Kcouple、GR ＊、coupled ＊、TLUMP ＊、TLURC ＊、TP ＊、AWG、TWSTPAIR
102	XTAL. OLB	晶振模型库：QZP100K、QZP10MEG、QZP1MEG、QZPCBRST、QZS100K、QZS10MEG、QZS1MEG、QZS32768

（续）

序号	库文件	库说明
103	ZETEK. OLB	2N2222A、2N＊、BC＊、BCV72、BCW＊、BCX＊、BFQ31、BFS17、FCX458、FCX558、FZT＊、MPS－A20、MPS5179、MPSA20、MPSH10、Q2N2222A、Q2N＊、ZTX＊、BAL＊、BAR＊、BAS＊、BAV＊、BAW＊、BBY＊、BPW41、BZX84C＊、FLLD261、FMMD、HD＊、ZC＊、ZDX6、ZHCS＊、ZSS1510／、FMMT634、FMMTA13、2N7000、2N7002、BS170、BSS138、BSS84、M2N7000、M2N7002、VN10LF、ZVN＊

附表2　ABM 模型列表

元件名称	符号	特性、函数	功能	备注
CONST	1.000	VALUE	常数	设置参数
SUM	⊕	＋	相加	
MULT	⊗	×	相乘	
DIFF	⊖	－	相减	
GAIN	1E3	GAIN	放大	设置增益
ABS	ABS	ABS(x)	$\lvert x \rvert$	输入信号绝对值
SQRT	SQRT	SQRT(x)	$\sqrt{x}$	输入信号正二次方根
EXP	EXP	EXP(x)	e^x	自然常数指数函数
LOG	LOG	LOG(x)	$\ln(x)$	自然对数
LOG10	LOG10	LOG10(x)	$\log(x)$	以 10 为底的对数
PWR	PWR 1.0	PWR(x,y)	$\lvert x \rvert^y$	x 绝对值的 y 次方
PWRS	PWRS1.0	PWRS(x,y)	x^y	x 的 y 次方
SIN	SIN	SIN(x)	$\sin(x)$	正弦函数 x，所得数值单位为 rad
COS	COS	COS(x)	$\cos(x)$	余弦函数 x，所得数值单位为 rad

（续）

元件名称	符号	特性、函数	功能	备注
TAN	TAN	TAN(x)	tan(x)	正切函数 x，所得数值单位为 rad
ATAN	ATAN	ATAN(x)	$\tan^{-1}(x)$	反正切函数，所得数值单位为 rad
ARCTAN	ARCTAN	ARCTAN(x)	$\tan^{-1}(x)$	反正切函数，所得数值单位为 rad
DIFFER	d/dt 1.0	DDT(x)GAIN	输入对时间的微分	仅用于瞬态仿真分析增益可设
INTEG	1.0 0v	SDT(x)GAIN、IC	输入对时间的积分	仅用于瞬态仿真分析增益和初始值可设
TABLE	TABLE	TABLE(x1, y1, …, xn, yn)	y 为 x 的函数	y 为（x1，y1 至 xn，yn）所描述"分段线性"函数值，经内差法求得
FTABLE	FTABLE		幅频特性查表	频率、幅度、相位
LAPLACE	1/(1+s)		拉普拉斯表达式	设置分子、分母
LIMIT	10 0	LIMIT（x, min, max）HI、LO	硬限幅器	最大值最小值
SOFTLIMIT	10 1K 0	HI、LO、GAIN	软限幅器	最大值最小值增益
GLIMIT	10 1K 0	HI、LO、GAIN	增益限幅器	最大值最小值增益
BANDPASS	1000Hz 300Hz 100Hz 1dB 50dB 0Hz	F0、F1、F2、F3 RIPPLE、STOP	带通滤波器	频率值、纹波、阻带
BANDREJ	1000Hz 300Hz 100Hz 1dB 50dB 0Hz	F0、F1、F2、F3 RIPPLE、STOP	带阻滤波器	频率值、纹波、阻带
HIPASS	100Hz 10Hz 1dB 50dB	FP、FSRIPPLE、STOP	高通滤波器	频率值、纹波、阻带
LOPASS	100Hz 10Hz 1dB 50dB	FP、FSRIPPLE、STOP	低通滤波器	频率值、纹波、阻带
ABM	3.14159265	表达式 1… 表达式 4	无输入电压输出	可利用 Time、Temp 和函数表达式

（续）

元件名称	符号	特性、函数	功能	备注
ABM/I	1.4142136	表达式 1… 表达式 4	无输入 电流输出	可利用 Time、Temp 和函数表达式
ABM1	(V(%IN) * 100)/1000	表达式 1… 表达式 4	1 路输入 电压输出	可利用 Time、Temp 和函数表达式
ABM1/I	(V(%IN) + 100) / 1000	表达式 1… 表达式 4	1 路输入 电流输出	可利用 Time、Temp 和函数表达式
ABM2	(V(%IN1) +V(%IN2)) / 2.0	表达式 1… 表达式 4	2 路输入 压输出	可利用 Time、Temp 和函数表达式
ABM2/I	(V(%IN1) + V(%IN2)) / 2.0	表达式 1… 表达式 4	2 路输入 电流输出	可利用 Time、Temp 和函数表达式
ABM3	(V(%IN1) +V(%IN2) +V(%IN3)) / 3.0	表达式 1… 表达式 4	3 路输入 电压输出	可利用 Time、Temp 和函数表达式
ABM3/I	(V(%IN1) +V(%IN2) +V(%IN3)) / 3.0	表达式 1… 表达式 4	3 路输入 电流输出	可利用 Time、Temp 和函数表达式
EVALUE	E1 IN+ OUT+ IN- OUT- EVALUE V(%IN+, %IN-)	表达式	电压输出	通用可利用 Time、Temp 和函数表达式
GVALUE	G1 IN+ OUT+ IN- OUT- GVALUE V(%IN+, %IN-)	表达式	电流输出	通用可利用 Time、Temp 和函数表达式
ESUM	E2 IN1+ IN1- OUT+ ESUM IN2+ OUT- IN2-		差分输入相加 电压输出	专用
GSUM	G2 IN1+ IN1- OUT+ GSUM IN2+ OUT- IN2-		差分输入相加 电流输出	专用
EMULT	E3 IN1+ IN1- OUT+ EMULT IN2+ OUT- IN2-		差分输入相乘 电压输出	专用
GMULT	G3 IN1+ IN1- OUT+ GMULT IN2+ OUT- IN2-		差分输入相乘 电流输出	专用

（续）

元件名称	符号	特性、函数	功能	备注
ETABLE	E1 IN+OUT+ IN- OUT- ETABLE V(%IN+, %IN-)	表达式 输入对应数组	电压输入 电压输出	通用 （-15，-15）（15，15）
GTABLE	G1 IN+OUT+ IN- OUT- GTABLE V(%IN+, %IN-)	表达式 输入对应数组	电压输入 电流输出	通用 （-15，-15）（15，15）
EFREQ	E2 IN+OUT+ IN- OUT- EFREQ V(%IN+, %IN-)	表达式 输入对应数组	电压输入 电压输出	通用 （0，0，0） （1Meg，-10，90）
GFREQ	G2 IN+OUT+ IN- OUT- GFREQ V(%IN+, %IN-)	表达式 输入对应数组	电压输入 电流输出	通用 （0，0，0） （1Meg，-10，90）
ELAPLACE	E3 IN+OUT+ IN- OUT- ELAPLACE V(%IN+, %IN-)	传递函数	电压输入 电压输出	通用 $1/s$
GLAPLACE	G3 IN+OUT+ IN- OUT- GLAPLACE V(%IN+, %IN-)	传递函数	电压输入 电流输出	通用 $1/s$

附表 3　PSpice 中运算函数

函数表达式	意义	备注
ABS(x)	$\lvert x \rvert$	输入信号绝对值
SQRT(x)	$\sqrt{x}$	输入信号正二次方根
EXP(x)	e^x	自然常数指数幂
LOG(x)	$\ln x$	自然对数
LOG10(x)	$\lg x$	以 10 为底的对数
PWR(x, y)	$\lvert x \rvert^y$	x 绝对值的 y 次方
PWRS(x, y)	$\lvert x \rvert^y (x>0)$ $-\lvert x \rvert^y (x<0)$	
SIN(x)	$\sin x$	正弦函数 x 单位为 rad
ASIN(x)	$\sin^{-1} x$	反正弦函数，所得数值单位为 rad
SINH (x)	$\sinh x$	双曲正弦函数

（续）

函数表达式	意义	备注
COS(x)	$\cos x$	余弦函数，x 单位为 rad
ACOS(x)	$\cos^{-1} x$	反余弦函数，所得数值单位为 rad
COSH(x)	$\cosh x$	双曲余弦函数
TAN(x)	$\tan x$	正切函数，x 单位为 rad
ATAN(x)	$\tan^{-1} x$	反正切函数 所得数值单位为 rad
ATAN2(y, x)	$\tan^{-1}(y/x)$	输入 y 与 x 比值的反正切
TANH(x)	$\tanh x$	双曲正切函数
M(x)	x 的幅值	只用于 Laplace 表达式
P(x)	x 的相位角	只用于 Laplace 表达式
R(x)	x 的实部	只用于 Laplace 表达式
IMG(x)	x 的虚部	只用于 Laplace 表达式
DDT(x)	x 对时间微分	仅用于瞬态仿真分析
SDT(x)	x 对时间积分	仅用于瞬态仿真分析
TABLE (x1, y1, …, xn, yn)	y 为 x 的函数	y 为 $(x1, y1$ 至 $xn, yn)$ 所描述"分段线性"函数值，经内差法求得
MIN(x, y)	x 与 y 最小值	
MAX(x, y)	x 与 y 最大值	
LIMIT(x, min, max)	$\min : x < \min$ $\max : x > \max$ $x : x$ 为其他值	限幅器
SGN(x)	$1 : x > 0$ $0 : x = 0$ $-1 : x < 0$	符号判断
STP(x)	$1 : x > 0$ $0 : x$ 为其他值	
IF(t, x, y)	$x : t$ 为真 $y : t$ 为非	t 为逻辑判别式
布尔函数——用于 IF 语句		
~	NOT	非
|	OR	或
^	XOR	异或
&	AND	与
逻辑判别式——用于 IF 语句		
= =	等于	
！=	不等于	
>	大于	
> =	大于等于	
<	小于	
< =	小于等于	

附表 4　Probe 中运算函数

函数表示法	数学函数	备注
ABS(x)	$|x|$	输入信号绝对值
AVG(x)		x 平均值
AVG(x,d)		x 在范围 d 内的平均值
G(x)		x 群延时、单位为 s
DB(x)	$20\log10(x)$	x 分贝值
SQRT(x)	$\sqrt{x}$	输入信号正二次方根
EXP(x)	e^x	自然常数指数幂
LOG(x)	$\ln(x)$	自然对数
LOG10(x)	$\log(x)$	以 10 为底的对数
PWR(x,y)	$|x|^y$	x 绝对值的 y 次方
SIN(x)	$\sin(x)$	正弦函数，x 单位为 rad
COS(x)	$\cos(x)$	余弦函数，x 单位为 rad
TAN(x)	$\tan(x)$	正切函数，x 单位为 rad
ATAN(x)	$\tan^{-1}(x)$	反正切函数，所得数值单位为 rad
ARCTAN(x)	$\tan^{-1}(x)$	反正切函数，所得数值单位为 rad
M(x)	x 幅值	
P(x)	x 相位角	
R(x)	x 实部	
IMG(x)	x 虚部	
d(x)	x 对横轴微分	
s(x)	x 对横轴积分	
MIN(x)	x 最小值	
MAX(x)	x 最大值	
SGN(x)	$1:x>0$ $0:x=0$ $-1:x<0$	符号判断
RMS(x)		x 均方根值

附表 5　Probe 中测量函数

函数名称	语句	功能
Bandwidth(1,db _ level) = x2 - x1	{1|Searchforward level(max - db _ level,p)！1 Searchforward level(max - db _ level,n)！2;}	测量带宽 设置 dB 值
Bandwidth _ Bandpass _ 3dB(1) = x2 - x1	{1|Search forward level(max - 3,p)！1 Search forward level(max - 3,n)！2;}	测量低于 Ymax - 3dB 带宽

（续）

函数名称	语句	功能
Bandwidth _ Bandpass _ 3dB _ XRange(1,begin _ x,end _ x) = x2 − x1	{1|Search forward(begin _ x,end _ x)level(max − 3,p)！1 Search forward(begin _ x,end _ x)level(max − 3,n)！2;}	测量指定 x 轴范围内波形 3dB 带宽
CenterFrequency(1,db _ level) = (x1 + x2)/2	{1|Search forward level(max − db _ level,p)！1 Search forward level(max − db _ level,n)！2;}	测量波形中心频率(设置 dB 值)
CenterFrequency _ XRange(1,db _ level,begin _ x,end _ x) = (x1 + x2)/2	{1|Search forward(begin _ x,end _ x)level(max − db _ level,p)！1 Search forward(begin _ x,end _ x)level(max − db _ level,n)！2;}	测量指定 x 轴范围内波形中心频率(设置 dB 值)
ConversionGain(1,2) = y1/y2	ConversionGain(< magnitude trace > ,magnitude trace >){1|Search forward max！1;2|Search forward max！2;}	测量第一个波形与第二个波形最大值之比
ConversionGain _ X Range(1,2,begin _ x,end _ x) = y1/y2	ConversionGain _ XRange(< magnitude trace > , < magnitude trace > , < begin _ x > , < end _ x >) {1|Search forward(begin _ x,end _ x)max！1; 2|Search forward(begin _ x,end _ x)max！2;}	测量指定 x 轴范围内第一个波形与第二个波形最大值之比
Cutoff _ Highpass _ 3dB(1) = x1	{1|Search forward level(max − 3,p)！1;}	高通滤波器 3dB 带宽
Cutoff _ Highpass _ 3dB _ XRange(1,begin _ x,end _ x) = x1	{1|Search forward(begin _ x,end _ x)level(max − 3,p)！1;}	测量指定 x 轴范围内高通滤波器 3dB 带宽
Cutoff _ Lowpass _ 3dB(1) = x1	{1|Search forward level(max − 3,n)！1;}	测量低通滤波器 3dB 带宽
Cutoff _ Lowpass _ 3dB _ XRange(1,begin _ x,end _ x) = x1	{1|Search forward(begin _ x,end _ x)level(max − 3,n)！1;}	测量指定 x 轴范围内低通滤波器 3dB 带宽
DutyCycle(1) = (x2 − x1)/(x3 − x1)	{1|Search forward level(50%,p)！1 Search forward level(50%,n)！2 Search forward level(50%,p)！3;}	第一个脉冲波形占空比
DutyCycle _ XRange(1,begin _ x,end _ x) = (x2 − x1)/(x3 − x1)	{1|Search forward(begin _ x,end _ x)level(50%,p)！1 Search forward(begin _ x,end _ x)level(50%,n)！2 Search forward(begin _ x,end _ x)level(50%,p)！3;}	指定 x 轴范围内第一个脉冲波形占空比
Falltime _ NoOvershoot(1) = x2 − x1	Falltime _ NoOvershoot(< trace name >) {1|Search forward level(90%,n)！1 Search forward level(10%,n)！2;}	无过冲下降时间

（续）

函数名称	语句	功能
Falltime _ StepResponse (1) = x4 − x3	Falltime _ StepResponse(< trace name >) {1|Search forward x value(0%)！1 Search forward x value(100%)！2 Search forward /Begin/ level(y1 + 0.1 * (y2 − y1),n)！3 Search forward level(y1 + 0.9 * (y2 − y1),n)！4；}	阶跃响应曲线的负向下降时间
Falltime _ StepResponse _ XRange(1, begin _ x, end _ x) = x4 − x3	Falltime _ StepResponse _ XRange(< trace name > , < begin _ x > , < end _ x >) {1| Search forward (begin _ x, end _ x) x value (0%)！1 Search forward (begin _ x, end _ x) x value (100%)！2 Search forward /Begin/(begin _ x, end _ x) level (y1 + 0.1 * (y2 − y1),n)！3 Search forward(begin _ x, end _ x) level(y1 + 0.9 * (y2 − y1),n)！4；}	指定 x 轴范围内阶跃响应曲线的负向下降时间
GainMargin (1, 2) = 0 − y2	GainMargin (< phase trace > , < dB magnitude trace >) {1|Search forward level(−180)！1； 2|Search forward xval(x1)！2；}	相位为 180°时增益值(dB)
Max(1) = y1	{1|Search forward max！1；}	波形最大值
Max _ XRange(1, begin _ x, end _ x) = y1	{1| search forward(begin _ x,end _ x)max！1；}	指定 x 轴范围内波形最大值
Min(1) = y1	{1| search forward min！1；}	波形最小值
Min _ XRange(1, beg in _ x, end _ x) = y1	{1| search forward(begin _ x,end _ x)min！1；}	指定 x 轴范围内波形最小值
NthPeak (1, n _ occur) = y1	NthPeak(< trace name > , < n _ occur >) {1|Search forward #3# n _ occur:peak！1；}	第 n 个波峰值
Overshoot (1) = (y1 − y2)/y2 * 100	Overshoot(< trace name >) {1| Search forward max！1 Search forward xval(100%)！2；}	过冲最大值
Overshoot _ XRange (1, begin _ x,end _ x) = (y1 − y2)/y2 * 100	Overshoot _ XRange (< trace ame > , < begin _ x > , < end _ x >) {1|Search forward(begin _ x,end _ x)max！1 Search forward (begin _ x, end _ x) xval (100%)！2；}	指定 x 轴范围内过冲最大值
Peak(1,n _ occur) = y1	{1|Search forward #3# n _ occur:peak！1；}	第 n 个波峰值
Period(1) = x2 − x1	Peak(< trace name > , < n _ occur >) {1|Search forward level(50% ,p)！1 Search forward level(50% ,p)！2；}	时域信号周期

（续）

函数名称	语句	功能
PhaseMargin（1,2） = y2 +180	PhaseMargin（ < dB magnitude trace > , < phase trace > ） ｛1｜Search forward level（0）！ 1 2｜Search forward xval（x1）！ 2｝	相位裕度
PowerDissipation ＿ mW（1,Period） = y1 － y2） * 1000/（x1 － x2）	PowerDissipation ＿ mW（s（ < load ＿ voltage > * < load ＿ current > ）, < period > ） ｛1｜Search forward xvalue（100%）！ 1 Search backward /x1/ xvalue（. － Period）！ 2;｝	规定时间内功耗（mW）
Pulsewidth（1） = x2 － x1	｛1｜Search forward level（50% ,p）！ 1 Search forward level（50% ,n）！ 2;｝	第1个脉冲宽度
Pulsewidth ＿ XRange（1,begin ＿ x, end ＿ x） = x2 － x1	｛1｜Search forward（begin ＿ x,end ＿ x）level（50% ,p）！ 1 Search forward（begin ＿ x, end ＿ x）level（50% ,n）！ 2;｝	指定 x 轴范围内第一个脉冲宽度
Q ＿ Bandpass（1,db ＿ level） = （（x1 ＋x2）/2）/（x2 －x1）	｛1｜Search forward level（max － db ＿ level,p）！ 1 Search forward level（max － db ＿ level,n）！ 2;｝	计算指定 dB 值频率响应 Q 值
Q ＿ Bandpass ＿ XRange（1,db ＿ level,begin ＿ x,end ＿ x） = （（x1 ＋ x2）/2）/（x2 －x1）	｛1｜Search forward（begin ＿ x,end ＿ x）level（max － db ＿ level,p）！ 1 Searchforward（begin ＿ x,end ＿ x）level（max － db ＿ level,n）！ 2;｝	在指定 x 轴范围内计算指定 dB 值频率响应 Q 值
Risetime ＿ NoOvershoot（1） = x2 － x1	Risetime ＿ NoOvershoot（ < trace name > ） ｛1｜Search forward level（10% ,p）！ 1 Search forward level（90% ,p）！ 2;｝	无过冲阶跃响应曲线上升时间
Risetime ＿ StepResponse（1） = x4 － x3	Risetime ＿ StepResponse（ < trace name > ） ｛1｜Search forward x value（0%）！ 1 Search forward x value（100%）！ 2 Search forward /Begin/ level（y1 ＋ 0. 1 * （y2 － y1）,p）！ 3 Search forward level（y1 ＋ 0. 9 * （y2 － y1），p）！ 4;｝	阶跃响应曲线上升时间
Risetime ＿ StepResponse ＿ XRange（1,begin ＿ x,end ＿ x） = x4 － x3	Risetime ＿ StepResponse ＿ XRange（ < trace name > , < begin ＿ x > , < end ＿ x > ） ｛1｜Search forward（begin ＿ x, end ＿ x）x value（0%）！ 1 Search forward（begin ＿ x, end ＿ x）x value（100%）！ 2 Search forward/Begin/（begin ＿ x,end ＿ x）level（y1 ＋0. 1 * （y2 －y1），p）！ 3 Searchforward（begin ＿ x,end ＿ x）level（y1 ＋0. 9 * （y2 －y1），p）！ 4;｝	指定 x 轴范围内阶跃响应曲线上升时间

（续）

函数名称	语句	功能
SettlingTime (1 , SBAND _ PERCEN T) = x3 − x1	SettlingTime (< trace name > , < SBAND _ PER-CENT >) { 1	Search forward x value (0%) ! 1 Search forward x value (100%) ! 2 Search backward /x2/ level (y1 + (1 − SBAND _ PERCENT/100) * (y2 − y1)) ! 3 ; }	给定带宽,从 < 指定 x > 到一个阶跃响应完成所需时间
SettlingTime _ XRange (1 , SBAND _ PERCENT , begin _ x , end _ x) = x3 − x1	SettlingTime _ XRange (< trace name > , < S-BAND _ PERCENT > , < begin _ x > , < end _ x >) { 1	Search forward (begin _ x , end _ x) x value (0%) ! 1 Search forward (begin _ x , end _ x) x value (100%) ! 2 Searchbackward/x2/(begin _ x , end _ x) level (y1 + (1 − SBAND _ PERCENT/100) * (y2 − y1)) ! 3 ; }	给定带宽,给定范围,从 < 指定 x > 到一个阶跃响应完成所需时间
SlewRate _ Fall (1) = (y4 − y3)/(x4 − x3)	lewRate _ Fall (< trace name >) { 1	Search forward x value (0%) ! 1 Search forward x value (100%) ! 2 Search forward /Begin/ level (y1 + 0. 25 * (y2 − y1) , n) ! 3 Search forward level (y1 + 0. 75 * (y2 − y1) , n) ! 4 ; }	波形负向摆率
SlewRate _ Fall _ XR ange (1 , begin _ x , end _ x) = (y4 − y3)/(x4 − x3)	SlewRate _ Fall _ XRange (< trace name > , < begin _ x > , < end _ x >) { 1	Search forward (begin _ x , end _ x) x value (0%) ! 1 Search forward (begin _ x , end _ x) x value (100%) ! 2 Searchforward/Begin/(begin _ x , end _ x) level (y1 + 0. 25 * (y2 − y1) , n) ! 3 Searchforward (begin _ x , end _ x) level (y1 + 0. 75 * (y2 − y1) , n) ! 4 ; }	指定 x 轴范围内波形负向摆率
SlewRate _ Rise (1) = (y4 − y3)/(x4 − x3)	SlewRate _ Rise (< trace name >) { 1	Search forward x value (0%) ! 1 Search forward x value (100%) ! 2 Search forward /Begin/ level (y1 + 0. 25 * (y2 − y1) , p) ! 3 Search forward level (y1 + 0. 75 * (y2 − y1) , p) ! 4 ; }	波形正向摆率

（续）

函数名称	语句	功能
SlewRate _ Rise _ XR ange (1,begin _ x,end _ x) = (y4 - y3)/(x4 - x3)	SlewRate _ Rise _ XRange(< trace name > , < be-gin _ x > , < end _ x >) ｛1｜Search forward (begin _ x, end _ x) x value (0%)！1 Search forward(begin _ x, end _ x) x value (100%)！2 Search forward/Begin/(begin _ x, end _ x) level (y1 + 0. 25 * (y2 - y1) ,p)！3 Searchforward(begin _ x, end _ x) level (y1 + 0. 75 * (y2 - y1) ,p)！4；｝	指定 x 轴范围 波形正向摆率
Swing _ XRange(1,b egin _ x,end _ x) = y2 - y1	Swing _ XRange(< tracename > , < X _ range _ be-gin _ value > , < X _ range _ end _ value >) ｛1｜search forward(begin _ x,end _ x) min ！1 search forward(begin _ x,end _ x) max ！2 ；｝	指定范围内波形 最大值与最小值之差
XatNthY(1,Y _ valu e,n _ occur) = x1	｛1｜search forward for n _ occur:level(Y _ value)！1 ；｝	对于指定波形,相对于第 n 个 Y 值的 X 值
XatNthY _ Negative Slope (1, Y _ value, n _ occur) = x1	｛1｜search forward for n _ occur:level(Y _ value, negative)！1 ；｝	对于指定波形,沿负斜率方向第 n 个 Y 值对应的 X 值
XatNthY _ PercentY Range(1,Y _ pct,n _ occur) = x1	｛1｜search forward for n _ occur:level(Y _ pct%)！1 ；｝	第 n 个 Y 值范围百分比处的 X 值
XatNthY _ PositiveSlope (1,Y _ value,n _ o ccur) = x1	｛1｜search forward for n _ occur:level(Y _ value, positive)！1 ；｝	对于指定波形、沿正斜率方向第 n 个 Y 值对应的 X 值
YatFirstX(1) = y1	YatFirstX(< tracename >) ｛1｜search forward Xvalue(0%)！1 ；｝	X 范围内起始处波形值
YatLastX(1) = y1	YatLastX(< tracename >) ｛1｜search forward Xvalue(100%)！1 ；｝	X 范围内结束处波形值
YatX(1,X _ value) = y1	YatX(< tracename > , < X _ value >) ｛1｜search forward Xvalue(X _ value)！1 ；｝	给定 X 值处波形值
YatX _ PercentXRan ge (1,X _ pct) = y1	YatX _ PercentXRange(< trace name > , < X _ pct >) ｛1｜search forward Xvalue(X _ pct%)！1 ；｝	X 范围内给定百分比处波形值
ZeroCross(1) = x1	｛1｜Search forward level(0)！1;｝	Y 值第一次过 0 点处 X 值
ZeroCross _ XRange (1, begin _ x,end _ x) = x1	ZeroCross _ XRange(< magnitude trace > , < begin _ x > , < end _ x >) ｛Search for where the Y - value is 0 1 ｜ Search forward (begin _ x, end _ x) level (0)！1;｝	指定范围内 Y 值第一次过 0 点处 X 值

附表6 快捷键

快捷键	功能
I	放大
O	缩小
C	以光标位置为显示中心
W	画线 On/Off
P	快速放置元件
R	元件旋转90°
N	放置网络标号
J	放置节点 On/Off
F	放置电源
H	元件符号左右翻转
V	元件符号上下翻转
G	放置地
B	放置总线 On/Off
E	放置总线端口
Y	画多边形
T	放置 TEXT
PageUp	上移一个窗口
Ctrl + PageUp	左移一个窗口
PageDn	下移一个窗口
Ctrl + PageDn	右移一个窗口
Ctrl + F	查找元件
Ctrl + E	编辑元件属性
Ctrl + C	复制
Ctrl + V	粘贴
Ctrl + Z	撤消操作

附表7 数值缩写

缩写	数值
T、Tera	E12、10^{12}
G、Giga	E9、10^{9}
MEG、Mega	E6、10^{6}
K、Kilo	E3、10^{3}
M、Milli	E-3、10^{-3}
U、Micro	E-6、10^{-6}
N、Nano	E-9、10^{-9}
P、Pico	E-12、10^{-12}
F、Femto	E-15、10^{-15}

注意：1）PSpice 允许字母大写和小写、例如 22pF 电容：22P、22p、22pF、22pFarad、22E－12、0.022N。

2）兆为 MEG，例如 20 兆欧姆电阻表示为 20MEG、20MEGohm、20meg 或 20E6。一定要注意 M 与 Mega 的区别！如果将 10Megohm 写成 10M，则 PSpice 将其读为 10milli Ohm。

附表8　模型语句

下面列出常用 PSpice 元器件模型语句。{ } 中参数必须设置、[ ] 中参数为选填、{ }* 中参数需要重复。

1. 电容语句

语句格式	C {name}	{ + node}	{ − node}	[{model}]	{value}	[IC = {initial}]
含义	电容名称	正节点	负节点	模型名称	电容值	初始电压值
例句	CL1 3 2 20pF CM1 1 2 CMOD 10pF IC = 2V . MODEL CMOD CAP C = 1 VC1 = 0.01 VC2 = 0.001 TC1 = 0.01 TC2 = 0.002					
对应电路						

2. 电阻语句

语句格式	R {name}	{ + node}	{ − node}	[{model}]	{value}
含义	电阻名称	正节点	负节点	模型名称	电阻值
例句	RL1 1 0 10k RM1 2 1 RMOD 1MEG . model RMOD RES R = 1 TC1 = 0.01 TC2 = 0.002 . MODEL RMOD RES R = 1 TCE = 1.5				
对应电路					

3. 电感语句

语句格式	L {name}	{ + node}	{ − node}	[{model}]	{value}	[IC = {initial}]
含义	电感名称	正节点	负节点	模型名称	电感值	初始电流值
例句	L1 3 0 2uH LM1 1 2 LMOD 10uH　IC = 1A . MODEL LMOD IND L = 1 IL1 = 0.02 IL2 = 0.01 TC1 = 0.01 TC2 = 0.002					
对应电路						

4. 二极管语句

语句格式	D{name}	{+ node}	{– node}	{model}	[{area}]
含义	二极管名称	阳极节点 A	阴极节点 K	模型名称	面积因子
例句		D1 1 2 DMOD . model DMOD d N = 0.01 IS = 80E – 14 CJO = 2p TT = 10N BV = 150 IBV = 5E – 3			
对应电路					

5. 晶体管语句

语句格式	Q{name}	{c}	{b}	{e}	[{subs}]	{model}	[{area}]
含义	晶体管名称	集电极	基极	发射极	衬底	模型名称	面积因子
例句	Q1 1 2 3 Qmodn; Q2 4 5 6 Qmodp . model Qmodn NPN (Is = 2.511f Bf = 242 Cjc = 4.883p Cje = 18.79p Tr = 1.202n Tf = 560p) . model Qmonp PNP (Is = 21.48f Bf = 132 Cjc = 17.63p Cje = 73.39p Tr = 1.476n Tf = 641.9p)						
对应电路							

6. 场效应管语句

语句格式	M{name}	{d}	{g}	{s}	{subs}	{model}	[L = {value}]	[W = {value}]
含义	场效应管名称	漏极	栅极	源极	衬底	模型名称	沟道长度	沟道宽度
例句	M1 1 2 3 3 Mmodn L = 2u W = 20m; M2 4 5 6 6 Mmodp L = 3u W = 30m . model Mmodn NMOS (VTO = 2.85 KP = 32U CGDO = 0.42N CGSO = 2.0N) . model Mmocp PMOS (Tox = 100n Kp = 10u Vto = – 3.8 Cgso = 960p Cgdo = 140p Tt = 320n)							
对应电路								

7. 电压控制开关语句

语句格式	S{name}	{+ node}	{– node}	{+ control}	{– control}	{model}
含义	开关名称	开关正节点	开关负节点	控制电压正节点	控制电压负节点	模型名称
例句	S1 3 4 1 2 Smod . model Smod VSWITCH Roff = 10k Ron = 0.1 Voff = 0.0 Von = 5.0					
对应电路						

8. 电流控制开关语句

语句格式	W{name}	{+node}	{−node}	{VW}	{model}
含义	开关名称	开关正节点	开关负节点	控制电流电压源	模型名称
例句	W1 3 4 VW Wmod VW 1 2 0V . model Wmod ISWITCH Ioff = 0. 0 Ion = 1 Roff = 1e6 Ron = 0. 1				
对应电路					

9. 传输线语句

语句格式	T{name}	{A+}	{A−}	{B+}	{B−}	Z0 = {value}	[TD = {value}]	[F = {value}]	[NL = {value}]
含义	传输线名称	输入正端口	输入负端口	输出正端口	输出负端口	特征阻抗	传输延时	频率	归一化长度
例句	T1 1 2 3 4 Z0 = 200 TD = 100n T2 5 6 7 8 Z0 = 100 F = 2MEG NL = 0. 25								
对应电路									

10. 互感语句

语句格式	K{name}	L{name}	{L{name}}*	{coupling}	[{model}]
含义	互感名称	第一耦合电感	其他耦合电感	耦合系数	模型名称
例句	K1 L2 L3 0. 999 K2 L4 L5 0. 99 Kmod . model Kmod CORE AREA = . 50 PATH = 6. 0 MS = 1. 2E6 A = 2. 4E3 C = . 25				
对应电路					

11. 电压控制电压源 VCVS 语句

语句格式	E{name}	{+node}	{−node}	{+cntrl}	{−cntrl}	{gain}
含义	名称	输出正节点	输出负节点	控制正节点	控制负节点	增益
例句	E1 3 4 1 2 3					
对应电路						

12. 电流控制电流源 CCCS 语句

语句格式	F{name}	{+ node}	{- node}	{vsource name}	{gain}
含义	名称	电流输入节点	电流输出节点	电压源名称	增益
例句			F1 3 4 VF 5		
			VF 1 2 0V		
对应电路					

13. 电压控制电流源 VCCS 语句

语句格式	G{name}	{+ node}	{- node}	{+ cntrl}	{- cntrl}	{gain}
含义	名称	电流输入节点	电流输出节点	控制正节点	控制负节点	增益
例句			G1 3 4 1 2 2			
对应电路						

14. 电流控制电压源 CCVS 语句

语句格式	H{name}	{+ node}	{- node}	{vsource name}	{gain}
含义	名称	输出正节点	输出负节点	电压源名称	增益
例句			H1 3 4 VH 6		
			VH 1 2 0V		
对应电路					

15. EVALUE 语句

语句格式	E{name}	{+ node}	{- node}	VALUE {expression}
含义	名称	输出正节点	输出负节点	表达式
例句		E2 1 2 VALUE {V (3, 4) *5}		
对应电路				

16. GVALUE 语句

语句格式	E{name}	{+ node}	{- node}	ALUE {expression}
含义	名称	电流输入节点	电流输出节点	表达式
例句		G2 5 6 VALUE {ABS (V (1, 2))}		
对应电路				

17. ETABLE 语句

语句格式	E｛name｝	｛+ node｝	｛- node｝	TABLE｛expression｝ =（invalue, outvalue）*	
含义	名称	输出电压正节点	输出电压负节点	表达式 =（输入、输出）	
例句	E3 1 2 TABLE｛V（3）* V（4）｝（（-5, -15）（5, 15））				
对应电路	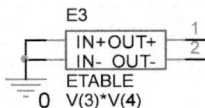				

18. GTABLE 语句

语句格式	G｛name｝	｛+ node｝	｛- node｝	TABLE｛expression｝ =（invalue, outvalue）*	
含义	名称	电流输入节点	电流输出节点	表达式 =（输入、输出）	
例句	G3 5 6 TABLE｛V（1, 2）* 4｝（（-1, 5）（5, 1））				
对应电路	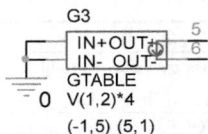				

19. ELAPLACE 语句

语句格式	E｛name｝	｛+ node｝	｛- node｝	LAPLACE｛expression｝｛s expression｝	
含义	名称	输出电压正节点	输出电压负节点	Laplace 表达式	
例句	E4 1 2 LAPLACE｛V（3, 4）｝｛1/（s/100 + 5）｝				
对应电路	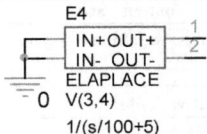				

20. GLAPLACE 语句

语句格式	G｛name｝	｛+ node｝	｛- node｝	LAPLACE｛expression｝｛s expression｝	
含义	名称	电流输入节点	电流输出节点	Laplace 表达式	
例句	G3 5 6 LAPLACE｛V（1, 2）｝｛s/（s/1000 + 100）｝				
对应电路	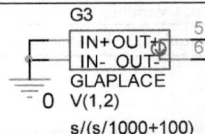				

21. EFREQ 语句

语句格式	E｛name｝	｛+ node｝	｛- node｝	FREQ｛expression｝（freq, gain, phase）*	
含义	名称	输出电压正节点	输出电压负节点	FREQ 表达式 数组（频率、增益、相位）	
例句	E5 1 2 FREQ｛V（3, 4）｝（（0, 0, 0）（10Meg, -20, 80））				
对应电路	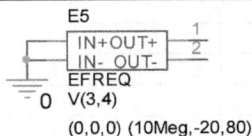				

22. GFREQ 语句

语句格式	G｛name｝	｛+ node｝	｛- node｝	FREQ ｛expression｝（freq，gain，phase）*
含义	名称	电流输入节点	电流输出节点	FREQ 表达式 数组（频率、增益、相位）
例句	G5 1 2 FREQ ｛V（3，4）｝（（100k，10，45）（1Meg，-10，90））			
对应电路	G5 IN+ OUT+ 1 IN- OUT- 2 GFREQ 0 V(3,4) (100k,10,45) (1Meg,-10,90)			

附表 9　命令语句

分析类型	命令格式	例句
瞬态分析	. TRAN print step value｝｛final time｝｛｛no print time｝｛｛step ceiling value｝｝｝［UIC］	. TRAN 5NS 100NS
交流分析	. AC ［LIN］［OCT］［DEC］｛points｝｛start｝｛end｝	. AC LIN 101 10Hz 200Hz . AC DEC 20 1MEG 100MEG
直流分析	. DC ［LIN］｛varname｝｛start｝｛end｝｛incr｝ . DC ［OCT］［DEC］｛varname｝｛start｝｛end｝｛points｝	. DC VIN -. 25. 25 . 05 . DC LIN I2 5mA -2mA 0.1mA VCE 10V 15V 1V
傅里叶分析	. FOUR ｛freq｝｛output var｝*	. FOUR 10KHz V(5) V(6,7)
噪声分析	. NOISE ｛output variable｝｛name｝｛｛print interval｝｝	. NOISE V(5) VIN
灵敏度分析	. SENS ｛output variable｝*	. SENS V(9) V(4,3) I(VCC)
温度分析	. TEMP ｛value｝*	. TEMP 0 27 125
绘图输出	. PLOT ［DC］［AC］［NOISE］［TRAN］［｛output variable｝*］	. PLOT DC V(3) V(2,3) V(R1) I(VIN) . PLOT AC VM(2) VP(2) VG(2)
打印输出	. PRINT ［DC］［AC］［NOISE］［TRAN］｛output variable｝*］	. PRINT DC V(3) V(2,3) V(R1) IB(Q13) . PRINT AC VM(2) VP(2) VG(5) II(7)
图形输出	. PROBE ［output variable］*	. PROBE V(3) VM(2) I(VIN)
转移函数	. TF ｛output variable｝｛input source name｝	. TF V(5) VIN

附表 10　齐纳稳压二极管模型（Diode. lib）

齐纳稳压二极管型号——功率为 1W

型号	稳压值/V	封装
D1N5226	3. 3	DO - 35
D1N4728	3. 3	DO - 41
D1N5227	3. 6	DO - 35
D1N4729	3. 6	DO - 41
D1N5228	3. 9	DO - 35

（续）

型号	稳压值/V	封装
D1 N4730	3.9	DO－41
D1 N5229	4.3	DO－35
D1 N4731	4.3	DO－41
D1 N5230	4.7	DO－35
D1 N4732	4.7	DO－41
D1 N5231	5.1	DO－35
D1 N4733	5.1	DO－41
D1 N5232	5.6	DO－35
D1 N4734	5.6	DO－41
D1 N5233	6	DO－35
D1 N5234	6.2	DO－35
D1 N4735	6.2	DO－41
D1 N5235	6.8	DO－35
D1 N4736	6.8	DO－41
D1 N5236	7.5	DO－35
D1 N4737	7.5	DO－41
D1 N5237	8.2	DO－35
D1 N4738	8.2	DO－41
D1 N5238	8.7	DO－35
D1 N5239	9.1	DO－35
D1 N4739	9.1	DO－41
D1 N5240	10	DO－35
D1 N4740	10	DO－41
D1 N5241	11	DO－35
D1 N4741	11	DO－41
D1 N5242	12	DO－35
D1 N4742	12	DO－41
D1 N5243	13	DO－35
D1 N4743	13	DO－41
D1 N5244	14	DO－35
D1 N5245	15	DO－35
D1 N4744	15	DO－41
D1 N5246	16	DO－35
D1 N4745	16	DO－41
D1 N5247	17	DO－35
D1 N5248	18	DO－35
D1 N4746	18	DO－41
D1 N5249	19	DO－35
D1 N5250	20	DO－35
D1 N4747	20	DO－41
D1 N5251	22	DO－35
D1 N4748	22	DO－41
D1 N5252	24	DO－35

（续）

型号	稳压值/V	封装
D1N4749	24	DO-41
D1N5253	25	DO-35
D1N5254	27	DO-35
D1N4750	27	DO-41

齐纳稳压二极管型号——功率为 0.5W（封装 DO-35）

型号	稳压值/V
D1N746	3.3
D1N747	3.6
D1N748	3.9
D1N749	4.3
D1N750	4.7
D1N751	5.1
D1N752	5.6
D1N753	6.2
D1N754	6.8
D1N755	7.5
D1N756	8.2
D1N757	9.1
D1N758	10.0
D1N759	12.0

齐纳稳压二极管模型：

```
.model D1N746    D(Is=31.47f Rs=9.494 Ikf=0 N=1 Xti=3 Eg=1.11 Cjo=220p M=.5959
+                Vj=.75 Fc=.5 Isr=2.035n Nr=2 Bv=3.3 Ibv=45.862m Nbv=3.0477
+                Ibvl=29.831m Nbvl=11.606 Tbv1=-636.4u)
*                Vz = 3.3 @ 20mA,Zz = 310 @ 1mA,Zz = 68 @ 5mA,Zz = 19 @ 20mA

.model D1N747    D(Is=1.242f Rs=1.137 Ikf=0 N=1 Xti=3 Eg=1.11 Cjo=210p M=.6063
+                Vj=.75 Fc=.5 Isr=1.922n Nr=2 Bv=3.6 Ibv=13.987m Nbv=3.031
+                Ibvl=10.212m Nbvl=12.73 Tbv1=-555.6u)
*                Vz = 3.6 @ 20mA,Zz = 330 @ 1mA,Zz = 52 @ 5mA,Zz = 7.3 @ 20mA

.model D1N748    D(Is=1.252f Rs=1.156 Ikf=0 N=1 Xti=3 Eg=1.11 Cjo=205p M=.6004
+                Vj=.75 Fc=.5 Isr=1.867n Nr=2 Bv=3.9 Ibv=17.244m Nbv=2.4016
+                Ibvl=8.619m Nbvl=13.283 Tbv1=-384.62u)
*                Vz = 3.9 @ 20mA,Zz = 345 @ 1mA,Zz = 49 @ 5mA,Zz = 5.8 @ 20mA

.model D1N749    D(Is=880.5E-18 Rs=.25 Ikf=0 N=1 Xti=3 Eg=1.11 Cjo=190p M=.6124
+                Vj=.75 Fc=.5 Isr=1.743n Nr=2 Bv=4.3 Ibv=16.748m Nbv=1.7936
+                Ibvl=5.0382m Nbvl=12.554 Tbv1=-232.56u)
```

```
*              Vz = 4. 3 @ 20mA,Zz = 325 @ 1mA,Zz = 24 @ 5mA,Zz = 3. 2 @ 20mA


. model D1N750   D(Is = 880. 5E - 18 Rs = . 25 Ikf = 0 N = 1 Xti = 3 Eg = 1. 11 Cjo = 175p M = . 5516
+              Vj = . 75 Fc = . 5 Isr = 1. 859n Nr = 2 Bv = 4. 7 Ibv = 20. 245m Nbv = 1. 6989
+              Ibvl = 1. 9556m Nbvl = 14. 976 Tbv1 = - 21. 277u)
*              Vz = 4. 7 @ 20mA,Zz = 300 @ 1mA,Zz = 12. 5 @ 5mA,Zz = 2. 6  @ 20mA


. model D1N751   D(Is = 1. 004f Rs = . 5875 Ikf = 0 N = 1 Xti = 3 Eg = 1. 11 Cjo = 160p M = . 5484
+              Vj = . 75 Fc = . 5 Isr = 1. 8n Nr = 2 Bv = 5. 1 Ibv = 27. 721m Nbv = 1. 1779
+              Ibvl = 1. 1646m Nbvl = 21. 894 Tbv1 = 176. 47u)
*              Vz = 5. 1 @ 20mA,Zz = 175 @ 1mA,Zz = 8. 2 @ 5mA,Zz = 2. 2 @ 20mA


. model D1N752   D(Is = 1. 154f Rs = . 9471 Ikf = 0 N = 1 Xti = 3 Eg = 1. 11 Cjo = 150p M = . 5788
+              Vj = . 75 Fc = . 5 Isr = 1. 625n Nr = 2 Bv = 5. 6 Ibv = 62. 583m Nbv = . 62382
+              Ibvl = 631. 96u Nbvl = 50 Tbv1 = 267. 86u)
*              Vz = 5. 6 @ 20mA,Zz = 40 @ 1mA,Zz = 4. 5 @ 5mA,Zz = 1. 9 @ 20mA


. model D1N753   D(Is = 1. 536f Rs = 1. 687 Ikf = 0 N = 1 Xti = 3 Eg = 1. 11 Cjo = 130p M = . 5259
+              Vj = . 75 Fc = . 5 Isr = 1. 719n Nr = 2 Bv = 6. 2 Ibv = 1. 9685 Nbv = . 28384
+              Ibvl = 7. 0094e - 7 Nbvl = . 29418 Tbv1 = 443. 55u)
*              Vz = 6. 2 @ 20mA,Zz = 9 @ 1mA,Zz = 3. 4 @ 5mA,Zz = 1. 85 @ 20mA


. model D1N754   D(Is = 1. 616f Rs = 1. 818 Ikf = 0 N = 1 Xti = 3 Eg = 1. 11 Cjo = 120p M = . 5117
+              Vj = . 75 Fc = . 5 Isr = 1. 698n Nr = 2 Bv = 6. 8 Ibv = 2. 8814 Nbv = . 28248
+              Ibvl = 1. 9426e - 6 Nbvl = . 27168 Tbv1 = 485. 29u)
*              Vz = 6. 8 @ 20mA,Zz = 9. 1 @ 1mA,Zz = 3. 5 @ 5mA,Zz = 2 @ 20mA


. model D1N755   D(Is = 2. 077f Rs = 2. 467 Ikf = 0 N = 1 Xti = 3 Eg = 1. 11 Cjo = 104p M = . 5061
+              Vj = . 75 Fc = . 5 Isr = 1. 645n Nr = 2 Bv = 7. 5 Ibv = 2. 5701 Nbv = . 39227
+              Ibvl = 4. 0222e - 5 Nbvl = . 25042 Tbv1 = 533. 33u)
*              Vz = 7. 5 @ 20mA,Zz = 12. 5 @ 1mA,Zz = 5. 3 @ 5mA,Zz = 2. 3 @ 20mA


. model D1N756   D(Is = 2. 453f Rs = 2. 9 Ikf = 0 N = 1 Xti = 3 Eg = 1. 11 Cjo = 90p M = . 448
+              Vj = . 75 Fc = . 5 Isr = 1. 803n Nr = 2 Bv = 8. 2 Ibv = 1. 5593 Nbv = . 51406
+              Ibvl = 8. 3521e - 5 Nbvl = . 1313 Tbv1 = 585. 366u)
*              Vz = 8. 2 @ 20mA,Zz = 16 @ 1mA,Zz = 6. 9 @ 5mA,Zz = 2. 5 @ 20mA


. model D1N757   D(Is = 2. 453f Rs = 2. 9 Ikf = 0 N = 1 Xti = 3 Eg = 1. 11 Cjo = 78p M = . 4399
+              Vj = . 75 Fc = . 5 Isr = 1. 762n Nr = 2 Bv = 9. 1 Ibv = . 48516 Nbv = . 7022
```

```
+        Ibvl = 1m Nbvl = . 13785 Tbv1 = 604. 396u)
*        Vz = 9. 1 @ 20mA,Zz = 21 @ 1mA,Zz = 7. 25 @ 5mA,Zz = 2. 7 @ 20mA


. model D1N758    D( Is = 1. 953f Rs = 2. 305 Ikf = 0 N = 1 Xti = 3 Eg = 1. 11 Cjo = 68p M = . 3856
+        Vj = . 75 Fc = . 5 Isr = 1. 939n Nr = 2 Bv = 10 Ibv = . 16597 Nbv = . 84122
+        Ibvl = 1. 003m Nbvl = . 20892 Tbv1 = 650u)
*        Vz = 10 @ 20mA,Zz = 24 @ 1mA,Zz = 7. 25 @ 5mA,Zz = 2. 9 @ 20mA


. model D1N759    D( Is = 1. 773f Rs = 2. 06 Ikf = 0 N = 1 Xti = 3 Eg = 1. 11 Cjo = 102p M = . 4868
+        Vj = . 75 Fc = . 5 Isr = 1. 393n Nr = 2 Bv = 12 Ibv = 79. 489m Nbv = 1. 1528
+        Ibvl = 142. 9n Nbvl = . 95108 Tbv1 = 700u)
*        Vz = 12 @ 20mA,Zz = 32 @ 1mA,Zz = 7. 5 @ 5mA,Zz = 4 @ 20mA


. model D1N957A D( Is = 1. 616f Rs = 1. 82 Ikf = 0 N = 1 Xti = 3 Eg = 1. 11 Cjo = 120p M = . 5117
+        Vj = . 75 Fc = . 5 Isr = 1. 698n Nr = 2 Bv = 6. 8 Ibv = 1. 8441 Nbv = . 28243
+        Ibvl = 6. 2172E – 15 Nbvl = . 50147 Tbv1 = 485. 294u)
*        Vz = 6. 8 @ 18. 5mA,Zz = 9. 1 @ 1mA,Zz = 3. 5 @ 5mA,Zz = 2 @ 20mA


. model D1N958A D( Is = 2. 077f Rs = 2. 467 Ikf = 0 N = 1 Xti = 3 Eg = 1. 11 Cjo = 104p M = . 5061
+        Vj = . 75 Fc = . 5 Isr = 1. 645n Nr = 2 Bv = 7. 5 Ibv = . 90645 Nbv = . 39227
+        Ibvl = . 5849n Nbvl = 1. 5122 Tbv1 = 533. 33u)
*        Vz = 7. 5 @ 16. 5mA,Zz = 12. 5 @ 1mA,Zz = 5. 3 @ 5mA,Zz = 2. 3 @ 20mA


. model D1N959A D( Is = 2. 491f Rs = 2. 938 Ikf = 0 N = 1 Xti = 3 Eg = 1. 11 Cjo = 90p M = . 448
+        Vj = . 75 Fc = . 5 Isr = 1. 803n Nr = 2 Bv = 8. 2 Ibv = . 41558 Nbv = . 51229
+        Ibvl = . 65179n Nbvl = 1. 1568 Tbv1 = 585. 37u)
*        Vz = 8. 2 @ 15mA,Zz = 16 @ 1mA,Zz = 6. 9 @ 5mA,Zz = 2. 5 @ 20mA


. model D1N960A D( Is = 2. 168f Rs = 2. 578 Ikf = 0 N = 1 Xti = 3 Eg = 1. 11 Cjo = 78p M = . 4399
+        Vj = . 75 Fc = . 5 Isr = 1. 762n Nr = 2 Bv = 9. 1 Ibv = 97. 714m Nbv = . 71712
+        Ibvl = . 58975n Nbvl = . 98128 Tbv1 = 604. 4u)
*        Vz = 9. 1 @ 14mA,Zz = 21 @ 1mA,Zz = 7. 25 @ 5mA,Zz = 2. 7 @ 20mA


. model D1N961A D( Is = 1. 953f Rs = 2. 305 Ikf = 0 N = 1 Xti = 3 Eg = 1. 11 Cjo = 68p M = . 3856
+        Vj = . 75 Fc = . 5 Isr = 1. 939n Nr = 2 Bv = 10 Ibv = 46. 912m Nbv = . 84122
+        Ibvl = 626. 74p Nbvl = . 78605 Tbv1 = 650u)
*        Vz = 10 @ 12. 5mA,Zz = 24 @ 1mA,Zz = 7. 25 @ 5mA,Zz = 2. 9 @ 20mA


. model D1N962A D( Is = 1. 609f Rs = 1. 813 Ikf = 0 N = 1 Xti = 3 Eg = 1. 11 Cjo = 115p M = . 4751
```

```
+        Vj =. 75 Fc =. 5 Isr = 1. 493n Nr = 2 Bv = 11 Ibv = 24. 084m Nbv = 1. 1052
+        Ibvl = 149. 27n Nbvl =. 22862 Tbvl = 672. 73u)
*        Vz  =  11 @  11. 5mA,Zz  =  30. 5 @  1mA,Zz  =  7. 4 @  5mA,Zz  =  3. 25 @  20mA

. model D1N963A D( Is = 1. 773f Rs = 2. 061 Ikf = 0 N = 1 Xti = 3 Eg = 1. 11 Cjo = 102p M =. 4868
+        Vj =. 75 Fc =. 5 Isr = 1. 393n Nr = 2 Bv = 12 Ibv = 21. 7m Nbv = 1. 1527
+        Ibvl = 29. 343n Nbvl =. 245 Tbvl = 700u)
*        Vz  =  12 @  10. 5mA,Zz  =  32 @  1mA,Zz  =  7. 5 @  5mA,Zz  =  4 @  20mA

. model D1N964A D( Is = 2. 253f Rs = 2. 678 Ikf = 0 N = 1 Xti = 3 Eg = 1. 11 Cjo = 90p M =. 4558
+        Vj =. 75 Fc =. 5 Isr = 1. 461n Nr = 2 Bv = 13 Ibv = 21. 761m Nbv = 1. 1851
+        Ibvl = 468. 81n Nbvl =. 65126 Tbvl = 846. 15u)
*        Vz  =  13 @  9. 5mA,Zz  =  33. 5 @  1mA,Zz  =  8 @  5mA,Zz  =  4. 9 @  20mA

. model D1N965A D( Is = 3. 142f Rs = 3. 536 Ikf = 0 N = 1 Xti = 3 Eg = 1. 11 Cjo = 80. 5p M =. 4186
+        Vj =. 75 Fc =. 5 Isr = 1. 527n Nr = 2 Bv = 15 Ibv = 24. 573m Nbv = 1. 0932
+        Ibvl = 7. 1249u Nbvl =. 65646 Tbvl = 833. 33u)
*        Vz  =  15 @  8. 5mA,Zz  =  32 @  1mA,Zz  =  8. 25 @  5mA,Zz  =  5. 75 @  20mA

. model D1N966A D( Is = 5. 461f Rs = 4. 975 Ikf = 0 N = 1 Xti = 3 Eg = 1. 11 Cjo = 69p M =. 4472
+        Vj =. 75 Fc =. 5 Isr = 1. 371n Nr = 2 Bv = 16 Ibv = 32. 07m Nbv = 1. 0589
+        Ibvl = 44. 191u Nbvl =. 86786 Tbvl = 875u)
*        Vz  =  16 @  7. 8mA,Zz  =  32. 5 @  1mA,Zz  =  9. 8 @  5mA,Zz  =  6. 9 @  20mA

. model D1N967A   D( Is = 7. 021f Rs = 5. 619 Ikf = 0 N = 1 Xti = 3 Eg = 1. 11 Cjo = 60p M =. 4093
+        Vj =. 75 Fc =. 5 Isr = 1. 461n Nr = 2 Bv = 18 Ibv = 23. 333m Nbv = 1. 2074
+        Ibvl = 215. 7u Nbvl =. 71348 Tbvl = 888. 9u)
*        Vz  =  18 @  7mA,Zz  =  37 @  1mA,Zz  =  11 @  5mA,Zz  =  7. 9 @  20mA

. model D1N968A D( Is = 10. 18f Rs = 6. 578 Ikf = 0 N = 1 Xti = 3 Eg = 1. 11 Cjo = 59p M =. 4063
+        Vj =. 75 Fc =. 5 Isr = 1. 415n Nr = 2 Bv = 20 Ibv = 21. 603m Nbv = 1. 2514
+        Ibvl = 218. 21u Nbvl = 1. 2514 Tbvl = 850u)
*        Vz  =  20 @  6. 2mA,Zz  =  39 @  1mA,Zz  =  13 @  5mA,Zz  =  8. 25 @  20mA

. model D1N969A D( Is = 17. 49f Rs = 7. 976 Ikf = 0 N = 1 Xti = 3 Eg = 1. 11 Cjo = 50p M =. 4141
+        Vj =. 75 Fc =. 5 Isr = 1. 33n Nr = 2 Bv = 22 Ibv = 20. 578m Nbv = 1. 315
+        Ibvl = 207. 85u Nbvl = 1. 315 Tbvl = 840. 91u)
*        Vz  =  22 @  5. 6mA,Zz  =  42 @  1mA,Zz  =  15 @  5mA,Zz  =  9. 5 @  20mA
```

```
. model D1N970A D( Is = 25. 64f Rs = 8. 973 Ikf = 0 N = 1 Xti = 3 Eg = 1. 11 Cjo = 44p M = . 3798
+           Vj = . 75 Fc = . 5 Isr = 1. 438n Nr = 2 Bv = 24 Ibv = 19. 386m Nbv = 1. 3784
+           Ibvl = 162. 43u Nbvl = 8. 7919 Tbv1 = 895. 83u)
*           Vz = 24 @ 5. 2mA,Zz = 48 @ 1mA,Zz = 16 @ 5mA,Zz = 11 @ 20mA


. model D1N971A D( Is = 81. 47f Rs = 11. 96 Ikf = 0 N = 1 Xti = 3 Eg = 1. 11 Cjo = 42p M = . 3983
+           Vj = . 75 Fc = . 5 Isr = 1. 294n Nr = 2 Bv = 27 Ibv = 87. 12m Nbv = . 51025
+           Ibvl = 9. 0498m Nbvl = 2. 0249 Tbv1 = 888. 89u)
*           Vz = 27 @ 4. 6mA,Zz = 52 @ 1mA,Zz = 21 @ 5mA,Zz = 12 @ 20mA


. model D1N4728   D( Is = 11. 11f Rs = 6. 808 Ikf = 0 N = 1 Xti = 3 Eg = 1. 11 Cjo = 315p M = . 4346
+           Vj = . 75 Fc = . 5 Isr = 2. 595n Nr = 2 Bv = 3. 3 Ibv = 5. 8452 Nbv = 3. 6742
+           Ibvl = . 27224 Nbvl = 11. 715 Tbv1 = − 636. 36u )
*           Vz = 3. 3 @ 76mA,Zz = 310 @ 1mA,Zz = 68 @ 5mA,Zz = 19 @ 20mA


. model D1N4729   D( Is = 2. 306f Rs = 2. 741 Ikf = 0 N = 1 Xti = 3 Eg = 1. 11 Cjo = 300p M = . 4641
+           Vj = . 75 Fc = . 5 Isr = 2. 405n Nr = 2 Bv = 3. 6 Ibv = 1. 1936 Nbv = 2. 2747
+           Ibvl = 19. 94m Nbvl = 12. 64 Tbv1 = − 555. 56u )
*           Vz = 3. 6 @ 69mA,Zz = 330 @ 1mA,Zz = 52 @ 5mA,Zz = 7. 3 @ 20mA


. model D1N4730   D( Is = 1. 379f Rs = 1. 406 Ikf = 0 N = 1 Xti = 3 Eg = 1. 11 Cjo = 280p M = . 4369
+           Vj = . 75 Fc = . 5 Isr = 2. 441n Nr = 2 Bv = 3. 9 Ibv = . 2473 Nbv = 2. 2758
+           Ibvl = 13. 346m Nbvl = 13. 271 Tbv1 = − 384. 62u )
*           Vz = 3. 9 @ 64mA,Zz = 345 @ 1mA,Zz = 49 @ 5mA,Zz = 5. 8 @ 20mA


. model D1N4731   D( Is = 837. 3E − 18 Rs = . 1211 Ikf = 0 N = 1 Xti = 3 Eg = 1. 11 Cjo = 220p M
= . 389
            Vj = . 75 Fc = . 5 Isr = 2. 56n Nr = 2 Bv = 4. 3 Ibv = 60. 167m Nbv = 1. 8815
+           Ibvl = 6. 0358m Nbvl = 12. 57 Tbv1 = − 232. 558u)
*           Vz = 4. 3 @ 58mA,Zz = 325 @ 1mA,Zz = 24 @ 5mA,Zz = 3. 2 @ 20mA


. model D1N4732   D( Is = 1. 064f Rs = . 741 Ikf = 0 N = 1 Xti = 3 Eg = 1. 11 Cjo = 208p M = . 4176
+           Vj = . 75 Fc = . 5 Isr = 2. 364n Nr = 2 Bv = 4. 7 Ibv = . 16902 Nbv = 1. 2344
+           Ibvl = 4. 0082m Nbvl = 11. 59 Tbv1 = − 21. 28u)
*           Vz = 4. 7 @ 53mA,Zz = 300 @ 1mA,Zz = 12. 5 @ 5mA,Zz = 2. 6  @ 20mA


. model D1N4733   D( Is = 1. 214f Rs = 1. 078 Ikf = 0 N = 1 Xti = 3 Eg = 1. 11 Cjo = 185p M = . 3509
+           Vj = . 75 Fc = . 5 Isr = 2. 601n Nr = 2 Bv = 5. 1 Ibv = . 70507 Nbv = . 74348
+           Ibvl = 4. 8274m Nbvl = 6. 7393 Tbv1 = 176. 471u)
```

```
*                Vz = 5. 1 @ 49mA,Zz = 175 @ 1mA,Zz = 8. 2 @ 5mA,Zz = 2. 2 @ 20mA

. model D1N4734  D( Is = 1. 085f Rs = . 7945 Ikf = 0 N = 1 Xti = 3 Eg = 1. 11 Cjo = 157p M = . 2966
+                Vj = . 75 Fc = . 5 Isr = 2. 811n Nr = 2 Bv = 5. 6 Ibv = . 37157 Nbv = . 64726
+                Ibvl = 1m Nbvl = 6. 5761 Tbv1 = 267. 86u)
*                Vz = 5. 6 @ 45mA,Zz = 40 @ 1mA,Zz = 4. 5 @ 5mA,Zz = 1. 9 @ 20mA

. model D1N4735  D( Is = 1. 168f Rs = . 9756 Ikf = 0 N = 1 Xti = 3 Eg = 1. 11 Cjo = 140p M = . 3196
+                Vj = . 75 Fc = . 5 Isr = 2. 613n Nr = 2 Bv = 6. 2 Ibv = 4. 9984 Nbv = . 32088
+                Ibvl = 184. 78u Nbvl = . 19558 Tbv1 = 443. 55u)
*                Vz = 6. 2 @ 41mA,Zz = 9 @ 1mA,Zz = 3. 4 @ 5mA,Zz = 1. 85 @ 20mA

. model D1N4736  D( Is = 1. 327f Rs = 1. 306 Ikf = 0 N = 1 Xti = 3 Eg = 1. 11 Cjo = 125p M = . 3144
+                Vj = . 75 Fc = . 5 Isr = 2. 575n Nr = 2 Bv = 6. 8 Ibv = 15 Nbv = . 31009
+                Ibvl = 149. 2u Nbvl = . 31028 Tbv1 = 485. 29u)
*                Vz = 6. 8 @ 37mA,Zz = 9. 1 @ 1mA,Zz = 3. 5 @ 5mA,Zz = 2 @ 20mA

. model D1N4737  D( Is = 1. 699f Rs = 1. 955 Ikf = 0 N = 1 Xti = 3 Eg = 1. 11 Cjo = 106p M = . 3176
+                Vj = . 75 Fc = . 5 Isr = 2. 488n Nr = 2 Bv = 7. 5 Ibv = 15 Nbv = . 42018
+                Ibvl = 1m Nbvl = . 094527 Tbv1 = 533. 33u)
*                Vz = 7. 5 @ 34mA,Zz = 12. 5 @ 1mA,Zz = 5. 3 @ 5mA,Zz = 2. 3 @ 20mA

. model D1N4738  D( Is = 2. 102f Rs = 2. 5 Ikf = 0 N = 1 Xti = 3 Eg = 1. 11 Cjo = 100p M = . 3503
+                Vj = . 75 Fc = . 5 Isr = 2. 252n Nr = 2 Bv = 8. 2 Ibv = 8 Nbv = . 53621
+                Ibvl = 213. 52u Nbvl = . 17879 Tbv1 = 585. 37u)
*                Vz = 8. 2 @ 31mA,Zz = 16 @ 1mA,Zz = 6. 9 @ 5mA,Zz = 2. 5 @ 20mA

. model D1N4739  D( Is = 2. 11f Rs = 2. 512 Ikf = 0 N = 1 Xti = 3 Eg = 1. 11 Cjo = 89p M = . 384
+                Vj = . 75 Fc = . 5 Isr = 2. 012n Nr = 2 Bv = 9. 1 Ibv = 1. 2 Nbv = . 72056
+                Ibvl = 10m Nbvl = . 21148 Tbv1 = 604. 396u)
*                Vz = 9. 1 @ 28mA,Zz = 21 @ 1mA,Zz = 7. 25 @ 5mA,Zz = 2. 7 @ 20mA

. model D1N4740  D( Is = 1. 945f Rs = 2. 302 Ikf = 0 N = 1 Xti = 3 Eg = 1. 11 Cjo = 82p M = . 3649
+                Vj = . 75 Fc = . 5 Isr = 2. 04n Nr = 2 Bv = 10 Ibv = . 35034 Nbv = . 84137
+                Ibvl = 10m Nbvl = . 17757 Tbv1 = 650u)
*                Vz = 10 @ 25mA,Zz = 24 @ 1mA,Zz = 7. 25 @ 5mA,Zz = 2. 9 @ 20mA

. model D1N4741  D( Is = 1. 566f Rs = 1. 74 Ikf = 0 N = 1 Xti = 3 Eg = 1. 11 Cjo = 105p M = . 4156
+                Vj = . 75 Fc = . 5 Isr = 1. 737n Nr = 2 Bv = 11 Ibv = 92. 573m Nbv = 1. 1098
```

+　　　　Ibvl = 440. 66u Nbvl = . 23096 Tbv1 = 672. 73u)

*　　　　Vz = 11 @ 23mA,Zz = 30. 5 @ 1mA,Zz = 7. 4 @ 5mA,Zz = 3. 25 @ 20mA

. model D1N4742　D(Is = 1. 773f Rs = 2. 06 Ikf = 0 N = 1 Xti = 3 Eg = 1. 11 Cjo = 100p M = . 3894

+　　　　Vj = . 75 Fc = . 5 Isr = 1. 799n Nr = 2 Bv = 12 Ibv = 89. 447m Nbv = 1. 1527

+　　　　Ibvl = 248. 34n Nbvl = . 8248 Tbv1 = 700u)

*　　　　Vz = 12 @ 21mA,Zz = 32 @ 1mA,Zz = 7. 5 @ 5mA,Zz = 4 @ 20mA

. model D1N4743　D(Is = 2. 253f Rs = 2. 678 Ikf = 0 N = 1 Xti = 3 Eg = 1. 11 Cjo = 80p M = . 3644

+　　　　Vj = . 75 Fc = . 5 Isr = 1. 87n Nr = 2 Bv = 13 Ibv = 99. 671m Nbv = 1. 1851

+　　　　Ibvl = 8. 4078u Nbvl = 1. 2407 Tbv1 = 846. 15u)

*　　　　Vz = 13 @ 19mA,Zz = 33. 5 @ 1mA,Zz = 8 @ 5mA,Zz = 4. 9 @ 20mA

. model D1N4744　D(Is = 3. 142f Rs = 3. 544 Ikf = 0 N = 1 Xti = 3 Eg = 1. 11 Cjo = 72. 5p M = . 3282

+　　　　Vj = . 75 Fc = . 5 Isr = 1. 973n Nr = 2 Bv = 15 Ibv = . 14467 Nbv = 1. 093

+　　　　Ibvl = . 1m Nbvl = 1. 2722 Tbv1 = 001433. 3u)

*　　　　Vz = 15 @ 17mA,Zz = 32 @ 1mA,Zz = 8. 25 @ 5mA,Zz = 5. 75 @ 20mA

. model D1N4745　D(Is = 5. 461f Rs = 4. 974 Ikf = 0 N = 1 Xti = 3 Eg = 1. 11 Cjo = 68p M = . 3197

+　　　　Vj = . 75 Fc = . 5 Isr = 1. 982n Nr = 2 Bv = 16 Ibv = . 25684 Nbv = 1. 0588

+　　　　Ibvl = 1. 029m Nbvl = 1. 0409 Tbv1 = 875u)

*　　　　Vz = 16 @ 15. 5mA,Zz = 32. 5 @ 1mA,Zz = 9. 8 @ 5mA,Zz = 6. 9 @ 20mA

. model D1N4746　D(Is = 6. 994f Rs = 5. 612 Ikf = 0 N = 1 Xti = 3 Eg = 1. 11 Cjo = 59p M = . 2906

+　　　　Vj = . 75 Fc = . 5 Isr = 2. 088n Nr = 2 Bv = 18 Ibv = . 17098 Nbv = 1. 2072

+　　　　Ibvl = 2. 002m Nbvl = 1. 1457 Tbv1 = 888. 89u)

*　　　　Vz = 18 @ 14mA,Zz = 37 @ 1mA,Zz = 11 @ 5mA,Zz = 7. 9 @ 20mA

. model D1N4747　D(Is = 10. 22f Rs = 6. 585 Ikf = 0 N = 1 Xti = 3 Eg = 1. 11 Cjo = 52p M = . 2904

+　　　　Vj = . 75 Fc = . 5 Isr = 2. 029n Nr = 2 Bv = 20 Ibv = . 15934 Nbv = 1. 2472

+　　　　Ibvl = 211. 18u Nbvl = 1. 9765 Tbv1 = 850u)

*　　　　Vz = 20 @ 12. 5mA,Zz = 39 @ 1mA,Zz = 13 @ 5mA,Zz = 8. 25 @ 20mA

. model D1N4748　D(Is = 17. 49f Rs = 7. 976 Ikf = 0 N = 1 Xti = 3 Eg = 1. 11 Cjo = 49p M = . 2829

+　　　　Vj = . 75 Fc = . 5 Isr = 2. 024n Nr = 2 Bv = 22 Ibv = . 16996 Nbv = 1. 315

+　　　　Ibvl = 7. 0073E − 15 Nbvl = 1. 2735 Tbv1 = 840. 91u)

*　　　　Vz = 22 @ 11. 5mA,Zz = 42 @ 1mA,Zz = 15 @ 5mA,Zz = 9. 5 @ 20mA

. model D1N4749　D(Is = 25. 94f Rs = 9. 006 Ikf = 0 N = 1 Xti = 3 Eg = 1. 11 Cjo = 41p M = . 2715

```
+              Vj = . 75 Fc = . 5 Isr = 2. 052n Nr = 2 Bv = 24 Ibv = . 14951 Nbv = 1. 3684
+              Ibvl = 164. 37u Nbvl = 14 Tbv1 = 895. 83u)
*              Vz = 24 @ 10. 5mA , Zz = 48 @ 1mA , Zz = 16 @ 5mA , Zz = 11 @ 20mA


. model D1N4750   D( Is = 62. 63f Rs = 11. 28 Ikf = 0 N = 1 Xti = 3 Eg = 1. 11 Cjo = 40p M = . 2906
+              Vj = . 75 Fc = . 5 Isr = 1. 864n Nr = 2 Bv = 27 Ibv = . 13378 Nbv = 1. 5283
+              Ibvl = 3. 4328m Nbvl = 2. 3046 Tbv1 = 888. 89u)
*              Vz = 27 @ 9. 5mA , Zz = 52 @ 1mA , Zz = 21 @ 5mA , Zz = 12 @ 20mA


. model D1N5226   D( Is = 31. 47f Rs = 9. 494 Ikf = 0 N = 1 Xti = 3 Eg = 1. 11 Cjo = 220p M = . 5959
+              Vj = . 75 Fc = . 5 Isr = 2. 035n Nr = 2 Bv = 3. 3 Ibv = 45. 862m Nbv = 3. 0477
+              Ibvl = 29. 831m Nbvl = 11. 606 Tbv1 = − 636. 36u)
*              Vz = 3. 3 @ 20mA , Zz = 310 @ 1mA , Zz = 68 @ 5mA , Zz = 19 @ 20mA


. model D1N5227   D( Is = 1. 242f Rs = 1. 137 Ikf = 0 N = 1 Xti = 3 Eg = 1. 11 Cjo = 210p M = . 6063
+              Vj = . 75 Fc = . 5 Isr = 1. 922n Nr = 2 Bv = 3. 6 Ibv = 13. 987m Nbv = 3. 031
+              Ibvl = 10. 212m Nbvl = 12. 73 Tbv1 = − 555. 56u)
*              Vz = 3. 6 @ 20mA , Zz = 330 @ 1mA , Zz = 52 @ 5mA , Zz = 7. 3 @ 20mA


. model D1N5228   D( Is = 1. 252f Rs = 1. 156 Ikf = 0 N = 1 Xti = 3 Eg = 1. 11 Cjo = 205p M = . 6004
+              Vj = . 75 Fc = . 5 Isr = 1. 867n Nr = 2 Bv = 3. 9 Ibv = 17. 244m Nbv = 2. 4016
+              Ibvl = 8. 619m Nbvl = 13. 283 Tbv1 = − 384. 62u)
*              Vz = 3. 9 @ 20mA , Zz = 345 @ 1mA , Zz = 49 @ 5mA , Zz = 5. 8 @ 20mA


. model D1N5229   D( Is = 880. 5E − 18 Rs = . 25 Ikf = 0 N = 1 Xti = 3 Eg = 1. 11 Cjo = 190p M = . 6124
+              Vj = . 75 Fc = . 5 Isr = 1. 743n Nr = 2 Bv = 4. 3 Ibv = 16. 748m Nbv = 1. 7936
+              Ibvl = 5. 0382m Nbvl = 12. 554 Tbv1 = − 232. 56u)
*              Vz = 4. 3 @ 20mA , Zz = 325 @ 1mA , Zz = 24 @ 5mA , Zz = 3. 2 @ 20mA


. model D1N5230   D( Is = 880. 5E − 18 Rs = . 25 Ikf = 0 N = 1 Xti = 3 Eg = 1. 11 Cjo = 175p M = . 5516
+              Vj = . 75 Fc = . 5 Isr = 1. 859n Nr = 2 Bv = 4. 7 Ibv = 20. 245m Nbv = 1. 6989
+              Ibvl = 1. 9556m Nbvl = 14. 976 Tbv1 = − 21. 28u)
*              Vz = 4. 7 @ 20mA , Zz = 300 @ 1mA , Zz = 12. 5 @ 5mA , Zz = 2. 6   @ 20mA


. model D1N5231   D( Is = 1. 004f Rs = . 5875 Ikf = 0 N = 1 Xti = 3 Eg = 1. 11 Cjo = 160p M = . 5484
+              Vj = . 75 Fc = . 5 Isr = 1. 8n Nr = 2 Bv = 5. 1 Ibv = 27. 721m Nbv = 1. 1779
+              Ibvl = 1. 1646m Nbvl = 21. 894 Tbv1 = 176. 47u)
*              Vz = 5. 1 @ 20mA , Zz = 175 @ 1mA , Zz = 8. 2 @ 5mA , Zz = 2. 2 @ 20mA
```

```
.model D1N5232   D(Is=1.154f Rs=.9471 Ikf=0 N=1 Xti=3 Eg=1.11 Cjo=150p M=.5788
+                Vj=.75 Fc=.5 Isr=1.625n Nr=2 Bv=5.6 Ibv=62.583m Nbv=.62382
+                Ibvl=631.96u Nbvl=50 Tbv1=267.86u)
*                Vz = 5.6 @ 20mA,Zz = 40 @ 1mA,Zz = 4.5 @ 5mA,Zz = 1.9 @ 20mA


.model D1N5233   D(Is=629E-18 Rs=1.176 Ikf=0 N=1 Xti=3 Eg=1.11 Cjo=140p M=.5369
+                Vj=.75 Fc=.5 Isr=1.707n Nr=2 Bv=6 Ibv=.10969 Nbv=.5351
+                Ibvl=.11553 Nbvl=.049362 Tbv1=416.67u)
*                Vz = 6 @ 20mA,Zz = 15 @ 1mA,Zz = 3.9 @ 5mA,Zz = 1.9 @ 20mA


.model D1N5234   D(Is=1.536f Rs=1.687 Ikf=0 N=1 Xti=3 Eg=1.11 Cjo=130p M=.5259
+                Vj=.75 Fc=.5 Isr=1.719n Nr=2 Bv=6.2 Ibv=1.9685 Nbv=.28384
+                Ibvl=7.0094e-7 Nbvl=.29418 Tbv1=443.55u)
*                Vz = 6.2 @ 20mA,Zz = 9 @ 1mA,Zz = 3.4 @ 5mA,Zz = 1.85 @ 20mA


.model D1N5235   D(Is=1.616f Rs=1.818 Ikf=0 N=1 Xti=3 Eg=1.11 Cjo=120p M=.5117
+                Vj=.75 Fc=.5 Isr=1.698n Nr=2 Bv=6.8 Ibv=2.8814 Nbv=.28248
+                Ibvl=1.9426e-6 Nbvl=.27168 Tbv1=485.29u)
*                Vz = 6.8 @ 20mA,Zz = 9.1 @ 1mA,Zz = 3.5 @ 5mA,Zz = 2 @ 20mA


.model D1N5236   D(Is=2.077f Rs=2.467 Ikf=0 N=1 Xti=3 Eg=1.11 Cjo=104p M=.5061
+                Vj=.75 Fc=.5 Isr=1.645n Nr=2 Bv=7.5 Ibv=2.5701 Nbv=.39227
+                Ibvl=4.0222e-5 Nbvl=.25042 Tbv1=533.33u)
*                Vz = 7.5 @ 20mA,Zz = 12.5 @ 1mA,Zz = 5.3 @ 5mA,Zz = 2.3 @ 20mA


.model D1N5237   D(Is=2.453f Rs=2.9 Ikf=0 N=1 Xti=3 Eg=1.11 Cjo=90p M=.448
+                Vj=.75 Fc=.5 Isr=1.803n Nr=2 Bv=8.2 Ibv=1.5593 Nbv=.51406
+                Ibvl=8.3521e-5 Nbvl=.1313 Tbv1=585.37u)
*                Vz = 8.2 @ 20mA,Zz = 16 @ 1mA,Zz = 6.9 @ 5mA,Zz = 2.5 @ 20mA


.model D1N5238   D(Is=2.463f Rs=2.907 Ikf=0 N=1 Xti=3 Eg=1.11 Cjo=81p M=.3066
+                Vj=.75 Fc=.5 Isr=2.447n Nr=2 Bv=8.7 Ibv=1.1648 Nbv=.55226
+                Ibvl=16.469u Nbvl=.14431 Tbv1=586.21u)
*                Vz = 8.7 @ 20mA,Zz = 17 @ 1mA,Zz = 7.1 @ 5mA,Zz = 2.5 @ 20mA


.model D1N5239   D(Is=2.453f Rs=2.9 Ikf=0 N=1 Xti=3 Eg=1.11 Cjo=78p M=.4399
+                Vj=.75 Fc=.5 Isr=1.762n Nr=2 Bv=9.1 Ibv=.48516 Nbv=.7022
+                Ibvl=1m Nbvl=.13785 Tbv1=604.396u)
*                Vz = 9.1 @ 20mA,Zz = 21 @ 1mA,Zz = 7.25 @ 5mA,Zz = 2.7 @ 20mA
```

```
. model D1N5240    D( Is = 1. 953f Rs = 2. 305 Ikf = 0 N = 1 Xti = 3 Eg = 1. 11 Cjo = 68p M = . 3856
+                     Vj = . 75 Fc = . 5 Isr = 1. 939n Nr = 2 Bv = 10 Ibv = . 16597 Nbv = . 84122
+                     Ibvl = 1. 003m Nbvl = . 20892 Tbv1 = 650u)
*                     Vz = 10 @ 20mA,Zz = 24 @ 1mA,Zz = 7. 25 @ 5mA,Zz = 2. 9 @ 20mA


. model D1N5241    D( Is = 1. 609f Rs = 1. 7386 Ikf = 0 N = 1 Xti = 3 Eg = 1. 11 Cjo = 115p M = . 4751
+                     Vj = . 75 Fc = . 5 Isr = 1. 493n Nr = 2 Bv = 11 Ibv = 67. 039m Nbv = 1. 1099
+                     Ibvl = 157. 8u Nbvl = . 23763 Tbv1 = 672. 73u)
*                     Vz = 11 @ 20mA,Zz = 30. 5 @ 1mA,Zz = 7. 4 @ 5mA,Zz = 3. 25 @ 20mA


. model D1N5242    D( Is = 1. 773f Rs = 2. 06 Ikf = 0 N = 1 Xti = 3 Eg = 1. 11 Cjo = 102p M = . 4868
+                     Vj = . 75 Fc = . 5 Isr = 1. 393n Nr = 2 Bv = 12 Ibv = 79. 489m Nbv = 1. 1528
+                     Ibvl = 142. 9n Nbvl = . 95108 Tbv1 = 700u)
*                     Vz = 12 @ 20mA,Zz = 32 @ 1mA,Zz = 7. 5 @ 5mA,Zz = 4 @ 20mA


. model D1N5243    D( Is = 2. 253f Rs = 2. 678 Ikf = 0 N = 1 Xti = 3 Eg = 1. 11 Cjo = 90p M = . 4558
+                     Vj = . 75 Fc = . 5 Isr = 1. 461n Nr = 2 Bv = 13 Ibv = 21. 761m Nbv = 1. 1851
+                     Ibvl = 468. 81n Nbvl = . 65126 Tbv1 = 846. 15u)
*                     Vz = 13 @ 9. 5mA,Zz = 33. 5 @ 1mA,Zz = 8 @ 5mA,Zz = 4. 9 @ 20mA


. model D1N5244    D( Is = 2. 579f Rs = 3. 025 Ikf = 0 N = 1 Xti = 3 Eg = 1. 11 Cjo = 83p M = . 4217
+                     Vj = . 75 Fc = . 5 Isr = 1. 556n Nr = 2 Bv = 14 Ibv = 22. 862m Nbv = 1. 1153
+                     Ibvl = 25. 632u Nbvl = . 60946 Tbv1 = 785. 71u)
*                     Vz = 14 @ 9mA,Zz = 32 @ 1mA,Zz = 8. 1 @ 5mA,Zz = 5. 1 @ 20mA


. model D1N5245    D( Is = 3. 142f Rs = 3. 536 Ikf = 0 N = 1 Xti = 3 Eg = 1. 11 Cjo = 80. 5p M = . 4186
+                     Vj = . 75 Fc = . 5 Isr = 1. 527n Nr = 2 Bv = 15 Ibv = 24. 573m Nbv = 1. 0932
+                     Ibvl = 7. 1249u Nbvl = . 65646 Tbv1 = 833. 33u)
*                     Vz = 15 @ 8. 5mA,Zz = 32 @ 1mA,Zz = 8. 25 @ 5mA,Zz = 5. 75 @ 20mA


. model D1N5246    D( Is = 5. 461f Rs = 4. 975 Ikf = 0 N = 1 Xti = 3 Eg = 1. 11 Cjo = 69p M = . 4472
+                     Vj = . 75 Fc = . 5 Isr = 1. 371n Nr = 2 Bv = 16 Ibv = 32. 07m Nbv = 1. 0589
+                     Ibvl = 44. 191u Nbvl = . 86786 Tbv1 = 875u)
*                     Vz = 16 @ 7. 8mA,Zz = 32. 5 @ 1mA,Zz = 9. 8 @ 5mA,Zz = 6. 9 @ 20mA


. model D1N5247    D( Is = 5. 398f Rs = 4. 945 Ikf = 0 N = 1 Xti = 3 Eg = 1. 11 Cjo = 63p M = . 4188
+                     Vj = . 75 Fc = . 5 Isr = 1. 453n Nr = 2 Bv = 17 Ibv = 25. 923m Nbv = 1. 1189
+                     Ibvl = 324. 66u Nbvl = . 86905 Tbv1 = 823. 53u)
*                     Vz = 17 @ 7. 4mA,Zz = 34 @ 1mA,Zz = 10 @ 5mA,Zz = 7 @ 20mA
```

```
. model D1N5248    D( Is = 7. 021f Rs = 5. 619 Ikf = 0 N = 1 Xti = 3 Eg = 1. 11 Cjo = 60p M = . 4093
        +                Vj = . 75 Fc = . 5 Isr = 1. 461n Nr = 2 Bv = 18 Ibv = 23. 333m Nbv = 1. 2074
        +                Ibvl = 215. 7u Nbvl = . 71348 Tbv1 = 888. 89u)
        *                Vz = 18 @ 7mA,Zz = 37 @ 1mA,Zz = 11 @ 5mA,Zz = 7. 9 @ 20mA


. model D1N5249    D( Is = 7. 946f Rs = 5. 936 Ikf = 0 N = 1 Xti = 3 Eg = 1. 11 Cjo = 60p M = . 4201
        +                Vj = . 75 Fc = . 5 Isr = 1. 384n Nr = 2 Bv = 19 Ibv = 23. 157m Nbv = 1. 1973
        +                Ibvl = 302. 56u Nbvl = . 88158 Tbv1 = 894. 74u)
        *                Vz = 19 @ 6. 6mA,Zz = 37 @ 1mA,Zz = 11. 5 @ 5mA,Zz = 8 @ 20mA


. model D1N5250    D( Is = 10. 18f Rs = 6. 578 Ikf = 0 N = 1 Xti = 3 Eg = 1. 11 Cjo = 59p M = . 4063
        +                Vj = . 75 Fc = . 5 Isr = 1. 415n Nr = 2 Bv = 20 Ibv = 21. 603m Nbv = 1. 2514
        +                Ibvl = 218. 21u Nbvl = 1. 2514 Tbv1 = 850u)
        *                Vz = 20 @ 6. 2mA,Zz = 39 @ 1mA,Zz = 13 @ 5mA,Zz = 8. 25 @ 20mA


. model D1N5251    D( Is = 17. 49f Rs = 7. 976 Ikf = 0 N = 1 Xti = 3 Eg = 1. 11 Cjo = 50p M = . 4141
        +                Vj = . 75 Fc = . 5 Isr = 1. 33n Nr = 2 Bv = 22 Ibv = 20. 578m Nbv = 1. 315
        +                Ibvl = 207. 85u Nbvl = 1. 315 Tbv1 = 840. 91u)
        *                Vz = 22 @ 5. 6mA,Zz = 42 @ 1mA,Zz = 15 @ 5mA,Zz = 9. 5 @ 20mA


. model D1N5252    D( Is = 25. 64f Rs = 8. 973 Ikf = 0 N = 1 Xti = 3 Eg = 1. 11 Cjo = 44p M = . 3798
        +                Vj = . 75 Fc = . 5 Isr = 1. 438n Nr = 2 Bv = 24 Ibv = 19. 386m Nbv = 1. 3784
        +                Ibvl = 162. 43u Nbvl = 8. 7919 Tbv1 = 895. 83u)
        *                Vz = 24 @ 5. 2mA,Zz = 48 @ 1mA,Zz = 16 @ 5mA,Zz = 11 @ 20mA


. model D1N5253    D( Is = 34. 8f Rs = 9. 761 Ikf = 0 N = 1 Xti = 3 Eg = 1. 11 Cjo = 43p M = . 3908
        +                Vj = . 75 Fc = . 5 Isr = 1. 366n Nr = 2 Bv = 25 Ibv = 16. 176m Nbv = 1. 529
        +                Ibvl = 687. 1u Nbvl = 2. 256 Tbv1 = 880u)
        *                Vz = 25 @ 5mA,Zz = 50 @ 1mA,Zz = 19 @ 5mA,Zz = 11 @ 20mA


. model D1N5254    D( Is = 81. 47f Rs = 11. 96 Ikf = 0 N = 1 Xti = 3 Eg = 1. 11 Cjo = 42p M = . 3983
        +                Vj = . 75 Fc = . 5 Isr = 1. 294n Nr = 2 Bv = 27 Ibv = 87. 12m Nbv = . 51025
        +                Ibvl = 9. 0498m Nbvl = 2. 0249 Tbv1 = 888. 89u)
        *                Vz = 27 @ 4. 6mA,Zz = 52 @ 1mA,Zz = 21 @ 5mA,Zz = 12 @ 20mA
```

参 考 文 献

［1］ 张东辉．基于 OrCAD Capture 和 PSpice 的模拟电路设计与仿真［M］．北京：机械工业出版社，2016.

［2］ 张东辉．PSPICE 和 MATLAB 综合电路仿真与分析［M］．北京：机械工业出版社，2016.

［3］ 毛鹏．电力电子学的 spice 仿真［M］．北京：机械工业出版社，2015.

［4］ 张卫平．开关变换器的建模与控制［M］．北京：中国电力出版社，2005.

［5］ 赵雅兴．PSpice 与电子器件模型［M］．北京：北京邮电大学出版社，2003.

［6］ 周惠潮．常用电子元件及典型应用［M］．北京：电子工业出版社，2005.

［7］ 徐德鸿．电力电子系统建模及控制［M］．北京：机械工业出版社，2006.

［8］ M. H. Rashid. Introduction of PSpice Using Orcad for Circuits and Electronics［M］. Englewood Cliffs, NJ：Prentice Hall, 2004.

［9］ M. H. Rashid. Power Electronics Handbook［M］. Elsevier Science（USA），2004.

［10］ M. H. Rashid. Power Electronics Circuits, Devices and Applications［M］. 3rd ed. Englewoo Cliffs, NJ：Prentice Hall, 2003.

［11］ M. H. Rashid, SPICE for Power Electronics and Electric Power［M］. Englewood Cliffs, NJ：Prentice Hall, 1995.

［12］ M. E. Herniter. Schematic Capture with Cadence PSpice［M］. Englewood Cliffs, NJ：Prentice Hall, 2001.

［13］ Robert W. Erickson, Dragan Maksimovic. Fundamentals of Power Electronics［M］. 2nd ed. Kluwer Academic Publishers, 2001.

［14］ T. E. Price. Analog Electronics：An Integrated PSpice Approach［M］. Englewood Cliffs, NJ：Prentice Hall, 1996.

［15］ G. Massobrio and P. Antognetti, Semiconductor Device Modeling with SPICE［M］. 2nd ed. New York：McGraw Hill, 1993.

［16］ Donald A. Neamen. Microelectronics：Circuit Analysis and Design［M］. 4th ed. New York：McGraw Hill, 2009.